Theory And Practice Of Beautiful Country
Planning And Construction

美丽乡村规划建设理论与实践

徐文辉　编著

中国建筑工业出版社

图书在版编目（CIP）数据

美丽乡村规划建设理论与实践／徐文辉编著 . —北京：中
国建筑工业出版社，2015.1
ISBN 978-7-112-17608-3

Ⅰ.①美… Ⅱ.①徐… Ⅲ.①乡村规划—研究—中
国 Ⅳ.①TU982.29

中国版本图书馆CIP数据核字（2014）第292278号

本文通过多年新农村规划和美丽乡村规划设计的实践，结合景观生态学、大众行为心理学、景观美学、可持续发展等相关理论，从分析"美丽乡村"的基本概念及内涵出发，对国内外乡村景观研究理论、发展趋势等进行了较系统的整理分析，提出了"美丽乡村"评价模式，构建了"美丽乡村"规划设计理论，建立了美丽乡村发展乡村旅游、乡土特色设计、乡村产业发展、乡村色彩、乡村庭院等内容进行专项研究，每个专项内容都结合了近几年浙江省美丽乡村规划设计成果，为美丽乡村规划设计理论在实践上进行了有效的探索。

本书可供广大城乡规划师、城乡规划建设管理者、高等院校建筑师、城乡规划师、风景园林师和大中专师生学习参考。

* * *

责任编辑：吴宇江
书籍设计：贺　伟
责任校对：张　颖　关　健

美丽乡村规划建设理论与实践

徐文辉　编著

*

中国建筑工业出版社出版、发行（北京西郊百万庄）

各地新华书店、建筑书店经销

北京京点图文设计有限公司制版

临西县阅读时光印刷有限公司印刷

*

开本：880×1230毫米　1/16　印张：22　字数：628千字

2016年1月第一版　2020年6月第二次印刷

定价：**198.00**元

ISBN 978-7-112-17608-3

（35541）

前　言

新农村建设是国家推动城乡一体化发展，让广大农民平等参与现代化进程，共享现代化成果的重大举措。但井喷式的城市化进程中，中国广袤大地上的众多村落，其赖以传承的村居环境也在经受着前所未有的冲击和挑战，出现了景观格局混乱、生态平衡失调、精神家园消失等问题，同时乡村经济与生态保护发展不协调、农村产品有机性开发不强、产业带带动力薄弱、城乡区域发展不平衡等问题仍然突出。浙江省素有"鱼米之乡、丝绸之府、文物之邦、旅游之地"之称，其自然环境、社会经济、历史文脉共同构成了浙江地区独具特色的乡村地域景观。2010年浙江省在总结安吉县美丽乡村建设成功经验基础上，提出了"美丽乡村"实施行动计划。因此美丽乡村规划建设是社会主义新农村建设的深化，是新型城镇化建设的重要举措。

目前，在美丽乡村规划建设过程中更多依托各级政府的政策推动，各地美丽乡村建设的形式莫衷一是，建设的结果也是褒贬不一，甚至有的还是停留在园林绿化和基础设施的改善方面，主要是缺乏美丽乡村规划设计理论的指导。本书通过多年新农村规划和美丽乡村规划设计的实践，结合景观生态学、大众行为心理学、景观美学、可持续发展等相关理论，从分析"美丽乡村"的基本概念及内涵出发，对国内外乡村景观研究理论、发展趋势等进行了较系统的整理分析，提出了"美丽乡村"评价模式，构建了"美丽乡村"规划设计理论，建立了美丽乡村"宜居、宜业、宜游、宜文"的四宜规划设计的内容，在此基础上对美丽乡村发展乡村旅游、乡土特色设计、乡村产业发展、乡村色彩、乡村庭院等内容进行专项研究，每个专项内容都结合了近几年浙江省美丽乡村规划设计成果，为美丽乡村规划设计理论在实践上进行了有效的探索。

参与本书有关章节内容编写的有唐祖辉、陈青红、夏淑娟、尤洁敏、倪云、王琛颖。唐祖辉负责乡土特色与评价，陈青红负责美丽乡村四宜规划设计，夏淑娟负责乡村产业发展，尤洁敏负责乡村旅游规划建设，倪云负责乡村庭院规划设计，王琛颖负责乡村色彩规划设计等调查与编写工作，其他参与资料整理的研究生有：郝永超、徐文杰、秦欣欣、陈琦、张小凡、姚远、陈帏涛、饶红霞，本科生有：方露萍、顾子嫣。

目录
美丽乡村规划建设理论与实践

第一章

绪 论

第一节 美丽乡村的提出

一、全国提出建设新农村

乡村，作为最初的孕育生命的人类聚居地，与城市一样，在社会更替和发展中始终扮演着重要的角色。但是，作为中国社会基本的组成部分，它从发展伊始，就未给予城市一样的对待。在当今中国快速城市化进程中，中国广袤大地上的众多村落，其赖以生存的村居环境正在经受着前所未有的冲击和挑战。而在经济全球化、一体化和城市化进程迅速推进的时代，逐渐拉大了城乡间差距。国家为了从根本上解决乡村问题，提高农民生活水平，体现公平正义的本质，在党的十六届五中全会上提出了"建设社会主义新农村"的决策。

中国的新农村应该是什么样子？2011年9月以"新农村、新中国"为主题的华西村形象宣传片亮相美国纽约时报广场。"高楼"和"厂房"取代"农舍"、"炊烟"、"小河"、"荷塘"成为宣传主调，俨然一个现代化的城市。2011年10月8日，媒体发布了江苏华西村60层国际大酒店及"价值三亿元"的一吨重金牛的照片，以及华西村GDP增长的辉煌历史。笔者认为，这是被误读的新农村。

二、浙江省提出建设"美丽乡村"

"十一五"期间，全国很多省市围绕新农村建设和空心村整治，研究制定整体性乡村发展规划。针对乡村发展难题，制定美丽乡村建设行动计划并付之行动，努力实现乡村生产发展、生活富裕、环境优良的目标。2010年，浙江省委十二届七次全会正式作出美丽乡村建设决策，省委、省政府根据安吉县"中国美丽乡村"工程的成功案例，制定了《浙江省美丽乡村建设行动计划（2011—2015）》，明确提出将以推进"美丽乡村"工程为抓手，将生态文明与新农村建设有机结合，重点突出第三产业，变"生态优势"为经济优势，实现经济与环境"共赢"，在"千村示范、万村整治"工程建设整治的基础上，努力建设一批全国一流的"宜居、宜业、宜游、宜文"的美丽乡村。

总体上来看，"美丽乡村"景观建设是一个与时俱进、内涵丰富且不断变化着的理论与实践相结合的课题。因此，借鉴新农村建设实践中的成功经验，"美丽乡村"景观建设要逐步建立在"以民为本、绿色先行"的基础上，进一步拓展"美丽乡村"景观建设理论研究的视野和实践探究的范围，进而为扎实有效地推进"美丽乡村"景观建设提供理论支持。

第二节 乡村景观规划在美丽乡村建设中的必要性

一、乡村景观规划是实现"美丽乡村"的主要途径

乡村景观（图1-1）是乡村地区范围内，经济、人文、社会、自然等多种现象的综合表现，也是最为广泛的一种景观类型，其发展过程是一个人类生产与自然生态相互交错、循序渐进、不断变化的过程，从而形成了乡村景观的丰富内涵。我国对于乡村景观的研究，最早源于乡村地理学。随着景观设计学的发展、城乡统筹建设的推进，乡村景观规划设计才逐渐发展成为一门独立学科研究方向。我国乡村景观的研究还处于起步阶段，目前国内有关乡村景观规划设计的理论尚未成型，乡村景观规划实践主要通过新农村建设来实现。城乡统筹建设的快速发展以及规划设计学的兴起促进了乡村景观理论的研究，在未来的发展中，乡村景观理论体系的建设将越来越受到人们的重视。

图1—1 "美丽乡村"景观

二、乡村景观规划设计在美丽乡村建设中的主要功能

（一）满足人居环境建设的需求

20世纪80年代以来，乡村城市化的冲击已经对乡村人居环境产生了前所未有的影响。目前，乡村地区的社会结构、经济结构、产业结构正经历着由传统向现代的快速转变过程中，乡村景观规划设计也进行着一系列新的选择与重组，与之相对应，日益增长的物质文明建设和精神文明建设也对乡村人居环境的发展提出了新的要求（图1-2）。

科学的乡村景观规划设计有利于加强人居环境建设，优化村落空间结构，改善乡村居民点用地布局松散问题，有效地节省土地资源，完善交通市政基础设施和公共服务设施配套，提高居住水平和生活质量。

（二）挖掘特色产业，发展绿色经济

乡村景观规划设计有利于有效地利用乡村资源，挖掘当地潜在的特色产业，合理调整产业结构，优化各景观要素，运用经济健康的绿化手法，既美化乡村生活环境，同时也提高了经济效益。

（三）发扬乡土文化，带动旅游业发展

通过乡村景观规划设计有利于挖掘乡村自有的村落文化、民风习俗、历史人文要素，保护和传承传统文化，培育富有乡土特色、丰富内涵的优秀文化，着力实现和保障乡村居民的精神文化权益，让乡村居

图1-2 乡村基础设施建设

民共享文化繁荣发展的成果，同时也可以更好地带动旅游业的发展。

（四）满足城乡统筹建设的需求

随着社会经济的发展，城市建设的扩展，城乡差距越来越显著。虽然一直倡导城市带动农村发展，但在实践中乡村的发展依旧比较缓慢，城乡发展不平衡、两极分化仍然是现阶段城市与乡村最主要矛盾之一。建设"美丽乡村"正是遏制城乡差距拉大、统筹城乡发展，构建新型城乡关系的一个重要举措。近年来，随着中共十六大"城乡统筹"概念的提出，浙江省"美丽乡村"建设始终以统筹城乡发展的思路和方略来推进新农村建设，逐步改变城乡二元结构，实行以城带乡、以工促农、城乡互动、协调发展的长效机制，大力推进城乡一体化发展，较高水准实现城

图片来源：
图1-1 http://www.nipic.com/show/8859320.html
图1-2 《吴溪绿道》文本

乡基本公共服务均等化。

在此背景下，可以统筹城乡发展，注重乡村景观规划设计，为乡村景观的发展提供良好的建设平台，可以使农村社会实现和谐发展，达到"宜居、宜业、宜游、宜文"的总体建设要求，进而为实现整个社会的和谐创造良好的条件。

第三节 "美丽乡村"建设取得的成就与问题

景观是城镇构成的重要一部分，也是村民信仰体系的重要组成部分。我们建设城市的时候，不要失去乡村；不要只见城市而不见乡村，没有乡村的城市化没有未来。而经济先发展地区是中国社会发展的探路者，许多方面都走在了经济欠发达地区的前方，美丽乡村建设同样如此。先发展地区美丽乡村的建设实践可以为其他地区的建设提供实践经验。

一、浙江省"美丽乡村"建设取得的主要成就

通过近几年的努力，浙江省"美丽乡村"人居环境建设成就主要集中在以下四个方面：①农居住宅建设稳定发展，农居住宅建设已经从单纯追求功能完善，逐步转变到注重肌理和美观上来；②乡村基础设施、公共生产（生活）设施建设力度加大，为提高人居生活品质创造了有利环境；③乡村人居环境意识逐步增强，村容村貌明显改善，村庄环境质量不断提高；④乡村景观规划设计水平不断提高，监督和管理体制不断完善。

这些对推动和促进"美丽乡村"景观的规划设计起到了重要作用，也为乡村景观的发展提供了良好的机遇。

二、"美丽乡村"建设面临的主要问题

中国乡村在上千年历程中形成了各具特色的景观，它不仅是乡村生态系统和乡村资源的功能载体，也是具有文化象征和精神含义的物质载体。社会主义新农村建设理论提出后，全国各地的新农村建设如火如荼地开展起来。但是，在取得一系列重大建设成就的同时，美丽乡村建设的实践也催生了一些新问题：

（一）城市化格局混乱

有些建设忽视了乡村发展变化的深层次原因，忽略了各种要素在乡村中的存在，无视农民这一乡村主体的真正需求，无视乡村人居空间的特性，直接运用城市规划设计理论方法来解决乡村建设问题，表现为片面追求高大、新颖，不顾及自身的地域特点，造成乡村的破碎化现象严重。吴良镛先生曾用"大建设"加"大破坏"来形容这种"混乱的城市化"。

（二）"特色危机"蔓延

乡村在城市化的进程中不断地在更新，但多是在居住方式等方面模仿城市，而这种建设很多是无序、混乱的。乡村的无序发展使一大批具有传统地方特色的景观遭受破坏，乡村个性化特征逐渐丧失。不少设计作品追求"洋、大、美"，注重"图案式"形式，与周边景观无连续性和协调性。大片新建农宅虽整齐划一地排成一线，但呈现出单调的空间布局和呆板机械的景观效果，失去了乡村原有的亲切感和自然韵味。自然式驳岸被生硬的混凝土驳岸所代替，大量城镇化的人工元素在乡村逐渐兴起，传统乡村风貌与自然景观渐渐消退。

（三）生态平衡失调

农田为了方便田间管理，机械化、集约化作业，追求"田成方、路成网、渠相通、树成行"的标准化农田。线条自然流畅的河道被曲直和硬化，道路、广场被铺上了大理石，富有乡村气息的湿地被开挖成整洁的人造池塘；生长良好的原生灌木被拔除，种上外来的装饰性的园艺植物；生命力旺盛的野草被修整一新的草坪所取代……

（四）精神家园消失

一方面人们无序的开发，使得原本处于桃花源式环境中的乡土景观不断地被蚕食，缺乏对乡村场所精神关注的盲目建设，进一步地破坏了构筑农民草根信仰的基础。另一方面城市化的进展，使大量原本生

于乡村成长于乡村的人涌入城市，而大多数人处于城市的底层，他们不适应城市的快节奏、城市的人情，欣赏不了城市的钢筋水泥，家乡在脑海里有深深的印迹，但是当回到故土，发现村已不村。进不去的城回不去的乡村，不仅仅是乡愁的为赋新词，也可能演化为社会问题。时下兴起的农家乐热、生态农业观光园热、开发乡土原生态的景观热，也体现出民众对于回归乡土、回归自然的期待。

（五）农村环境保护和城镇化进程冲突严重

城市化进程的不断加剧，为农村工业跃进提供机遇的同时，也对农村生态环境、农业生产、农民生活等诸多方面产生了不良影响。据有关数据显示，2010年，浙江省只有84个镇建成了污水处理厂，985个自然村的污水纳入集中处理，农村生活垃圾收集处置率只有70%，且浙江省在铅、汞、铬、镉、砷等重金属污染方面相对严重，而针对这些污染源的企业分布地址信息汇总可知，农村地区占了90%以上。总体来看，乡村地区的工业企业数量多、分布散、治污能力低，经济发展与环境保护之间的问题日益突出，各种自然资源受到威胁，动植物生境被破坏，乡村地域风貌特色丧失等，这些都严重阻碍了社会主义新农村建设和城乡统筹发展的进程。

第四节 理论和实践意义

一、促进"美丽乡村"建设有序深化

（一）理论意义

具有乡土特色的乡村景观是中国几千年历史传承下来的文化痕迹，是人与自然长期合作的产物，不可能也不该将其遗弃。所以，本书是以规划学、设计学、景观生态学、美学等相关理论为指导，以社会主义新农村建设为契机，构建"美丽乡村"景观规划体系，以期对当前"美丽乡村"建设起到促进和保护的作用，追求既有现代化气息又有乡土特色、地方文明和历史文脉的乡村景观。"美丽乡村"景观的研究是对社会主义新农村建设理论的补充和全新的延续。

（二）实践意义

本书将通过探讨浙江乡村建设发展的基本规律，乡土特色的基本特征，总结出美丽乡村建设中乡土特色的表达手法，在"建设社会主义新农村"背景下，以平实的视角寻找贴近群众、贴近实际、贴近生活的建设理念，并寻求一种行之有效的表达策略，发展乡村特色，为解决美丽乡村建设期间产生的城市化、单一化、进城人群"乡愁"等问题起到一些作用。

二、促进美丽乡村旅游发展

（一）理论意义

乡村旅游资源是我国旅游世界的瑰宝，其潜在的价值不容忽视。我国学术界对乡村旅游发展的研究开始于20世纪80年代，学术界对乡村旅游资源的研究相对较浅，乡村旅游资源理论体系尚不健全。乡村旅游资源统计资料的缺乏、不规范与研究方法的单一，较难取得有深度的研究成果。在内容上，国内学者除对乡村旅游资源的定义、类型、开发模式以及资源评价有较多研究外，更多关注与经济利益直接相关的乡村旅游发展方面的问题。因此，本书关于乡村旅游资源开发的研究能丰富我国乡村旅游资源理论体系，进一步指导美丽乡村旅游资源的开发实践。

（二）实践意义

乡村旅游是城市文明与乡村文明的相互交流与融合，是生态文明建设的重要体现。城市经济发展迅速，城市居民休闲度假的需求不断升温，客源流向由现代化的都市转向生态环境优美、民风淳朴的城郊或乡村，为乡村旅游注入了活力。

但是由于竞争的激烈，乡村旅游的发展亦面临着诸多问题，如缺乏统筹规划与布局，乡村民俗特色不明显，资源破坏现象严重，发展不平衡等。因此，在"美丽乡村"建设的大形势下，通过对乡村旅游资源的分类和资源评价方法以及开发保护对策的研究，有利于丰富乡村旅游产品种类，改善乡村旅游产品结构，提升乡村旅游产品的品位与档次，有利于"旅游强村"目标的实现。

第二章

美丽乡村的相关概念

第一节 乡村景观与新农村景观

一、乡村的概念

村是以血缘关系为纽带，以熟人社会为半径，以家庭为核心，以道德为标准，以自治为常态，以村庄为边界的社会形态。村的特点是种粮屯粮，农田与人很近，有很多树木，是最早的关于家的集合体。随着人类的演化，手工业与制造业的分工，人类生活的空间就被划分为城市与乡村两个空间，一个向着高度的集聚、生产力极大丰富，一个向着自然与农业生产发展，在历史的进程中交叠，总体是乡村向着城市演进（图2-1）。

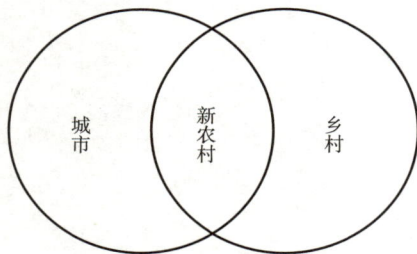

图2-1　新农村与城市、乡村的关系

传统意义上的乡村是与农业紧密联系在一起的，是以农业生产为主体的地域，从事农业生产的人就是农民。厚重的历史积淀，淳朴的人文精神，宁静的生活氛围，自然的人居环境，具有强烈归属感是传统乡村本质的表现。乡村也是一种建立在农业文明之上，以自然村落为载体的村落文化，它是在千百年农耕文化的历史中，依据山水环境、家族变迁、人口流徙而自然形成的，是人类历史演进发展至一定阶段的产物，是集经济、社会、文化、自然等诸多内涵于一身的综合体。

《辞源》一书中，乡村（Rural Area）被解释为主要从事农业、人口分布较城镇分散的地方。以美国学者 R.D. 罗德菲尔德为代表的部分外国学者指出，"乡村是人口稀少，比较隔绝，以农业生产为主要经济基础，人们生活基本相似，而与社会其他部分，特别是城市有所不同的地方"。在当今城乡统筹的大背景下，乡村的形态、功能不断发生变化，国内尚无稳定的、恰当的标准来划分城乡地域。大多数学者认为，乡村是相对于城市化地区（Urbanization Area）而言的，指非城市化地区，严格地讲是指城镇（城市及建制镇）规划区（Planning Area）以外的人类聚居地区，是一个空间地域和社会的综合体，这一地域范围是动态变化的，并随着城市化水平的不断提高，呈缩小的趋势。因此，笔者认为，从广义上来说，乡村是一个地域范围，突出展现乡村特质，即乡村性的，乡村性强的地区可认为是乡村地域；以农耕为主，具有粗放的土地利用方式和乡村生活方式的历史古镇也属于乡村范畴。

二、新农村的概念

20世纪80年代以来，随着社会生产力的发展，城市化水平不断提高，传统农业特征逐渐在转化，乡村产业结构已发生深刻变化，表现在经济上从农业向非农业转型，作为农业生产主体的农民，农业已经不再是他们生存的唯一选择，乡村往往是农事活动和非农事活动并存。随着村镇工业的发展以及乡村旅游业等第三产业的出现，在一些经济发达的乡村，农业产业和从事农业的人口所占的比重越来越小，原先以农业为主的产业格局被打破。随着物质文化需求的日益增长，原先的居住环境、文化生活已经不能满足农民的需要，乡村开始进行大面积的建设。

用"新农村"取代传统的"农村"用语，就是为了体现出当前乡村地区已是多元产业、环境、社会与文化之综合的生活圈概念，更贴近现今的发展现状，也是对全面建成小康社会的美好新期待。"乡风文明、村容整洁"是新农村建设的具体体现，其内涵包括5个方面，即新房舍、新设施、新环境、新农民、新风尚。同时，也立场坚定地表明：贫穷落后绝不是新农村。

"新房舍"就是要求乡村要因地制宜地建设各具

民族和地域风情的、居住条件明显改善的居住房;"新设施"就是要完善基础设施,道路、水电、广播、通信、电信等配套设施要俱全。让现代乡村共享信息文明,这是新农村的重要"硬件",但往往也会成为制约乡村小康社会建设的基础"瓶颈"。"新环境"主要体现在生态环境良好、生活环境优美方面。尤其是在环境卫生的处理能力上要体现出时代特征。如乡村的生活垃圾区、污水沟、厕所、畜禽住所应按照卫生标准规划和建设。这也正是我国乡村和发达国家乡村的主要差距。

对于设计者,新农村、新型乡村社区、生态文明村、美丽乡村等,所有的规划与建设,都应该清楚家、村与自然的含义,把握好村与家的关系,体会东方文明中的农耕文明。对一个中国人来说,不了解村与家,就不可能做好乡村建设,不可能做好乡村规划。

三、关于乡村景观

乡村景观,顾名思义就是乡村区域内的景观,是相对于城市景观而言的。两者区别在于地域的划分和景观主体的不同,是乡村地区人类与自然环境连续不断相互作用的产物,包含了与之相关的生活、生产和生态三个方面,是乡村聚落景观、生产性景观和自然生态景观的综合体,并与乡村的社会、经济、文化、习俗、精神、审美意识密不可分。其中,以农业生产为主的生产性景观是乡村景观的主体。

汪梅认为,乡村景观是乡村地域范围内不同土地单元镶嵌而成的嵌块体,包括农田、果园及人工林地、农场、牧场、水域和村庄等生态系统,以农业特征为主,是人类在自然景观基础上建立起来的自然生态结构与人为特征的综合体。周心琴认为,乡村景观是自然与人文两大景观的复合体,具有特定的景观结构和功能,并伴有生态、经济和美学等多种价值。

王云才教授认为,乡村景观是具有特定景观行为、形态和内涵的景观

类型,是聚落形态由分散的农舍到能够提供生产和生活服务功能的集镇所代表的地区,是土地利用粗放、人口密度较小,具有明显田园特征的地区。让皮埃尔·德枫丹纳认为,农村景观是农业生产系统功能情况的一个可见的指示系统。

乡村景观可以划分为3个层次:原始乡村景观、传统乡村景观、现代乡村景观。从根本上讲,原始乡村和传统乡村是一个自给自足、自我维持的内稳定系统,人、地之间的矛盾不突出,人和自然之间经过长时间的调和已趋于稳态。但随着社会生产力的发展,人的思想水平的进步,原来的平衡已被打破,乡村已不能完全适应人的发展需求。新农村景观是相对于乡村景观而言,是乡村景观发展过程中的一个阶段。

四、关于新农村景观

新农村景观(图2-2)是在新农村建设背景下诞生的研究领域。在新的时期下,乡村建设必须与时俱进,才能满足人民的日常生活需求,满足人民日益增长的物质文化需求,乡村景观自然不能落后。"新"则是要更好地综合民间传统文化与现代化进行设计的形式,加了一个"新"字,就是强调它的时代性,这是对可持续发展的概念和乡土主义进行诠释,要符合当代的生活,并不仅仅局限于传统的乡村景观,

图2-2 杭州市东江嘴村新农村景观

但其核心仍然是"乡村"。从一定程度上说，乡村景观只有与现代景观相结合，才能焕发出生机，适应新农村的建设，跟上城市化进程的脚步。这是本书对新农村景观乡土特色表达的思想基础。

第二节 "美丽乡村"的概念提出

一、"美丽乡村"和"美丽中国"

"美丽乡村"是"十一五"期间为加快新农村建设提出的，是新农村建设的发展和提升。2007～2008年，经过将近一年的调研，浙江省安吉县出台了《建设"中国美丽乡村"行动纲要》，正式提出了建设"中国美丽乡村"的战略构想，在全国引起强烈反响。"十二五"期间，受安吉县"中国美丽乡村"建设（图2-3）的成功影响，全国各地掀起"美丽乡村"建设新热潮，广东省增城、花都、从化等市县从2011年开始也启动美丽乡村建设，2012年海南省也明确提出将以推进"美丽乡村"工程为抓手，加快推进全省农村危房改造建设和新农村建设的步伐，"美丽乡村"建设正成为新农村建设的代名词。2012年，"十八大"报告中明确提出：推进城乡发展一体

化是解决"三农"问题的根本途径，并首次提出"美丽中国"的概念，这是"美丽乡村"的最高实现目标，其深层内涵就是生态文明建设，强调天地人的和谐相处。其实"美丽中国"的建设难点也在美丽乡村建设，通过城乡联动发展，推进新农村与城市的双轮驱动。

二、浙江省"美丽乡村"提出的建设目标

2003年6月，浙江省委、省政府召开全省"千村示范、万村整治"工作会议，提出用5年时间，从全省近4万个村庄中，选择1万个行政村进行全面整治，把其中1000个中心村建设成全面小康示范村。2006年4月，浙江省出台了《关于全面推进社会主义新农村建设的决定》，提出把村庄建设成为让农民享受现代文明生活的农村新社区，把农民培育成为能适应分工分业发展要求的有文化、懂技术、会经营的新型农民，形成"城市和农村互补互促、共同繁荣的城乡一体化发展的新格局"的总体目标，并描绘了浙江社会主义新农村建设的宏伟蓝图。2007年3月，浙江省委、省政府又出台了《关于2007年社会主义新农村建设的若干意见》，提出要围绕全面建设小康社会和构建社会主义和谐社会的总体目标，深入统筹城乡发展方略，全面建设农村新社区。

图2-3 安吉"美丽乡村"建设

2010年6月，中共浙江省委、省政府决定推广安吉经验，提出实施《浙江省美丽乡村建设行动计划（2011—2015）》，"美丽乡村"建设由此上升为全省性的战略决策。浙江省政府工作报告指出，推进美丽乡村发展，是全省新农村建设的重要手段之一，是"千村示范、万村整治"工程的提升，通过村庄环境的综合整治，农村产业的持续发展，精神文明的全面提升，逐步形成环境优美、产业特色鲜明、设施健全、文化丰富、农民幸福的现代"美丽乡村"。

第三节 "美丽乡村"的定义与内涵

一、"美丽乡村"的定义

乡村具有区别于城市地域的诸多特征，在当今城乡统筹政策的大背景下，乡村的形态、功能不断发生着变化，不同历史条件下对乡村概念的定义和划分标准不尽相同。尽管不同的学科对乡村概念理解的角度、广度不同，但有一点是相通的，就是通过比较乡村与城市的区别，从对比中正确地理解与把握乡村的本质。所以，乡村（Rural Area）是指非城市化地区，严格地讲是指城镇（包括直辖市、建制市和建制镇）规划区（Planning Area）以外的人类居住地区（泛指人类活动较频繁的区域），是一个空间地域和社会的综合体。

"美丽乡村"在乡村地域内强调"美丽"，"美丽"是定义"美丽乡村"的关键，具体可归纳为乡村环境优美、经济富美、景色秀美、民风淳美。强调村落、产业、景观、文化的融合，即"宜居宜业宜游宜文"。

（一）环境优美——"宜居"

强调的是村庄、社区整体环境舒适，村落建筑独特，历史悠久。注重乡村规划，统筹考虑乡村生活、休闲娱乐、文化氛围等因素，打造建筑精品和乡村亮点。我国现行具体指标为：重点工业污染源排放达标率100%，生活垃圾无害化处理率≥90%，人均公共绿地面积≥11m²/人，主要道路绿化普及率≥95%，

生活污水集中处理率≥70%；农村生活饮用水卫生合格率≥90%。

（二）经济富美——"宜业"

指在保护乡村景观原真性基础上，合理整合乡村资源，调整乡村产业结构，发展多种形式的乡村经济，切实提高乡村居民收入，完善公共设施建设。打造"一乡一业、一村一品"的特色小乡村。其具体指标为农民人均纯收入≥25000元/年。

（三）景色秀美——"宜游"

指在乡村自然大环境下，生物与环境之间，生物与生物之间相互作用的动态平衡，在于注重对乡村自然文化景观资源的保护和开发。其具体指标为森林覆盖率山区地区≥70%，丘陵地区≥40%，平原地区≥10%；水土流失治理度≥70%。

（四）民风淳美——"宜文"

在良好的乡村人居环境和高质量生活品质的保证下，亲属之间、邻里之间关系和谐融洽，村民勤劳能干、珍爱劳动成果的朴实作风之美以及民族文化精神的丰富涵养之美。在乡村建设中突出文化魅力，不断满足乡村居民的精神文化需求。

二、"美丽乡村"的内涵

其基本内涵包括了以下3个层面（图2-4）。

（一）生活层面（社会方面）

包括物质形态和精神文化。营造良好的乡村人居

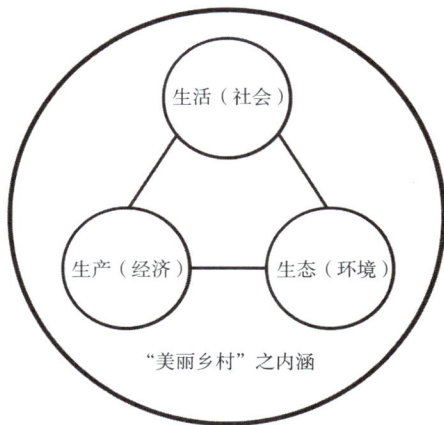

图2-4 "美丽乡村"基本内涵

环境，完善乡村聚落的公共服务设施，改善乡村整体景观面貌，丰富乡村居民的生活内容，展现乡村的风土人情、民俗文化、宗教信仰等，从而提高村民的生活品质。

（二）生产层面（经济方面）

是指产业发展、农民富裕、特色鲜明、社会和谐，在保护乡村景观完整性和地方性基础上，合理疏导乡村自然资源，转变传统的乡村产业结构，结合生态工业、观光旅游业，实现第一产业与二、三产业的联动发展，完善乡村产业布局，切实提高乡村居民的收入。

（三）生态层面（环境方面）

是指村容整洁、绿化美化、环境优美，有效治理乡村污水、乡村工业污染、农业面源污染以及乡村垃圾，提高乡村绿化美化水平，建立乡村卫生长效保洁机制，改善乡村居住环境。景观规划设计遵循自然发展规律，切实保护乡村生态环境，展示乡村生态特色，统筹推进乡村生态经济、生态人居、生态环境和生态文化建设。

第四节 "美丽乡村"与景观的关系

一、"美丽乡村"景观的属性

基于上述对景观概念的理解，笔者认为，景观作为"美丽乡村"建设的一个重要组成部分，具有区别于其他景观的特定景观形态、组成、功能及内涵。这主要表现在两个方面：其一，"美丽乡村"景观的外在属性，即反映的是人类活动对乡村自然景观的产生的影响，包括山体、水系、地形、农田、建筑、设施小品等多种实体景观；其二，"美丽乡村"景观的内在属性，即作为乡村精神文化的载体，反映了人类的价值取向和内在需求，如传统技艺、风土人情、服饰、宗教信仰、生活方式等非物质的精神文化。

二、从规划设计阐述"美丽乡村"景观的内涵

本书研究的"美丽乡村"是指狭义上的浙江省乡村地区。本书的研究范围主要是指在城乡一体化进程中，基于浙江省新农村建设为背景的"美丽乡村"景观规划设计的现状、存在问题、规划设计方法以及未来的发展趋势。

景观规划设计是在景观地理环境的基础上，以生态学理论为指导，以营造良好人居环境为目的，应用多学科的理论，对乡村各种景观要素进行整体规划与设计的过程。它主要包括设计对象的生态效益、经济效益、社会效益和视觉景观形象等景观规划设计要素，强调以人为本、以人居环境建设为核心、以保护自然生态环境为重点、以传统特色文化为载体的景观工程化过程。"美丽乡村"景观规划设计就是要解决如何合理的利用乡村特色资源，应用多学科理论，对乡村土地利用过程中的各种景观要素和利用方式进行整体规划与设计，保护乡村景观完整性和地方特色性，使乡村景观格局与自然环境中的各种生态过程和谐统一、协调发展的一种综合规划方法。景观规划设计中以"美丽乡村"建设为载体，保护乡村生态环境，深入挖掘地域文化，塑造乡村风貌特色，通过乡村景观规划设计，为人们创造生活舒适便捷、社会和谐稳定、景观优美的"宜居、宜业、宜游、宜文"的可持续发展的整体乡村景观环境。

第五节 乡村景观的实质——乡土特色

一、"乡土"的含义

《辞海》中对"乡土"一词的有两层含义：一是故乡，本乡本土，出自《列子·天瑞》："有人去乡土，离六亲，废家业。"二是泛指地方，出自《晋书·乐志下》："乡土不同，河朔隆寒。"本文所理解的乡土即为本乡本土、当地的，它不能单纯地被理解为农村

的，更不能粗俗地理解为落后的、乡下的、土气的。乡土不仅限于乡村，也包括城市，而乡村的乡土是本书研究的对象。

二、乡土特色概念的几种理解

"特色"，指事物表现出来的独特的色彩、风格等，或者说是某一事物相对于其他事物所具有的个性特征。乡土特色，在较多论文中都被理解为地域特色，乡村化、寻常化等，在于其地域内模式共性和地域外模式个性的矛盾统一。同时，也存在着诸如地域特色、传统特色、民族特色等名词，吴良镛、俞孔坚、王浩等分别给予了解析，但仍然是错综复杂，难以区分。这里采用邹德侬教授等在论文"中国地域性建筑的成就、局限和前瞻"中所设定的与建筑相关的区分点，结合景观进行比较（表2-1）。

乡土特色与其他类型特色的比较　　　表 2-1

地域特色	传统特色	民族特色	乡土特色
突出空间因素的作用，由自然条件所产生的属性	突出时间因素的作用，因世代相传所产生的属性	突出种族因素的作用，因信仰习惯所产生的属性。	突出人文因素的作用，因风土人情所产生的属性

本书综合考虑了以上几种关于乡土特色的定义，认为乡村景观的乡土特色是与自然相关，在自然景观具有的地带性规律形成的不同区域环境中，人在与自然的相互作用导致乡村景观的许多元素（如农作物、民居形式、建筑材料等）也具有明显的地带性特征。可以理解为当地的人为了生存和生活，逐渐适应自然过程，形成的开发土地及土地上的空间及格局，是人的生活方式在土地上的投影。这些特征就是本书所讨论的主要对象。自然景观包括地貌、动植物、水文、气候和土壤等，这些因素构成了乡村景观的宏观基底。

三、乡土特色是乡村景观规划的灵魂

乡土特色适应当地生产力的发展。中国5000多年的发展史就是一部农业文明史，在农业生产、乡村

生活中，在人与自然抗争又亲密接触的过程中，逐渐形成了与当地气候条件、自然资源相适应的生活方式，这就是乡土特色，并由当地的人代代传承与弘扬，是经历实践证明了的符合地区特色的客观事实。乡土特色景观与自然山水的结合更为密切和谐，乡土建筑在风格形态上更丰富多彩。都是利用当地资源材料，由地方的能工巧匠运用流传的建造技艺营造适合当地民众生活的街巷形态和各类住房，具有较强的适应性。

乡土特色的基本要求就是"可识别性"。可识别性就是在一定区域内，能被使用者记住和认同。可识别的景观形象具有环境场所的社会意义，能够营造产生归属感与认同感，让使用者经历美好的情感体验，而特色鲜明的空间场地是可识别性形成的基础。乡土特色能产生新的灵感，乡村景观是一种没有设计师的景观，是一种与自然和谐相处的景观，是一种理想状态的景观，把握乡土特色，能使我们更接近理想。"和能生物，同则不济"，老子对于事物发展的规律作出了精辟的阐述。可见，充分挖掘乡土特色不仅是解决乡村景观规划设计中的手法和创新问题，还是保护和延续整个人类文化脉络的重要途径。

四、正确看待乡土特色

特色只需传承，无需创造。乡土特色既具体又虚无。它可以是村口的一棵树，讲述着季节的更替，记录着村落的兴盛衰亡，也可能是全村的精神生活中心；也可以是村中那一座土地庙，被寄予厚望，保护一方安宁。同时它又如空气，感觉到处都有，但就是看不到也抓不住。伯纳德·鲁道夫斯基在其著作《没有建筑师的建筑》中介绍了众多在没有职业设计者出现之前，人与自然发展而形成的建筑与乡土景观。材料各异，因地制宜，就地取材，如西伯利亚的木板房，沿地中海的石板房，还有泥土房、草木房、帐篷房。布局形式也各异，如马达加斯加的特诺伊族房屋布局严格按照星座精心排布，北京四合院的布局则按照中国传统的风水理论确定位置，把"没有建筑师的建筑"引申为"没有设计师的景观"，这样的说法针对乡土

景观也同样具有描述意义。

伯纳德·鲁道夫斯基实际上已向追求个性与特色的设计师们提出，特色本来并不需要设计师创造。俞孔坚在其《建筑理论》中也提出："阅读和尊重地方的土地和自然过程，利用现代技术实现生态化的设计形式，来满足现代中国人的生活方式，这是中国的景观特色之路。"这为本书的研究指明了方向。曾巧巧在其论文中将乡土景观营造归纳为：提取来自民间的乡土要素，适当地呈现在我们的设计作品中，以恰当的方式记录"发生在那里的事，生活在那里的人"。

乡土特色的表达应该是一种设计思维，其本应该就没有固定的表达模式，而是在设计中尽量使用地方材料和做法，体现乡土精神，能达到引起使用者感情上的一种认同和共鸣，使得作品本身与当地的风土环境相融合。这也遵循了中国古典园林"师法自然，宛自天开"的设计之道。

第六节 拓展概念

一、乡村旅游资源

（一）乡村旅游资源的分类

乡村旅游资源是指在乡村地域内能为旅游业所利用的原材料，是能够吸引旅游者，并能产生经济、社会、生态等综合效益的物质和非物质的吸引物（图2-5）。作为乡村旅游资源的乡村景观应该同时具有吸引功能和综合效益功能，应该是生态环境保护较好的，给人以美的享受的旅游活动的客体，包括农村的自然风光、人文遗迹、民俗风情、饮食起居、农业生产、农民生活等资源。根据卢云亭（2006）提出的传统与现代两类乡村旅游地类型，可以将乡村旅游资源分为传统和现代乡村旅游资源两大类型（表2-2）。

传统和现代乡村旅游资源分类　　　　　　表2-2

传统乡村旅游资源	现代乡村旅游资源
乡村民俗类	现代新农村类

续表

传统乡村旅游资源	现代乡村旅游资源
乡村传统农业类	乡村农业高新科技类
古村古镇类	乡村生态环境类
乡村风水或风土类	乡村园林旅游类
乡村土特产类	乡村康体疗养类
乡村休闲娱乐类	乡村知识教育类
乡村名胜类	
乡村红色旅游类	

实际上，在特定的时空范围内，传统和现代的乡村旅游资源往往相互融合，难以作出具体的区分。例如，乡村风水类往往和生态环境类景观资源属于同一范畴，也就是说，在同一乡村旅游目的地，它的资源类型可能既是传统的，也是现代的。在大多数情况下，乡村旅游资源可划分为潜在资源和已开发资源两大类型。已开发的乡村旅游资源是指经过一定的市场化开发，被市场认可而形成旅游线路类的综合性产品。

（二）乡村旅游资源的特征

就旅游资源而言，较之城市，乡村蕴藏着更丰富的能量，几乎包含了所有资源种类，有很多城市还无法与乡村媲美，这是乡村发展旅游产业的坚实基础。与城市旅游资源以及风景旅游资源相比，乡村旅游资源具有很多自身的特征。

1. 乡土性

我国乡村地域辽阔多样，多数地区仍保持着原始自然的风貌，包括风格各异的风土人情、乡风民俗、古朴的村庄作坊、原始的劳作形态、真实的民风民俗、土生的农副产品等，这种在特定地域所形成的"古、始、真、土"，具有城市无可比拟的贴近自然的乡土优势，为游客回归自然、返璞归真提供了优越条件。

2. 季节性

我国乡村旅游资源大多以自然风貌、劳作形态、农家生活和传统习俗为主，受季节和气候的影响较大。乡村旅游资源的季节性表现在：乡村自然景观随着季节的变化而变化以及乡村居民的农业生产规律决定的不同季节的农业景观，如南方地区的春季油菜花田景观，夏季稻作景观等。在资源开发利用过程中必须充分考虑季节因素，以便因时、因地组合资源，产生各具特色的乡村景观。

3. 文化性

乡村人文旅游资源是人们长期与自然环境相互影响下形成的文化景观。即使是自然山水，都是充分人文化的。政治、民族、宗教等要素组成的社会环境沉淀着丰厚的历史文化内涵，包括宗教文化、神话文化、军事文化、政治文化、民俗文化等。世界旅游组织关于乡村旅游的定义是以乡村文化为产品核心的旅游，构成乡村旅游最核心的三部分也是文化、人和自然，这些都在一定程度上展现了乡村旅游资源的文化性。乡村的各种民俗节庆、工艺美术、民间建筑、民间文艺、婚俗禁忌、趣事传说等，对于城市游客来说，具有极大的诱惑力和吸引力，因此，在对乡村旅游资源进行开发时，需要以人文精神为定位，确保传统文化资源在乡村旅游中的主导地位。

4. 生态性

在高度工业化的城市地区生态环境破坏严重，而乡村地区由于其地理、交通的限制，较少的被外界所干扰，因此，依然保存着较好的自然环境基底，维持着生态的平衡，这些都赋予了乡村旅游资源的生态特性。乡村旅游的独特之处就在于游客在生态的环境下体验各种活动。

二、乡村色彩景观

（一）乡村色彩

乡村色彩是指乡村实体环境中反映出来的所有色彩要素共同形成的、相对综合的、群体的色彩面貌，主要由绿化、建筑、道路以及构筑物等的色彩构成（不在意色彩的构成是否合理，是否符合地方特色）。

姜丽认为乡村色彩是乡村居民环境质量的重要组成部分。乡村色彩本身积淀着乡村的历史，与地理环境和传统民族风俗有着密切的关系。因此，乡村色

图2-5 西塘——江南水乡聚落景观资源

彩规划具有一定的必要性。

（二）乡村色彩景观

色彩景观的概念被研究限定在以色彩为特定的实体景观的可视因素范围内。尹思瑾认为研究色彩景观，是针对城市在建设和发展过程中城市色彩的无序、杂乱以及无视地方文化传统的种种现象，而产生的对一个美好、协调、有特色的城市色彩面貌的期望。

（三）乡村色彩景观规划

以建设社会主义新农村、相关村镇规划政策为依据，针对新农村村庄建设的景观整治问题，以乡村景观色彩构成的宏观角度为出发点，依托合理有序的规划层次，运用视觉美学和文化层面的色彩景观概念，充分融入乡村景观中，提升乡村品牌。

图片来源：
图2-5 http://www.zcool.com.cn/work/ZNDkyMzI2MA==.html；http://www.zcool.com.cn/work/ZNjIxOTUyOA==.html

第三章
美丽乡村的国内外理论实践

第一节 国内外"美丽乡村"的理论研究

一、国外乡村规划设计的研究理论

（一）国外乡村景观规划研究

国外开展景观生态学的应用研究与乡村景观规划实践较早的国家主要是一些欧美国家，如德国、捷克、荷兰、英国、美国等。一般认为，这方面的研究始于20世纪中期，并逐渐形成了相对成熟的理论和方法体系，对世界农业的发展、乡村景观建设与保护起到了巨大的推动作用。而韩国、日本等亚洲地区国家的乡村景观研究经历了从起步、发展到相对成熟的较为完整的过程，目前已具有相当规模，走上了规范化发展的轨道，对我国乡村地区景观规划具有借鉴意义。

1. 欧美国家

德国的乡村建设走过了一个长期的探索过程，总的来说，德国的乡村发展主要经历了三个阶段，即土地整理、景观规划实践和农村更新规划。1954年，德国针对农地分散、零碎等问题，原联邦德国政府制定并实施了《土地整治法》，结合农业基础设施和公共服务系统的建设，扩大农场规模，改善农业生产经营条件，为乡村景观持续发展奠定了良好的基础；到了20世纪70年代，传统的乡村土地格局出现了一些负面影响，在一定程度上威胁着乡村自然生态环境，多种生物面临灭绝的危险，在这样的背景下，《自然与环境保护法》应运而生，以期通过相关法规的监督、约束，达到乡村环境、经济和景观相互协调发展；至此，德国在各邦制定法令推行了"农村更新规划"，完善相关法律、法规，并结合可持续发展理念，将乡村土地利用规划、空间格局营造、环境景观保护与生态文明、文化建设、旅游观光等内容相结合，形成较为系统的乡村景观建设理论。

荷兰的乡村景观规划与土地整理过程紧密相连。从荷兰土地整理项目的发展趋势来看，其重心是从

单纯的以调整农业为目的演化为乡村地区更加有效的土地多重利用；而与此对应，荷兰的乡村景观规划也逐渐从为农业生产等经济因素服务，发展为注重有效的土地利用与景观品质、生态进程的保护和发展相结合。1924年，荷兰颁布了第一个《土地整理法》，其作用是改善土地利用格局，促进农业的发展，土地成片发展，相对集中，便于管理；1947年，又颁布了《瓦赫伦岛土地整理法》，成为荷兰土地改革历史上的一个重要时期，开始从简单的土地重新分配转向更为复杂的土地发展计划；1954年，出台了第3个《土地整理法》，明确规定了景观规划必须作为土地整理规划的一个组成部分，乡村景观规划自此在荷兰获得合法地位；到了20世纪70年代，乡村规划的整体思想逐渐形成，进行大尺度生态关系的研究，注意从结合土地使用类型、生态便利设施和景观的形式设计中找出乡村景观规划的新方法。此外，以荷兰人 H.N Van Lier 为主席的"国际土地多种利用研究组 (the International Study group On Multiple Use of Land)"，提出了以"空间概念 (special concepts)"和"生态网络系统 (ecological networks)"等描述多目标乡村土地利用规划与景观生态设计的新思想和方法论。

美国在乡村景观规划方面，最初是通过乡村环境规划实现的，即建立一个经济发展与环境保护相互平衡的可持续发展的乡村社区。美国景观环境规划学之父 Olmsted 认为景观规划不仅要提供一个健康的城市环境，也要提供一个受保护的乡村环境，同时研究也注意到景观规划面临着文化景观发展带来的挑战。另外，美国的福曼（Forman）提出了一种基于生态空间理论的景观空间规划模式和景观规划原则，着重强调了乡村景观规划设计中生态价值和历史文化的融合。随着乡村经济的发展，可持续发展理念的深入应用，美国在乡村景观规划过程中，不断完善法律法规，增强环境保护意识，为乡村景观更新创造了良好的基础保障。

2. 亚洲国家

此外，韩国、日本等亚洲地区的国家推出各具特色的乡村景观改善运动，并取得较大成绩。20世纪70年代，韩国政府为改善三农问题而推出"新村运动"，通过对自然与农业景观的保护与发展，达到了

完善乡村布局、美化村庄环境和保护传统文化的目的。日本为改变农村环境严重恶化问题，曾兴起草根性质的"造町运动"、社会团体性质的"美丽日本乡村景观竞赛"和"一村一品"运动，分别通过对传统聚居村落保护、现代农业振兴和发展特色旅游产业等手段极大激发村民建设家乡、改变村容村貌的热情。根据日本学者 Mssao Tsaji 博士论述，乡村土地景观规划的实质即为公共与私有土地资源关系的合理化问题，并且指出其实现途径需要严格限制与优化土地资源，韩国与日本的乡村景观改善运动过程恰好提供了实践的支撑。

（二）国外乡土特色研究

1. 西方国家

西方国家在 20 世纪 40 年代开始有相关乡土景观的研究，乡土景观是考古学和建筑学共同发展的产物，很多研究都可纳入文化景观的范畴。西方乡土景观的研究已经达到相当的广度和深度，呈现出百花齐放的局面，成为一个独立的学术领域，其中最具代表性的著作有麦克哈格《设计结合自然》、海德格尔（德）《人，诗意地安居》等，从宏观或单项的角度出发来探讨大地艺术或景观设计。

美国开展村镇的环境规划目的在于对社区环境的营造，设计时以民众需求为依据，鼓励自我依存，减少对外来物种的依赖，考虑对当地乡土特色与场所感的表现，强调公众参与，地区整体均衡，地方特色与持续发展以及当地居民认同感等。还有一些发达国家在乡村景观规划中比较重视娱乐性、美感和观光价值等方面，面对现在人们要求回归本土的需求，他们将一些富有地方特色的观光农业景观融入其中，希望创造出特色的乡土景观（李琼，2010）。而在《大地景观：环境规划指南》中，J.O 西蒙兹针对美国乡村旅游对乡村景观造成的破坏，明确规定不允许其他类型的土地开发占用乡村旅游景观资源；在乡村聚落的景观规划中，要保护原有的道路和路边特色景观，建立风景——古迹型道路系统，营建街头公园和公共活动区（J.O 西蒙兹 1990）。

2. 日本

日本是与我国情况非常相似的国度，在文化、气候、人口密度上都具有相似点，日本在乡村特色的营造上有非常多地方值得我们借鉴。日本学者进士五十八等在《乡土景观设计手法——向乡村学习的城市环境营造》中，综合地展现了他们在乡土特色表达方面取得的成绩，并提出乡土景观设计是"百姓的设计"。日本的"造村运动"对全球乡村发展也产生了深远的影响。

建筑形态与风格上，日本乡村建筑创造性地传承了传统的并且富有民族特色的建筑外观。其建筑有选择性地融入了一些现代的元素，但在外形上基本以日本传统建筑形式为原型和准则，甚至保留了营造房屋时的仪式，每个村庄较少有新奇的建筑形式。为了满足现代人的居住需求，设计师们对建筑的使用功能进行了丰富，加强了抗震需要及舒适度，并且注重生活情趣，以城市生活标准进行建设。

（三）乡村旅游研究

国外乡村旅游开发始于 19 世纪 70 年代，乡村旅游的研究也随着乡村旅游的发展不断深入和完善，近年来，国外乡村旅游研究更倾向于规划、市场、乡村文化资源、乡村可持续发展、案例等问题。

1. 规划

国外对于乡村旅游规划的主要研究点有：乡村发展与综合旅游；规划回顾、就业以及乡村旅游未来发展等。

2. 市场

没有市场就没有乡村旅游的发展，国外对乡村旅游市场研究的视角主要有：地区比较和游客流向；食宿结构变化；需求与供给、产品开发、区域网络；市场细分；产品和市场的多样化；游客消费与企业策略等。通过市场研究，为已建成项目和拟建项目提供帮助，为宣传目标确定主要对象，发现新的营销策略，为市场发展机制提出新的见解。

3. 乡村文化资源

乡村文化是乡村旅游的重要资源基础，国外学者针对这方面的研究焦点包括文化与乡村旅游发展的框架、文化经济、文化遗产保护、文化产品、与基础环境的关系、与商业的关系、在推动市场中的作用等。

4. 乡村可持续发展

实现乡村旅游可持续发展的方法、策略是许多国外学者共同关注的问题，Lane 对实施可持续开发策略的原因进行了探讨。许多研究认为要实现乡村旅游的可持续发展，社区参与、地方控制是必需的，而乡村旅游起步阶段的财政资助、得当的管理、区域合作也是实现可持续旅游的关键要素。其他涉及乡村可持续发展的研究有以下几个方面：灾后或战后重建；游客的需求、态度及乡村旅游产品；资源的重新界定；贫困地区开发乡村旅游的可能性和局限性等。这些研究从乡村旅游理论与实践出发，在技术方法、公众意见、社区发展等方面进行了广泛的探讨。

5. 案例

国外关于案例研究涉及内容广泛，通过案例研究，探讨乡村发展与规划、乡村旅游的作用、乡村旅游资源、乡村建设、经营方式与理念、国家与区域政策、游客、居民态度等一系列问题。根据研究对象的具体情况，发现问题，解决问题，对当地乡村旅游发展具有实际的指导意义，为其他地区乡村旅游发展提供借鉴。

（四）国外乡村色彩的景观规划研究

国外城市色彩景观的规划起步早，大量的实践案例和集成理论支撑着城市色彩景观的可行性。国外城市规划设计师们提出乡村景观与人、文化、建筑等主体相互作用的重要性。国外研究的城市色彩景观范畴已经涉及乡村领域，乡村风貌规划作为打造乡村个性特色之一。要使乡村聚落保持可持续发展，必须对建筑区与自然平衡、当地社区、历史传统及本土文化进行保护。关于乡村景观感知与视觉的评估，研究表明乡村景观可以从视觉（形态）、感知（内涵）和经验（功能）等方面进行分析与评估。西方进行城镇规划设计（civic design or town design）的同时，已经把乡村作为城市色彩景观规划的一个部分去考虑，去探索。如今，在乡村景观理论上频繁地提到视觉、本土色彩文化作为平衡当地发展的力量。国外很多城镇的政府部门更加关注乡村色彩景观规划设计，把其作为改观城镇环境和个性的重要课题。他们从提升人居生活环境品质出发，规划营造乡村建筑色彩、自然景观等视觉氛围，使得绝大多数小镇、乡村以其特有的本土色彩文化让游客流连忘返，并成为游览胜地。

总之，无论城市还是乡村，国外的设计师们都有高度的敏感性和重视度，色彩景观规划在不断地发展中趋向稳定。

（五）乡村庭院景观研究

欧洲庭院发展源于罗马的府邸庭院，历史悠久，流传深广。室外庭院空间只是作为居住建筑的背景，用以衬托建筑，人们更加注重居住建筑细节的修饰和雕琢。而西方现代庭院营造在继承优秀的传统特性基础上，充分吸收了当代建筑和艺术的精华，趋向于灵活多变的空间组织，使当代庭院景观变得丰富多彩，庭院的艺术魅力不断得到新的诠释。

二、国内乡村规划设计的研究理论

（一）近年国内乡村景观研究理论

随着我国经济实力的不断增强和城市化进程的加快，我国的乡村景观研究也取得了一定的成就，主要研究内容可概括为五个方面，即乡村景观的分类、评价和乡村聚落、生态、文化三大景观。

1. 乡村景观的分类

国内对乡村景观分类研究最早出现在土地分类上，随着学者们对乡村景观认识的深化，不少学者借鉴国外景观分类研究成果涉足乡村景观分类的研究，对乡村景观的类型研究从前期的土地类型和农业类型方面跨入整体乡村景观类型方面。其中，李振鹏等采用功能形态分类的思路，提出了"景观区—景观类—景观单元—景观要素"四级分类方案，并以北京白家疃村景观生态分类体系为例进行了分类方法初探；余亚芳借用美国学者 Amos Rapoport 在《建成环境的意义——非语言表达方法》一书中所使用的理念，将我国西南传统乡村景观分为固定性景观因素、半固定特征因素和非固定特征因素 3 种类型进行讨论研究；肖笃宁、钟林生提出按照景观形成过程中受人类影响强度的大小，将其划分为三种类型：自然景观（原始景观和轻度人为活动干扰的自然景观）、经营景观（人工自然景观与人工经营景观）和人工景观；此外，还有其他学者依据景观的特征、功能、形态等因素，将乡村景观分为聚落、农田、山体、道路、水系、广场等。

综上所述，由于角度不同、学科各异，乡村景观分类角度也不尽相同，笔者在总结前人学者的基础上，按照浙江省"美丽乡村"景观的形态构成，将其划分为自然景观和人文景观（表3-1），其中人文景观又包括物质景观和精神景观。

乡村景观要素分析　　　　　　　表 3-1

景观类型		景观要素分析	景观元素的提取
自然景观		由气候、地貌、水体、土壤、植被等多种要素组合而成，是乡村景观中最为核心的景观要素，反映了特定区域内经济、意识、美学等诸多景观特征	村庄肌理、生态环境、植物意境、地理形态、山水格局等
人文景观	物质景观	反映的是人类对自然景观的改造程度和方式，包括建筑、村落空间、设施等多种实体景观	梯田、古井、犁、水渠、古桥、古建筑、庙宇、祠堂等
	精神景观	人类长期与自然环境相互作用形成的诸如传统技艺、风俗礼仪、宗教信仰、生活方式等非物质的精神文化符号，反映了人类的价值取向和内在需求	传统技艺、风俗礼仪、宗教信仰、名人轶事、生活方式等

2. 乡村景观的评价

乡村景观评价是研究和评价乡村景观状况和演变规律的基础，也是开展景观规划的前提，目的在于揭示乡村景观资源现状的优劣程度和检验规划实施后的乡村景观是否达到预期的目标，进而为乡村景观规划和乡村环境改善提供科学依据。目前，我国学者对乡村景观评价方面的研究主要集中在综合评价研究、风景资源评价及景观生态评价理论三个方面。

从乡村景观综合评价角度出发，刘滨谊、王云才提出了乡村景观可居度、可达度、相容度、敏感度和美景度5个指标因素，并以人居环境为导向的乡村景观评价指标体系，其中可居度表现为聚居能力、聚居条件、聚居环境、生态环境、社区社会环境、经济条件、成长性、可持续能力；可达度包括乡村景观类型与特征、人工廊道网络特征两项指标群体；相容度表现为行为与景观价值功能的匹配特征、行为对景观的破坏性以及行为对景观的建设性；敏感度即为生态稳定性和敏感性评价、视觉敏感度评价、古聚落建筑环境敏感度评价；美景度是客体质量评价、吸引力指标、认知程度、人造景观协调度和景观视觉污染。谢花林、

刘黎明根据乡村景观功能和评价指标体系构建的原则，构建3个层次的乡村景观综合评价指标体系，包括社会效应（经济活力性、社会认同性）；生态质量（生态潜力性、生态稳定性、异质性）；美感效果（有序性、自然性、环境状况、奇特性、视觉多样性、运动性），并以北京市海淀区的东升乡、东北旺乡、永丰乡、上庄乡和北安河5个乡镇作为评价对象，运用综合评价模型进行评估分析。陈波、包志毅借鉴日本的一套农田和林地生态功能的评价方法，运用地理信息系统采集乡村环境的各种数据基础资料，提出了综合的环境管理评价方法，利于我国的乡村环境进行全面管理评价、定量分析环境条件。

从乡村风景资源评价角度出发，俞孔坚通过实验、技术研究、数学建模等方法提出自然景观评价的三种方法：调查分析法、民意测验法和直观评判法，并对三者的优缺点进行深入分析、比较，明确每种方法的适用环境；同时，俞孔坚还综合了世界上公认最好的两种风景审美评判测量法（SBE法和LCJ法），提出了BIB-LCJ审美评判测量法进行风景审美评判测量研究，并对不同类型的人在风景审美方面所反映出的特点及相互关系作了分析；此外，刘滨谊将风景旷奥度作为空间感受评价标准，利用一系列知觉、感受测度来定性、定量评价风景空间感受。

从乡村景观生态评价角度出发，丁维、李正方等以江苏海门市农村生态环境为载体，采用层次分析结构模型，从农业生产系、居民生活、乡镇工业3个亚目标层，建立农村生态环境评价模型；王云才以巩乃斯河流域景观空间为依托，通过景观旷奥度（自然度、旷奥度、美景度）、相容度（敏感度、相容度）、可居度（可达度、可居度）的适宜性评价，建议游憩景观生态适宜性评价体系；张秋琴、周宝同等从景观功效性、景观受胁度和景观稳定性3方面，构建土地利用可持续性的景观生态评价指标体系，采用极差标准化处理法、权重加权法等对研究区进行土地可持续利用景观生态评价。

3. 乡村聚落景观

乡村聚落景观是乡村文化的核心，也是乡村地理学的研究热点。1990年以前，我国乡村聚落研究以

位置、形态、功能、布局、演变、规划 6 方面为主，1990 年以后在分布规律、空间结构、特征等方面的研究得到了加强。1992 年彭一刚在《传统村镇聚落景观分析》一书中，介绍了传统村镇聚落的形成过程，并阐明了由于地形地貌、气候、民俗风情、发展历史和宗教信仰的不同，导致了不同地区聚落景观的不同。范少言、陈宗兴提出乡村聚落空间结构应着重于乡村聚落规模与腹地、地点与位置、等级体系与形态、功能与用地组织、类型与区划等方面，并提出今后应加强研究的方向。于淼、李建东运用遥感、地理信息系统技术以及景观分析方法，以辽东山区桓仁县典型的 6 个乡村聚落为研究对象，选取乡村聚落斑块面积、斑块数、平均斑块面积、斑块密度、面积加权平均斑块分维数等 5 个景观指数，从乡村聚落规模、用地、分离度、形态 4 个方面进行景观空间格局分析，得出聚落周边景观环境所受的干扰度和破坏度。

4. 乡村生态景观

乡村景观生态学方面的研究主要集中在生态空间理论、景观异质性、景观变化模型以及景观系统分析与 GIS 应用上。李林峰、朱德举等运用 GIS 采集相关数据资料，以江西省信丰县大塘埠镇土地整理项目为研究对象，采用斑块多样性、景观类型多样性、景观格局多样性等指标，得出土地整理项目的实施意义。这一方面提高了整理区域社会经济效益，另一方面也导致了局部生态环境效益的下降。认为以耕地数量增长为主的土地整理模式，应该转变为以土地质量的提高为主的土地整理模式，综合考虑土地整理对区域景观生态的影响。王仰麟、韩荡应用景观生态学原理对中观和宏观空间尺度问题展开研究，提出农业景观的生态规划与设计的方法，认为景观生态学原理可以大范围用于农业景观的生态规划与设计。此外，刘黎明还分析了景观生态建设与城市边缘区乡村景观生态特征的相关问题，提出了城乡协调过程中，如何保留乡村自身特色的生态规划措施。

5. 乡村文化景观

乡村文化景观是乡村地理学的主要研究内容之一，是自然环境景观的人文程度不断加深的过程，即通过人与自然相互作用，将自然景观的外在属性融入乡村历史文化中，从而形成非物质文化特性。刘之浩、金其铭认为文化景观是乡村地区的地理特征和人类作用于自然的各种现象，在一定程度上反映了人们长期以来进行的适应自然、利用自然和改造自然的情况，并通过应用定量、定性的相关指标，分析了乡村文化景观的类型及其演化。欧阳勇锋、黄汉莉认为乡村文化景观是乡村土地表面文化现象的综合体，具有地域性、文化性、多样性、复合性、延续性和稳定性等特征，明确乡村文化景观具有历史、文化、科学价值和教育意义，提出分级分类编制乡村文化景观名录和构建乡村景观设计体系。此外，还有部分学者认为乡村文化景观主要由农居建筑、街道、古树名木、生产方式、生活习俗、服饰、农耕方式、农作物种类、土地利用效率等类型组成，也有学者根据乡村文化景观是否实体存在并能被人们肉眼所见，将其划分为物质文化景观和非物质文化景观。

（二）乡村景观规划研究

我国的乡村景观研究在乡村规划等方面进展较快。刘滨谊、陈威等针对中国乡村城市化进程中的乡村人类聚居环境规划建设，提出乡村景观园林的问题，阐述了乡村景观园林的定义，国内外研究动态及其理论与实践意义，进而提出了作者关于我国乡村景观园林研究的内容、方法及其预期成果。强调和突出当地景观的特殊性的同时体现当地的文化内涵，提升乡村景观的吸引力。王云才提出乡村景观规划的七大原则；王锐和王仰麟等提出农业景观生态规划应遵循五项原则；谢花林等认为乡村景观规划设计应遵循整体综合性、景观的多样性、场景最吻合、生态美学原则。国内其他学者，如刘黎明、曾磊、郭文华等对乡村景观的现状和动态演变的特征及乡村城市化过程中的景观生态学问题进行分析，探讨出具有一定实际运用价值的乡村景观规划的原则和方法。硕士论文也较集中于关注乡村的规划。

（三）国内乡土特色研究概况

我国学者对乡土景观的研究更倾向于我国传统村落和乡土建筑。对乡土特色方面的研究，主要有地理学、建筑学、文化人类学（民族学）和考古学等四个学科。1997 年开始了乡土景观的研究，主要集中于北京大学景观规划设计中心，当时关注点在云南和西藏等地。随着新农村建设的提出，国内学者的眼光开始聚焦于乡村建设，针对新农村建设可能带来的对乡土景观的破坏方面的研究也应运而生。新农村带动了乡村旅游业的兴起，旅游领域开始关注乡土景观的重要性，在乡村旅游业也有大量的研究成果。风景园林学对乡村景观的研究起步较晚，但在相关院校及研究机构的努力下，也收获颇丰。各方面的研究都有各自的侧重点：

1. 乡土特色的分类

结合王浩教授对乡土元素的分类，昆明理工大学的曾巧巧按照构成要素将乡土特色分为自然环境要素、乡土人文要素。部分学位论文将乡土景观的形式分为物质层面和精神层面两大类，王新在这个基础上又增加了经济层面。

2. 乡土景观

近年来，关注于乡土景观的研究比较多。大部分是针对乡土景观的保护与利用，不少是针对村庄的景观整治，但是很少有研究是针对乡村特色景观表达。对乡村特色的研究还处于了解认识的初级阶段，文献大部分是停留在宏观层面上，即如何保持乡村风貌。具体研究内容上除了有乡土聚落景观研究外，还有乡土景观评价研究、乡土景观生态学研究、乡土景观发展研究、乡土景观特色研究、乡土景观开发利用研究等多项。

传统地方性乡村景观的研究较多，陈志华结合乡村园林的实例对江河流域的乡村园林的产生原因及其特色分别进行了阐述（舒楠，1997；陈志华，1999）。此外，对徽州古典园林也有较为详细的研究（程极悦，1987；肖国清，1988；殷永达，1993；张浪，1996），这些文章对乡村景观的研究提供了一定的理论依据和实例。

3. 乡村旅游

国内旅游学者从乡村旅游的角度对乡土景观提出了不同的看法。刘红艳认为生态是乡村的基本属性，乡村旅游就是在乡村提供的生态环境中进行活动。乡村旅游在一定程度上可以说就等同于乡村生态旅游。孙文昌提出乡村景观是田园景观、农事活动和农俗文化相结合的产物，乡村旅游主要就是进行农业旅游，强调了生产性景观的重要性。邱美云认为乡村特有的自然和人文景观是乡村旅游最大的吸引点。曹水群在邱美云研究的基础上进行了总结，认为乡村旅游与生态旅游、农业旅游和民俗旅游三者均有交集。黄璜等认为乡村旅游极大地推动了乡村的发展，促进了乡土特色的延续。

4. 传统村落

乡村聚落景观研究自20世纪90年代以来，多集中在位置、形态、功能、布局等方面，其后涉及空间结构、分布规律、特征、扩散等方面。彭一刚的《传统村镇聚落景观分析》是国家自然科学基金资助的第一个有关乡村景观的课题，该课题介绍了传统村镇聚落的形成过程，并阐明了由于气候、地形、生活习俗、民族文化和宗教信仰的不同，导致了不同地区聚落景观的不同。刘沛林的研究认为，古村落是最为理想的人居环境，其选址、布局与营建充分体现古人的和谐观、生态观及追求诗画境界的理想环境观。

5. 乡土建筑

陈志华于1999出版的《北窗杂记》中的《说说乡土建筑研究》是对乡土建筑研究较为全面的论述。然而针对乡村景观中乡土建筑景观及其环境营造的研究及著作并不多，彭一刚教授的《传统村镇聚落景观分析》、梁雪的《传统村镇实体环境设计》两本书中的部分章节有涉及，但也未做系统的论述。中国美术学院的王澍，因其对乡土建筑的创新与坚持，获得建筑界的诺贝尔奖——"普里茨克"奖。他对乡土材料的综合利用、色彩的控制与把握以及对传统形式的继承，都蕴含着哲学思维与传统文化理念，其设计体现出内在与外在的完美结合。

6. 乡村景观设计研究

北京大学的俞孔坚教授引领的团队开始致力于我国的乡土新景观的研究。出版了《"反规划"途径》等书。通过实际的案例把各种专业整合在一起，拟解决一系列在中国城市化进程中出现的乡土遗产、生态保护、工业遗产等重大问题。其主要思想有："足下文化与野草之美"，"白话景观"，"重视乡土性，回归土地与人的真实关系"。

华南农业大学风景园林系主任李敏教授为带头人的研究队伍，他们立足当地热区植物，并以此为切入点对热带园林基本概念、发展特点及其景观特色进行学术研究，并延伸到对本土景观设计的探究。

南京林业大学王浩教授团队从乡土景观元素的角度对乡土特色进行研究，认为乡土景观元素来源于乡村生活，来源于自然，其朴实无华，将之分为乡土的"物"、乡土的"意"、乡土的"事"，并对其表达方式分别进行了研究。

7. 浙江乡土特色研究

浙江乡村景观乡土特色研究相对较晚，浙江农林大学在此方面进行了较强的关注与研究，对乡村建设中人居环境的优化、乡土景观的重构、乡土植物的应用、乡土建筑的整治等方面都有所涉猎，并取得了一些科研成果。

（四）乡村旅游理论研究

我国乡村旅游起步较晚，20世纪80年代才开始正式关注研究乡村旅游的发展。1989年4月，中国农民旅游协会第三次全国代表大会在河南郑州召开，将"中国农民旅游协会"正式更名为"中国乡村旅游协会"，这是关于中国乡村旅游的第一次研讨会，至此，"中国乡村旅游文化节"、"中国乡村旅游发展论坛"、"中国乡村旅游国际论坛"、"中国乡村旅游高峰论坛"、"海峡两岸观光休闲农业与乡村旅游发展学术研讨会"等学界探讨和民间交流逐渐发展起来。目前，多数学者是以某一地区乡村旅游为案例进行相关研究的。在内容上，国内学者除对乡村旅游的定义与内涵有较多研究外，更多关注与经济利益直接相关的乡村旅游发展方面的问题，如乡村旅游发展模式研究、乡村旅游市场研究、乡村旅游发展的问题与对策研究、基于新农村建设的乡村旅游研究等。然而，国内学术界对乡村旅游资源开发的研究历程相对较短，整个乡村旅游资源理论体系尚不健全，研究方向主要包括以下几个方面：乡村旅游资源的定义、类型和特点；基础理论；乡村旅游资源的评价体系；乡村旅游资源开发模式等。

1. 概念界定

我国专家学者关于乡村旅游资源概念的观点和看法各有侧重，其中比较具有代表性的观点有：吴肖淮、

李重认为乡村旅游资源是指能吸引旅游者前来进行旅游活动，为旅游业所利用，并能产生经济、社会、生态等综合效益的乡村景观客体，它是以自然环境为基础、人文因素为主导的人类文化与自然环境紧密结合的文化景观，是由自然环境、物质和非物质要素共同组成的和谐的乡村地域复合体。李秋月指出乡村旅游资源是指能吸引旅游者前来进行旅游活动，为旅游业所利用，并能产生经济、社会、生态等综合效益的乡村景观客体。作为乡村旅游资源的乡村景观应该同时具有吸引功能和综合效益功能，应该是生态环境保护较好的、给人以美的享受的旅游活动的客体。所以不是所有的乡村景观都能成为旅游资源，也不是所有的乡村都可以开展乡村旅游活动。韦杰认为在乡村地域中，凡能激发起城市居民旅游者的旅游动机，能为城市旅游者提供休闲、度假、体验、娱乐、游览、观赏等旅游活动，并能产生经济效益、社会效益和生态效益的农村区域内自然的、人工的和精神的事物或现象，包括农村的自然风光、人文遗迹、民俗风情、饮食起居、农业生产、农民生活等资源即乡村旅游资源。

总体来说，乡村旅游资源是指在乡村地域内以具有乡村性的自然和人文景观为主体的旅游吸引物。如果对乡村旅游资源概念中"乡村性"这个特性缺乏足够的认识，就可能与城市旅游资源、风景旅游资源等概念混淆，导致乡村旅游资源概念的模糊。

2. 基础理论

基础理论是理论体系的重要组成部分，是指导实践的基础，国内关于这部分的研究主要体现在对乡村旅游整体的理论探讨上，如谢晓岗提出乡村旅游开发理论主要有：需求供给理论；旅游地吸引力系统理论；可持续发展理论。冯磊总结出乡村旅游深度开发的支撑理论：可持续发展理论；社区增权理论；体验经济理论；文化营销理论。目前，对于乡村旅游资源开发基础理论的研究尚显不足。

3. 资源分类和特点

迄今为止，我国学者关于乡村旅游资源分类均在乡村旅游的基本特征基础上，结合旅游资源基本分类方法，围绕自然旅游资源和人文旅游资源两大主类展开。如，李德明从旅游资源角度，将乡村旅游分为

乡村自然风光旅游、观光农业、农事旅游、乡村民俗文化旅游、乡村聚落与建筑旅游四个类型。卢云亭提出了八类传统乡村旅游和六类现代乡村旅游的旅游类型。邹统钎认为乡村旅游资源具有特、优、高、大四大特点。李秋月指出乡村旅游资源具有人与自然的和谐性、广泛性、多样性、地域性、系统性、季节性、民族性、时代性、保护性的特点。本文在"美丽乡村"背景下，结合"宜居、宜业、宜游、宜文"的目标，力求在前人理论研究基础上，创新性地提出浙江省乡村旅游分类体系。

4. 乡村旅游资源的评价体系

我国乡村旅游正处于快速成长期，乡村旅游遍地开花，然而，乡村旅游资源的可开发性和可利用性是学者一直关注的问题，因而对乡村旅游资源进行定量与定性相结合的评价得到广泛重视。我国学者关于乡村旅游资源定量评价广泛使用的方法是由美国著名运筹学家 T. L. 萨蒂提出的层次分析法（Analytic Hierarchy Process，AHP），研究成果包括：张晶、刘舜青运用层次分析法，综合考虑贵州独特的地质景观和少数民族风情，得出关于贵州乡村旅游资源评价的基本模型，应用该模型可以比较准确地遴选出具有开发潜力和适合开发的村寨，更好地实现其开发价值。易金基于层次分析法 (AHP)，初步确定乡村旅游资源评价的 3 个层次，24 个因子，根据专家和大众的评估，采用特征值及特征向量归一法，分别计算各因子在乡村旅游资源中的权重值，同时采用"吸引力"、"开发条件"、"效益"三项评价方案，对乡村旅游资源进行定性分析。金艳春以 PSR 模型为指标框架，从资源、区位、设施要素组成的主体指标和环境要素扩展指标四个角度出发，通过专家咨询和因子筛选等方法提出 111 个资源评价指标，从而构建乡村旅游资源评价体系及模型。杨雯采用 GIS 技术，结合 AVC 资源评价理论和 AHP 层次分析法对延庆县乡村民俗旅游资源进行了定量和定性综合评价。王爱忠、娄兴彬在分析重庆市乡村旅游资源类型结构和强度效应的基础上，运用最邻近指数、不平衡指数等分析方法，对其乡村旅游资源的空间结构进行定量研究。

尽管不同的资源评价，模型构建所选择的影响因子和特征值不同，但都遵循所选因子必须充分反映旅游资源各方面、突出基本类型特色和充分利用通过旅游资源普查得到的特征数据等原则，对其评价要素、层次结构和评分标准进行重新修订。

5. 开发模式

依托不同特色的乡村旅游资源发展乡村旅游，形成不同种类的开发模式，我国学者从不同角度探讨了乡村旅游资源开发模式，如总结某些地区的乡村旅游资源开发模式，实证研究某种具体乡村旅游资源开发模式，对比研究各种开发模式的特点等。郭焕成根据乡村旅游吸引物的不同，将乡村旅游发展模式分为田园农业旅游模式、民俗风情旅游模式、农家乐旅游模式、村落乡镇旅游模式、休闲度假旅游模式、科普及教育旅游模式、回归自然旅游模式等。范子文、张文英、肖海林、宋晓虹等人将旅游农业分为 8 种：观光农园、市民农园、农业公园、教育农田、休闲农场、森林旅游、民俗旅游、民宿农庄。国内早期对乡村旅游模式的研究主要集中在对农业旅游模式的研究上，杨洪将农业旅游划分为城郊式、森林公园式、山区式、水域式四种模式。田喜洲按活动主题将农业旅游划分为以观赏瓜果、园艺为主题，以茶艺为主题，以农耕景观为主题和以水乡活动为主题四类。范明月总结我国乡村旅游开发模式为：生态村开发模式、庭院经济开发模式、自然生态开发模式、绿色农产品产业化开发模式、民俗文化开发模式。马勇等人总结出成都发展乡村旅游的四大成功模式为村落式乡村旅游集群发展模式、园林式特色农业产业依托模式、庭院式休闲度假景区依托模式、古街式民俗观光旅游小城镇型。谢晓岗通过调查研究总结出广西乡村旅游主要开发模式为：农家乐（渔家乐等）、现代农业新村、民俗（族）文化村寨或古村落集观光体验购物于一体的农园、高科技生态农业观光园、依托乡村名胜开展乡村旅游、乡村红色旅游。乡村旅游开发模式和开发主题的确定能在一定程度上加深旅游者的印象，为旅游的开发奠定基础。

（五）乡村民居庭院景观国内研究现状

对中国传统民居庭院的研究，主要以建筑学的角度为主。梁思成先生和刘敦桢先生分别在其著作《中国建筑史》《中国住宅概说》里较早地系统阐述了庭院民居的形制，同时指出中国庭院布局形制受传统宗教礼法的影响深广。王其明、王绍周合著的《北京四合院建筑》涉及四合院的历史、文化、风水、空间、构造、施工、保护、修缮等内容，技术、艺术信息含量极大。孙大章先生所著的《中国民居研究》分别叙述了中国民居的历史、分类、各种典型民居形制、空间构成、结构、美学表现、村镇、影响形制的因素分析、民居研究与保护等各方面，是一项较全面的研究成果。荆其敏、张丽安所写的《中外传统民居》一书分别论述了中国和世界各地的民居风貌。彭一刚先生的《传统村镇聚落景观分析》介绍了传统村镇聚落的形成过程，阐明了由于地区的气候、地形环境、生活习俗、民族文化传统和宗教信仰的不同，导致了各地村镇聚落景观的不同。刘沛林的《古村落——和谐的人聚空间》对中国传统民居以及庭院作了主要的论述。

各类学术期刊论文都对民居庭院空间有所研究。于志远在其硕士论文《庭院：建筑与景观的交互》中分别以庭院建筑为主体和以庭院景观为主体两个方面来剖析传统庭院的空间特性，并探讨了庭院建筑与景观的交互关系，试图从庭院空间设计出发，找到庭院与建筑相容的设计方法。瞿艳《庭院文化空间与设计元素的研究》一文，对如何建构一个庭院空间设计的框架方面进行有益的尝试，并归纳了现代庭院设计常用的要素和设计手法。赵凯的《中国传统庭院构成分析与继承》通过对传统庭院系统化的分析，为当代庭院景观设计提供参考。李大为的《迷失庭院》，对中国蕴涵着多种文化的庭院空间进行深层次发掘。乌月野的《基于本土文化的庭院景观设计研究》通过分析现代庭院与传统庭院的区别与联系，指出在现代庭院景观中，传承和发扬本土文化的八个方法，包括传统哲学思想、风水文化批评吸收，传统造园手法的运用，生活习俗、文化性结合景观要素设计，庭院风格、庭院空间与本土文化的结合，以及本土文化与外来文化的结合。李龙针试图以"庭院空间"所体现出的自然、人文气息为切入点，来谈其对当代建筑外部空间设计的启示。李尧、于英在对传统民居庭院空间研究时，从文化背景、地域性特征、空间形制和功能等4

个方面阐述了传统民居庭院空间所蕴含的重要价值及其在当代环境设计中的延续与发展。林建力具体分析了庭院模式在中国传统住宅环境中的运用。陈建红从庭院空间内外联系沟通以及声光对庭院景观影响方面，分析了徽州民居庭院景观设计与经营方式。

中国传统民居建筑空间构成以庭院空间为核心，往往有屋必有庭，形成"一屋带一庭"、"一屋带几庭"或者"几屋围一庭"的格局，庭院中经营园林，这种民居和景观紧密结合的方式构成了中国古代独特的人居环境模式。此种住居模式通过排列、拼接、围合等布局方式形成丰富多样的空间形态，诸如宫殿、官邸、民居、园林、庙宇、陵墓等等。不同形式的住居环境实质是千变万化的建筑类型与千变万化的庭院形态的统一体。所以，庭院空间是中国传统建筑原型中不可分割的一部分，它给古建筑注入自然的活力，至今魅力不衰。

第二节 国内外"美丽乡村"的实践

一、国外乡村景观规划建设的实践

（一）乡土特色

1. 西方国家

19世纪二三十年代是乡土风格的初步实践阶段，标志性的事件是哈佛景观设计系主任 James Sturgis Pray 提出景观设计师必须做到：在最大程度减少风景破坏的前提下，为大多数人服务，在不破坏景观的前提下结合当地自然条件、地形和特有景观，设计建筑物和其他构筑物，并保护好景观原始风貌的设计原则。

在近代西方景观生态设计思想发展的过程中，福雷德里克·L.奥姆斯特德 (Frederick Law Olmsted) 是无可争议的先行者。在1857年规划设计曼哈顿城时，首开先河地在其中心地区设计了长 3.21km，宽 0.8km 的巨大的城市中央公园。

19世纪末，以 Jens Jenson 为首的一批景观设计

| 道路 | 边界 | 区域 | 节点 | 标志 |

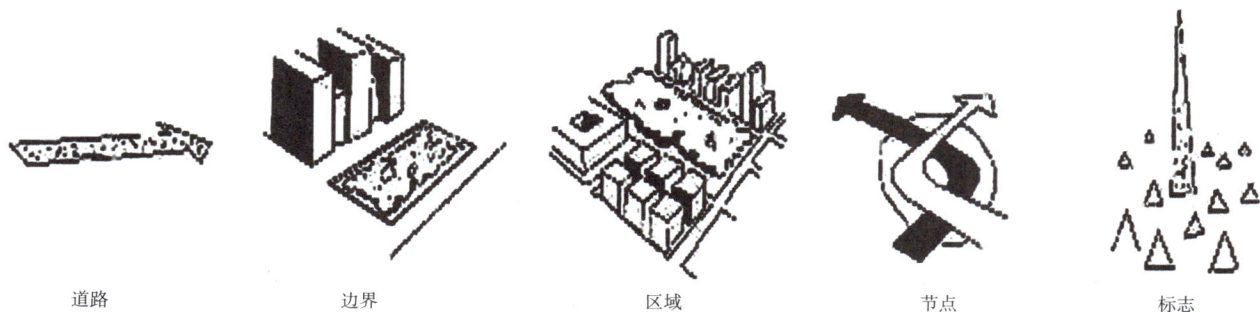

图3-1 城市意象五要素

师开创了"草原式景园"的理念，这种全新的设计概念不是简单地重复流行的材料和形式，而是运用适应当地原有的景观、土壤、气候、劳动力状况及其他条件的设计 (Wilhelm A.Miller，1915)。这类设计以运用乡土植物群落展现地方景观特色为特点，造价低廉且利于保护生态环境的延续，这一理念突出地体现在了赖特的城市设计中。作为美国最著名的乡土建筑师之一，赖特一直崇尚材料的自然美，并坚持认为建筑应该是和他周边的环境相互和谐，就像是原来就长在那儿的一样。凯文·林奇在其著作《城市意象》中，认为一个城市要有特色，被人所意象，需要从道路、边界、区域、节点和标志物五要素着手（图3-1），为形成区域特色提供了方向，这个理念有着普遍的应用。

2. 日本

日本非常注重文化的传承和文脉的延续。日本受西方文化的冲击并不比中国现在少，然而在日本乡村随处都可见保护完整的庙宇，古建筑形态，甚至还有很多身着传统装束的村民。日本将乡村看作是传统民俗文化生长的肥沃土壤，其乡村乡土气息浓郁。2008年，日本国内开始提出将乡村地区视作"田园空间博物馆"，并从认知态度上将其视为"国民共有财产"，这种想法对于开阔我们新农村建设的思路，避免呆板地建设新农村也是有启发意义的。对西方先进文化、生产方式吸收并且再创造，同时对本民族文化具有强烈的认同感，这是日本的新农村建设能够取得成功重要因素，也是值得我们深刻思考的和借鉴的经验之一。

山村故乡的风景是日本人心中的理想和归宿，被

图3-2 日本乡村

称为"原风景"的原型。日本农民的环境意识非常强，乡村绿地率非常高且十分干净，几乎看不到垃圾。虽然村庄破旧，电线交错，但总体给人感觉十分整洁。基础设施建设到位，道路硬化通达到各村（图3-2）。整个乡村的建设水平其实与中国某些发达地区的乡村不相上下，但一看到照片就能让你知道是在日本，

图片来源：
图3-1 临摹自凯文·林奇《城市意象》
图3-2 http://bulo.hujiang.com/diary/359017/；http://bbs.tianya.cn/post-funinofo-1816785-8.shtml

图3-3　法国乡村风光

这就是日本乡村的特色。

（二）乡村旅游实践

国外乡村旅游开展较早，乡村旅游资源经过较长时间的培育和发展，已形成一定的规模，发展经验相对成熟，给我国乡村旅游资源的开发带来参考和借鉴。

1. 法国

法国是欧洲农业第一大国，也是世界第一大旅游入境地，发达的农业和旅游业相结合为乡村旅游的发展奠定了基础。法国乡村旅游起源于19世纪，兴盛于20世纪70年代末，在法国乡村旅游被称之为"绿色旅游"、"生态旅游"和"可持续性旅游"。法国乡村旅游充分利用农业资源吸引观光客，主要开发项目有农场客栈、点心农场、农产品农场、骑马农场、教学农村、探索农场、狩猎农场、暂住农场和露营农场九个系列，旅游的多样化是农庄现代化后法国乡村旅游发展的新趋势。

法国乡村旅游（图3-3）的发展带动了乡村家庭旅馆业的兴起。城市化进程的加快导致农民大批迁往城市，农村民居被闲置，而生活和环境压力促使城市居民前往乡村度假休闲。在此背景下，法国乡村家庭旅馆联合会于1955年成立，它将闲散的农舍改建成乡村旅馆租让于游客，方便游客亲身体验法国乡村生活和民俗文化风情。法国家庭旅馆联合会主席法赫雅斯称，目前法国拥有5.8万个家庭旅馆，4.4万名业主，其中农民业主占25%，每年接待世界3500万人次的过夜游客，营业收入达到150亿欧元，直接经济收入4.5亿欧元，为地方带来约7.5亿经济收入，同时还能

为具有历史文化价值的乡村居民带来2.3亿欧元的修缮资金。当前，法国乡村旅游发展迅猛，是即以滨海游为主体的蓝色旅游后跃居全国第二的旅游类型，其中，巴黎郊区是全国开展乡村旅游最好的地区之一。

2. 英国

英国乡村旅游以贵族城堡、乡村庄园为特色，游览城堡、别墅、农房、村舍，漫步园林，流连于乡村教堂，参加教区节庆、定期集市等乡村节日，这些都是英国乡村带给旅游者的直观感受。

英国是乡村旅游发展较早的国家之一，18世纪50年代后期，英国率先完成工业革命，经济实力快速提升，在此期间，代表英国贵族权力和财富象征的"英国乡村庭院"应运而生，它追求以自然美为核心的风景庭院，把坡地、草坪、池塘、花卉、山川等自然景观融入庭院中（图3-4）。其中最具代表性的是18世纪英国造园家布朗，设计出独特的庭园风格，确定了"英国乡村庭院"的地位，为英国庭院式乡村田园风光开创了良好的发展条件。

英国乡村旅游兴起于20世纪60年代，到80年代末期，农业和畜牧业类乡村旅游景观已成为即休闲景点、主题公园等景点后颇受旅游者关注的旅游类型。1992年，英国官方统计全国有5552个以人造景观为主的旅游景点，其中农场景点186个，葡萄园81个，乡村公园209个，占英国人造景点的1/10。目前，乡村旅游已成为英国最大的产业之一，英国本土有近1/4的农场开展乡村旅游或者与乡村旅游业相关的服务，其中经营者绝大部分为农场主，为游客提供参与

图3-4　英国乡村风光

乡村生产生活，体验农场景色氛围的机会。

3. 日本

作为我国的近邻，日本乡村旅游在长期的发展中积累了丰富的经验。20世纪50年代末期，长野县的农民在冬季农闲时期，利用当地得天独厚的自然条

图片来源：

图3-3　http://qing.blog.sina.com.cn/1961205647/74e59f8f32003c5k.html
图3-4　http://bbs.iocean.cc/forum.php?mod=viewthread&tid=117838；http://lixinycbk.blog.163.com/blog/static/12436138220124943843824/；http://bbs.iocean.cc/forum.php?mod=viewthread&tid=117838

件，开设滑雪场和民俗旅馆，吸引了大批游客，日本乡村旅游应运而生。20 世纪 90 年代，为改善泡沫经济带来的恶劣旅游环境，在全国范围内推进休闲观光农业的发展，特别是大城市周边农村地区的水果采摘型农业园区的发展。进入 21 世纪，日本的乡村旅游业迈入高速发展期，呈现规模化、多元化、专业化、社会化、精品化的特点，已发展成为前景良好的新型旅游业态之一。

日本是较早开发乡村旅游的国家之一，其开发模式主要有观光体验型、休闲生活型以及生态保健型，在进行乡村旅游资源的整体开发和规划时，尽可能在原有遗址上进行修缮，保存其传统的民俗文化以及民俗景点的原貌，使之成为展现日本本土风情的乡村综合博物馆（图3-5）。

近年来，日本乡村旅游市场日渐壮大，其份额占国内旅游市场的一半以上，2010 年吸引 860 万入境游客前往旅游观光。然而，"3·11"地震引发的特大海啸和核泄漏事件，使得日本旅游业受到重创，至今还处在复苏阶段。在新形势下，日本当局采取了多项政策吸引外来游客，其中重点之一是加大对具有浓郁日本传统文化特色的乡村旅游的资金、人力投入以及对外的宣传力度。

图3-5 日本乡村风光

图3-6 韩国乡村风光

4. 韩国

近年来，由于韩流文化的影响以及政府的政策支持，韩国旅游产业获得了持续不断的发展。1988年首尔奥运会时，韩国入境游客为200万名，截至2012年11月，韩国入境游客突破了1000万人次大关，其中中国游客数量更创下260万人次的纪录。在旅游业发展良好的大背景下，韩国乡村旅游业也在日渐壮大。

20世纪60～70年代，韩国政府为改善农村地区社会经济面貌，发起了新村运动，实现了城乡交流和城乡关系的和谐化。在发展乡村旅游业方面，韩国十分重视发挥政府的主导作用，充分利用国内旅游节事活动、国际会展活动和海外的旅游营销网络和设施，引导旅游消费和协调旅游产品的供求关系。20世纪80年代，新村运动逐步走上民间自主发展阶段。政府的作用由主导推进，转变为规划、协调与服务。

从1984年开始，韩国农林部为了促进农村地区发展，积极开发了农村观光休养地、民俗村等乡村旅游资源（图3-6）。到2000年为止，韩国本土共开发观光农园491所，至2002年9月末，有339所正在运营中，2001年观光农园的游客达到433.7万人。截至2001年12月末，韩国开发民俗村275个，2878户村民参与其中，每户接待游客平均达到190多人。2002年韩国开始实施了乡村旅游示范村项目，优先选择自然生态优美、特色明显、文化多样的村庄为示范村，推动旅游经济发展。在发展乡村旅游的同时推动传统主题村庄建设事业，以固有的农村传统文化为主题，发掘、保存、体验和学习乡村文化，促进农村社会文化振兴，推动城乡交流。

（三）乡村色彩的景观规划研究

1. 日本

20世纪80年代，亚洲国家也已开始着手城市色彩景观的规划工作。如日本京都、大阪等城市就有较为系统的色彩规划方案，科学的规划使得这些城市呈现出和谐有机的整体面貌。目前，日本主要针对城市环境的总体色彩加以研究，建立为城市特色规划和建设服务的一种工具，这也是城市规划与建设各领域的交流语言。1968年出台《新城市规划法》后，城市色彩作为日本研究课题展开，并制定了部分地区的色彩控制法规。1981年出台《城市空间色彩规划》，开始着重对城市色彩进行规划。2004年实施"景观法"，随后出台的《京都市景观计划书》《景观法的概要》等重要文献中，从理论面、社会面、策略面等探讨如

图片来源：
图3-5 http://www.missyuan.com/thread-265284-1-1.html；http://club.pchome.net/thread_9_15_7750612__.html；http://www.cxdq.com/2008/11-25/112146.html
图3-6 http://www.guwh.com/index.php?c=content&a=show&id=495；http://m.fengniao.com/thread/426299.html；http://www.nipic.com/show/611885.html

何正确规范色彩景观的内容，通过不同的轴线区域划分，多次提及色彩基准必须和周边景观相互调和的设想，并附上科学的色彩基准色谱，同时纳入日本城乡风貌景观规划的重要组成部分。在经济空前发展的境况下，日本已经开始注重城乡风貌形塑的理论和研究，把都市和乡村作为一个整体考虑，将地区自然景观作为一种财产开发，制定宏观的色彩景观发展趋势，通过梳理不同区域的景观特征和色彩景观的形成，制定出如基本轴、特别区域、一般地域等色彩分布（图3-7）。

日本城乡风貌塑造在开发和保存的矛盾局面中，

透过保护自然环境和历史文化资产的制度，让经济成长找回根源的生活形态和居住空间的自信，试图以构建"十年景观，百年风景，千年风土"为目标，提升资源的生产和永续。而日本景观色彩计划等景观发展规划相关理论的提出和实施对日本城乡发展具有不可磨灭的重大影响。

日本实施的乡村色彩方案对我国是最有启示作用的（图3-8）。日本传统乡村以自然色系为主，对于各种木料、石料、主料的色彩进行有层次规划应用，彰显素雅、有序的民族特征（图3-9、图3-10）。

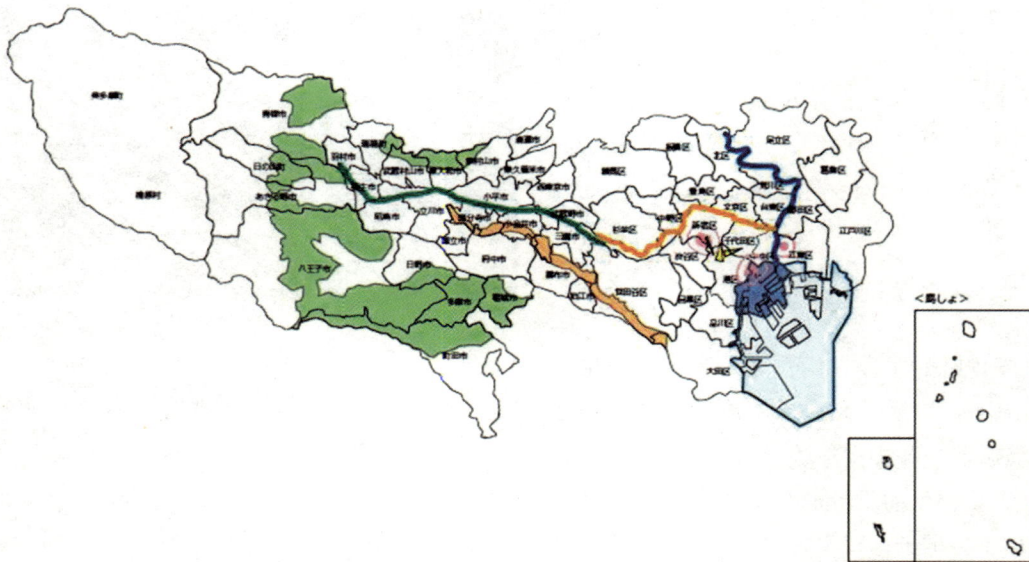

区域名称		申报对象
景观基本轴	滨海景观基本轴	高15cm或总计（建造）面积3.000m² 以上
	隅田川景观基本轴	高15cm或总计（建造）面积1.000m² 以上
	神田川景观基本轴	高15cm或总计（建造）面积1.000m² 以上
	玉川景观基本轴	高10cm以上
	国分寺悬崖线景观基本轴	高10cm或总计（建造）面积1.000m² 以上
	丘陵地貌景观基本轴	高10cm以上
景观形成特别地区	文化遗产、花园等景观区域（在约100m范围~从各园外行300m）	高20cm以上
	水边景观形成区域	水域面临建筑物等，规模与临海景观基本轴、隅田川景观基本轴一样
一般地域	镇	高达60m以上或者总计（建造）面积30.000m² 以上
	市	高达45m以上或者总计（建造）面积15.000m² 以上

图3-7 日本东京色彩景观规划思路

市区、村镇的景观规划的实施

都道府县的地域情况　　　居民以及 NPO（非营利组织）法人可以提出建议

景观规划的区域（都市景观区域外的亦可）

对建筑物及其建筑的申报、劝告等原则上实行稳健妥善的规则和引导
在特殊的场合下可以变更命令
"景观重要公共设施"的整备以及"电视同沟埋设法"的特例
限制农用土地性质等的变更，强化放弃耕种土地的对策，促进森林
事业的开发特例

景观协议会
政府和居民一起协力互动的机构
场所

景观协定
尊重居民的意见，认真
制定景观建设的原则

景观地区
（都市规划）
指定积极推行景观建设的地区
对建筑物、设施的图案、色彩
能够作出起始的综合的规定
对废弃物堆积以及变更土地的
性质等行为作出规定

景观整备机构
指定 NPO（非营利组织）法人、
街区景观建设的组织等
对景观重要建设物进行管理、土
地的取得等

景观重要建筑物
积极的保护景观中制定
的重要建筑物、设施和
树木

灵活运用规定和延缓措施执行　　　室外广告物法及其协同推进

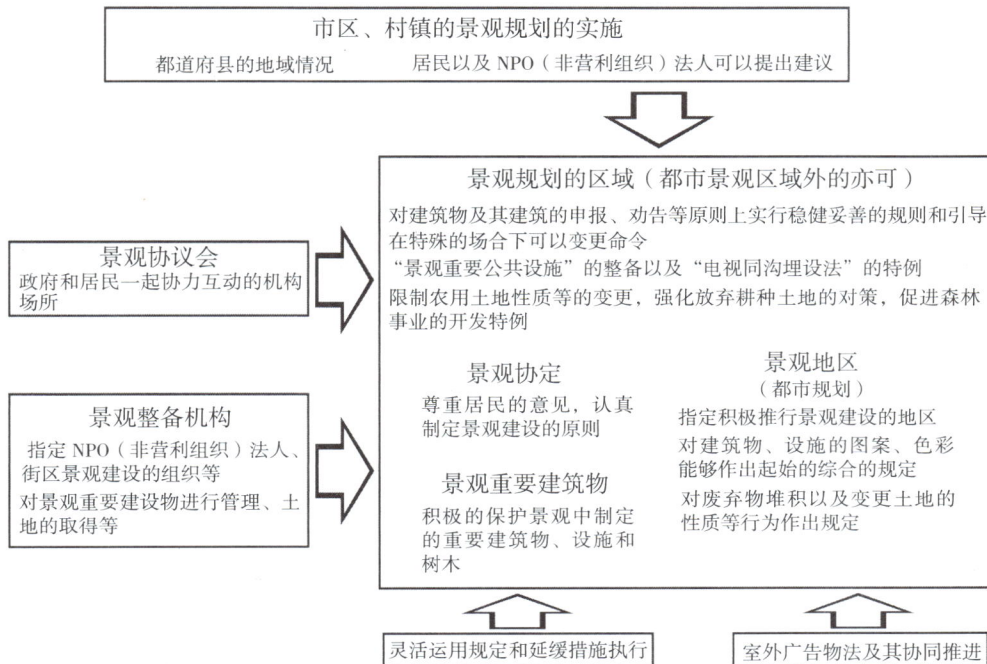

图3-8　日本景观法基本点的相互关系图

图3-9　日本飞弹故里的色彩景观风貌1

图3-10　日本飞弹故里的色彩景观风貌2

2. 法国

1968 年 5 月，法国的文化大革命开始，出现了对旧有的教育制度和教育方法反思及革新者，使色彩设计不仅只作为一门独立存在的教育体系，更是变成从工业设计领域的简单运用逐渐转向同建筑、城市规划、公共设施等相关领域的延伸。如法国巴黎的城市色彩考虑到长年阴雨的生态气候环境影响，考虑除了个别现代建筑外，无论是古迹还是普通民宅，都在城市色彩规划部门的统一指导下，用浅淡并带灰色泽的色彩粉刷了外墙，与周围粉红、粉蓝、奶酪色等融合，力争以建筑石材含带的本灰色为主色调，建筑的屋顶

图片来源：
图3-7　《东京都景观色彩》
图3-8　《设计师谈建筑色彩设计》（改绘）
图3-9　http://www.mafengwo.cn/photo/10767/scenery_38492/53406.html#5
图3-10　http://www.photofans.cn/article/showarticle.php?thread year=2011&articleid=9611

则选用深灰色涂饰，维持整体建筑风格。让·菲利普色彩研究小组从法国的住宅色彩开始研究，先后完成了法国国内 15 个地区色彩调查整理、13 个欧洲国家和北美、南美、非洲、亚洲等 11 个地区的色彩研究。乡村色彩作为城市色彩的一个分支，成为色彩专家的调查研究范围。法国乡村色彩景观特色成为当地发展的重要部分之一，例如法国北部集浓绿的树木，橘黄色的瓦顶和红色的砖墙等历史悠久的乡村色彩规划理念已经应用并展现在法国著名的村镇景观中。

3. 其他国家的乡村色彩景观规划

李沁认为美国对土著民族的居住环境、文化和色彩的研究和运用，使当地的旅游经济得到了很好的发展，较著名的有阿拉斯加的爱斯基摩人聚居区以独特的色彩景观吸引游客。

波士顿以暗红色承载着历史的红砖为主调；纽约光怪陆离的霓虹灯色尤为突出；华盛顿灰白的花岗岩色与湛蓝的天空色构成了首都明朗的主色谱；芝加哥又给人沉稳、高雅的灰色调印象。

德国著名城市规划大师克里斯托夫·克尔曾说："欧洲许多小城镇，今天看来还是非常美和非常适合人们居住。"

格雷韦（Greve）小镇是意大利佛罗伦萨市著名的乡村小镇，在 1980 年前只有一条乡村路的传统小村庄，通过旅游业的发展和带动，使其成为意大利地中海田园风光的代表。嫣红的阳光，蔚蓝的天空，红色屋顶的乡村旅馆、庄园别墅或蓝灰白色石材的城堡，以及绿色的漫山遍野的葡萄架和橄榄树等。多彩的色彩景观使游客真正体验到乡村旅游的乐趣。于是，这一模式的成功便广泛地出现在现在的意大利乡村和小镇（图 3-11）。

科茨沃尔德丘陵是英国国家指定的杰出自然风景区，有人说它是英国最美的乡村。阔大的草坪里古老的建筑，建筑材料采用当地独有的被称为蜂蜜石的金黄色石头，搭配以红、绿、黄等各种色彩的精美园艺，共同展现当地风情的色彩景观（图 3-12）。

西班牙米哈斯小镇，整个小镇一直延续白色为主基调，与周围绿色群山和蔚蓝色地中海共同形成特征或个性鲜明的小镇风貌（图 3-13）。希腊的许多村落

图3-11　格雷韦小镇的色彩景观

图3-12　拜伯里村庄的色彩景观

图3-13　西班牙米哈斯小镇的色彩景观

用白色的物产石料粉涂饰建筑墙面，整个乡村至今依旧保持着传统的白色风貌（图 3-14）。

二、国内"美丽乡村"实践研究

（一）国内乡村旅游实践研究

我国乡村旅游正处于成长过渡期，产业规模日

图3-14 希腊海边乡村的色彩景观

趋壮大，业态类型日益多元，发展方式逐步由农民自行开发转变为政府整体规划引导。据最新数据统计，2012年全国共有8.5万个村庄开展乡村旅游，乡村旅游资源开发模式多样，主要有景区依托型、原生态文化村寨型、民族风情依托型、特色产业带动型、现代农村展示型、农业观光开发型、红色旅游结合型以及农家乐休闲度假型。

经过30多年的发展，我国乡村旅游形成了百花齐放的局面。在地区发展方面，形成了成都、北京、长江三角洲、珠江三角洲等独具特色的区域；在空间布局方面，形成了城市依托、风景名胜区依托、独立目的地等不同模式；在产品开发方面，形成了农事体验、历史古村落、乡村农家旅馆、乡村度假休闲、民俗节日庆典、生态农业园区等诸多类型；在投融资方面，形成了政府、企业、银行、外资、集体、个人等相结合的良好局面；在行业管理方面，日益向着规范化、组织化、标准化发展。

1. 成都五朵金花

成都是我国乡村旅游业开展较早的地区之一，其乡村旅游发展类型包括都市郊区型、景区周边型和独立资源型三个基本类型。都市郊区型乡村旅游一般位于城市游憩带（城乡接合部），主要利用郊区较城区良好的自然生态资源和独特的人文资源。景区周边型乡村旅游主要依托村庄周边景区辐射作用展示乡村自身特色，乡村旅游的开发充分利用村庄田园风光、民俗风情文化和农家生产生活等资源吸引游客。成都独立资源型乡村旅游普遍带有都市化倾向，以其内在的旅游吸引物打造特色化主题，吸

引旅游者前来观光。

成都市锦江区三圣花乡"五朵金花"是都市郊区型乡村旅游开发模式的典型代表，辖属5个村，即红砂村（花乡农居）、幸福村（幸福梅林）、江家堰村（江家菜地）、驸马村（东篱菊园）、万福村（荷塘月色）（图3-15）。红砂村主要利用小盆花、鲜切花和观光农业特色资源；幸福村依托梅花文化和梅花产业链资源；江家村转变传统种植业为体验式休闲产业，实现城乡互动；驸马村以非洲菊为主打品牌；万福村打造"画意村"，带动绘画产业链的发展。其资源总体特色体现在景观组合型好，各具特色；乡村风情浓郁，文化底蕴深厚，形成特色主题，有一定的独创性等。

"五朵金花"的成功经验体现在以下三个方面：

产业兴——乡村旅游资源开发过程中充分利用农业资源，注重基础农业向现代农业、观光农业转变，将传统的耕种农业逐步引导向附加值更高的乡村旅游业发展，从而带动休闲经济、乡村经济的发展。

项目丰——开发花卉、蔬菜生产经营和观光旅游体验等项目。

环境优——"五朵金花"由点成片，各展芳姿，形成著名的乡村旅游片区。川西民居、欧式木屋及别墅洋房、乡村天空音乐厅、画廊与良好的生态环境相得益彰。

"五朵金花"是科学规划、创新体制的产物，通过以旅游装点农业，以景观修饰乡村，合理规划利用乡村

图片来源：
图3-11　http://www.900do.com/Front/Media/Show Article.aspx?newsid=24147&sortid=176
图3-12　http://www.mook.com.tw/article.php?op=articleinfo&articleid=9098
图3-13　http://www.mafengwo.cn/i/2912096.html
图3-14　http://www.nipic.com/show/1/38/7201342k13b22456.html

图3-15　幸福梅林、荷塘月色、江家菜地

图3-16　婺源风光

旅游资源，促进农业产业和乡村旅游产业的共同发展。

2. 皖南古村落

　　皖南古村落又称徽州古村落，包括歙县、黟县、休宁、绩溪、祁门和婺源在内的原徽州府一府六县。其乡村旅游资源以清末徽州府地域为主体的山区聚落建筑群体以及明清时期古民居、祠堂、书院、牌坊、水口园林、古桥、古井等为特色。婺源作为皖南古村落的重要组成部分，拥有丰富的生态资源和

厚重的徽文化积淀，明清时期的古祠堂、官邸、民居、书斋、戏台、井台、廊桥、亭阁、宝塔、石碣、石碑等遍布全县，目前尚存113座古祠堂，28栋古府第，187座古桥以及数量甚多的古民居（图3-16）；徽剧、傩舞、茶道，石雕、木雕、砖雕"三雕"及歙砚制作技艺，彩灯、地戏、抬阁等非物质文化遗产也是吸引游客的宝贵资源。县所辖地域内已开发20多个精品景区景点，开辟东西北三条精品旅游线路，丰

富旅游产品。

婺源县乡村旅游资源开发的成功经验在于以下几个方面：

（1）品牌独特

基于徽文化的底蕴，巧打"中国最美乡村"品牌。

（2）资源保护

婺源是当今中国古建筑保存最多、最完好的地方之一，专设历史文化名村建设管理领导机构，旨在提升历史文化保护力度。

（3）转变农业结构

将油菜种植与乡村旅游相结合，开发春季田野赏油菜花旅游项目；种植绿茶，宣传茶道，开发茶文化乡村旅游项目。

婺源县依托丰富的资源，优先发展乡村旅游产业，培育主导产业，建设中国最美乡村，由单一的旅游观光向休闲度假转变，由休闲度假向最佳的人居环境转变，使婺源成为我国乡村旅游资源开发的成功典范。

（二）乡村民居庭院景观国内研究现状

自从农耕文明出现，人类进入了原始农业社会，人类聚居地附近出现了生产性目的种植场地以及房前屋后的果园蔬圃。从客观上讲，这就是早期的乡村景观（Rural Landscape）。乡村景观是在上千年的演化中自然形成的，由于人类的开垦、种植和聚居，最终刻上了斧凿的印迹。乡村景观规划包括以农业为主体的生产性景观规划，以聚居环境为核心的乡村聚落景观规划（图3-17）和以自然生态为目标的乡村生态景观规划。

2005年随着建设社会主义新农村工作的启动，乡村景观建设迎来了难得的发展机遇。乡村整治坚持因地制宜、量力而行，突出乡村特色、民族特色和地方特色，立足于村庄已有基础，以改善农民最急需的生产生活条件为目标，优先整治村内供水、道路、排水、垃圾、废弃宅基地、公共活动场所、住宅与畜禽圈舍混杂等项目，逐步改变农村落后面貌。"十一五"期间，全国很多省市为加快社会主义新农村建设，实现生产发展、生活富裕、生态良好的目标，纷纷制定美丽乡村建设计划，并付之行动，使乡村整体环境得到相当程度的改善，极大地促进乡村景观发展。

图3-17 杭州市东江嘴村美丽乡村景观
（来源：作者设计的实践项目）

具体到乡村庭院的研究，目前国内研究偏于庭院经济效益方向，以发展庭院经济为目标的研究比较深入，包括庭院种植栽培和禽鱼养殖两方面。刘娟娟从生产系统、环境系统、水资源利用系统、能源系统四

图片来源：
图3-15 http://hz.youxiake.com/default.php?albumid=5185&do=photography&event=viewfriwo-rk&page=4&worksid=61731；
http://naeryuan.blog.163.com/blog/static/7246569820121151101936908/
图3-16 http://www.zcool.com.cn/work/ZMzQzMDg1Mg==.html

个方面对可持续庭院要素进行分析，提出乡村可持续模式设想。范志浩阐述农村庭院林业生态建设的原则和指导思想，并从环村林带、村旁风景林、庭院绿化、沼气池建设等内容入手，提出"一村一带"、"一屯一林"、"一房一院"、"一户一池"的农村庭院林业生态建设模式。陈明试图将节水、节能、节地、节材技术运用到建筑空间布局中去，进而提出四种节约型生态住宅庭院模式，以期为西北地区农村庭院建设发展提供参考和借鉴。吴永曙在全面调研的基础上，对乡村庭院绿化构建技术进行系统的研究，归纳总结出 6 种庭院绿化模式，即园林景观型、材用林木型、经济林果型、盆栽花卉型、蔬菜瓜果型、阳光晒场型。

第三节 国内外乡村规划设计理论与实践的启示

一、对美丽乡村景观规划设计的启示

（一）保护传统文化，传承地方特色

大多数欧洲国家对乡村中具有珍贵历史价值的农宅街巷、古树名木、历史遗迹等景观都采取措施予以保护和修缮。在维修过程中，为避免建筑艺术性和真实性的缺失，一般按照"修旧如旧"的原则实施可行的保护方案，尽量保留其历史原貌。德国、英国、荷兰等国对于乡村历史建筑的保护、特色街区的恢复、新建筑的风格色彩等都有严格的要求。

（二）坚持"以人为本"

乡村景观建设充分考虑了村民对社区景观的尺度要求和心理需求，将各种健康生活理念与景观要素相结合。根据村民的生活习惯、道路宽度、建筑密度等情况，合理安排村庄景观布局，打造人性化的公共空间，最大限度地为村民提供生活便利。

（三）加大民众参与力度

欧洲乡村景观特有风貌的形成，除了相应的景观

法规保障外，还与民众的景观参与意识紧密相关。政府非常重视对民众的景观宣传，使他们充分认识到景观规划建设的重要性。通过各乡村之间的景观建设评比，调动村民的参与积极性，增强民众的景观保护意识以及对家园的自豪感与认同感，提倡公众参与景观设计、建设与管理，形成了"民众主导"的乡村发展模式。

二、对乡村旅游规划建设的借鉴

乡村旅游更多的是强调保持乡村自然人文环境的原始性、纯真性，着重开发打造古朴、自然的生态休闲度假场所，乡村旅游正朝着多样化的方向发展，旅游者对乡村旅游资源、旅游产品的特色性要求越来越高。要处理好乡村旅游资源开发与农业生产之间的关系。

要始终坚持旅游业与第一产业的联动发展，乡村旅游的发展必须充分依托农业这一基础产业，在此基础上拓展新的产业链。乡村旅游资源开发不仅要满足游客的需求，也要兼顾村民的现代化生产需求。

（一）要处理好自然景观与人造景观的关系

发展乡村旅游要注意对自然环境资源以及乡土文化资源的保护，也要注重人造景观与当地环境的紧密融合。生态平衡是开发乡村旅游的基础，切忌为了短期经济利益而过度开发资源、污染环境，影响地方的长远发展。

（二）提高乡村旅游的可参与性

纯粹的乡村景观对于旅游者的吸引力日渐降低，而互动参与是消费者对乡村旅游的新需求，体验农事等个性化的体验性乡村旅游产品更能满足体验经济时代的旅游消费需求，这就要求乡村旅游开发时，应以资源为载体，积极开发形式多样、娱乐性强、互动参与性大、表现形式新颖的休闲娱乐项目，以满足游客多层次需求（表3-2）。

国外乡村旅游活动项目　　　　　　　　　　　　　　　　　　　　　表 3-2

类型	具体项目
旅行	徒步、越野、登山、骑马、大篷车、长距离自行车（滑雪）、宿营等
水上活动	垂钓、游泳、泛舟、漂流（乘筏、独木舟、皮艇）、冲浪、快艇、航行等
空中运动	轻型飞机、滑翔、热气球等
体育运动	洞穴探险、攀岩、定向、网球、高尔夫、高山滑雪、狩猎等
文化活动	考古；访问历史文化遗址；民俗文化节日；学习民间传承、手工艺；欣赏乡村民谣、参加乡村音乐会；品尝地方风味；参观工农业、手工业企业、博物馆和民间艺术工作室；园艺培训、厨艺培训、舞蹈培训等
健身活动	健身训练、温泉疗养等
休闲活动	乡间度假、观鸟、写生、摄影、赏景、放风筝、教堂祷告、酒吧休闲等
务农活动	播种、收割、放牧、挤奶、捕捞、果园采摘、酿酒、农产品加工、自制玩具等
主题性农业活动	葡萄酒节、苹果节、草莓节、田野节、农夫生活之旅、农产品展等
童玩活动	乡村体育竞技、团队激励训练等

注：根据苏勤 2007 年《国内外乡村旅游发展的经验借鉴》整理改绘。

第四章
美丽乡村规划设计资源评价方法

第一节 "美丽乡村"景观评价体系

一、"美丽乡村"景观评价体系的意义

（1）"美丽乡村"景观评价体系能够帮助识别与评价乡村景观资源，防止景观的破坏或影响，促进"美丽乡村"景观的健康和可持续发展。

（2）"美丽乡村"景观的评价体系，不仅是乡村景观保护的基础，也是乡村景观资源的合理开发所必需的，只有深刻认识其重要性，才能对乡村景观采取切实的发展建设。

（3）乡村景观评价是"美丽乡村"景观规划设计的重要组成部分，建立一套合理的"美丽乡村"景观评价指标，对景观规划设计有十分重要的指导意义。

广大农村蕴藏着丰富的景观资源，为了保护和有效利用乡村景观资源，促进"美丽乡村"建设可持续发展，在参考多位学者在乡村景观评价领域的研究成果上，运用层次分析法对其景观质量进行评价，初步确定"美丽乡村"景观评价因子及评价标准。

二、指标的选取原则

根据"美丽乡村"景观资源和组成要素的特点，本文在参考前人研究为基础上，结合乡村景观的特征，进一步归纳总结"美丽乡村"景观指标选取主要遵循的原则：

（一）层次性

由宏观到微观，由抽象到具体，构建如"项目层—因素层—指标层"的结构，并可以在此基础上对指标体系进行综合分析。

（二）易操作性

指标体系能较全面地反映乡村景观的总体特征，资料容易取得，操作简单方便，便于规划者与决策者使用。

（三）独立性与系统性

各指标层之间应相互独立，避免存在重复的现象；同时，各指标之间存在一定的内在联系，构成相互关联的整体。

（四）定量与定性相结合

以定量评价指标为主，但考虑到指标体系涉及面广、描述现象复杂，在指标衡量时还要考虑采用一些主观性评价指标。

三、指标体系的总体框架

根据"美丽乡村"景观规划设计的基本内涵以及人们对乡村景观的评判标准，运用层次分析法，构建3个层次的"美丽乡村"景观评价指标体系（表4-1）。

第1个层次是项目层，即"美丽乡村"景观建设的"四宜性"：宜居性、宜业性、宜游性和宜文性。第2个层次是评价因素层，即根据乡村景观特性各自所包含的因素，确定每一项目层所包括的因素。其中，宜居性主要表现在居住环境和道路交通两个方面；宜业性主要表现在产业结构和现代科技两个方面；宜游性主要表现在自然生态环境和社会生态环境两个方面；宜文性主要表现在物质文化和精神文化两个方面。第3个层次是指标层，即每一评价因素通过哪些具体指标来进行评价。

"美丽乡村"景观评价指标体系　　表4-1

项目层	因素层	指标层
宜居性	居住环境	村落空间形态 建筑风格 基础设施 绿地率 乡村清洁度
	道路交通	客运通达性 道路硬化率 道路绿化程度
宜业性	产业结构	产业布局 产业构成比例
	现代科技	生活污水净化沼气工程 建筑节能推进工程
宜游性	自然生态环境	地形地貌 林木覆盖率 农田景观面积 水域面积

续表

项目层	因素层	指标层
宜游性	社会生态环境	空气质量 水体质量 噪声干扰性
宜文性	物质文化	历史古迹 农耕文化
	精神文化	风土人情 传统技艺

四、指标因子的定义解释

上述指标因子主要是不同乡村地区景观规划设计中通常涉及的元素，因影响乡村景观的因素众多，不同类型的指标因子在一定程度上存在内容交叉。因此，依据"美丽乡村"建设要求，促进乡村景观的发展，结合"美丽乡村"的实际情况和景观规划设计的相关理论，进一步突出乡村景观规划设计的实质和内涵，对上述指标因子进行梳理集成，明确所指范围与内容，分别作出定义解释（表4-2～表4-5）。

宜居性指标因子　　　　　　　表4-2

宜居性指标因子		定义解释
居住环境	村落空间形态	由于乡村的形成条件、地理位置、资源特色各异，其空间形态的构成、形式、序列也不一样，按照其特点在浙江地区大致可分为线形空间、团状空间、点状空间和开敞空间
	建筑风格	反映当地建筑景观特色的指标，是建筑景观的结构和外在形式方面所反映的特征，主要指建筑的平面布局、形态构成、材料运用等方面所显示的独创和完美的意境
	基础设施	是指为乡村生产和居民生活提供公共服务的物质工程设施，是用于保证乡村地区社会经济活动正常进行的公共服务系统，是反映"美丽乡村"建设的一项重要指标
	绿地率	描述的是乡村居住用地范围内各类绿地总面积占该地区总面积的比率
	乡村洁化	反映乡村地区垃圾处理、污水治理、卫生改厕等内容的处理程度
道路交通	客运通达性	指乡村地区与外界的连接性，即交通便捷性和乡村的可达性
	道路硬化率	描述的是乡村硬化道路里程占道路总里程的比例
	道路绿化程度	指乡村道路两旁及分隔带内栽植树木、花草、护路林的程度

宜业性指标因子　　　　　　　表4-3

宜业性指标因子		定义解释
产业结构	产业布局	指乡产业生产力在乡村地区的空间分布和组合结构，其合理与否影响到该地区经济优势的发挥和经济的发展速度
	产业构成比例	指乡村地区第一、二、三产业所占的比例
现代科技	生活污水净化沼气工程	指乡村中利用沼气净化污水的工程建设情况以及污水处理量
	建筑节能推进工程	指在乡村建筑物的规划设计中，采用节能型的技术、工艺、设备和材料，利用可再生能源的情况

宜游性指标因子　　　　　　　表4-4

宜游性指标因子		定义解释
自然生态环境	地形地貌	指当地的地理特征，反映的是乡村地势高低起伏的变化
	林木覆盖率	指乡村范围内林木植被的垂直投影面积占乡村总用地面积的比值
	农田面积	指乡村地区内基本农田保护区的根底面积，如菜地、果园、稻田等
	水域面积	指乡村内由一定量的水体占据的地域面积之和，如溪流、水塘、井等
社会生态环境	空气质量	指当地空气中含氧量、烟尘、悬浮颗粒物、有毒气体等的综合反映
	水体质量	指当地水体清澈度、透明度、流动性和色度等的综合反映
	噪声干扰性	指乡村中因农业生产、交通运输、周边活动等产生的影响乡村居民工作休息的声音强度

宜文性指标因子　　　　　　　表4-5

宜文性指标因子		定义解释
物质文化	历史古迹	指历史遗留下来的具有较高的景观价值、纪念意义和观赏效果的各类构筑物、遗迹、古市街等
	农耕文化	指由农民在长期农业生产中形成的农耕文化，以为农业服务和农民自身娱乐为中心，诸如语言、戏剧及各类农作活动等
精神文化	风土人情	指当地特有的风俗、信仰、礼节、习惯的总称，具有较强的地域特色
	传统技艺	是指在当地具有悠久文化历史背景的各种技能的综合反映，如剪纸、绘画、竹编、刺绣、酿酒等技术

五、综合评价模型的建立

（一）评价指标分值的确定

AHP 层次分析法是一种整理和综合专家们经验判断的方法，是指将一个复杂的多目标决策问题作为一个系统，将目标分解为多个子目标或因素层，进而分解为多指标的若干层次，按照不同层次结构聚集组合，通过定性指标模糊量化方法或构建数学模型的方法算出权数和总排序，确定每一层次指标因子的相对重要程度，以作为多指标、多方案优化决策的系统方法。

本书研究中，运用 AHP 层次分析法和专家咨询、游客问卷及现场调研等方法，通过建立判断矩阵，对各指标因子进行两两比较，计算出项目层、因素层、指标层的各项指标的权重值。确定每个层次的比重，构造各层判断矩阵。例如，设评价目标 A，评价指标集 $F=\{f_1, f_2, \cdots, f_n\}$，构造判断矩阵 $P(A-F)$ 为：

$$\begin{pmatrix} f_{11}, & f_{12}, & \cdots, & f_{1n} \\ f_{21}, & f_{22}, & \cdots, & f_{2n} \\ f_{31}, & f_{32}, & \cdots, & f_{3n} \\ \vdots & \vdots & \vdots & \vdots \\ f_{n1}, & f_{n2}, & \cdots, & f_{nn} \end{pmatrix}$$

其中，f_{ij} 是表示因素 f_i 对 f_j 的相对重要性数值（$i=1, 2, \cdots, n$；$j=1, 2, \cdots, n$），f_{ij} 的取值见表 4 – 6

A–F 判断矩阵及其含义 表 4-6

f_{ij} 的取值	含义
1	表示两因素相比，f_i 与 f_j 同等重要
3	表示两因素相比，f_i 与 f_j 稍微重要
5	表示两因素相比，f_i 与 f_j 明显重要
7	表示两因素相比，f_i 与 f_j 相当重要
9	表示两因素相比，f_i 与 f_j 极其重要
2，4，6，8	表示上述相邻判断的中间值
$f_{ij}=1/f_{ij}$	表示 j 比 i 不重要程度

依据上表判断矩阵，采取权重加权法、专家咨询、问卷调查以及数学运算等方法，求得最大特征值及相

对应的特征向量，确定各个系统目标对于系统总目标的重要程度。以"美丽乡村"景观评价为总体目标（ A ），相对于总体目标而言，项目层（ B ）之间的相对重要性通过专家咨询和问卷调查相结合的方法构造评判矩阵（表 4-7）。

构造评判矩阵 表 4-7

A	B_1	B_2	B_3	B_4	权重	排序
B_1	1	6	2	4	0.5125	1
B_2	1/6	1	1/3	1/2	0.0795	4
B_3	1/2	3	1	3	0.2836	2
B_4	1/4	2	1/3	1	0.1244	3

注：B_1 为宜居性；B_2 为宜业性，B_3 为宜游性，B_4 为宜文性。

通过计算，上述矩阵的特征向量 $W=(W_1, W_2, W_3, W_4)=(0.5125, 0.0795, 0.2836, 0.1244)$，即评价项目 B_1, B_2, B_3, B_4 的权重值分别为 0.5125，0.0795，0.2836，0.1244。

该矩阵最大特征值 $\lambda_{max}=4.0457$，$CI=(\lambda_{max}-n)/(n-1)=0.0152$，$RI=0.90$，$CR=CI/RI=0.0169 < 0.10$，说明上述设定的矩阵具有满意的一致性。按此方法，可以得到因素层、指标层的权重值（表 4-8）。其中，CI 表示判断矩阵的一般一致性指标；RI 表示判断矩阵的平均随机一致性指标，为固定常数；CR 表示判断矩阵的随机一致性比率。

"美丽乡村"景观评价指标权重 表 4-8

一级指标	权重	二级指标	权重	三级指标	权重
宜居性	0.5125	居住环境	0.6667	村落空间形态	0.2422
				建筑风格	0.1183
				基础设施	0.3982
				绿地率	0.1693
				乡村清洁度	0.0720
		道路交通	0.3333	客运通达性	0.5396
				道路硬化率	0.2970
				道路绿化程度	0.1634
宜业性	0.0795	产业结构	0.7500	产业布局	0.6438
				产业构成比例	0.3562

续表

一级指标	权重	二级指标	权重	三级指标	权重
宜业性	0.0795	现代科技	0.2500	生活污水净化沼气工程	0.6817
				建筑节能推进工程	0.3183
宜游性	0.2836	自然生态环境	0.5825	地形地貌	0.2776
				林木覆盖率	0.4668
				农田景观面积	0.1603
				水域面积	0.0953
		社会生态环境	0.4175	空气质量	0.4000
				水体质量	0.4000
				噪声干扰性	0.2000
宜文性	0.1244	物质文化	0.5450	历史古迹	0.6667
				农耕文化	0.3333
		精神文化	0.4550	风土人情	0.6250
				传统技艺	0.3750

（二）乡村景观综合评价

"美丽乡村"景观评价体系中每一个指标因子都是从不同侧面反映乡村景观的情况，要反映"美丽乡村"景观总体状况需从指标层向因素层、目标层依次逐层进行综合评价。本研究采用多目标线性加权函数法进行综合评价。计算公式如下：

$$F = \sum_{j=1}^{n} (E_j \times W_j)$$

其中：F 表示目标指标的评价值，E_j 表示指标因子的评价值，W_j 表示该指标因子相对应的权重值，n 表示该指标所包含的指标因子的个数。

按照上述计算方法得出综合评价结果后，假设指标因子的赋值范围在 0~10 分之间，根据景观评价的层次不同、内容不同，确定目标层评判集标准（表4-9）。

"美丽乡村"景观评判标准（建议） 表4-9

综合评价值	<2.5	2.5~3.5	3.5~5	5~7.5	>7.5
评判标准	很差	较差	一般	较好	优异

六、结论分析

从"美丽乡村"景观评价指标权重（表4-8）中，可以看出在一级指标的权重排序中，宜居性排在第1位，宜居性主要通过乡村的居住环境和道路交通所体现，反映的是乡村居住环境景观的总体质量，是人们日常生活中最为重要的景观效用，在宜居性景观建设中，要通过相关措施营造卫生、洁净、优美的村貌环境，以形成安定和谐、秩序井然的社会氛围。排在第2位的是宜游性，因为"美丽乡村"建设是基于新农村建设标准之上，除了满足村民日常基本生活需求之外，更要提高乡村居民的生活品质，以旅游业为载体，通过合理利用乡村景观资源，提高"美丽乡村"对外来游客的吸引力，带动乡村景观的蓬勃发展。而宜业性和宜文性分别排在第3、4位，乡村的经济发展为"美丽乡村"的景观发展提供了资金保障；同时，利用乡村深厚的历史文化，进一步发掘文化景观资源，注重优秀历史文化传统和非物质文化遗产的传承和再利用，特别是景观规划设计与当代居民生活的有机融合。因此，在"美丽乡村"景观规划设计中，应将宜居性、宜业性、宜游性和宜文性充分相结合，根据不同地域的乡村社会、经济、环境，有层次、有侧重、有目的地进行规划设计。

第二节 乡村色彩景观规划评价模式

乡村色彩景观规划评价模式的构建，主要解决两大问题：一是判断乡村色彩景观的搭配、布局是否合理。色彩的搭配、布局和空间设计的合理性是否能发挥景观最大特色。因此，对评价色彩景观的乡村搭配、布局的选择尤其重要。本模式从视觉美学模式角度出发，结合公众偏好的方法和详细描述方法，综合评价乡村色彩景观的搭配。二是判断乡村色彩景观是否能满足乡村色彩景观带来的功能，本模式也从农村建设规划的功能分区出发，对乡村色彩景观进行全面评价。同时，在色彩地理学、色彩心理学、乡村景观、基础理论的支持下，借鉴城市景观视觉评价模式，综合选择能够最大可能发挥乡村色彩和乡村景观特色合理性的相关评价指标。

一、管理现状

当下，"最美丽乡村"是各个县委、县政府所极力推崇和争取的金名片。最美丽乡村不仅是一个概念，也不仅仅是一个头衔，更是一种理念、意识，我们设计师应该具备一种相对系统的发展思路去看待这个问题。然而，"最美丽的乡村"目前还没有一种现成的模式可作参考，更不用说从视觉的角度对乡村景观规划进行把量。

宋建明教授认为，评价某个地区的色彩景观规划和维护其环境色彩价值的水平，通常的依据就是看当地人对该地区的"景观色彩特质"的认识和保护的程度；评价一个地区的环境色的表现如何，则是看色彩设计师们的规划，能否既在维护"景观色彩特质"的前提下，又能调动和发挥其潜能的优势，并从中呈现他们的智慧。

所以，对于自然景观色彩而言，提倡能源、材料的节约再利用，建筑与环境相协调，是尊重自然的表现；对于人文景观色彩而言，重视体现地方性文化传统，注重周围环境内在联系；对于人工景观色彩而言，自然而然、不刻意、不夸张、不浮躁、多元而丰富的设计手法，都是在保护乡村的景观色彩特质。

二、评价角度

本文的评价角度就是指人们对乡村色彩景观价值判断的基本立场和态度。笔者认为应该从美学价值、识别价值、人文价值三个角度出发对乡村色彩景观进行评价。

（一）美学价值

本文所提到的美学价值相当于现代美学的审美范畴之内。具体扩展为以下内容：①现代美学更加关注的是主观的感受，那些既不单调也不混乱，更多的是一种位于多样性的中间程度，但是又能够被重新

加工的印象更能使人感到愉快，即秩序中的多样化。这说明了色彩景观的评价需要通过时间、季相、光阴、肌理的变化而进行多方位、多样性评价。②色彩通过色相、明度、饱和度的有规律的布局可以带来统一的效果。③多样化和统一性有着奇特性的交集，形成的特点鲜明的色彩具有很高的美学价值，即奇特性可认为是合理性中最完美的选项。如在皖南民居的景观色彩构成中，强烈的明度对比在统一季相变化的自然景观色彩中独树一帜，成为南方民居色彩的典型代表。把以上三者关系做成图表形式，我们可以看到多样性程度高，同时统一性程度也高，这时色彩美学的价值也最高；如果多样性程度和统一性两者之中，一个最高，一个趋向0值，那么色彩美学的价值即为0（图4-1）。

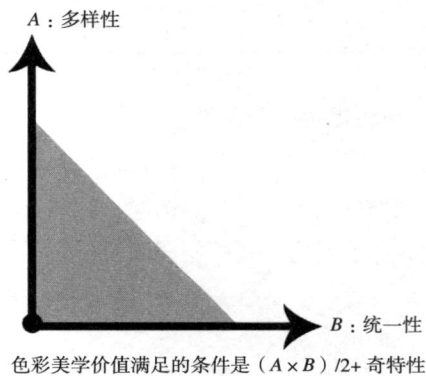

色彩美学价值满足的条件是（A×B）/2+奇特性

图4-1　色彩美学价值（不考虑权重）

（二）识别价值

乡村色彩景观从功能上看，最大的功能莫过于识别性。乡村色彩景观构成要素表明自然景观色彩占全部比例至少一半以上，这点与城市色彩景观差别很大。乡村有着海、森林等难以识别的同质景观，也有着民族服饰、景观小品丰富多彩的容易识别的异质景观。而色彩给人带来它所被赋予的情感属性（表4-10）。

乡村景观中的色彩情感属性表　　4-10

色彩		感情质	乡村景观意象
色相	绿色	轻松、舒适、平静、年轻	自然植物
	青绿色	安息、清凉	自然植物

续表

色彩		感情质	乡村景观意象
色相	蓝色	辽阔、深远、镇静	水体、天空
	黄色	明朗、愉快、力量	阳光、大地、麦田、秋天
	紫色	严肃、神秘	石材、图腾、服饰、图案
	橙色	喜悦、活泼、健康	水果、服饰、图案
明度	白色	简单、清爽	鸟、石子、沙滩、建筑
	灰色	内涵	道路、建筑墙面
	黑色	庄严	服饰、建筑屋顶
彩度	红色	激情、欢喜、积极、兴奋	图腾、小品、警示图案
	粉红色	温柔	图案
	暗褐色	沉着	土壤、树干

乡村景观在色彩上形成新颖的心理暗示效应。乡村类似于我们传统的城市，不同于现代城市可以同时交流得到信息，乡村由于语言障碍、自然环境范围大、人口稀少等，加强乡村识别系统与符号系统的色彩给予会使乡村景观具有安全性，同时会促进乡村标识系统、路网、水系等方向识别系统和地标系统的完善，从而增强了梳理乡村色彩景观脉络、点亮区域内景观主题的功能。

此外，色彩景观还具有与人的行为活动规律相关的功能。如日本茨城县2003年颁布的《大规模行为相关的景观色彩指南》把研究区域内分成自然地区、田园港湾地区、住宅地区、业务地区、工业地区等景观类型，并对每种色彩进行现状解说。

（三）人文价值

色彩景观是人文价值最有利的视觉感知体现之一。乡村景观中所蕴含的色彩信息量最大、质量最好，人文价值肯定很大。然而，人文价值越大的，不一定色彩景观的信息量就很大，同样并不是说色彩五颜六色，斑驳杂色就一定具有很高的人文价值，而江南水乡的白黑色调的人文价值就高。关键还是看色彩物质载体背后的传统文化和民族精神。乡村人文景观中蕴含了色彩，使色彩形象鲜明起来，使色彩有了思想，有了价值。色彩的人文价值也促使了我们规划设计师在整治、恢复色彩景观时，可以以色彩体现人文价值

为平台，创造新的成果，赋予新的意义。

总之，从色彩美学价值、功能价值、人文价值对乡村色彩景观规划的评价来看，是评价事物角度的切入点不同，但具体评价模式的目标和方法存在一致性，目的都是唤起乡村景观在色彩上的真正价值，从而壮大"中国最美丽乡村"队伍。我们可以看到优秀的乡村色彩景观往往同时达到了三种价值的最大化，更好地把握了乡村色彩景观的综合价值。

三、评价方法

乔晓光认为，我们不仅要有身临其境的田野调查，还要熟知不同民族文化区的色彩传统，还需要有一颗训练有素、视野开阔、能感知判断活态文化的铭感心灵。

评价方法主要从两方面入手：一方面是运用结合公众偏好的方法，即采用问卷调查表、访谈、做记录的形式向公众寻求主观意见（图4-2）。利用公众的感受等这种方法，定性地对色彩景观进行评价，通过强调其个人的、体验的和感情的因素，加强色彩景观特性与色彩景观体验的联系。

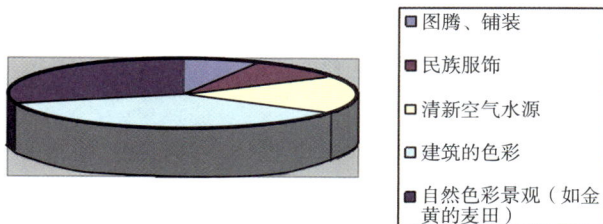

图4-2 公众对乡村色彩景观特色关注方向

另一方面是对色彩景观进行详细描述性评价的方法。这里包括分别从三类不同角度即美学价值、功能价值、人文价值，对乡村色彩景观的构成进行描述评价（表4-12），把具体指标量化，制定一个色彩景观分类标准。

图片来源：
图4-1 改绘自《城市景观视觉评价》

乡村色彩景观评价的方法　　　　表 4－11

评价方法	评价的标准	评价角度	应用
公众偏好法	感觉尺度	整体考察	强调民主性，以公众满意度为追求的实践
	主观性		
	客观性（神秘，复杂）		
详细描述法	美学价值	要素分析	科学、实用性，强调长远整体利益
	功能价值		
	人文价值		

以美学价值为基本评分原则，在评价过程中结合不同的角度分区为手段，可将乡村色彩景观分成不同类型：①以色彩感知为要素，以包含所有景观元素的整体色彩，以"成图"或者照片的形式进行评价打分；②把景观分成几个组成元素，如通过如绿色、蓝色为主的自然景观要素，如以浙江畲族特色为主的人文景观，以土色土香建筑街区为主的人工景观等每一个类型景观中选取典型色彩单元评价打分。最后，两者综合起来得到总的色彩景观分级和分布的合理或者不足的情况。

作为规划设计师，评价乡村色彩景观的同时不能忽略对乡村环境物理指标因素的考虑，如空气质量、水污染等重要物理指标都没有达到一定的标准，那么乡村色彩景观评价也不需要进行下去，毕竟乡村色彩景观依托物理环境而存在的。

第三节 "美丽乡村"建设下的乡村旅游资源评价（以浙江省为例）

一、村旅游资源分类

在调查浙江省乡村旅游资源现状、特征、特性基础上，参考《旅游资源分类、调查、评价》（GB/T 8972—003），结合浙江省"美丽乡村"建设，实现"宜居、宜业、宜游、宜文"的最终目标，初步构建浙江省乡村旅游资源的分类体系，分别为乡村"居住"类旅游资源、乡村"产业"类旅游资源、乡村"游赏"

类旅游资源、乡村"文化"类旅游资源 4 个主类、12 个亚类以及 67 个基本类型三个层次（表 4–12）。

浙江省乡村旅游资源分类体系　　　　表 4–12

主类	亚类	基本类型
乡村"居住"类旅游资源（X_A）	乡村遗址遗迹类（X_{AA}）	人类活动遗址（X_{AAA}）
		文物散落地（X_{AAB}）
		聚落遗址（X_{AAC}）
		历史事件发生地（X_{AAD}）
		归葬地（X_{AAE}）
		军事遗址与古战场（X_{AAF}）
		寺庙遗址（X_{AAG}）
		交通遗迹（X_{AAH}）
	传统乡土建筑或构筑物类（X_{AB}）	传统民居（X_{ABA}）
		特色街巷（X_{ABB}）
		名人故居与历史纪念建筑（X_{ABC}）
		书院（X_{ABD}）
		乡村宗祠建筑（X_{ABE}）
		亭台楼阁（X_{ABF}）
		古典园林（X_{ABG}）
	交通建筑类（X_{AC}）	古桥（X_{ACA}）
		渡口码头（X_{ACB}）
		古栈道（X_{ACC}）
	现代新农村建筑类（X_{AD}）	特色社区（X_{ADA}）
		乡村博物馆（X_{ADB}）
		乡村展览馆（X_{ADC}）
		乡村科教馆（X_{ADD}）
乡村"产业"类旅游资源（X_B）	传统生产遗迹类（X_{BA}）	古老生产地遗址遗迹（X_{BAA}）
		古老的生产工具遗存（X_{BAB}）
	传统生产类（X_{BB}）	稻作景观（X_{BBA}）
		传统工艺生产（X_{BBB}）
	现代农业展示类（X_{BC}）	高新农业产业科技园（X_{BCA}）
		农业科技教育基地（X_{BCB}）
		农业博览园（X_{BCC}）
		农业产业基地（X_{BCD}）
		园艺园林基地（X_{BCE}）
		特色养殖园、畜牧园（X_{BCF}）
乡村"游赏"类旅游资源（X_C）	乡村地质地貌景观类（X_{CA}）	乡村平原景观（X_{CAA}）
		山地丘陵景观（X_{CAB}）
		乡村盆地景观（X_{CAC}）
		海岸地貌景观（X_{CAD}）
		特异地貌景观（X_{CAE}）
		岩石洞与岩穴（X_{CAF}）
		奇特与象形山石（X_{CAG}）
		石林景观（X_{CAH}）

续表

资源类型		
主类	亚类	基本类型
乡村"游赏"类旅游资源（X_C）	乡村水域风光类（X_{CB}）	古运河（X_{CBA}） 传统灌溉渠道（X_{CBB}） 滨海景观（X_{CBC}） 湖泊潭池景观（X_{CBD}） 溪流景观（X_{CBE}） 瀑布跌水景观（X_{CBF}） 湿地沼泽（X_{CBG}） 古井（X_{CBH}） 温泉（X_{CBI}）
	生物景观类（X_{CC}）	原始森林（X_{CCA}） 珍稀树种（X_{CCB}） 奇花异草（X_{CCC}） 珍禽异兽（X_{CCD}）
乡村"文化"类旅游资源（X_D）	民俗文化类（X_{DA}）	地方风俗与民间礼仪（X_{DAA}） 民间节庆演艺（X_{DAB}） 民间宗教文化（X_{DAC}） 民间庙会与集会（X_{DAD}） 特色服饰（X_{DAE}） 地方语言（X_{DAF}） 名人文化（X_{DAG}） 传统手工艺（X_{DAH}） 生活方式（X_{DAI}）
	农耕文化类（X_{DB}）	生产方式（X_{DBA}） 生产工具（X_{DBB}） 特色饮食（X_{DBC}） 农事活动（X_{DBD}） 农事诗谚（X_{DBE}）

二、"美丽乡村"建设下的乡村旅游资源评价方法

乡村旅游资源评价是指在乡村旅游开发过程中，为合理开发和利用资源，明确其资源赋存情况，建立一套科学性和可操作性强的资源评价方法，通过定量与定性相结合的方法，对区域内旅游资源进行综合评判和鉴定，划分资源单体级别，从而重点开发潜在综合价值高的资源单体，避免乡村旅游的盲目发展。

我国旅游资源评价常用方法有卢云亭先生以定性评价为主的"三三六评价法"，即三大价值、三大效益、六大条件，以及以定性和定量相结合的旅游资源评价体系（国家旅游局于 2003 年颁布的《旅游资源分类、调查与评价》国家标准）。我国乡村旅游资源主要以层次分析法 (AHP) 和模糊数学法进行评价，并采用 Matlab 数学工具和 Excel 统计工具进行计算资源价值量，但目前尚未对乡村旅游资源评价形成统一标准。本文在"美丽乡村"建设指引下，根据乡村旅游资源分类以及乡村旅游资源自身独特性，借鉴层次分析法 (AHP) 和 VRM 系统，确定乡村旅游资源各评价指标，并运用客观赋值法确定各指标权重，建立可操作性强的乡村旅游资源评价方法，具体建立步骤如下：

（1）根据乡村旅游资源分类体系和乡村旅游资源影响因素，通过对旅游及相关行业专家调查，结合文献研究确定不同亚类乡村旅游资源类型的评价指标。

（2）通过问卷调查和专家评分，对各评价指标重要程度进行评分，根据所得数据计算其所占权重。

（3）结合文献研究和实地调查，对各评价指标进行定性描述的等级划分，并赋予相对应的分值（百分制）。

（4）通过计算公式进行旅游资源单体总价值分值的计算。

（5）划分乡村旅游资源等级。

（一）乡村旅游资源评价指标体系建立

PSR 指标体系框架模型和资源评价相关理论，提出乡村旅游资源的评价指标体系，包括资源要素系统、区位要素系统、设施要素系统、环境要素系统四个方面，本文研究依据乡村旅游资源分类以及乡村旅游资源自身特点，主要针对旅游资源要素系统对资源价值进行评价，不涉及其他三方面。

综合文献研究和实地调查，发现不同主类乡村旅游资源本身所侧重体现的价值、影响因素以及人们对资源的直观感受差异性较大，因而其评价指标存在着较大差异性，而同一亚类乡村旅游资源间差异性相对较小，其评价指标可归纳为一体。因此，笔者结合各亚类乡村旅游资源的主要影响因素，选择最能代表该类乡村旅游资源特色和资源地特征的影响因子作为评价因子，即评价指标，结合对旅游及相关行业专家的调查确定出各亚类乡村旅游资源的不同评价指标共计 63 项（表 4-13）。

乡村旅游资源评价指标　　　　表 4-13

主类	亚类	评价指标
乡村"居住"类旅游资源（X_A）	乡村遗址遗迹类（8项）	遗址面积、遗址数量、遗址历史性、遗址特色性、遗址完整性、遗址知名度、遗址教育性、遗址体验性
	传统乡土建筑或构筑物类（5项）	建筑历史性、建筑特色性、建筑完整性、建筑古朴性、建筑体验性
	交通建筑类（4项）	历史性、特色性、完整性、知名度
	现代新农村建筑类（4项）	特色性、教育性、体验性、与周边环境融合性
乡村"产业"类旅游资源（X_B）	传统生产遗迹类（6项）	遗迹历史性、遗迹特色性、遗迹完整性、遗迹知名度、遗迹教育性、遗迹体验性
	传统生产类（5项）	历史性、特色性、观赏性、体验性、规模性
	现代农业展示类（5项）	产业特色性、产业规模性、产业多样性、产业观赏性、产业体验性
乡村"游赏"类旅游资源（X_C）	乡村地质地貌景观类（4项）	知名度、特色性、观赏性、适游期
	乡村水域风光类（7项）	水域面积、水体纯净性、水体优美性、水体特色性、观赏性、体验性、适游期
	生物景观类（5项）	知名度、稀缺性、多样性、观赏性、适游期
乡村"文化"类旅游资源（X_D）	民俗文化类（5项）	民俗文化民族性、民俗文化原生性、民俗文化独特性、民俗文化历史性、民俗文化体验性
	农耕文化类（5项）	农耕文化特色性、农耕文化代表性、农耕文化多样性、农耕文化体验性、农耕文化教育性

（二）乡村旅游资源评价指标权重确立

权重是指各评价指标相对于乡村旅游资源开发的影响程度，是反映影响程度的重要性尺度。常用的确定权重方法有主观赋值法、客观赋值法、专家调查法和层次分析法。乡村旅游资源评价指标的重要程度，反映了乡村旅游者的需求和期望，较好地体现了乡村旅游资源评价指标与旅游者认知的相关程度。因此，从乡村旅游资源综合发展的角度出发，以评价指标的重要程度作为参数确定权重，更能体现旅游者对乡村旅游资源的内在需求。

本文通过对公众和旅游学相关专家的 150 份问卷调查，采用客观赋值法来确定指标的权重，以乡村旅游资源评价测评指标的重要程度为依据用平均赋值法确定评价指标的权重。根据权重计算公式，得出各类旅游资源相关评价指标权重，公式如下：

$$W_i = L_i / \sum_{j=1}^{n} L_j$$

式中：W_i 为第 i 个评价指标的权重；

L_i 为第 i 个评价指标的重要程度平均值；

L_j 为第 j 个评价指标的重要程度平均值；

n 为各亚类旅游资源评价指标的数量（例如本研究中乡村遗址遗迹类取 8）。

根据计算公式得出各亚类乡村旅游资源评价指标权重（表 4-14 ～表 4-25）

乡村遗址遗迹类旅游资源各评价指标权重　　　表 4-14

亚类	编号	评价指标	重要程度平均值	权重 W_i
乡村遗址遗迹类 XAA（8项）	X_{AA-1}	遗址面积	6.28	0.1172
	X_{AA-2}	遗址数量	6.08	0.1135
	X_{AA-3}	遗址历史性	7.92	0.1478
	X_{AA-4}	遗址特色性	7.64	0.1426
	X_{AA-5}	遗址完整性	6.66	0.1243
	X_{AA-6}	遗址知名度	7.44	0.1389
	X_{AA-7}	遗址教育性	6.02	0.1123
	X_{AA-8}	遗址体验性	5.54	0.1034
总分值			53.58	1

传统乡土建筑或构筑物类旅游资源各评价指标权重表

4-15

亚类	编号	评价指标	重要程度平均值	权重 W_i
传统乡土建筑或构筑物类 XAB（5项）	X_{AB-1}	建筑历史性	7.58	0.2197
	X_{AB-2}	建筑特色性	7.26	0.2104
	X_{AB-3}	建筑完整性	6.70	0.1942
	X_{AB-4}	建筑古朴性	7.14	0.2070
	X_{AB-5}	建筑体验性	5.82	0.1687
总分值			34.50	1

交通建筑类旅游资源各评价指标权重　表4-16

亚类	编号	评价指标	重要程度平均值	权重 W_i
交通建筑类 XAC（4项）	X_{AC-1}	历史性	7.42	0.2591
	X_{AC-2}	特色性	7.08	0.2472
	X_{AC-3}	完整性	6.46	0.2256
	X_{AC-4}	知名度	7.68	0.2681
总分值			28.64	1

现代新农村建筑类旅游资源各评价指标权重　表4-17

亚类	编号	评价指标	重要程度平均值	权重 W_i
现代新农村建筑类 X_{AD}（4项）	X_{AD-1}	特色性	7.06	0.2607
	X_{AD-2}	教育性	6.24	0.2304
	X_{AD-3}	体验性	6.76	0.2496
	X_{AD-4}	与周边环境融合性	7.02	0.2593
总分值			27.08	1

传统生产遗迹类旅游资源各评价指标权重　表4-18

亚类	编号	评价指标	重要程度平均值	权重 W_i
传统生产遗迹类 X_{BA}（6项）	X_{BA-1}	遗迹历史性	6.28	0.1565
	X_{BA-2}	遗迹特色性	7.16	0.1785
	X_{BA-3}	遗迹完整性	6.44	0.1605
	X_{BA-4}	遗迹知名度	7.64	0.1904
	X_{BA-5}	遗迹教育性	5.86	0.1461
	X_{BA-6}	遗迹体验性	6.74	0.1680
总分值			40.12	1

传统生产类旅游资源各评价指标权重　表4-19

亚类	编号	评价指标	重要程度平均值	权重 W_i
传统生产类 X_{BB}（5项）	X_{BB-1}	历史性	6.52	0.1864
	X_{BB-2}	特色性	6.98	0.1995
	X_{BB-3}	观赏性	7.48	0.2138
	X_{BB-4}	体验性	7.96	0.2276
	X_{BB-5}	规模性	6.04	0.1727
总分值			34.98	1

现代农业展示类旅游资源各评价指标权重　表4-20

亚类	编号	评价指标	重要程度平均值	权重 W_i
现代农业展示类 X_{BC}（5项）	X_{BC-1}	产业特色性	7.62	0.2073
	X_{BC-2}	产业规模性	7.88	0.2144
	X_{BC-3}	产业多样性	6.80	0.1850
	X_{BC-4}	产业观赏性	7.94	0.2160
	X_{BC-5}	产业体验性	6.52	0.1773
总分值			36.76	1

乡村地质地貌景观类旅游资源各评价指标权重　表4-21

亚类	编号	评价指标	重要程度平均值	权重 W_i
乡村地质地貌景观类 X_{CA}（4项）	X_{CA-1}	知名度	7.68	0.2565
	X_{CA-2}	特色性	7.28	0.2432
	X_{CA-3}	观赏性	7.96	0.2659
	X_{CA-4}	适游期	7.02	0.2345
总分值			29.94	1

乡村水域风光类旅游资源各评价指标权重　表4-22

亚类	编号	评价指标	重要程度平均值	权重 W_i
乡村水域风光类 X_{CB}（7项）	X_{CB-1}	水域面积	5.68	0.1142
	X_{CB-2}	水体纯净性	7.84	0.1577
	X_{CB-3}	水体优美性	7.22	0.1452
	X_{CB-4}	水体特色性	7.60	0.1529
	X_{CB-5}	观赏性	7.08	0.1424
	X_{CB-6}	体验性	7.48	0.1504
	X_{CB-7}	适游期	6.82	0.1372
总分值			49.72	1

生物景观类旅游资源各评价指标权重　表4-23

亚类	编号	评价指标	重要程度平均值	权重 W_i
生物景观类 X_{CC}（5项）	X_{CC-1}	知名度	7.58	0.2063
	X_{CC-2}	稀缺性	7.98	0.2172
	X_{CC-3}	多样性	7.26	0.1976
	X_{CC-4}	观赏性	7.38	0.2009
	X_{CC-5}	适游期	6.54	0.1780
总分值			36.74	1

民俗文化类旅游资源各评价指标权重　　表 4-24

亚类	编号	评价指标	重要程度平均值	权重 W_i
民俗文化类 X_{DA}（5项）	X_{DA-1}	民俗文化民族性	7.86	0.2139
	X_{DA-2}	民俗文化原生性	7.74	0.2107
	X_{DA-3}	民俗文化独特性	7.42	0.2020
	X_{DA-4}	民俗文化历史性	6.78	0.1845
	X_{DA-5}	民俗文化体验性	6.94	0.1889
总分值			36.74	1

农耕文化类旅游资源各评价指标权重　　表 4-25

亚类	编号	评价指标	重要程度平均值	权重 W_i
农耕文化类 X_{DB}（5项）	X_{DB-1}	农耕文化特色性	7.62	0.2176
	X_{DB-2}	农耕文化代表性	7.86	0.2244
	X_{DB-3}	农耕文化多样性	7.42	0.2119
	X_{DB-4}	农耕文化体验性	6.84	0.1953
	X_{DB-5}	农耕文化教育性	5.28	0.1508
总分值			35.02	1

（三）乡村旅游资源评价指标量化处理

根据各指标的作用性质及表现形式，对各评价指标进行量化及标准化处理，具体量化方法见表 4-26 所列。

乡村旅游资源评价标准　　表 4-26

亚类	编号	评价指标	评估标准 P_i（百分制）			
			100	75	50	25
乡村遗址遗迹类 X_{AA}（8项）	X_{AA-1}	遗址面积	独立型单体规模、体量巨大	独立型单体规模、体量较大	独立型单体规模、体量中等	独立型单体规模、体量较小
	X_{AA-2}	遗址数量	多	较多	一般	较少
	X_{AA-3}	遗址历史性	隋唐宋	元明清	近代	民国以后

续表

亚类	编号	评价指标	评估标准 P_i（百分制）			
			100	75	50	25
乡村遗址遗迹类 X_{AA}（8项）	X_{AA-4}	遗址特色性	鲜明	较为鲜明	一般	不鲜明
	X_{AA-5}	遗址完整性	形态与结构保持完整	形态与结构有少量变化，但不明显	形态与结构有明显变化	形态与结构有重大变化
	X_{AA-6}	遗址知名度	世界范围内知名	全国范围内知名	本省范围内知名	本地区范围内知名
	X_{AA-7}	遗址教育性	很强	较强	一般	不具教育性
	X_{AA-8}	遗址体验性	很强	较强	一般	不具体验性
传统乡土建筑或构筑物类 XAB（5项）	X_{AB-1}	建筑历史性	隋唐宋	元明清	近代	民国以后
	X_{AB-2}	建筑特色性	鲜明	较为鲜明	一般	不鲜明
	X_{AB-3}	建筑完整性	形态与结构保持完整	形态与结构有少量变化，但不明显	形态与结构有明显变化	形态与结构有重大变化
	X_{AB-4}	建筑古朴性	历史久远、构造、用材古老	历史久远，构造、用材较古老	构造、用材较古老	构造、用材现代
	X_{AB-5}	建筑体验性	很强	较强	一般	不具体验性
交通建筑类 X_{AC}（4项）	X_{AC-1}	历史性	隋唐宋	元明清	近代	民国以后
	X_{AC-2}	特色性	鲜明	较为鲜明	一般	不鲜明
	X_{AC-3}	完整性	形态与结构保持完整	形态与结构有少量变化，但不明显	形态与结构有明显变化	形态与结构有重大变化
	X_{AC-4}	知名度	世界范围内知名	全国范围内知名	本省范围内知名	本地区范围内知名

续表

亚类	编号	评价指标	评估标准 P_i（百分制）			
			100	75	50	25
现代新农村建筑类 X_{AD}（4项）	X_{AD-1}	特色性	鲜明	较为鲜明	一般	不鲜明
	X_{AD-2}	教育性	很强	较强	一般	不具教育性
	X_{AD-3}	体验性	很强	较强	一般	不具体验性
	X_{AD-4}	与环境融合性	融合性强	融合性较强	融合性一般	融合性较差
传统生产遗迹类 X_{BA}（6项）	X_{BA-1}	遗迹历史性	隋唐宋	元明清	近代	民国以后
	X_{BA-2}	遗迹特色性	鲜明	较为鲜明	一般	不鲜明
	X_{BA-3}	遗迹完整性	形态与结构保持完整	形态与结构有少量变化，但不明显	形态与结构有明显变化	形态与结构有重大变化
	X_{BA-4}	遗迹知名度	世界范围内知名	全国范围内知名	本省范围内知名	本地区范围内知名
	X_{BA-5}	遗迹教育性	很强	较强	一般	不具教育性
	X_{BA-6}	遗迹体验性	很强	较强	一般	不具体验性
传统生产类 X_{BB}（5项）	X_{BB-1}	历史性	隋唐宋	元明清	近代	民国以后
	X_{BB-2}	特色性	鲜明	较为鲜明	一般	不鲜明
	X_{BB-3}	观赏性	极高	很高	较高	一般
	X_{BB-4}	体验性	很强	较强	一般	不具体验性
	X_{BB-5}	规模性	多项产业总体和单项产业规模均较大	多项产业总体规模大，单项产业规模较小	多项产业总体规模小，单项产业规模较大	多项产业总体和单项产业规模均较小
现代农业展示类 X_{BC}（5项）	X_{BC-1}	产业特色性	鲜明	较为鲜明	一般	不鲜明
	X_{BC-2}	产业规模	多项产业总体和单项产业规模均较大	多项产业总体规模大，单项产业规模较小	多项产业总体规模小，单项产业规模较大	多项产业总体和单项产业规模均较小

续表

亚类	编号	评价指标	评估标准 P_i（百分制）			
			100	75	50	25
现代农业展示类 X_{BC}（5项）	X_{BC-3}	产业多样性	种类多样	种类较多	种类一般	种类较少
	X_{BC-4}	产业观赏性	极高	很高	较高	一般
	X_{BC-5}	产业体验性	很强	较强	一般	不具体验性
乡村地质地貌景观类 X_{CA}（4项）	X_{CA-1}	知名度	世界范围内知名	全国范围内知名	本省范围内知名	本地区范围内知名
	X_{CA-2}	特色性	鲜明	较为鲜明	一般	不鲜明
	X_{CA-3}	观赏性	极高	很高	较高	一般
	X_{CA-4}	适游期	每年超过300天	每年超过250天	每年超过150天	每年超过100天
乡村水域风光类 X_{CB}（7项）	X_{CB-1}	水域面积	单体水域面积和总体水域面积皆大、形态优美	单体水域面积较大、形态优美，总体水域面积较小	单体水域面积较小，形态较好，总体水域面积较大	单体水域面积和总体水域面积皆小
	X_{CB-2}	水体纯净性	极佳	优良	中等	较差
	X_{CB-3}	水体优美性	极佳	优良	中等	较差
	X_{CB-4}	水体特色性	鲜明	较为鲜明	一般	不鲜明
	X_{CB-5}	观赏性	极高	很高	较高	一般
	X_{CB-6}	体验性	很强	较强	一般	不具体验性
	X_{CB-7}	适游期	每年超过300天	每年超过250天	每年超过150天	每年超过100天
生物景观类 X_{CC}（5项）	X_{CC-1}	知名度	世界范围内知名	全国范围内知名	本省范围内知名	本地区范围内知名
	X_{CC-2}	稀缺性	有大量珍稀物种	有较多珍稀物种	有少量珍稀物种	有个别珍稀物种
	X_{CC-3}	多样性	动植物种类多样	动植物种类较丰富	动植物种类一般	动植物种类较少
	X_{CC-4}	观赏性	极高	很高	较高	一般
	X_{CC-5}	适游期	每年超过300天	每年超过250天	每年超过150天	每年超过100天

续表

亚类	编号	评价指标	评估标准 P_i（百分制）			
			100	75	50	25
民俗文化类 X_{DA}（5项）	X_{DA-1}	民俗文化民族性	极佳	优良	中等	较差
	X_{DA-2}	民俗文化原生性	极佳	优良	中等	较差
	X_{DA-3}	民俗文化独特性	极佳	优良	中等	较差
	X_{DA-4}	民俗文化历史性	隋唐宋	元明清	近代	民国以后
	X_{DA-5}	民俗文化体验性	很强	较强	一般	不具体验性
农耕文化类 X_{DB}（5项）	X_{DB-1}	农耕文化特色性	极佳	优良	中等	较差
	X_{DB-2}	农耕文化代表性	极佳	优良	中等	较差
	X_{DB-3}	农耕文化多样性	极佳	优良	中等	较差
	X_{DB-4}	农耕文化体验性	很强	较强	一般	不具体验性
	X_{DB-5}	农耕文化教育性	很强	较强	一般	不具教育性

（四）乡村旅游资源单体评价模型建立

乡村旅游资源单体评价具体步骤为：

（1）判定乡村旅游资源单体所属亚类，根据上述研究成果确定其相关评价指标。

（2）在现状调研和公众评价基础上，结合文献研究，对乡村旅游资源单体的保存现状进行综合评价，得出各评价指标相对应的评估标准分值。

（3）乡村旅游资源单体各评价指标权重乘以各评价指标相对应的评估标准分值，相加所得总和为乡村旅游资源单体总价值分值，其计算公式如下：

$$S=\sum_{i=1}^{n}W_iP_i$$

式中：S 为乡村旅游资源单体总价值分值；

W_i 为第 i 个评价指标的权重；

P_i 为第 i 个评价指标所对应的评估标准分值；

n 为各亚类旅游资源评价指标的数量（例如本研究中乡村遗址遗迹类取8）

（五）乡村旅游资源单体评价等级划分

通过对乡村旅游资源单体总价值分值的计算，参考国标将其划分为三个等级：一级资源（开发价值很高）；二级资源（开发价值较高）；三级资源（开发价值一般），其等级分值区间见表4-27。

乡村旅游资源单体评价等级　　　　表4-27

得分（分）	≥80	60-80	≤60
等级	一级	二级	三级

乡村旅游资源单体等级的划分，从侧面反映了乡村区域内旅游资源现状、开发价值和未来发展趋势，在一定程度上把乡村旅游分割成可操作的阶段性目标，对于等级高的资源点进行重点开发利用和保护，资源评价不高的资源点有针对性地开发利用，在明确认知其资源赋存情况基础上，有效地避免乡村旅游地的盲目发展。

第五章

美丽乡村规划设计理论与方法

我国大部分地区的美丽乡村建设尚处于参与和发展阶段，乡村资源尚处于原生状态，因此，乡村旅游业仍具有旺盛的生命力和良好的发展势头，应该把握发展时机，合理利用和整合乡村旅游资源，坚持可持续发展战略，保证美丽乡村建设健康有序地发展。

第一节 美丽乡村基础理论研究

一、城乡规划学理论

城乡规划学是从城乡关系的角度出发，把城市与乡村、城镇居民与农村居民、工业与农业等作为一个整体，通过系统规划、综合研究，促进城乡规划建设、产业发展、体制保障、生态保护等方面的均衡发展，改变长期形成的城乡二元结构，使整个城乡社会全面、协调、可持续发展。规划学者从城乡空间的角度出发，对城乡发展作出统一规划，即对具有一定内在关联的城乡交融地域上各物质与精神要素进行系统安排；生态、环境学者从生态保护角度出发，对城乡生态资源、绿地空间进行有机整合，保证自然生态过程畅通有序，促进城乡协调发展。

（一）城乡空间生态耦合理论

城市复合生态系统理论认为是"城乡建设是一个复杂的生态耦合体系，它以环境为体，经济为用，生态为纲，文化为常，其社会、经济、自然子系统间是相互耦合、相互制约，各自功能不同，却相辅相成，缺一不可"。运用生态学的基本理论，城乡空间是城乡一体化建设的存在载体，是承载城市与乡村物质关系的动态场所，即为城乡互动的直接作用空间和各种物质流、生态流、能量流相互作用的总体概念表述。

城乡空间生态耦合理论是一种动态理论，是以城乡空间的整体性为基础，以生态学理论为核心，建立城乡之间的稳定、协调、良性互动的共同生长耦合关系。通过某种链接，将不同的耦合元素在特定的条件下互相连通，使各个元素转化成一个整体，即使城市、乡村、生态环境相互联系，在这种动态的耦合关系中

促进城乡一体化的建设。

（二）城乡绿地系统规划理论

城乡绿地系统规划理论是在整个城乡区域范围内，将城市中心和各级乡镇、乡村的各类绿地系统进行分级分区保护、利用，通过土地优化布局，形成具有合理结构的绿地空间系统，构成城乡一体化、空间区域化、生态网络化的绿化空间大格局，使生态系统充分发挥生态效应，城乡绿地发挥生态、文化、游憩、景观、保护等各项功能，促进城乡协调发展，形成一个完善的人居环境网络系统。

二、"原乡规划"理论

（一）理论阐释

"原乡"其意义可解释为"原生乡村"、"原色乡村"和"原真乡村"，意味着对乡村文脉和地脉的传承与尊重。

"原乡规划"理论的提出，是对中国工业化和城市化进程中，以城市化和大规模开发为指导思想来引导规划的反思，尤其是新农村建设过程中，大拆大建，乡村原貌被毁，取而代之的是新农村的"城市化运动"，背离"原乡"的本意，这种规划思想将毁掉"美丽乡村"的美好愿景。"原乡规划"理论是指在乡村规划中保持乡土特色以及原生态规划思想，或者在城市规划中加入自然、乡村本色的成分，做到人地和谐，天人合一，它借鉴了老子和庄子哲学中顺应自然的"无为自化"思想，强调在规划过程中以"无为"作为最高境界。

（二）"原乡规划"与乡村旅游资源开发

"原乡规划"理论要求在乡村旅游资源开发过程中要以乡土景观资源为依托，以保护乡村生态环境、传统生产生活方式以及原真性民俗文化为前提，以乡土聚落布局为基础，以中国传统乡村的布局理念为主导，通过科学规划和较少人工干预完善乡村景观系统，形成真实的乡村景观意象，实现乡村原真性的保护。

在"美丽乡村"建设下，浙江省乡村旅游资源开发应立足现有的资源禀赋、生态条件和地形地貌，按照"宜居、宜业、宜游、宜文"的目标要求，对乡村

特有的山水资源、产业资源、农耕资源、民俗文化资源以及乡土建筑资源等进行提炼和定位，尊重农民的生产生活习惯和传统习俗，力求彰显乡土特色。

三、景观生态学理论

（一）理论阐释

1. 景观整体性与空间异质性理论

景观整体性原理可以理解为，景观是由构成景观的各个要素经过有机组合形成的，其中形成的景观系统具有独立个体的功能特性和视觉特征，但是其要素之间的相互作用，使得景观系统表现出"整体大于部分之和"的特性。

景观异质 (heterogeneity) 包括空间异质和时间异质。空间异质性反映一定空间层次景观的多样性，时间异质性反映不同时间尺度景观空间异质性的差异。异质性决定了景观空间格局的多样性。

乡村旅游地可持续发展的实质是其地域内景观的"求同存异"，"同"是指景观整体性的动态维持，而"异"则指空间异质性的不断构建。景观整体性和空间异质性理论要求乡村旅游开发者在整体规划时注重景观资源的合理表达和组合构建。

2. 景观多样性与稳定性理论

景观多样性是指构成景观的空间单元（斑块）在数量、大小、形状上的分布和组合规律的多样性，以及斑块间的连接性、连通性等结构和功能上的多样性。一般认为景观的多样性可构成景观的稳定性。

旅游生态系统是一种非独立性的景观生态系统。多种旅游生态系统共同构成异质性的景观格局，形成具有不同旅游功能的旅游景观，使旅游景观的稳定性达到一定水平，从而保障景观旅游功能的实现。生态旅游景观的稳定性，不仅反映着自然和人为干扰的程度，而且也成为生态旅游目的地持续发展的必要条件和检验指标之一。

3. 景观变化理论

景观变化是指景观系统的结构和功能在自然和人为干扰下产生的变化。乡村旅游地的景观变化主要来自于人为干扰。例如，旅游开发配套设施的建立造成村级景观破碎度的增加，动植物生境的变化；旅游者对自然景观的破坏造成植物多样性的减少；旅游地超负荷的游客容量，使得干扰强度超出景区的承载能力，进而引起旅游地生态系统的失调。这些景观变化都在一定程度上抑制了乡村旅游业的发展。

（二）景观生态学与乡村旅游资源开发

景观生态学要求在乡村旅游资源开发过程中注重生态性，它包括几个方面的内容：①要尽量保持原生态景观，减少人工干预，减少对环境的影响；②实施生物多样性保护，在乡村旅游资源开发过程中要保护旅游地的濒危物种、生物多样性、乡土植被、自然水系和自然风景等；③资源的开发必须保持对乡村文脉和地脉的尊重和敏感。在乡村旅游资源开发过程中，避免过多的人类活动对生态旅游资源的干扰，在开发利用乡村旅游资源时，注重运用景观生态学的思想，将资源要素进行合理有效的组合，以保持资源的可持续利用性。

第二节 美丽乡村专题规划研究

刘滨谊教授认为，乡村景观规划是在多学科理论的基础上，对乡村各种景观要素（与乡村的社会、经济、文化、习俗、精神、审美密不可分的乡村聚落景观、生产性景观和自然生态景观）进行整体规划与设计，保护乡村景观完整性和文化特色，挖掘乡村景观的经济价值，保护乡村的生态环境，推动乡村的社会、经济和生态持续协调发展的一种综合规划。

一、美丽乡村乡土特色研究

（一）乡村乡土特色的基本特征

甘地曾经说过，"就物质生活而言，我的村庄就是世界；就精神生活而言，世界就是我的村庄"。其实"我的村庄就是世界"何尝不是一种精神生活。一个人，如果深爱着一个村庄，你摧毁了他的村庄，也是在摧毁他的精神世界。1989 年春天，著名诗人海子回了一趟安徽老家，感到了巨大的荒凉，感叹"有些你熟悉的东西再也找不到了，你的家乡完全成了一个陌生人"。这些熟悉的东西就是留在我们记忆中、生活中的场景，所怀念的事物，给人以归属感，这就是乡村的魅力所在。

日本学者进士五十八先生在其《乡土景观设计手法》中将乡土景观的独有特质定义为：村民们在顺应土地自然条件的同时也是在和自然作斗争，利用由当地而来的材料和技术所形成的，即是所谓的"百姓的环境设计"所展示的本质的优秀性。俞孔坚认为乡土景观反映了人与自然、人与人、人与神之间的关系，因此可以把乡村乡土特色归纳为四个核心特征：其一，它是适应于当地自然和土地的；其二，它是属于当地人的；其三，它是为了生存和生活的；其四，它能引起人的一种情丝。

1. 从属性

乡土景观所被赋予的情感是属于居住在这里的人们的，当地居民结合自身生活的需要，能动性地接受所处的自然环境的影响并进行改造，这是乡土特色形成的原动力，如浙江丽水的云和梯田（图5-1）。完整的功能性是乡土景观最具魅力的地方，其美和意境在于人与周围环境的相互磨合、相互适应的过程。这是一个长期的过程，是代代相传的物质与精神遗产。

乡土特色的形成是将地域的原材料活用的结果，既有属于这块土地养育成的木匠、石匠、泥瓦匠等工匠们或普普通通的老百姓，他们对当地的气候条件、风土人情的灵活适应，经历时间的洗涤最终与自然相协调。这过程中有各式各样的影响因素，大可以包括风向、天晴雨露，小至色调、地形、生活忌讳等，可以组合出多样的结果，因差别营造出和其他地方不同的特色，即我们常说的"当地特有的某某特色"。从地域特征上生成的景观形式，必定是属于地区的、民族的，营造富有地方特色的景观是对地方和乡土文化的尊重。

2. 适应性

人不光是生物的人，还是一个文化的人。各个地方的人有不同的生活习惯，这是长期以来适应不同的自然条件而形成的。

村落从选址开基，经过几百年甚至上千年与环境的斗争、适应和发展演化，已经成为一个有机的整体。山水格局、沟渠阡陌、田园塘池、林木房屋等景观元素的整合，都使乡村生态系统维持在一个非常微妙的平衡状态。如堪舆论中关于"山环水抱"理想家居地的选择就是前人通过实践总结下来的关于住的理论（图5-2）。过去的村民们考人工垒石造田，修路建桥，建造住房，房前栽树，形成了美丽的村落景观，与人相适宜的尺度。这些都是利用当地的自然材料，灵活运用从祖辈那里传承下来的生产技术（也是先辈们从生活中总结下来的），运用自己的双手营造的具备人性化尺度的乡村景观。经验代代相传，历经时间与实践的筛选，形成与当地气候、地形相适应的建造形式，构建了极具地域特色的景观。

图5-1 梯田景观

图5-2 山环水抱理想家居地

图5-3 生产性景观

3. 生产性

土地是农民的命根子，是农业生产的基础，是幸福生活的源头。中华五千年文明史里，自给自足，在土地里生产生活的一切是农民淳朴的思维。这是一种土地情怀，更是祖祖辈辈赖以生存的精神信仰。在乡村，珍惜每一寸土地，利用任何可以利用的土地资源，任何的种植都是以获得生活资料为主要目的。浪费土地，在乡村是不能被容忍的，这是农民千百年来深入骨子里的观念。所以，房前屋后种树栽桃，院子里的地也以蔬菜为主，任何的行为都与生存、生活相关。

房前屋后的果木蔬圃，这也是园林的最早起源——"囿"，园、囿这些文字由象形文字演化而来，外围的方框表示一定的边界或墙垣，方框内则表示栽培植物或蓄养动物。而在西方，景观设计师也主要来源农场主、牧场主。可以说，生产是景观的最早的功能，也是园林的本源，所以生产性是乡村景观原始的特征。

即使同是生产，各地也自成特色。生产性表现出来的景象就是农业景观，如土地肥沃、水网密布、农作物、小桥、流水、人家形成农业生态景观（图5-3）。而乡村生产性景观是人类出于生存的需要，农业景观也随着自然条件的变化而变化。因此每个地区的人们根据不同的自然条件和自己的风俗习惯选择了不同的农业生产方式，也形成了不同的农业景观。但共同点就是在改造自然的过程中争取与其和谐相处，体现出自然安详、"天人合一"的面貌。

生产性景观是乡村与城市景观最大的差异。纵观中国园林的历史发展，直至今日，农业景观并未对中国园林，尤其是现代城市景观，产生过具有实质性的影响，只有在个别园林为了表明人文的清高之志或猎奇心理，在其园子中有局部的模仿农业景观，如拙政园的东部原称"归田园居"，内有秫香馆，王心一《归田园居记》载："折北为秫香楼，楼可四望，每当夏秋之交，家田种秫皆在望中。"但这只是个别的案例。乡村景观的生产性，相较于我们所盛行的古典园林、现代景观，具有其独特的性格特征。

生产性景观也是新农村建设的要求。新农村建设首先要发展经济，优化乡村产业结构，把农业与第三产业结合起来，大力巩固和发展农业、林业、牧业、水产养殖及果园种植等产业，力争体现产业结构特点，构建富裕文明的特色生产性景观。

4. 心理感知性

罗玛伊丝在其文章《都市是故乡吗？》一文中这样描述：所谓的"故乡"的感觉，其实就是在已经适应和熟悉了的自然，保持其和谐统一，并包括让情感在这里得到安宁，所以，故乡以外的事物带来不安。这种"故乡"是精神的财产。

村庄的形成有其独特的背景，受自然、历史、经济、社会条件等影响，千百年来形成的风格各异的村落民居，本身就是一种文化，其中蕴含着丰富的民俗风情、世情民风甚至家长里短等人文信息，它不仅是

图片来源：
图5-1 http://www.nipic.com/show/1/47/81c8f34b1566a2bd.html
图5-3 http://lbsmyhome.blog.163.com/blog/static/27019702201122733439173/；http://www.photofans.cn/album/showpic.php?picid=997158&year=2010

图5-4 土地庙

图5-5 "神灵"居住的树木

农民安居乐业的重要基础，更是多少炎黄子孙心灵的家园。良田、美池、桑竹，展现出的是人与自然和谐相处的魅力；五谷丰登、六畜兴旺、炊烟袅袅、童叟闲适、鸡犬相闻、麦香稻花、桑麻之乐凸显出的是古朴、希望、兴旺。流连在乡村的田园风光中，人们呼吸着泥土的芬芳，感受自然的味道，远离城市的喧嚣，情感、智慧和理想纳入一片宁静平和之中，给人亲切感、悠闲感、舒畅感和归属感（表5-1）。我们曾相信有这一切因为是有神灵在庇佑着我们（图5-4、图5-5），还相信我们未来的生活需要这些精神的指引，正因为这些信仰和精神的存在，我们的生活才充满了意义。

如同人从水中进化而来，所以亲水是人的天性，人类在演化经历了漫长的农耕文明，广阔大地、自由也被镌刻进我们的基因。在温饱问题已经得到解决的现代社会，乡村的田园风光能够勾起人们模糊的记忆，令人痴迷的野果，在田埂间追逐的游戏，在小溪中钓鱼捉虾的成果，还有宁静的村庄里偶尔的鸡鸣狗吠……都能让人感觉熟悉而亲切。在乡村的田园地带，没有遮挡视线的物体，视线宽广，甚至能看到天地相交的边缘，使人感受到开放式的"舒畅感"，而由于有畦埂等把田地划分成适度适宜的空间，会让人畅想先辈们是怎样在这大地上勾勒出如此动人的画面，甚至通过大地与先祖进行"精神沟通"。人们在这里可以领略到开阔的充满自由的"悠闲感"，给人

以精神上的舒适享受。然而在城市中，虽然细微到每一个空间的角落都变得合理，设施配备完善，高楼林立，但是视线被阻隔，只能看到残破的天空与大地，缺乏空间的悠闲和舒展感。在这样的风景里漫步，能使人得到心灵上的宁静和自然的回归吗？

乡村不同景物给人心里的感受 表5-1

类型	空间	景观要素	景观特征	符合评价指标
生活	农家	房屋	地区特征，安全感	空间、历史、文化
		围墙	连续景观、村落氛围	空间
	设施	井	交流空间、生活风景	历史
		桥	材料美、协调、人性化尺度	
	植物	宅间树林	乡土树种，存在感	历史
	道路	村内道路	方向性、人性化尺度	历史
	河流	自然河流	方向性、自然驳岸	
		池塘	静水面、湿润、聚空间	
生产	设施	水车	水乡、动感、静谧感	角色和目的性
		草垛	收获感	
		柴堆	生活风景、温暖感	
	植物	农田林网	持续性，广阔感、安定感	空间
		村庄林地	涵养林，轻松感、归属感	
	农田	田园	生产性景观、广阔感，亲切感	角色和目的性
		菜畦	分界作用、人性化尺度，亲和感	角色和目的性

图片来源：
图5-4 http://bang.dahe.cn/read-htm-tid-7522697-page-18.htm
图5-5 http://city2010.house.sina.com.cn/detail_198396.html

续表

类型	空间	景观要素	景观特征	符合评价指标
生产	河流	水渠	生产性景观、原风景，动感	
	道路	农用道路	生产性景观、方向性，韵律美	空间
文化	宗教	石碑	标志、历史记忆	历史、文化、稀缺性
		庙宇	辟邪、神圣感	历史、文化、稀缺性
		祠堂	地域场所性	历史、文化、稀缺性
	习俗	墓地	神圣、归属感	历史、文化
		村头集会地	准公共空间、自然状态、景观连续性	空间、时间

表格来源：笔者根据进士五十八、铃木诚、一场博幸编，李树华、杨秀娟、黄建军译《乡土景观设计手法——向乡村学习的城市环境营造》一书整理。

（二）乡土特色表达策略探索

乡土景观的"营造"与绘画、音乐、话剧一样，只是一种表达方式，一种脱离了模式化的表达方式，创作手法更为自由多样，表达的语汇更加丰富多元。乡土特色与景观的结合，有利于营造良好的新村人文环境、协调的新村生态环境，同时保留村落的传统和记忆。

1. 树立乡土特色观

意识产生于实践，同时又指导实践。营造有特色的新农村景观，首先就要树立合理的特色观，乡土特色是植根于土地，来源于生活，它是平实的，淳朴的。也正因为它的独特性，我们在试图营造乡土景观的时候，从什么样的角度切入，以什么方式方法进行设计，以怎样的形式体现乡土意味，这些都是非常棘手的问题。作为一个建筑或景观设计者最大的痛苦莫过于甲方或评议专家们要求作品具有特色，更具体地说是所谓民族特色和地方特色。而当我们在苦苦追求这种"特色"或许评判者认为作品已具有这种特色时，实际上特色已同我们擦肩而过。这就是为什么大江南北所谓特色的建筑或城市，大都不是设计师们的功劳，而那些泛滥成灾的、作为特色来追求的建筑和景观恰恰又使我们的城市变得丑陋、杂乱和千篇一律。所以特色应该从乡村的生产生活中去挖掘，而不能凭空想象或者生搬硬套。

要承认特色的差异性，如有的乡村就是有这样的特色而不是那样的特色，而有的村庄因为建立时间短确实没有特色。总之，就是不能为了追求特色而设计特色。要求我们要更为透彻地、更深层次地了解当地人行为和景观特点及风俗习惯，更深层次地把握我们设计所要面对的参考系。在功能合理的基础上多一点的关照。

2. 乡土特色表达的目标

我国的地域广阔造就了各种不同的民族风情、传统习俗、村落布局和地域景观，综合反映当时、当地人民的生活生产状态和文化底蕴、社会风貌等。乡土景观来源本土的自然、建筑、聚落、生活、风俗、乡村等物质和精神产物。乡土资源保护完好，乡土气息深厚，乡土极具独特魅力，为乡土景观设计提供了丰富的素材，有利于创造具有乡土特色的地方景观。倡导乡土景观营造，使地域景观文化内涵得到可持续的继承和发展，使得新农村建设更富有乡土特色，景观设计更具长久的生命力。

（1）加强场地记忆

乡土景观记载着人们与自然相协调、摩擦交融的过程，记载着人们长期对区域内自然的改造方式和心理感受，传承着地域内人们对生存景观的理性意图和心理认同。随着全国范围的乡村城市化进程，曾经被人们所熟悉的，寄托着人们乡土情结的物质载体已经慢慢消失在人们的生活中，如原本和谐的睦邻友好关系、乡村传说、土地的神灵等。在新农村景观建设中，可以采取场景式的、适当的还原乡土环境中的生活，寻回对乡土景观的归属感；或者引发人们对生活在这里人与自然和谐相处的崇敬，进而引起对人类改造自然、顺应自然的思考。通过各种乡土景观符号向人们阐述曾经的故事、现在的生活和对未来的憧憬。只有以展现乡土特色内含的意境和情感为出发点，以满足人的视觉和知觉体验为目的，合理组织景观序列，"寓情于景"，才能设计出富有特色的新农村景观。

（2）传承地域文脉

地域文脉是一定地域的人民在长期的历史发展过程中，通过体力和脑力劳动创造的，得以不断积淀、发展和升华的物质和精神的全部成果。要因地制宜、因势利导地对乡土人文环境构建和重塑，必须坚决保存乡村景观改造中具有历史价值的自然风貌和人文风情，如古民居、古街、古迹、寺庙等。对一些村落古老建筑的残迹进行原貌修复，有重要历史意义、纪念意义的节点进行艺术性重建，在一定程度上延续村落的历史文脉，保留对这一方土地的敬畏，满足人们对乡土人文氛围和乡土情结追寻。

（3）提高生态效益

乡土景观，是一个在空间上包含彼此相邻，功能上相互有关，发生上有一定特点的若干个生态系统的聚合体，它既受自然环境条件的制约又受人类经营活动的影响。在乡土景观设计工作中，加强设计师景观生态效益意识，以乡土气息浓厚的原生自然景观营造优美的环境，恢复和保护生态环境，有利于逐步丰富物种和景观的多样性。设计者应该重新审视自然生态的重要性，协调景观资源开发与保护的关系，提高环境质量和景观生态效益，塑造一个自然生态平衡的乡土景观环境。

（4）夯实乡村旅游基础

乡土景观继承中国传统的农耕文明，有着巨大的民族吸引力和凝聚力，同时接近自然。近几年来，在大批乡村人涌进城市的同时，一股"下乡潮"也在城市中涌动，他们纷纷将目光投向了乡村这片广阔的土地。新农村建设要把握自然环境在人类生活中的重要性，实现人与自然的统一，迎接这份改变目前城市的生活状态的期望，营造独特的乡村生活氛围，保护好、利用好乡村与自然和谐的关系，以乡村旅游真正接近自然，感受自然，回归自然。

3. 强调重点区域

凯文·林奇在书中对人的"城市感知"意象要素进行了较深入的研究，他说："一个可读的城市，它的街区、标志或是道路，应该容易认明，进而组成一个完整的形态。"他将对城市意象中物质形态研究的内容归纳为五种元素——道路、边界、区域、节点和标志物，这五个要素在城市研究领域有较大的影响。

在现实中，道路、边界、节点、区域、标志物等五种城市设计元素类型并非孤立存在，区域由节点组成，由边界限定范围，通过道路在其间穿行，并四处散布一些标志物，元素之间相互有规律地重叠穿插。细究五要素理论，其本质是通过点、线、面的相互作用，形成一个使用者对城市的审美与感知形成一个城市的群体意象，它应该涉及个体及其复杂的社会，涉及他们的理想和传统，涉及自然环境以及城市中复杂的功能和运动，清晰的结构和生动的个性将是发展强烈象征符号的第一步。通过一个突出的组织严密的场所，城市为聚集和组织这些意义提供了场地。这种场所感本身将增强在那里发生的每一项人类活动，并激发人们记忆痕迹的沉淀。

乡土景观的构成要素主要包括：①村落：民房、房前屋后林、聚落等；②农田：耕田、菜地、村头聚会地、畦埂、篱笆等；③道路：街巷、农用道路、田间小道等；④河流水系：自然河流、水渠、池塘等；⑤树林：近郊山林、杂木林等；⑥其他：祠堂、石佛、石碑、石墙、洗衣场所、水井、水车、木桥、小木屋、晾晒稻谷的架台等生活风景。可以概括为生产性景观、道路景观、节点景观、标志景观、水域景观。

通过对浙江乡村的调查比较，以及对相关理论的学习，结合在实践中的经验，笔者认为在美丽乡村建设中，农业是乡村的基础，农业景观是乡村景观的重要组成部分。道路景观是乡村景观的大动脉，串联着乡村的各个区域，是行走在乡村中接触最多的景观，也能给人最直观的感受；水域景观是浙江乡村独具韵味的地方。

（1）生产性区域

生产性景观是乡村景观的基质，是乡村田园与自然要素表现的重要景观元素。所谓的生产性景观，是指以植物景观为基础的，自古以来形成的具有实用价值的生产性、劳动性、可参与性的景观。如稻田景观，荷田景观，甚至菜畦景观等等。再简单一些，自家门口或自家院子种的几丛菜叶，就是生产性景观。农田景观具有辽阔性和规整性的特点，是其他景观所不能比拟的。浙江乡村虽然制造业发达，但农业作为乡村之本，是乡村与城市的本质性区别，必须加以发扬。农业景观面积广，作为乡村景观的基底，可以通过大面积的种植，以量取胜，营造出浓郁的乡土、地域特色，也最容易形成特色。龙井村、

图5-6 特色铺装

图5-7 黄公望村入口景观

梅家坞等利用种植茶叶形成了独特的茶林景观，每年吸引了大量的游人。

（2）道路

道路景观是乡村景观的廊道，具有导向性作用。道路景观是构成乡村景观意象的重要认知要素，是乡村整体景观意象的组织纽带，因此增加道路景观的特色性对构建乡村意象影响强烈。弯曲的乡村小道及不断变化的形态场景能给人们留下鲜明的景观意象。从道路景观意象角度来说，道路线形空间景观不仅包括道路本身的静态景观特征，还包括行人在行进过程中欣赏到的动态景观及自身的运动景观。

首先，要规划好村落内部主要道路，以道路畅通为前提，尽量使村内主要道路及入户道路全部硬化，满足村民的使用功能。在硬化过程中，应结合村内小道小巷，依照原有的曲径通幽的走向，尊重村民传统习俗。充分利用村落的角落，利用乡土植物、蔬菜等营造"小微景观"；结合庭院的绿化建设，打造"春色满园关不住，一枝红杏出墙来"的意境。村庄路网组织不应像城市街道那样排列整齐，应充分展示乡村的自然、随意，这种不同之处恰能展示乡村的亲切感，也是乡土特色的体现。路随地形自由弯曲，成任意角度，表现出随意性、自发性，形成丰富的街道景观，从而保留江南水乡的布局风格（图5-6）。

（3）节点

节点是观察者可以进入的战略性焦点，典型的节点主要指某些特征的集中点或连接点，如乡村的广场、公共绿地等。对于节点的识别可从节点的物质实体、空间形态、环境特征、空间方位性、标志性等方面来体现。从乡村居民的生活意义上来说，节点景观不仅是整个乡村景观意象的构成部分，而且也是居民重要的活动休闲交往娱乐场所，如乡村的小广场、公共绿地等。

乡村景观的随意性决定了其与城市景观节点的差异，乡村景观节点不需要明确的边界感和复杂性，以弱化使用者的领域感，因此要减少空间的限定因素。而和谐的尺度、鲜明的空间标志物是乡村景观节点不可缺少的显性因素，尽可能地增加适宜的功能和意蕴的表达等隐性因素。

（4）标志

标志物是观察者的外部观察参考点，其显著特征是其单一性或在某些特征方面具有的唯一性，在整个环境中形象鲜明，是乡村特色表现的第一印象区，是塑造乡村形象最重要的环节。构成乡村景观意象的标志性景观，一般都是由个体形象鲜明、风格特色浓厚、富于景观冲击力、场所标志感极强的主题建筑、风格独特的标志系统等组成。

体现乡土特色，可以从门景观演化、设置广场、树立标志物，甚至是微地形来形成氛围。按照景观序列的设置，入口标志性景观应该处于前导部分，切记设计的过于大气、隆重，造成不相称、头重脚轻的感觉，尤其在淳朴、淡雅的乡村，更需仔细琢磨。如杭州西湖区龙进村，木质的牌坊、简单的造型很好地与村内泥墙、青瓦、生态的色彩、朴实的肌理相融合。浙江乡村地区的标志性景观往往包括村口的大榕树、

图片来源：
图5-6 《杭州西湖区建设成果》

图5-8 乡村水景

祠堂、古井等，黄公望村景观设计以体现黄公望的诗画意境为主题，入口景观将名人与山水融合，色彩淡雅，奠定了村庄的文化基调（图5-7）。

（5）水域

以水传情，延续村庄活力。水域是以水体为中心，在地质地貌、气候、生物及人类活动等因素的配合下形成的不同类型水体景观的总称。"无水不成景"，水景在景观设计中占有分成重要的地位。乡村水域大致分为灌溉用水和自然水系，是重要的自然资源，要在保护好的基础上加以开发。根据水的存在形式可以划分为点、线、面三种。要把握整体，综合考虑，使之形成系统。喷泉等维护成本大的水景要充分考

虑当地实际情况，慎用。浙江自古以水闻名，平原地区水网纵横，"小桥流水人家"是江南民居最诗意的描写，水景是浙江乡村景观中最具神韵的景观（图5-8）。景观规划应充分保留浙江江南水乡的魅力，并以其为景观核心而展开。水系与具有江南特色的古亭、小桥、小船等景观元素结合起来，构成浙江乡村特有的风景。

4. 设计的流程

总结在实践过程中的经验，并借鉴俞孔坚教授"景观安全格局途径"的方法，将新农村景观设计的乡土特色表达程序归纳为以下5个步骤（图5-9）：

（1）对上位规划文件的解读

在乡村城市化的过程中，要建设好，必须有一个统一的、科学的规划，并按照规划来进设计、建设，在编制规划的期间，预见并合理地确定区域的发展方向、规模和布局，使设计具有规范性及指导意义。如旅游发展总体规划，确定区域的旅游发展目标与发展要求。对上位规划的了解也对之后的资料收集有指导意义，可以大致地提示设计人员该区域具有可挖掘资源的潜力。

（2）乡村景观资源的挖掘与收集

乡土景观是在特定的自然环境条件以及人文历史发展的影响下逐渐形成的。从一般意义上讲，乡土景观的构成要素可以概括为两大类，即物质要素和

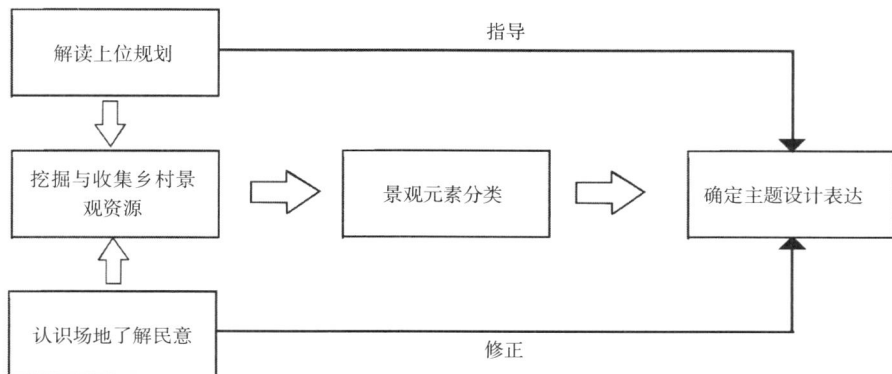

图5-9 设计流程图

非物质要素，物质要素又分为自然要素和人工要素。正是这些错综复杂、千变万化的景观要素，构成了丰富多彩、各具特色的乡村景观。

1）自然景观资源。包括地形地貌、气候条件、土壤条件、水利资源、乡土植物资源。

2）人工景观资源。包括民居、街巷、桥梁、寺庙等建筑风格及其历史、农业生产景观资源等。

3）人文景观资源。包括民族风情、民俗文化、宗教、风水等。

（3）认识对象

对象包括人与场地。首先，尊重村民的意愿，要问计于民，从人民伟大的实践中汲取智慧和力量，从群众中来，到群众中去。群众是景观设计最直接的受众，关系到他们的生活与情感。在调查中要充分考虑群众的需求，充分了解群众对于他们生活着的乡村的理解与要求。要对场地有充分的感官认识，要实际地去感受村庄的氛围，充分了解村庄的景观环境，尤其是具有强烈的地域性的景观，要了解其材料、传统的制作方法，人文底蕴等。

（4）景观元素分类

判别作为村落景观功能与含义的载体的元素和结构的空间分布和状态，并评价其对景观过程和功能的作用。判别维护乡村乡土特色的关键性景观元素和格局：即判别对保障村落生态过程、历史文化过程、精神信仰和社会交流过程，具有关键意义的景观局部、元素、空间位置和联系。再根据设计的目标进行适当的保留、再现、重新设计等，并确定在设计中要

着重表达的乡土特色元素。

通过现场的调查，要明确村庄的资源优势，依照乡村景观评价体系予以评定。

1）空间特征：具有与地当地地理、气候条件相结合的特点。

2）时间特征：具有一定时间的影响力，反映一定的历史。

3）文化特征：包含当地文化因素，关乎信仰活动或精神意义。

4）角色和目的：对当地文化宗教、商业贸易、生产生活等的功能方面有促进作用。

5）稀缺性特征：在一定区域内逐渐减少或消逝，并且不可替代。

符合其中一项就应考虑在设计过程中予以保留或发扬，符合的项目越多，其乡土特征越明显，越需要加以重视。结合资料的收集以及群众的调查，留取切合主题的元素，为之后的设计表达提供物质基础。

（5）设计表达

前期的调查、对场地的认识，在设计阶段是对资料的整合并输出的过程。确定村庄设计的主题，进行功能布局。将传统文化元素糅入现代设计语言中，使现代元素与传统元素有机结合在一起，通过一定的手法、物质的载体将其表达，塑造具有地域民族特色的城市景观空间，以满足人的生活、精神需求。

图片来源：
图5-8　http://you.big5.ctrip.com/travels/wuyuan446/1857044.html
http://bbs.cntv.cn/thread-16733185-1-1.html

5. 表达手法

景观设计通常可以理解为处理场地内部环境与外部环境的关系，对问题的求解，对功能的追求和对形式的创造。景观包括形与意：形，就是我们可以直观的、用眼睛看到的外在表现；意，需要我们有一定的鉴赏能力去感受，人们通常只会对自己所熟知或与印象深刻的记忆有关的事物有所感悟，观者所能理解的"意"，在乡土景观中即为乡村的文化、场所精神等。乡土景观，是景观设计师注入其内在的朴素的思想内涵，并通过运用一定的设计手法将思想内涵通过形态、材料、色彩等视觉语言予以展现的最终结果。景观的功能性要与艺术性相统一，物理功能、生理功能和心理功能是功能表达的三种基本形态。选择什么样的形式来反映主题，人们都必须尊重形式美的规律，即形状、色彩、材料。他们之间的对应关系如图5-10所示。

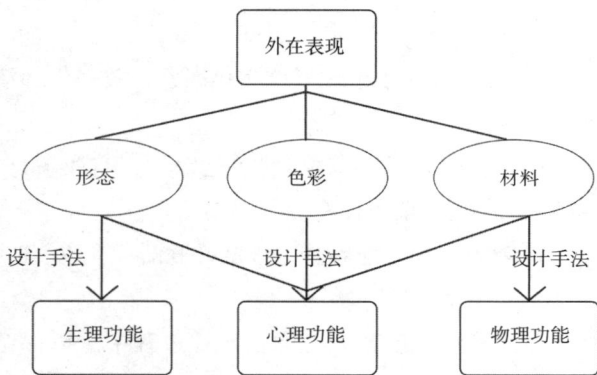

图5-10 形态、色彩、材料间关系

景观设计便是为了解决其功能之于形式的表达。乡土景观来源于乡村生活、来源于自然，与地域特征密切相关，并蕴含一定的文化意义和地方精神。乡土特色的表达是基于乡土景观所营造的感情色彩来实现的，其中，自然环境是乡土特色的物质载体，是客观存在的景观形态，包括了气候、地景、色彩、材料等自然乡土景观构成要素；再次，是乡土人文要素，包括了来自乡土社会的物质要素和非物质要素两大类别。依据不同的表现形态，将乡土景观元素归纳为：乡土的"物"、乡土的"事"和乡土的"意"3类，"物"可理解为景观的外在表现，"意"与"事"则为景观

的内在表现。乡土景观在体现地域特色方面尤其需要对外在形式的推敲。形态、材料、色彩是景观的外在表现主要要素，也是其设计构思表达的载体。

通过外在表现与内在表现可以指导乡村建筑、景观小品、基础设施等设计过程，形成与整体环境相适应的景观形象，从而达到形成特色的目的。如在设计乡村雕塑时，切忌尺度超常过大，更不宜采用金属光泽的材料制作。而乡村垃圾箱的设计可以利用乡村生活器具形式加以演化，就能形成颇具特色的小景观。

（1）外在形式

1）材料

材料是人类社会的物质基础之一，人类的一切造物思想都要借助各种不同材料从而转化为现实形态。材料是景观设计表达的最具象部分，是设计者传达设计构思的重要载体要素。材料的选择关系到其最终的形式与功能，同时，材料又是具有历史性的，在不同的时期，其代表的风格也有所不同。景观结构的实现与风格的表达也与材料的选择密不可分的。

1964年，野口勇为查斯·曼哈顿银行设计的圆形下沉庭院，在一个极具现代感的场地，凭借着对材料的超强驾驭和艺术的手法恰当使用，创造了具有典型日本枯山水意味的现代景观（图5-11）。庭院材料都是从日本精心挑选的，采用黑色石头代替了日本枯山水中象征"山"的自然石块；用花岗岩铺装成环状花纹和波浪曲线，模仿日本枯山水中耙过的沙地，

图5-11 查斯·曼哈顿银行圆形下沉庭院

夏天喷泉细细的水柱与散布的石峰"仿佛大海中的几座孤岛"。这个被野口勇称为"我的龙安寺"的设计，通过材料与形式的结合，在超现代化的环境中呼唤人们对龙安寺的历史感的领悟，这是对日本乡土景观的一种鉴赏。

a. 注重乡土材料及传统技艺的应用。乡土材料是在自然条件下成长起来的，它们随周围环境条件变化较大，具有不同程度的适应性，时代愈久远其具有的乡土味愈浓，能构成具有地方特色的景观。包括乡村生产生活常用的自然之物，如鹅卵石，黄土，乡土植物等；也涵括乡土的"物"，如一些当地人日常使用的生活器具和工艺制成品，它们经过传统方式制作而成，被当地人用在工作、生活等诸多方面，具有较强的使用价值和地方特色，如在浙江乡村生活中常见的石桥、石磨、水井、小木船，捕鱼工具等器物。

材料上以乡土材料为主，能增加景观的空间特征，以保持历史信息的可识别性。如杭州黄公望村所运用的石头、泥土、茅草等，取自当地，与乡村的土地肌理相适应，与自然环境相协调（图5-12）。传统方法的使用，凸显地域特色，延续时间特征，形成地方特色丰富、安定的具有统一感的景观。符合当地居民的审美习惯，提高居民的认同感，使人地区整体的协调性和联系性。

采用乡土植物是乡村景观最重要的元素之一，是生态建设、乡村景观规划的基质。乡村是自然的，而自然要通过植物来体现和营造，乡村景观的质量和乡村生态系统都要依托乡村植被的营建（图5-14）。植物的应用和布置要考虑植物的季相，使整个植物群落在每个季节都有变化，植物的应用还要考虑乡土性和不同植物搭配的生态原则，在乡村旅游景观设计中应广泛应用乡土树种，达到适地适树的原则。浙江常见乡土树种见表5-2。

图片来源：
图5-11 http://www.chla.com.cn/htm/2013/1227/196505.html
图5-12 http://www.dfzqw.net/dispbbs.asp?ID=24079&boardid=17&replyID=235197&skin=1；http://blog.sxgov.cn/bbs/plugin.php?id=onexin_photoview&fid=355&tid=3420442&onid=7；http://www.76jie.com/portal.php

图5-12 乡土材料的应用

常用材料及其应用　　　表5-2

名称	表现	应用
石材	朴拙韵味、历史感	植物景观、地被景观、园路、驳岸
木材	易造型性，木质芳香性，材质多样性	基础设施、建筑立面改造、坐凳
土	自然、古朴	景墙、建筑、园路
草	质感柔软、自然之原趣	草屋、草亭、芦苇荡、稻草墙
青砖	古朴、清雅	铺装、景墙、基础设施
竹子	自然、淡雅	围墙、景观设施

图5-13　传统工艺的应用

图5-14　乡土植物的应用

图5-15　新材料的应用

以浙江安吉县为例，该县始终坚持的"因地制宜、量力而行"原则，在不破坏自然、生态和古宅民居的基础上，鼓励群众就地取材，用卵石铺路、筑花坛，用乡土苗木绿化，将古树、古建筑、名人名居的保护结合到环境建设之中，力求经济、美观、实效地走出"一村一式"特色化发展之路。其"村镇环境改善"项目被国家建设部授予"中国人居环境范例奖"，山川乡的高家堂村等7个村被省委、省政府命名为"全面小康建设示范村"。

运用当地的材料及具有地方特色的施工工艺，能使景观营造有效地融入地域环境中，并能加强各景观单元之间的联系性。地方施工工艺在材质处理、细节处理上具有历史文脉的特征，使景观作品具有原生态的味道，对当地人们来说，容易取得认同感，对外地游人来说，则容易产生深刻印象，如杭州黄公望村建筑采用黄土夯实的传统工艺（图5-13）。同时对乡村自然生态环境维护，对传统的建筑技术、文化进行保护和传承，营造不同于城市的具有自在感和舒适感的乡村。而过分地强调现代技术会使我们陷入错误的泥塘，后果就是对技术的无限夸大，盲目崇拜，即前文中所说的功能性本位思想。

b. 新材料与传统材料的融合。乡土材料的优点众多，但在景观效果的表达上还是会受到限制，如竹制品使用寿命短，不能长期保持美观等，而新材料虽然充满现代感，但是在体现地方文化上稍显不足，一味使用还会造成村村一面的现象。如果将现代的新材料与传统的乡土材料相结合，两者可以取长补短、相互协调，不仅满足了现代审美要求，也延续了地域文化。杭州黄公望村道路两侧利用黑色角钢与古典窗棂元素相融合，以及黄公望山水画的元素，对道路景观进行强调（图5-15）。

c. 旧材新用。对旧材料的重新利用起源很早，应用也很广泛。例如，运用瓦片等组成的丰富多彩的"花街铺地"。中国美术学院王澍设计的象山校区建筑，外墙建材采用明清时期的"瓦片"是一大特色，"瓦片"是利用旧砖瓦和碎缸片手工砌筑外墙，并且不抹粉灰。旧砖瓦多从各地旧城改造回收而来，既有建筑文化烙印，又具历史文化内涵，如图5-16（a）所

（a）中国美院建筑墙皮

（b）西溪湿地公园入口

图5-16 旧材料的应用

示。杭州西溪湿地公园道路铺装以及各种节点的铺砖材料，都是从乡村或城市中收集过来的废旧材料，加以利用，获得了新建景观所不具有的历史韵味，如图5-16（b）所示。

2）形态

设计形态属于人为形态，是人类有意识、有目的地将不同视觉要素整合创造后的结果。形的创作绝非为美而美，景观中具象要素的设计将人的情感植根于那些已经存在的真实完整的事物中，现实形态是概念形态产生的基础。如原野中的草垛，远处的山，山上的自然小路，其形是设计师主观情感的外在表现。形态能够直接或间接地反映一个物体的体量、维度、重量、用途等相关特性。

在功能性方面，要从原有的自然景观形态出发获得启示，运用现代的材料、技术和形式，通过对景观的扩建、加建和添加各类设施以完善乡村生活、生产、生态功能。具体设计时，要充分考虑乡村的空间特征、历史性和建筑单体结构状况以及乡村的整体环境，发掘和利用其中有利的元素，寻找其可利用的方向。

在艺术性方面，运用设计艺术学的类聚调和的手法，以从地域特色、建筑、生产生活场景中提取共性元素，来营造认同感。在总体内各部分运用类似性、连续性和规则性等手法来构成完整的统一体。此外，用对比的手法把新建的设计部分表现，以片段穿插在原有的乡村空间中，从而取得蒙太奇手法的秩序，

实现多样而统一，反映出乡村景观空间是由多个片断组成，隐喻乡村景观的不断生长。在具体合理应用调和类聚、对比的手法时，就需要因地制宜，结合天时、地利、人和的因素。新建景观与原有景观在面积和体量上的比值是一个重要的参数，如果相差不大，就以原有地段景观的形式来调和，如果相差大，则可以考虑对比的手法。视知觉的原理指出：调和强调整体的完整性，而对比则突出中心，强调主次分明。

新农村景观设计要把现代景观的一些美学规律应用到设计中，注意把握点、线、面的组合，要灵活运用多样统一、对比与协调、对称与均衡、抽象与具体、比例和尺度、节奏与韵律等组合规律，营造出理想的乡村景观。

a.尊重自然尺度。乡村在发展中受工具所限制，基本上在人力的范围内，形成了人性化的空间尺度，如一般情况下人不会去垒高于人的石墙，广阔田园的分割遵循自然条件（图5-17）。各种人性化的空间组合，形成了令人感觉亲切的景观。所以在乡土景观设计中，应注意把握景观空间的比例尺度，例如控制建筑的高度，不建造大尺度的景观小品等；不让自然环境产生大的变化，使自然素材和土地条件得到活用，在遵循人性化空间尺度的基础上具有实用性，这样才

图片来源：
图5-13 http://www.mafengwo.cn/photo/14176/scenery_3134923/37544488.html#10
图5-16 http://www.xyzwin.com/zixunlei/5791.html；http://www.nipic.com/show/1/74/6354202kcccfa758.html

当前随着村落的生活方式的转变，机动交通的介入，应建立合适的空间尺度关系，以符合发展需要的尺度宜人空间。

田园尺度：乡村与城市主要区别在于其具有较大的广阔性，在设计乡村景观时，必须将农田、山体、水系纳入到设计范围。在传统农业基础上进行景观、文化提升，增加休憩、养生、认知等服务功能，开展乡村乡土特色体验和乡村旅游活动。

b.模拟自然。形式来源于对现实形态的归纳和抽象，那么具有乡村审美意义的形态类型一定来自具有相同或相类似审美特征的现实形态，即它的原型——自然。

对自然物外形的模拟。形式意义上，对自然物外形的模拟设计指的是对材料进行加工和拼接，模拟自然物的表皮图案、色彩、纹理，形成不同于原始材料的肌理、形态。对自然物外形的模仿并不是对自然材料的直接仿制，而是通过艺术加工使其充分表现。对外形的模拟易于使景观与自然融为一体，拉近人与景观的距离。如象山中国渔村地面铺装，模拟海水退去后滩涂的形态，使人一进入就有身在海边的感觉，有捉鱼捉虾的冲动，将渔村的特色完美的展现（图5-18）。

对自然功能的模拟。模拟事物作用规律的本质、条件，使复杂的过程能在有限的景观区域内得以恢复。例如，模拟植被形成群落的条件，使被破坏的生态系统得已早日恢复；模拟自然界水体自净的过程来净化景园中的废水或重建已被破坏的水生系统。

对形态和结构的模仿。生物的形态往往是由线条、形体、色彩、声音、运动等美学因素，按照一定的美学法则构成的，并由此形成一种自然的整体美。自然界中许多完美的结构令人叹为观止。

c.科学合理布局。乡村较城市来说，大多自然条件优越，生态环境良好，景观设计中的各类绿地应做到结合乡村自然环境，将不同性质的绿地在其中均衡分布，弥补原有乡村中缺乏公共空间的缺憾，提供形

图5-17　乡村的广阔感

图5-18　模拟滩涂的自然形态

能给人们营造出具有亲切感和安全感的景观。

庭院尺度：充分利用住房周边菜地、庭园绿地，甚至墙体，先绿化再美化，可结合种植蔬菜、药草、野花等，上层种植果树、杜仲等经济植物，棚架和墙体种植葡萄、葫芦、南瓜、金银花等藤本植物。结合村内原有水池的改造，养殖观赏鱼，种植慈姑、泽泻等经济植物。

村庄尺度：注重街道巷陌尺度应宜人。传统乡村空间的尺度是以人为中心的一种亲切宜人的尺度，其存在的主要依据是步行出行，可称之为步行尺度。

图5-19　乡村自然色彩

式多样、小而分散的公共空间，在满足村民游憩、休闲、娱乐、集散的需求的同时，也控制了后期养护费用。通过多样的公共空间满足村民日常交往的需求，通过合理布局的产业用地满足村民生产的需要，并通过景观设计使之成为景观节点。

　　3）色彩与乡土特色

　　形色不可分，色彩也是景观设计中承载功能传达的形式要素之一。色彩是形式创作领域中最具感染力的表现要素，它会随着人们认知的差异而产生不同的心理感受。在人的五感（视觉、听觉、嗅觉、触觉、味觉）中，以视觉为最大，而色彩则是形、色、质三大视觉变现要素中的最先被人感知的元素，因为相对于形与质，色彩更富于感性化，能够最直接和快速地作用于人的情感变化。对乡村景观的色彩表达的推敲，不能仅局限于某一单体，要考虑到各类景观元素之间以及与整体景观环境的色彩关系。用色彩来统一整体环境，形成地域特色，是非常有效的方法之一。

　　任何的色彩设计都不是孤立的，而是与地理、历史以及与周边环境密切相关的。乡村在建设过程中会自发的形成自身的色调。色彩受到地理风貌、文化背景、经济活动等因素的影响，呈现出不同的地域特征。每个乡村在其发展的前进过程中，因社会和自然条件的原因，形成了独特的并为人所爱的色调，乡村建筑的群体色彩是能够反映乡村的独特风貌，并经历了时间的沉淀，可展现其独具地域特色的自然人文景观。乡村色彩根植于农业内涵，并可潜移默化地溶入一个民族的集体潜意识中，形成引以为豪的乡村记忆。色彩在乡土景观中可以分为自然色彩与人工色彩。

　　自然色彩：天空、土地、山林、水体等自然物质的本色构成乡村景观的自然色彩。大地与天空色彩一起，自始至终地伴随着生活在自然环境中的人们，影响着乡土环境的景观效果，是乡土景观中具有决定性意义的基调色系。同时，依附于大地天空而存在的山林植物与河流水体，是乡土环境中最富有诗意的高调色彩，它们都是具有生命的活体，会随着其生长阶段和季节的变化而改变它们的色彩，它们是乡野村落创造动态色彩景观的最佳选择（图5-19）。

图片来源：
图5-17　http://you.ctrip.com/travels/lijiang32/1687368.html
图5-18　http://www.photofans.cn/album/showpic.php?year=2012&picid=768927
图5-19　http://www.nipic.com/show/1/74/34caedf7fb914382.html

人工色彩：相对较小的区域范围内，建筑、服饰、标识等，就成了游览者进行活动的小区域背景。因此人工景观构筑物的色彩特性，既具有宏观自然背景下的从属性，也具有微观区域条件下的背景主题性。而在具体景观营造时，建筑是景观环境中的点题部分，是最为显眼的吸引物，因而建筑色彩相应地是若干景观色彩的主角，它的色彩处理得当与否直接影响了乡村色彩的美。除此之外，建筑色彩的选择，还要充分利用色彩的共性、对比性、序列性、主次性等特性，使建筑色彩富有变化、各具特色，从而增强乡土环境的吸引力（图5-20）。

浙江省地形复杂且多样性，"七山一水两分田"的地理环境使乡村形成若干个封闭的区域，每个区域色彩景观各有特点，特别是山地或者丘陵地带，乡村的色彩景观在空间格局上表现更为明显；而与农业生产关系密切的土壤有黄壤和红壤，这也直接影响了浙江各个区域的建筑、植物景观风貌色彩的不同；不同地域的水资源也成为形成乡村色彩景观不可缺少的动态因素。

在文化上，浙江继承了徽商等功利性文化和理学思想，文人雅士和商贾氏族居住的乡村，其色彩景观风格受到了影响。如在浙江与安徽交接的安吉、长兴地区，乡村色彩是以黑、白、灰为基色，在人工景观色彩上通过胭脂红、湖蓝色、绿色、黄色等丰富多样的点缀色彩来体现等级制度和富裕程度；浙江山区相对于沿海地区，小农思想根深蒂固，农耕景观色彩保存完好，建筑色彩贴近本土自然材质。在有少数民族

图5-20 民族特色的人工色彩

山区，服饰、图案、图腾、语言、宗教体现的黑、黄、红、蓝等人文景观色彩更加强了观赏性（表5-3）。

a. 继承和保护既传统又明确的自然景观色彩，关注其固有的原生态色彩系统，提炼出最具代表性的色系特性，并且通过村庄内的人工景观加以演变与放大。

b. 要达到新旧景观色彩的整体统一，以原有色调为主，新的景观色彩统一在原有的主色调里，不可喧宾夺主，做到"大调和，小对比"。

c. 对于缺乏地方性特色和现代化景观浓郁的乡村，探索和挖掘当地乡村的色彩肌理、乡村历史的色彩演变、乡村色彩干扰度和色彩景观异质性等丰富的面貌。

d. 要控制村庄内的建筑、场地、标识、植物、服饰、广告宣传等的色彩与色性，使其与景区地域内的原生态环境相容。

浙江省乡村色彩景观构成元素　　　　　表5-3

	自然景观色彩	人文景观色彩	人工景观色彩
常见色彩	绿色（苍绿、深绿、粉绿、橄榄绿、黛绿、墨绿等） 蓝色（天蓝、浅蓝、湖蓝） 褐色（熟褐、赭石） 橙色（橙黄色、中黄、深黄）	红色（大红、朱红、绯红、酒红、橙红、绛红、玫瑰紫、粉红色） 蓝色（群青、深蓝、普兰、靛蓝、藏青） 黄色（柠檬黄、金黄色）、黑色	白色 黑色（青黑色） 灰色（长城灰、粉彩色、暗灰色、灰彩色） 浅黄色（奶油色、乳白色、粉黄色） 灰黄色（土黄、卡其色、米黄、枯草色）
区域特征	色相统一、精简；明度、纯度特定，变化值幅度小；道路指示牌的最有利象征	色相繁多、高明度、高纯度，传统文化的象征	无彩色系为主，中明度、中纯度，朴素的生活观念，气候设计的典型
注意事项	此类色彩作为主色调时，面积约占7成以上；明度、纯度可由色相本身调整，丰富统一，有序发展为宜	此类色彩在浙江乡村基本上不适用于主色调。在特别的区域范围内可采用，面积约占5成以上，缩小人工景观色彩常用色的比例	此类色彩作为主色调时，面积约占7成以上；色相不宜过多，控制在3种以下，与自然景观色彩搭配为宜

来源：浙江农林大学城乡园林规划研究所提供。

乡土植物的季节性色彩变化极大地丰富了乡村的观赏内容，植物色彩的变化主要体现在叶、花、果方面：春季为叶枝的新生期，夏季植物多枝繁叶茂，秋季以彩叶树种为观赏，冬季植物多呈现落叶的形态。常绿树种多作为植物景观的基调树种，观花、观叶树种多为点景树种，园林秋季叶色变化的时节常为

图5-21 植物色彩点缀乡村

景观的观赏高潮之一。植物配置时往往采用观赏季节不同的花卉进行组合，形成四季皆有花开的景象。在整个果实发育到成熟的过程中，其色彩与形态的变化往往极具观赏性，如从幼嫩逐渐成熟后，黄色的枇杷、橘黄色的柑橘、红色的石榴都以其浓重的色彩点缀乡村。植物色彩随着时间的变化而呈现不同的面貌，带给体验者不同的情趣（图5-21）。

在乡土特色的表达中，如何捕捉有色彩的客观物体对视觉心理造成的印象，并将对象的色彩从他们被限定的状态中释放出来，使之具有一定的情感表现力，再赋予其象征性的结构而成为有生命力的景观元素，是我们在设计中需要去寻找的。一个有效的方法就是使用二元定向图表法（Polaritv Prifile）来确立色彩设计的目标。

（2）内在表现

乡村之美，美在内涵。景观讲究神形兼备，"形"通常指物体外在的形状，"神"则是物体蕴涵的"神态"。在我国古代便有"内心之动，形状于外"，"形者神之质，神者形之用"等论述，指出了形与神之间相辅相成的关系。只有将形与神二者结合在一起，才能将景观完好的表达，乡土特色亦是如此。可见，乡土特色的表达，外在上要获得美感，关键是需具备与之相匹配的"精神内涵"。而人与自然的和谐是乡村最精彩的内涵，因此，可着重在地域文化、场地精神、乡土体验、元素符号上努力。

1）传承乡土文化。

土地是农民的根，文化是民族的魂。乡村在其发展进程中，每个时期都会留下印记，它们共同构成现实的乡村物质环境和精神环境，为今天的景观再设计提供了积极的信息，也留下了对当地发展和居民生活起推动作用的积极元素。所以，在新农村建设中挖掘丰富的历史文化，强化这些记忆，充分展示当地的历史风俗、历史建筑、历史人物、历史事件，通过壁画、浮雕、景观墙、景观灯、雕塑、建筑小品、仿古建筑、公共空间命名等多种形式发掘和展现，这样既在物质形式方面反映城市环境的地域性，又在精神层面增强乡村的文化特征，同时也使得乡村的文脉得以延续，地域特征得以凸显。

乡土文化要批判地继承与再生。"扬弃"是自古希腊以来，西方文明在其发展历史中一直拥有的一条理性主线。它的观念是使历史的东西得以批判地继承、否定地发展。对待不同历史时期的文化遗迹都应去粗取精，去伪存真，对现有景观进行恢复与功能再造。通过景观规划，保留原有土地有利的信息，通过赋予其新的内涵，使其获得再生展示并延续当地的历史与文明。有的设计把乡土文化简单地理解为"土气"，采用非常直白甚至恶俗的手法来展示其所谓的乡土文化。如浙江临安阳山畈村有悠久的种植蟠桃的

图片来源：

图5-20 http://photo.chengdu.cn/bbs/forum.php?mod=viewthread&tid=2099
图5-21 http://tiaozao.19lou.com/bb/list/1-3512.html; http://36.01ny.cn/forum.php?mod=viewthread&tid=2832881

图5-22 极具特色的畲族乡村

图5-23 村庄肌理的延续

历史，在其入口处设置了四个巨大的蟠桃。将整个白菜、辣椒等完整地树立在村口的景观也不少见（图5-22）。

维护乡土文化的完整性。1976年的《内罗毕建议》指出："在乡村地区，所有引起干扰的工程和所有经济、社会结构的变化都应小心谨慎地加以控制，以保护自然环境中历史性乡村社区的完整性。"因此，景观设计中要划定适当规模的保护范围和必要的景观控制地带，以保护具备历史关联性、视觉连续性的良好风貌，以及相对完整的社会网络关系。原有的传统功能应尽可能得以维系，不应人为的过度改变社区生态环境。

a. 建筑要与地域文化融合。在记忆中的风景和地域的历史文化气息被保留下来，而且会让人感觉一直存在，才会使人觉得安心与宁静，具有归属感。乡土植物是乡村景观形成和发展地域特色的最有力素材。外桐坞茶绿、榴红、翠竹，各种植物的配置，营造了别具特色的环境。且它们具有生命力，沉淀住历史，能在村民的记忆中留下深刻的影响，留给人以历史的感怀，是联系传统与现代最实用的纽带。

在形式上要注重延续村落原有的建筑风格、空间布局等，协调好与旧村之间的关系，使新村在布局、风格和功能设计上与原村落有机衔接，实现新旧村落间脉络的延续和空间形态的自然生长。并注重保留、延续原有水系、植被、地形，将庭院、广场、聚落空间等多种元素保持以与旧村相似的尺度和肌理，与新村建筑群有机结合，与原村落肌理有机整合（图5-23）。

建筑是一个时代的见证者。它反映了不同时期、地域、经济社会发展阶段形成和演变的历史过程，也是使用者最亲切，交集最多的事物。应该秉承"历史传承，和谐创新"的原则，尊重当地的地域特征和文脉，在建筑造型上，吸收当地民居建筑中优秀的，有代表性的建筑元素。通过对建筑的实质的深刻理解和对当地文化的深刻挖掘，设计出极富地方特色的建筑。采用当地的建材和现有常规建材为构筑手段，巧妙地驾驭材料的质地、肌理，创造性地美化建筑空间形态、空间序列，精心打造绿色的建筑外环境，采用朴素、简约的建筑风格。通过建筑单体之间灵活自由的组合，既达到不同功能建筑之间的融合，又通过组合变化产生强烈的空间感。

b. 注重发挥乡村文化作用。乡村的服饰文化与饮食文化同其他文化形式一样，是乡村景观文化独特的载体，与当地的生产方式、经济社会发展水平、文化礼仪、道德规范甚至政治制度等因素密切相连。淳朴简单的乡村服饰与城市的灯红酒绿形成强烈反差，让城市人在视觉上感受到乡土的文化气息。加上少数民族特色服饰的装点，更是让乡村文化摆脱单一乏味的印象，变得多姿多彩。同样，鲜美无污染的农家小菜，既是对乡村饮食文化的一种提炼，也正完全符合城市人对"绿色食品"的要求，更是崇尚自然、返璞归真的精神追求。

c. 为文化传承提供基础条件。乡土文化的流传需要一定的空间场地，如传统村庄几乎都建有庙宇、祠堂以及戏台，是村民进行信仰活动、祭祀以及文化交流的重要场所。在浙江新农村建设实践中，所经历的村庄设计都被要求建造戏台并规划听戏场地，前文中提到金华舞龙灯习俗的消失就有缺少传统习俗流传所需的场所的原因。浙江滕头村将原本位于奉化城区，因旧城拆迁而被拆掉的"凝香居"拆建至村内，不仅延续了其艺术价值和历史价值，还在居内展示手工打制宁波水磨年糕、拉制姜糖等古代民间手艺和抬花轿、抛绣球等古代宁波民间习俗，激活了一些已逐渐消失的民间文化，形成了滕头村最为特色与文化底蕴之处（图5-24）。

认识乡土文化的价值，结合现代设计语言形成适合于当代审美取向的设计理念，以此召唤深植于人们内心的文化认同和情感需求，是新农村景观设计的着重点。

2）延续场地精神。

本书的相关理论章节里面提到一个空间要具有独特性，可以由形状、色彩、质感所诠释，但真正能打动人心的还是空间所具有的精神力量，或是我们说的气质。场景的营造借助当地的传统文化，所以设计面广，可提取的素材广泛，它可以利用当地的各种技

图5-24 滕头村拆建的"凝香居"

艺、传统手法、乡土材料，因而在区域范围内具有很强的生命力。

每一块场地都是有其特殊的精神内涵的，千百年来曾经在这发生的事会在场地上留下印记，使场地的内涵更加丰富，这就是场所精神，它会让人们对场地的认识有所改变，也就让场地变得特殊，变得区别于其他场地。而对于乡村、农业，其精神文化层面的内涵更加丰富，地域间因为自然环境的差异而产生不同的农耕习俗，不同的时代因为生产工具的不同而形成各自的农耕习惯，即便同一时代的同一地区，因为各种政治文化等导致农业生产丰收或欠产的大事件等等一切，都是精神文化的一部分，场地都会将其导入而变得生动、有趣。

村庄布局往往依山就势，空间格局参照周围自然环境；村庄内部，则往往以池塘、河流、宗祠或寺庙为核心组织居住空间。因而，村镇结构、形态以及与山水、天文、环境的关系、建筑形式、组成、体量、色彩、用材等方面具有明显的特征，应严加保护；对村落格局和外向开放的建筑形式进行研究、保护和延续，使其发扬光大。山水田园诗意是农村最美好的诠

图片来源：
图5-22 http://www.cztv.com/s/2013/zmxc/folder14015/2013/06/2013-06-083903581_5.html
图5-23 http://m.ctrip.com/html5/you/travels/huangshan19/1738676.html
图5-24 http://www.yibanglv.com/ShowImage.aspx?sid=2230

释，设计者在设计过程中，受制于立地条件和功能需求，不可能也没必要大规模地铺陈山水田园诗中的情态，只需选取几个山水片段或几个富有代表性的景物个体，通过一定的表现手法进行展示，由于视觉和听觉上的强烈对比会使受众者产生新奇感，从而突出某个景观意象的关注度，达到设计师的设计意图，展现于当地文化想契合的景观意境，营造与参与者思想上的共鸣的效果，使乡村具有亲和性。

对于精神文化的导入，可以有两种方式，一是将其赋予物质载体中，让人触景生情；二是将其融入活动项目中，在直接或者间接的参与中体味。

3）注重乡土体验。

体验包括感官与知觉、视觉、听觉、触觉、嗅觉和味觉途径，通过直觉认知、参与互动、意义解读等模式参与到景观之中，乡土体验就是人在乡村这样一个保持着人类相对淳朴原始的社会感受自然与历史，从而引起人的文化认同、地域认同和价值认同。

乡土体验包含不同的层次，有令人身心舒展的田野、空气与阳光，新鲜而生态的农家饭，这是自然层次。有民俗、风土和奇异的见闻，这是人文地理层次。如品尝乡村美食，制作手工艺品，参与乡村节庆活动，进行农事劳作等等。乡土体验离不开醇厚民风的感受，人心温暖的体会。在保留原有的农业生产景观的基础上，充分挖掘农业生产形式上的美和构建乡村景观的元素，使其与人的活动结合构成一个个鲜活的场景，成为乡土景观中一道活跃的风景线（图5-25）。

农耕文化是乡土景观最外化的表现。乡村是以从事农业生产为主的地方，生产性是乡村景观的本质内涵，是乡村景观最大的特色。农业景观形式上丰富多样且有地域特色，也是人在这片土地上生存的工具。将农业生产景观与现代乡村旅游相结合，引导人们去体验农耕文化，感受田园风格，增加参与感，可以将人们带回大地，保持对土地的敬畏，回到人对于土地真实的归属与认同。常见的应用形式有农家乐、现代农业园、采摘园等，最近QQ农场也成为较流行的做法。

针对保护型的古村落，不仅要将物质文化遗存修旧如旧，更重要的是将古村落遗存的民俗文化等非物质文化遗存重新回到村民的生活中，甚至让旅游者也能参与其中，使传统文化基因获得当代的表达，这样既保护了古村落文化的本真性，又有现代的发展风貌，这才是文化人类学意义上的古村落保护。

注重交流空间的营造。人与生俱来有与人交流的渴望，但在这个不要与陌生人说话的社会，许多人的交流欲望被压抑。乡村之所以给人以淳朴的感觉就在于村民之间不存在太多的尔虞我诈，轻松的人际关系正是许多人所迷恋乡村的原因。

注重亲水性景观的开发。期望与水接触是人的天性，智者乐水，不同的人群对水有不同的解读，而乡村具有水与自然完美结合的天然优势，因此许多著名的小村庄都因水而闻名，如小桥流水的乌镇、西塘、

图5-25 参与体验的乡村

图5-26 悠闲的乡村生活

图5-27 符号与基础设施的结合

周庄等（图5-26）。

4）元素符号化。

强化线索，通过设立特殊符号突出主题单元，可加强区域的可识别性和可意象性。人类的文化创造、文化传承都是以符号的形式来实现的，人类创造文化的同时就在创造符号系统，文化传承与符号传承紧密相连。不同的元素包含了不一样的文化内涵。对乡土景观符号批判的借鉴，有效的延续，能增加景观的空间特征和文化特征，表现传统文化内涵（图5-27）。

设计过程进行调查、梳理，要充分挖掘乡村的传统文化、传统民俗、生活方式、生产方式等蕴涵的特色，通过载体的变化表述乡土文化，如形态、功能、结构、材料、声音、气味、文字等给不同的参与者带

来不同的空间体验与心理认知，唤起不同的情景图式及"记忆"片断，从而形成乡土景观的特色之处，如杭州南宋御姐故事九墙的设计（图5-28）。乡土特色符号需要借用一定的表现手法将其组织起来。常用有以下方法：

a. 叙述——保留场地形态、再现场景等形式，将主题、意境赋予其中，进一步加深大众的认知。

b. 整合——提取具有代表性的景观元素，结合融入现代景观中，形成一处新景观；或者融入基础设施中，形成基调。

图片来源：
图5-25 http://www.jdedu.org/xycf/ShowArticle.asp?ArticleID=45199；
http://cl.ali580.com/index.php?m=content&c=index&a=show&catid=375&id=77
图5-26 http://photo.rednet.cn/space.php?uid=575044&do=album&picid=115237
图5-27 《杭州西湖区建设成果》

c.集聚——将景观符号中各种最具代表性的素材进行集中，或将某一种素材大量地集中。

结合在浙江新农村中的优秀成果与经验，试探性地提出乡村景观乡土特色的表达策略，乡土特色的表达其实是一种设计思维。首先，要从思想上树立合理的特色观，才能不至于因为追求特色而盲目的在设计中填充特色，或视而不见与其失之交臂。其次，要把握好乡土特色表达的目标，才能有方向性地去挖掘特色、使用特色。再次，确定特色表达的整个流程，才能有条不紊地完成设计任务。重点区域的强调，才能使有限的力量发挥最大的能量。表达手法的提出，是所有的想法最终通过一定的手段将寓于景观实体之中，囿于研究的深度及个人能力，表达手法章节略显稚嫩与单薄，这方面也是笔者将来继续努力的方向。

图5-28　南宋御街故事九墙

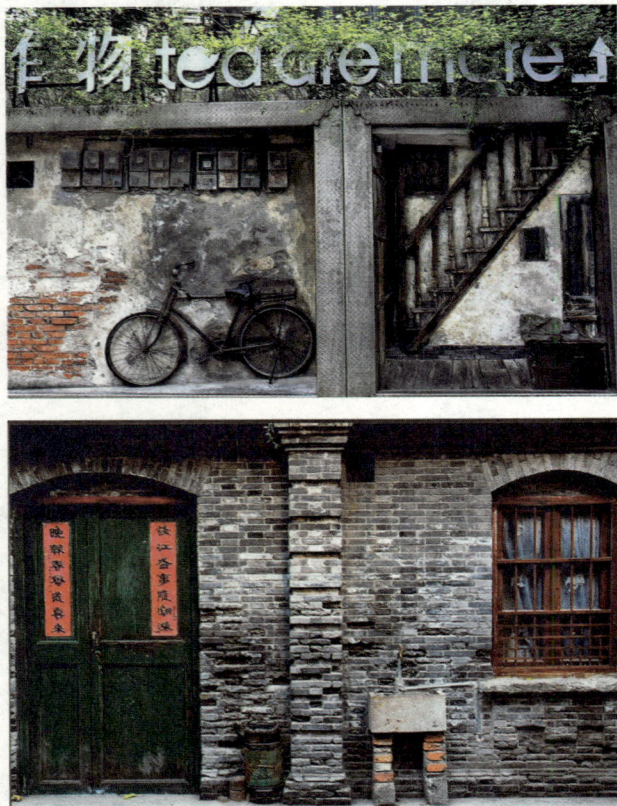

图5-28　南宋御街故事九墙
来源：http://bbs.t960.com/forum.php?mod=viewthread&tid=123433；
http://m.poco.cn/vision/detail.php?photo_id=3559345

二、美丽乡村色彩景观研究

色彩景观理论的提出并不是空穴来风，是随着色彩艺术、色彩规划等理论演绎而来。目前，随着城市化进程的加快，色彩景观虽然属于新兴领域范畴，但是因为其拥有代表地域视觉和文化双重特征而越来越受规划设计师的重视。色彩景观理论处在一个开始被广大致力于城市发展规划、区域规划、生态景观设计爱好者所熟知，较少的专家和专门的机构通过研究论证，然后专项实施的状态。色彩景观是由建筑学、色彩学、自然环境因素、人文环境因素为理论而发展存在的，是一个宏观的、多学科，多角度共同作用的结果。① 20 世纪 60 年代，欧洲兴起了清洁建筑运动，意大利的都灵市开始对城市建筑的外墙面进行清洁，把建筑外墙面恢复到石材为材质，以接近纯白色的自然外貌。这也可以视为色彩领域转向涉及城市建设和城市规划的序幕。② 20 世纪 70 年代，色彩被作为城市的载体进行研究，国际学术界对色彩的关注更多是基于旧城保护和室内设计的需要而产生的。③ 80 年代开始，许多国家建立起完整的城市色彩规划体系，在城市色彩的理论研究上也取得了重大的成就。其中，都灵城的色彩规划研究和实践已经具有一定的广度和深度。此外，法国著名色彩学家让—菲利普·朗克洛 (Jean-Philippe Lenclos) 色彩研究工作室和日本色彩规划中心 (Color Planning Center) 是最著名的城市色彩规划研究机构。④同时，英国学者迈克尔·兰开斯特 (Michael Lancaster) 针对色彩的主题，提出色彩景观 (Colorscape) 概念，关注色彩作为城市环境中重要景观元素的价值，并详细阐述了地理位置与周围环境色彩的含义，为规划设计师和管理者深刻领会环境色彩的重要性奠定了坚实的基础。⑤目前，城市色彩景观概念的提出随着人们对自身生活环境质量的日益关注而显得极为迫切，尹思瑾教授在《城市色彩景观规划设计》中深刻地阐述色彩景观需要从视觉美学和文化两个层面去考虑。

乡村同城市有着不同的环境风貌和文化习俗，不能一味地照搬照抄。目前，城市是色彩景观发展的主要载体，但是随着中国城市化进程的不断扩大，乡村将是色彩景观规划发展的重要节点。作为城市规划工作者，我们应该担负起重要的社会责任，在面对如何打造和谐宜人的乡村景观问题上，需要归纳中国优秀的乡村建筑和传统文化的色彩理念和正确解读乡村景观风貌进行规划设计，避免出现在城市色彩景观规划过程中产生的负面效果。我们应该积极探索并利用理想的色彩景观色谱来满足人类对生活品质的要求，同时使城市跟乡村更紧密地衔接在一起。

（一）色彩地理学

1. 色彩地理学理论

色彩地理学主要是研究每一地域中民居的色彩表现的方式与景观结合的视觉效果，考察这些区域人们的色彩审美心理及其变化规律。色彩地理学是由朗克罗教授在1960年创立的实践应用型色彩理论学说。他提出应该以调查、测色记录、取证、归纳、编谱、总结色彩地域性特质等实践方法为主要研究形式，并使色彩地理学在城市规划、建筑与环境景观、现代工业产品等设计实践领域里发挥着非常重要的配色指导作用；其实践成果受到社会文化学、城市规划、国际流行色等领域里许多专家的肯定。色彩地理学主张对某个区域的综合色彩表现方式（主要是民居）作调查与编谱、归纳的工作，目的在于确认这个区域的"景观色彩特质"，阐述这个区域居民的色彩审美心理。他认为在发达的工业社会需要注重保护自然和人文环境的过程，并通过了大量的实例论证了色彩在不同的地理、文化背景上而形成的差异性及其价值。不同的地理环境直接影响着当地的气候、人类的生活习俗、文化传统等各种方面，因此形成了奇特的色彩现象。它是自然物质的供给和传统文化习惯化合作用的结果，从而形成了此地而非彼地的"特产"。景观现代文明使这种外在"特产"的特征大大淡化了，但是那种潜在而根深的传统精神却是难以割断的。

2. 乡村色彩景观规划的启示

色彩地理学所阐述的理论明显体现在乡村景观中。由于城市的趋同性已成为无可争辩事实，而乡村是传统地方文化，传统景观风貌的发源地之一，所以保护乡村景观是我们规划工作者的使命。虽然国内目

前乡村色彩规划设计的理论，尤其是色彩景观层面与国外存有一定的差距，缺乏能实际指导的专家，但是，随着我国城市色彩规划的发展，与自然可持续发展思想的进步，乡村的色彩景观规划将是乡村与人，乡村与城市发展的重要切合点。

（二）城市色彩景观

1. 城市色彩景观理论

尹思谨教授认为，城市色彩景观规划不同于微观的、单体的建筑设计中色彩语言运用的研究，是从宏观的、城市的角度进行的系统的、控制性或指导性的研究，研究对象是人们生活于其中的城市环境。她还认为，对城市环境中的色彩因子进行规划和设计，需要从视觉美学和地域文化两个层面展现出具有地方传统文化、地域性、良好宜人的城市景观。郭红雨认为作为景观规划的元素，城市色彩可以根据其分布位置分类，分为核心城区色彩元素、郊区色彩元素、城市边缘地带色彩元素等；也可以按照色彩载体的形式分类，分为实体色彩元素、虚体色彩元素等；还可以按照各类色彩在城市中存在的数量比例，分为基调色彩、辅调色彩、点缀色彩等。卓伟德认为，把待建或待改造用地的色彩看作"图"，周边现状环境的色彩为"底"的话，那么城市色彩的整合实际就是色彩底图关系的整合（图5-29）。

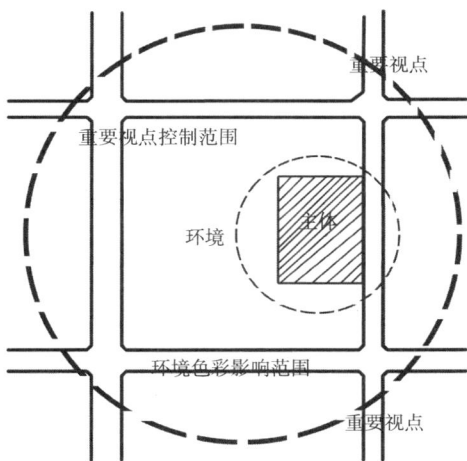

图 5-29　色彩整合概念

2. 城市色彩景观规划基本理论分析

我国关于城市色彩景观规划理念缺乏实际操作

性，但是不能否认色彩景观规划理论的可行性。色彩景观在我国还是处于新新事物阶段，我们很容易停留在建筑单体色彩规划设计层面，而对色彩景观构成要素的实际把握和控制研究不深，导致很多优秀的宏观色彩控制理论还是属于纸上谈兵。长沙的"碧水红城，魅力长沙"，厦门的"大色淡渲，彩墨画意"，温州的"山水意韵，暖色粉彩"等宏观的色彩理念将随着科学技术水平不断提高和管理人员的重视继续扩展并落实。杭州市《钱塘江两岸色彩规划》、《杭州市主城区城市色彩规划研究》等相关色彩景观规划方案的实施，已经渐渐成为其他城市实际操作效仿的案例。

3. 对乡村色彩景观规划的启示

国内外城市色彩景观规划起步早，不乏优秀的案例。作为我们规划设计师，对乡村色彩景观的规划需要汲取城市色彩景观规划的优点，保护继承乡村当地典型的色彩景观，进一步提升乡村的整体精神面貌。

（三）乡土建筑色彩

1. 乡土建筑色彩理论

王浩认为所谓乡土建筑，即在乡村环境中土生土长的建筑。

萧加认为它是原始建筑的继承和发展，同自然环境融为一体，与民间习俗相结合，人们可以从中看到纯粹的传统形态，反映了一个特定民族、特定地域所独具的生活理念，呈现出惊人的多样性和鲜明的个性色彩。

吉田慎悟认为，在确定一个地区的特征色之前，对当地色彩进行深入调查是相当重要的。建筑不能过分关注单体的色彩，而是要和周边横向比较。勒·柯布西耶认为，一种色彩可以使墙体富有生气，且这种独特的有关色彩比例和尺度的使用对于西方建筑和城市空间的发展是一种真正意义上的革新。

2. 乡土建筑色彩基本理论分析

我国乡村地域辽阔，地形地貌复杂多样，不同的地理环境、气候、传统文化、生活习俗形成了极具地方性特征的民居传统色彩景观（表5-4）。

不同区域色彩景观构成比较		表5-4
城市（区域）	主要建筑色彩构成	环境色彩构成
厦门鼓浪屿	红色屋顶，砖红色、金色、橘红色、黄色墙面	海、天蓝色，植被绿色
云南束河古镇	黑灰屋顶，白色、木色墙面，灰色砖，朱红色、木色窗框	蓝天，白云，绿色植物
安徽黟县屏山村	黑色屋顶，白色、冷灰色墙面	植被绿色，山川蓝绿色
丽山景宁畲族自治县大均乡大均村的新演艺中心	黑灰屋顶，暖黄色水泥混凝土、新木色墙面，朱褐色窗框（驳岸线过于生硬）	植被葱郁，灰蓝色水岸线，紫蓝色的天空
苏州	黑色屋顶，白色墙面，灰色铺装，红褐色廊柱	植被翠绿色，假山石
日本岚山新建别墅区	黑灰屋顶，朱红色、白色墙面	深绿色水面，植物浓郁蓝灰色、白色沙石

自古以来，浙江省地区的乡土建筑用料基本采用就地取材的模式，体现了人们朴素的色彩价值观，绿树，白墙，灰（黑、青）瓦就是浙江沿海地区最常见的色彩搭配。利用木头本色（栗皮色、深棕色）作为柱、梁，涂刷白色涂料或直接呈现裸土原色（浅黄、红褐色）作为墙面颜色，再配以窗框（深褐色）和其他构件（墨绿色、黑色）建成的乡土建筑比比皆是。由于灰栗皮色、墨绿等色调均属于调和、稳定而又偏冷的色调，不仅极易与自然界中的山石、水、树等调和，而且还能给人以优雅宁静的感觉。不同地方的乡土建筑按照一定的审美规律形成了不同的色彩景观，如天津石家大院的灰砖青瓦式民宅，安徽黟县的粉墙黛瓦徽派式建筑，桐乡乌镇的清新淡雅水乡式建筑，厦门鼓浪屿的红墙红瓦式的民居等。

日本的乡土建筑主张不受流行元素的影响，而是融入环境并创造环境本身。对于新建的乡土建筑，依旧采用早期的建房材料：泥土、木材、石灰、砂石与烧结瓦。利用不同地区的历史、文化和生态等要求设计形式，并选择材料的色彩，形成了日本现今独有建筑风貌特色（图5-30、图5-31）。

3. 对乡村色彩景观规划的启示

建筑是乡村色彩景观构成的最主要的人工色彩景观，它是人类漫长的生活实践中集成的大量地域文化信息的传递工具，同时乡土建筑色彩随着气候、

图5-30 日本飞弹故里的建筑立面色彩

图5-31 日本飞弹故里的街道色彩景观

光照等自然景观要素而发生着冷暖色、同色系不同色的视觉微观变化。作为规划设计工作者，掌握乡土建筑色彩的重要属性并在设计中加以利用，能够提升人们对乡土建筑的视觉感受。

三、乡村旅游发展研究

（一）供给需求理论

1. 理论阐释

旅游市场的运作是以旅游需求和旅游供给为基础的。旅游需求是指具有可自由支配收入和闲暇时间的人们在一定的时间内，愿意按照一定价格而购买某一旅游产品的数量。表现在乡村旅游上就是指城市居民前往乡村旅游地的旅游者统计数量。其特点是整体性、季节性、敏感性和多样性。旅游需求随着人们可自由支配收入和闲暇时间的增加而递增；相反，随着旅游产品价格的增加而递减。旅游供给表现在乡村旅游上则指在特定时期内，能提供的乡村旅游地数量以及旅游地相关配套设施如住宿、交通等条件的数量。在其他因素不变的情况下，旅游产品供给数量随着市场价格的涨落而增减，这是旅游供给的一般规律。

2. 供给需求与乡村旅游资源开发

乡村旅游资源是乡村旅游业赖以生存和发展的

图片来源：
图5-29 《浅谈城市色彩整合——基于整合原则的城市色彩规划方法》
图5-30 http://www.libaclub.com/t_7343_7125736_2.htm
图5-31 http://blog.sina.com.cn/s/blog_69ed055c0100ubcx.html

前提条件，是旅游业产生的物质基础，是旅游的客体，是旅游产品和旅游活动的基本要素之一，只有拥有丰富的资源，乡村旅游才得以有序进行。在乡村旅游资源开发过程中，要预先调查乡村旅游地资源赋存情况，确定其具有一定的市场供给量。同时，从乡村旅游综合发展的角度出发，乡村旅游者对乡村资源的需求和期望，决定了哪些资源具有更高的开发价值，从而予以先行开发利用，为乡村旅游的阶段性开发提供借鉴。

（二）旅游地生命理论

1. 理论阐释

旅游地生命周期（Life Cycle of a Tourism Area）的研究开始于20世纪70年代，科恩（Cohen）将旅游者分为漫游者、探寻者、散客、团体游客四类。前两类游客对诸如舒适的食宿条件等旅游服务不感兴趣，他们总是在寻找新的更刺激的旅游目的地；而后两类游客则喜欢去环境安逸、物美价廉的旅游地。这就表明，要开发不同模式的乡村旅游地以满足不同类型游客的消费需求。在此基础上，加拿大学者巴特勒(R.W.Butler)结合其他人文地理研究，综合提出了旅游地生命周期理论，其直观的表达是旅游地的景观、资源状态等不是一成不变的，而是随着时空的变化而不断演变的，他将一个旅游地的生命周期划分为探查、参与、发展、巩固、停滞、衰落或复兴6个阶段，每个阶段的旅游资源都呈现出不同的状态（表5-5）。旅游地生命周期理论的运用，有助于掌握资源开发在不同阶段有可能出现的问题，并及时采取措施加以调整，实现旅游地的可持续发展。

旅游地的生命周期	表5-5
阶段	旅游资源状态
探查阶段	未发生变化
参与阶段	发生少量的变化
发展阶段	基本被开发
巩固阶段	被过度开发
停滞阶段	被破坏
衰落或复兴阶段	重新利用或丢弃

2. 旅游地生命周期与乡村旅游资源开发

乡村旅游的发展以资源为依托，乡村旅游地生命周期实质是旅游资源的生命周期。乡村旅游开发之初，应充分调查研究资源赋存情况，了解资源现存状态，便于合理利用保护资源，例如乡村旅游地处于参与阶段，资源仅发生少量变化，在资源开发过程中，应在保护前提下，加大对资源的开发利用；而当乡村旅游地处于停滞阶段，资源被破坏严重，则应加大对资源的保护，限制资源的开发。旅游地发展走向衰落实质是旅游资源走向了衰落，其根本的解决方法是更新主导旅游资源产品或者另辟蹊径，开发新的旅游资源，使其更好地适应市场需求。我国大部分地区的乡村旅游尚处于参与和发展阶段，乡村资源尚处于原生状态，因此，乡村旅游业仍具有旺盛的生命力和良好的发展势头，我们应该把握发展时机，合理利用和整合乡村旅游资源，坚持可持续发展战略，保证乡村旅游业健康有序的发展。

四、乡村产业研究

经过20多年的改革和发展，我国乡村产业发展进入了新的阶段。但是还面临着一些问题，诸如产品质量不高、市场竞争力差、经济效益低等一系列问题。因此，在农产业发展进入新的发展阶段之后，应探索新的发展思路、发展重点、发展模式和相应的发展政策体系。按照现代产业发展要求，谋划新阶段的产业发展途径至关重要。

（一）农业产业集聚理论

1. 基本概念

农业产业集聚是产业集聚在农业领域中的应用，是指在某一特定区域内，基于当地优越的自然条件和独特的人文环境，围绕某一主导产业的相关农业生产活动，相当数量的联系密切的企业和相关支撑机构（如组织机构、专业协会、科研院校等）高度集中，来共同推动农村经济发展的现象。

2. 基本特征

（1）地域性强，优势突出。农业产业集聚的形成是依托当地的特色资源、地理区位、基础产业等条件发展起来的，存在一定的区位优势、资源优势和市场竞争优势。

（2）以农户为基础主体。农业产业集聚是产业集聚应用于农业领域的表现，农户是农业生产活动中最基本的组织单元。通过产业集聚，把传统的一家一户的小农经济转化为具有系统规模的产业区块，农户既可以是劳动者，也可以是创业者，在产业链中扮演着重要的角色。

（3）以龙头企业为核心。龙头企业在产业链中具有影响深度大，辐射面广，号召力和一定的示范引导，开拓市场，带动农户的作用，从而促进农业产、供、销的有机结合，并扩宽与周围片区产业的连通，带动农业产业集群健康持续的发展。

（4）产业链较长。农业产业集群的基本格局是"市场 + 龙头企业 + 基地 + 农户"，因此，农业产业链也就包含了农产品的生产、加工、流通、销售各个环节，具有较长的产业价值链。

（5）空间集聚性。农业产业集群的空间集聚性特征表现在农产品生产基地与农业关联产业在一定地理空间内集中而形成的一个有机群体，从而加强各个产业之间的信息、物质、能量之间的关联。

（二）循环经济理论

1. 基本概念

循环经济本质上是一种生态经济，以"低开采、高利用、低消耗、低排放"为核心理念，按照自然生态系统的能量转化和物质循环规律重构经济系统，使得经济系统和谐地纳入到自然生态系统的物质循环过程中，建立起一种新形态的、可持续发展的经济。

2. 发展的组织层面

循环经济是基于对生态资源保护的角度出发，以生态系统为基础的综合发展经济体系，从资源流动的组织层面和点、线、面的原理可以将循环经济分为微观、中观、宏观三个层面：

（1）以个体企业或生产基地为主体的经济体系微观层面。通过科技创新、工艺改进等措施，实现资源再利用、减少废物排放，达到"节能、低耗、减污、增效"的目标，实现经济效益和生态效益的双向协调。

（2）以产业区块内的企业集群为主体的经济体系中观层面。通过片区内的物质循环为载体，通过产业的合理组织，建立企业间能量、信息、物质的循环网络体系，加强片区内企业间的交流与协作，形成循环型产业集群。

（3）以整个社会的生产、生活为主体的经济体系宏观层面。建立城镇与乡村、人类与自然之间的循环经济网络体系，统筹城乡发展，在整个社会内部建立生产、流通、消费、还原和调控等环节的循环体系，构建资源节约型、环境友好型社会。

总之，从美丽乡村乡土特色、乡村色彩、乡村旅游以及乡村产业发展四方面进行探讨美丽乡村景观的建设，对提升农村崭新面貌，推进生态文明建设，统筹城乡发展具有重要指导意义。同时，乡村景观是乡村中人居、环境、经济和文化四个方面的景观总和，规划设计要同时兼顾这四者的效益和均衡发展。因此，"美丽乡村"景观规划设计的目标就是以景观规划设计学为理论基础，通过乡村景观特征分析、评价，挖掘乡村景观的经济价值，加强乡村文化景观建设，保护乡村的生态环境，促进人与自然和谐相处，最终达到"宜居、宜业、宜游、宜文"的总体目标。

第六章

美丽乡村的"四宜"规划设计

根据美丽乡村实施行动计划的总体要求，以满足现代乡村居民生活的需求，提高乡村景观建设水平和个性魅力，在上述建设现状分析、理论研究的基础上，本文围绕"宜居、宜业、宜游、宜文"四个方面展开景观规划设计策略研究。

第一节 "四宜"概述

一、"四宜"概念

宜居，即充分考虑当地居民对生活环境质量提高的要求，通过科学合理的规划布局，整合新、老居民区，住宅用地、公建用地之间的关系；完善村域交通市政基础设施和公共服务设施；通过入口、街巷、广场、水系等重要开敞空间及其周边建筑的综合整治，营造洁净、优美的村貌环境，形成安定和谐、秩序井然的社会氛围。

宜业，即规划应在充分研究并挖掘当地特色产业的基础上，明确产业发展方向，细化产业类别，通过集中发展主导产业，确立产业优势，并形成"一村一业、一村一品"的特色经济格局，将特色产业与特色旅游有机结合，为当地居民创业就业拓展渠道，进而提高当地居民的生活水平，使地方经济得到可持续发展。

宜游，即规划应充分利用乡村在文化、产业、生态环境等方面的资源优势和发展环境，以旅游业为载体，通过合理配置旅游资源，完善旅游配套服务设施，提高"美丽乡村"的知名度，带动乡村第三产业的蓬勃发展。

宜文，即规划应充分挖掘村镇自有的地方环境特色和历史人文要素，注重优秀历史文化传统和非物质文化遗产的传承和再利用，特别是要与当代居民生活有机融合，使"美丽乡村"纯朴的民风、悠久的民俗文化得到展现，使居民的社会风尚健康发展，精神文化生活丰富多彩，居民文化素质不断提升。

二、"四宜"规划设计的原则

（一）可持续性发展原则

以科学发展观为指导，环境容量为约束、永续利用为前提，处理好发展建设与资源保护的关系，实现资源开发、资源保护、生态环境质量提高相协调，使经济效益、社会效益和环境效益三者达到最优化和持续化。

（二）统筹兼顾原则

从城乡协调发展的角度出发，加强村与村之间的联系，从考虑村民的生活行为规律和精神需求的角度出发，努力塑造"宜居、宜业、宜文、宜游"的美丽乡村。

（三）保持乡土风貌原则

保留农居点传统村庄风格，尊重农耕习惯，对其开展规划设计的同时，注重保持村落的原始风貌；发扬其特点的同时，保持民风的原汁原味。

（四）以民为本原则

注重人的主动性、参与性活动与感受；尊重农民意愿，自觉维护农民合法权益，充分发挥农民群众的主体作用，促使农民自觉投入到"美丽乡村"的建设中来。

三、"四宜"规划设计的意义

（1）有助于保护乡村景观，可以改善目前乡村景观杂乱无章的现状，保护乡村景观风貌的完整性和文化特色；可以充分挖掘乡村景观资源，规范乡村景观建设的发展方向。

（2）提高乡村居民的生活幸福指数。通过对乡村的四宜规划设计，在起到改善村容村貌，美化乡风等功能的同时，能够提高乡村居民生活品质，促进生态文明和提升群众幸福感

（3）通过"四宜"规划设计，能够促进生态农业、生态旅游业快速发展，提升乡村生态经济水平，加快城乡一体化进程。

（4）为现代景观规划设计提供灵感。乡村景观作为景观的一部分，和现代景观有着共性的同时，有着不同的特色，现代景观设计可以通过对美丽乡村的"四宜"规划设计中，发掘出新的设计领域。

第二节 "美丽乡村"景观的宜居性表达

一、宜居性规划设计内容与方法

依据"美丽乡村"景观评价的内容，针对"美丽乡村"景观宜居性的需求，着眼于乡村景观设计，分别从乡村居民点景观、乡村道路景观和乡村水系景观三个方面展开研究相关的规划设计内容与方法。其中，乡村居民点景观规划设计主要从乡村建筑景观、乡村庭院景观和乡村公共活动空间三个方面进行阐述，乡村道路景观规划设计是从道路系统规划和道路景观设计两个层面加以表达，而乡村水系景观按照不同的形态和功能，分别从水塘、溪流和沟渠3个方面进行论述。

（一）居民点景观

乡村居民点，是以农业经济活动为主要形式的聚落，是指乡村地区人类各种形式的居住场所极其周边环境。本文从景观类型的角度出发，乡村居民点景观主要包括农居建筑、生产建筑、乡村庭院、公共绿地、文化活动场所及相关附属设施。

随着"美丽乡村"建设进程的推进，乡村居民点景观得到不同程度的提升。然而，在建设过程中也出现了一些负面影响，在大片传统农居得到翻新重建的同时，大部分旧式建筑穿上了一层"雪白的外衣"，农居建筑布局、材质、色彩趋于一致，村落布局仿照城市小区进行规划建设，传统自然风貌被所谓的"规则式"替代。虽然在一定程度上节约了土地，貌似形成更为合理的功能布局，但同时也背离了乡村景观的本质属性，形成的新农村更像是城市的缩影，不可避免地形成"千村一面"，营造的景观缺乏地域特色、同质化现象严重，乡村原有的淳朴、自然、亲切逐渐消逝（图6-1）。

1. 建筑景观

乡村建筑主要是指以传统民居为主的乡土建筑，

图6-1 传统型与现代型乡村

诸如乌镇的老街古巷、浙中的雕花木屋、沿海岛屿的石屋（图6-2）等，无不反映着当时当地的自然、社会和文化背景。然而，随着社会的进步，乡村建筑的更新也紧跟时代的步伐，在不断地演变、发展，从而导致转型的过程盲目混乱，形成的建筑风格五花八门。

乡村建筑的现代化转型是历史发展的必然，如何在转型中保证乡村建筑健康有序发展是现代设计师急需解决的关键问题。所以，现代乡村建筑景观设计应努力继承传统建筑中优秀的元素，诸如空间形态、材料技术、气候的适应性等，根据现代人的生活习惯，运用现代景观艺术，在建筑材质、形式、尺度等方面形成有机更新。

在乡村建筑景观规划设计中，为形成具有地域特色的建筑景观，根据不同建筑的风貌、质量以及与周边环境的融合性，对乡村现有的建筑按照"保护、保持、整治、整修、改造"五种方式提出保护和更新（表6-1）。

图片来源：
图6-1 http://pp.fengniao.com/photo_9253686.html

图6-2 传统的乡村建筑

建筑景观规划设计引导　　　　　　表 6-1

更新方式	引导对象	引导对策
保护	含有历史、文化价值的古建筑、古民居	以保护为主，适当的赋予其新的功能，对于已经毁坏的古建筑，坚持"修旧如旧"，避免拆除和根本性的改造
保持	现代风格的、保存较好的建筑，与传统民居风貌不甚协调，但内外结构完好，外饰面较新且能体现现代乡村特色	保持原貌并予以及时维修，以传统建筑为基础，汲取传统建筑元素和符号，对建筑立面进行整治，使其与周边建筑协调统一，与景观风貌相辅相成
整治	乡村闲置住宅、废弃住宅、私搭乱建住宅	部分闲置住宅，通过改变场地功能继续为当地居民服务，增加传统地段的认知度，并赋予其新的活力；对低矮破烂的违章建筑、废弃住宅予以拆除
整修	结构完好，质量较好，但外墙部分材料有损坏或脱落，外观较落伍的建筑	对外立面进行整修，重新刷新外墙，增加传统水乡建筑的元素与符号，重塑传统民居特色
改造	质量较差，严重老化，外墙破旧，出现"赤膊墙"等各类危旧房	对于无法修缮的危房或因为修缮会产生不满足消防、日照间距的情况，进行整体改造，重新翻建，或统一移至新社区

2. 庭院景观

乡村庭院景观的营造有着悠久的历史。早在尧舜时期，人们就开始在自家房前屋后种植花草树木。晋代诗人陶渊明《归园田居》诗中也写道："方宅十余亩，草屋八九间，榆柳荫后檐，桃李罗堂前。"苏轼《虞美人》的"深深庭院清明过，桃李初红破。柳丝搭在玉阑干。帘外潇潇微雨、做轻寒。"李清照《浣溪沙》的"髻子伤春慵更梳，晚风庭院落梅初，淡云来往月疏疏。"更有"假江南"之称的苏州园林，无

不体现庭院景观之意境。

乡村庭院是乡村居住环境的重要组成部分，是人们进行日常活动的最基本场所之一，其景观构成、元素均与居民日常生活有着直接的联系，在充分理解和认识居民心理、行为要求的基础上，通过乡村庭院景观设计是对乡村建筑与庭院空间环境进行整合互动，连接内、外部空间，形成完整的景观体系（图6-3）。设计应采用小巧、精致的手法，融自然于人居环境中，运用乡土景观元素使乡村庭院保留乡土个性特色，创造江南风情的精致庭院，改善村民人居环境，从而提升乡村居民幸福感。

做好乡村庭院的景观设计，要根据当地环境条件、使用性质、使用人员等情况制定相应的设计方案。其中植物景观是庭院造景要素中最为重要的元素之一，多处乡村实地调查中发现，乡村居民更加注重庭院绿化景观的经济实用性，即村民普遍在庭院中种植果树、蔬菜，以满足自家食用、经济效益。所以，笔者根据实地走访，在尊重乡村居民意愿的情况下，提出乡村庭院绿化设计的三种主要形式。

（1）经济生产型

将当地的生产、生活环境模拟搬迁到庭院之中，设置相应的景观设施，以具有经济价值的果树、蔬菜作为绿化材料，经过合理的配置，应用到庭院绿化之中，营造特色乡村庭院景观，此形式适用于传统居住庭院。果木类植物建议有杨梅、樱桃、枇杷、桃树、梨树、葡萄、石榴、香泡等，观赏蔬菜类有丝瓜、葫芦、南瓜、水果五彩椒、西红柿等。

（2）园艺观赏型

村民根据个人爱好将庭院设计成家庭园艺形式，

图6-3 乡村庭院景观

图6-4 东阳卢宅入口

或结合园艺小品种植观赏花卉,美化庭院环境。可选择的花卉品种主要有桃花、樱花、垂丝海棠、紫荆、芍药、月季、兰花、梅花等。此外还可以利用藤蔓类的紫藤、蔷薇、茑萝、五星花、牵牛花、迎春等结合花架进行立体绿化。该模式主要适用于面积较小或现代化风格明显的庭院。

（3）生态养护型

科学配置人工植物群落,可在庭院中引入水源,或者运用现代集水工艺,通过环保、生态的模式进行植物景观设计,以达到涵养、遮阴、除尘、减噪等生态功能,此模式适用于面积较大或沿主要交通道路分布的庭院。

3. 公共活动空间

"乡村公共空间"概念的提出始于社会学,主要是指人们可以自由进出,并进行各项活动和各种信息、思想交流的公共场所。例如场院、晒场、祠堂、中心绿地、广场、健身场地,甚至池塘边、小溪旁、林荫树下等,由于这些场所具有一定的景观、商业、休闲等活动功能,具有人群的聚集性和活动的滞留性,是人们最易识别和记忆的部分,也是乡村特色的魅力所在。本文主要讨论乡村公共活动空间中入口空间、广场和公共绿地的景观规划设计。

（1）入口空间

入口空间是乡村的门户,是乡村与外部环境的连接点,是人流与物流的必经通道,对乡村景观的塑造起着重要的作用（图6-4）。古代的乡村入口常为各种风格的水口、大树、牌楼,随着时代的发展,今天

的乡村入口空间演变为各种景观要素的有序组合,风格形式多种多样。乡村入口景观的设计以"绿色先行、文化传承、特色塑造"为原则,根据入口区的资源环境特色,通过景观序列、层次的组织,营造优美的环

图6-5　梅蓉村入口景观

境、具有地方特色的乡村景观，形成个性鲜明的区域标识性景观。

如桐庐县梅蓉村入口景观立足乡村现有的资源优势，以"扬帆梅蓉"为设计理念，提取"杨梅、帆船"为设计元素，以具有乡村特色的毛石为构筑物主体，外轮廓裹以黑色角钢，运用花径的形式表现帆船，并在其上运用形似杨梅的球形小品，与周边的常绿背景林形成对比，自然和谐。驳岸设计采用块石与树桩相结合的生态模式，岸边点缀野生水草，使入口景观具有明显的识别性和独特性（图6-5）。

（2）广场

广场在乡村中主要是用来服务于乡村居民娱乐、节庆、集聚等社会活动的场所。传统村落中的广场主要有两种，一种是依附于寺庙、宗祠，用来满足宗教祭祀及其他庆典活动的需要，略带有纪念性广场的性质；另一种是用来商品交易的集市性质的广场，这种类型的广场具有更强的公共性。与传统不同，现代乡村广场往往设置在居民点比较集中的区域，并赋予了更多的功能和设施，诸如居民健身场地、儿童游戏场地、晒场，甚至停车功能等。随着乡村居民生活水平逐渐提高，居民开始更多地参与社会活动，注重生活环境的质量与生活方式的体验，乡村广场的设计与发展应顺应时代需求。依据其所处的具体环境、地方文脉等因素，明确广场的性质定位、尺度定位、功能定位和形态定位，以"人性化设计"为原则，避免出现广场大而空、多硬质少绿化，与乡村环境不相协调的现象。

例如，嘉兴聚宝湾村中心广场的规划设计，汲取了富有地方特色的农民画、照壁、马头墙、戏台等乡土景观要素，通过现代景观设计手法，与周边农居环境相结合，形成一个景观丰富、功能齐全的公共性开放空间，为现代乡村居民提供集会、娱乐的活动场所（图6-6）。

（3）公共绿地

乡村绿化是目前"美丽乡村"景观建设的重要内容之一，很多乡村以建设农民公园、健身场地的形式增加乡村绿地面积。公共绿地景观规划应结合乡村土地利用规划，以自然生态为原则，利用现有植被、置石、水系等资源，根据当地居民的活动需求，在公共绿地中设置具有园林特色的景观小品、活动场地及各种休闲设施，提供一个娱乐、健身、交流的场所，营造其乐融融的乡村居民休闲景象。

例如，嘉兴市秀洲区在"美丽乡村"建设过程中，每个行政村实行乡村绿化，通过乡村公共绿地设计，建设农民公园（图6-7）。

图6-6　聚宝湾村中心广场

图6-7　火炬村农民公园

（二）道路景观

乡村道路景观不同于城市道路景观，除了具有承担交通和布设各类市政管线的功能外，还具有其他功能，如道路是各乡村之间的连接器，是乡村居民交流休憩的场所之一，同时也是村庄结构的基本骨架。

近几年的新农村建设为乡村道路景观设计创造了良好的平台，在道路绿化、交通标示系统、附属基础设施等方面的建设初具成效，但美中不足的是乡村道路景观同质化现象较为突出，主要表现在路面材料的运用和道路两侧的景观绿化。具体可以归纳为三个方面：①乡村主干道和大部分的宅前道路普遍采用水泥混凝土路面，材质单一，景观生硬，缺乏趣味性，缺少乡土气息；②道路绿化景观单一，效仿城市道路景观现象突出；③道路两侧的附属设施缺乏系统规划，路灯、交通指示牌等形式多样，后期的维护管理不足，破旧、损坏现象较为普遍。

1. 道路系统规划

道路系统构成了乡村的基本骨架，根据村落布局结构，综合考虑景观规划总体目标，在"美丽乡村"道路系统规划中，因地制宜，合理规划路网，主次分明，满足安全、经济的原则，实现景观与功能相结合，

图片来源：
图6-5　《梅善村庄整治设计》
图6-6　http://blog.sina.com.cn/s/blog_8687d1e201014q1y.html
图6-7　http://www.zjjxxcw.cn/xzqhjcwz/contents/3753/20503.html

图6-8 乡村道路

图6-9 路面材质

优化乡村内部结构，完善对外交通。

乡村道路等级一般分为主干道、次干道和支路。其中，主干道为村庄对外交通和联系各组团的道路，规划建议对现有乡村中宽窄不一的路段加以整治，一般控制车行道宽度在5~10m，每隔1000m设置会车道，保证主干道的通行能力和舒适性；次干道为村庄各组团内主要交通道路，规划遵循因地制宜的原则，控制次干路宽度为5m左右，以增强村庄内部联系，同时两侧营造宽度不小于1.5m的道路绿化景观带；支路为村庄组团内部联系村民生产、生活的村巷道路，控制支路宽度为2~3.5m，以步行为主，紧急时作为消防安全通道（图6-8）。

2. 道路景观设计

道路景观是在其地域风俗上积累起来的固有文化、历史、生活的表现，构成道路景观的要素是多种多样的，而在乡村道路景观构成要素主要包括道路本体（路面、路道牙等）、道路栽植（行道树、灌木、树池等）、道路附属物（道路标志、防护栏等）以及道路占用物（电线杆、公共汽车站等）。

图片来源：
图6-8 《东江嘴3个项目调整方案文本》；http://www.qjxkq.gov.cn/pic/201304/29edba6fa3ff408399b07e091cbe647e.shtml

（1）路面

路面是人们步行与车辆通行的行为场所，不论是展现在图面上的，还是铺设在实际地面上的路面都能成为道路景观的基调。从景观层面出发，路面设计主要表现在路面材料的运用，而路面材料除了要考虑其防滑、耐磨、经济等基本功能特性外，还要追求视觉效果，即从色彩、质感、形态等多方面着手景观设计。

在确定路面材料前，首先要进行实地调查和资料搜集，在调查研究的基础上，按就地取材的原则，确定最佳的路面材料；加强道路景观的装饰性，突出景观的适地性、经济性和可持续性；此外，在设计汀步时尤其要注意尺度的把握，各级间的距离符合人性行为习惯，形成自然、舒适的步行系统（图6-9）。

（2）道路绿化

乡村道路绿化是乡村道路的重要组成部分，在乡村绿化覆盖率中占较大比重，其主要功能是改善道路沿线的环境质量、美化乡村、庇荫等。在绿化景观设计中，要坚持适地适树的原则，以乡土树种为主，乔木、灌木、地被植物相结合，体现道路景观特色。对乡村道路两侧原有的树木尽可能地保留，树下可适当种植低矮的小灌木、地被植物以丰富景观；对现状无乔木的路段种植行道树，但应适当错落、间断或成丛布置，并尽可能选择具有典型地带性的树种。主干道两侧宜营造宽度不小于 3m 的绿化景观带，次干道两侧绿化景观带不小于 1.5m。村内道路绿化乔、灌、地被植物相结合，应尽量保持野趣，可利用自然植被，稍加人工组织，增植观赏价值高的花灌木，并在景观节点上，做透景、框景等艺术化植物配置，以达到"天然图画"的效果，形成三季有花、四季常青的绿化效果。

道路绿化树种选择上，以适地适树、因地制宜的为原则，以乡土树种为主，适当考虑已引种驯化成功的外地优良树种，以当地典型树种结构为基本模式，选择适应性强，易成活、成材的树种。以浙江省为例，依据浙江省乡村土质、水域、植被资源等自然条件，特列举道路绿化中适用的树种（表6-2）。

乡村地区道路绿化常用植物　　表 6-2

类型	序号	中文名	科属	拉丁名
常绿乔木	01	樟树	樟科樟属	*Cinnamomum camphora*
	02	杜英	杜英科杜英属	*Elaeocarpus sylvestris*
	03	苦槠	壳斗科栲属	*Castanopsis sclerophylla*
	04	广玉兰	木兰科木兰属	*Magnolia grandiflora*
	05	桂花	木樨科木樨属	*Osmanthus fragrans*
	06	深山含笑	木兰科含笑属	*Michelia maudiae*
	07	乐昌含笑	木兰科含笑属	*Michelia chapensis*
	08	女贞	木樨科女贞属	*Ligustrum lucidum*
落叶乔木	09	无患子	无患子科无患子属	*Sapindus mukorossi*
	10	黄山栾树	无患子科栾树属	*Koelreuteria bipinnata* var. *integrifoliola*
	11	银杏	银杏科银杏属	*Ginkgo biloba*
	12	水杉	杉科水杉属	*Metasequoia glyptostroboides*
落叶乔木	13	鹅掌楸	木兰科鹅掌楸属	*Liriodendron chinense*
	14	喜树	蓝果树科喜树属	*Camptotheca acuminata*
	15	二球悬铃木	悬铃木科悬铃木属	*Platanus acerifolia*

续表

类型	序号	中文名	科属	拉丁名
落叶乔木	16	枫香	金缕梅科枫香属	*Liquidambar formosana*
	17	垂柳	杨柳科柳属	*Salix babylonica*
	18	榉树	榆科榉属	*Zelkova serrata*
常绿灌木	19	圆柏	柏科圆柏属	*Sabina chinensis*
	20	夹竹桃	夹竹桃科夹竹桃属	*Nerium indicum*
	21	小叶女贞	木樨科女贞属	*Ligustrum quihoui*
	22	瓜子黄杨	黄杨科黄杨属	*Buxus sinica*
	23	杜鹃	杜鹃花科杜鹃属	*Rhododendron*
	24	红叶石楠	蔷薇科石楠属	*Photinia fraseri*
	25	红花檵木	金缕梅科檵木属	*Lorpetalum chindense* var. rubrum
落叶灌木	26	羽毛枫	槭树科槭树属	*Acer palmatum* cv. 'Dissecrum,
	27	紫荆	豆科紫荆属	*Cercis chinensis*
	28	木槿	锦葵科木槿属	*Hibiscus syriacus*
	29	木芙蓉	锦葵科木槿属	*Hibiscus mutabilis*
	30	金钟花	木樨科连翘属	*Forsythia viridissima*
	31	绣线菊	蔷薇科绣线菊属	*Spiraea salicifolia*
	32	紫薇	千屈菜科紫薇属	*Lagerstroemia indica*
地被植物	33	沟叶结缕草	禾本科结缕草属	*Zoysia matrella*
	34	阔叶麦冬	百合科山麦冬属	*Lorope platyphylla*
	35	吉祥草	百合科吉祥草属	*Reineckia carnea* (Andr.)
	36	扶芳藤	卫矛科卫矛属	*Euonymus fortunei* Hand.-Mazz.
	37	白三叶	豆科三叶草属	*Trrifolium repens* L.
地被植物	38	红花酢浆草	酢浆草科酢浆草属	*Oxalis corymbosa* DC.
	39	云南黄馨	木樨科茉莉属	*Jasminum mesnyi*
	40	葱兰	石蒜科葱莲属	*Zephyranthes candida*

（3）道路附属物

乡村道路中的附属物，主要包括各种交通标志（信号灯、指示路牌等）、路灯、花坛及绿化带护栏、路边雕塑、各类服务亭、座椅等（图6-10）。这些设施在满足保障道路交通安全、发挥道路功能的前提下，应充分体现其景观效果。甚至这些道路附属物可以在道路景观中起到点睛作用，契合道路景观的主题，充分与其他景观要素融合，使之更富有生活气息，吸引人们注意。乡村道路由于功能性质不同，给环境带来不同的特点，因此沿途的道路附属物必须考虑现代交通条件下的视觉特性，例如交通性道路中沿途设施尺度要适当大，数量相对要少，造型简洁，这样才能给快速行驶过程中的人留下印象；相反，生活性道路上的设施，要相对细致，道路附属物应根据不同的道路性质来选择它的内容、形式和尺度，才能够创造出富有时代感的作品。

（三）水系景观

水是人类赖以生存的最基本资源。水系景观是乡村重要的生态要素，具有农业灌溉、防洪排涝和景观游憩等功能，一般来说，乡村水系包括湖泊、江河、溪流、水库、池塘和沟渠等形式，其中，水塘、溪流和沟渠是乡村景观设计中较为常见的，也是乡村水系景观设计的主要内容。

由于化肥农药的大量使用、工业废水未达标排放、垃圾杂物的随意丢弃以及缺乏长效的管理机制，大部分地区乡村水质退化问题也日益严峻，因此，乡村水系景观的整治以及乡村整体环境的改善亟待解决。自实施美丽乡村建设行动计划以来，大部分的行政村都进行了乡村水系的梳理，"整塘、整河"如火如荼地进行，相对之前水系景观，在一定程度上得到了很大的改善，但在整治过程中也存在一定的问题。或是出于急功近利，或是工期之因，或是缺乏创新，

图6-10　道路附属物

在乡村水系景观中设计中普遍存在以下问题：溪流的形态多"变曲为直"，缺失了原有的自然、生态性；在驳岸的处理上，多采用块石、混凝土材质，以硬化为主要目的；池塘周边基本都种植柳树，植物绿化配置上雷同现象较普遍（图6-11）。

1. 塘

水塘是典型的静水区，是乡村水系中最常见的一种水域景观。在园林造景中，常设置水塘以达扩展空间的目的，即摄取倒影，造成"虚幻之境"，如将岸上的景物，乃至天上的行云、繁星、飞鸟和明月都引入池中，就能取得"天光云影共徘徊"、"虚阁荫梧，清池涵月"、"荷塘月色"等意境。

在乡村地区，除了位于居民点中的池塘以及用于水产养殖、灌溉的水塘外，还在乡间田野零星分布着规模、数量不一的小水潭，它们对保持农田水利灌溉，维持乡村生态环境发挥着重要作用，这些水潭及其岸边陆地不仅是重要的动物栖息区，也是影响局部小气候的重要因素，具有生产、生态、美学、休闲等多重功能。因此，对于此类型的水塘应以自然维护为主，避免其过重的人工痕迹。

在乡村水塘景观设计上，需要注意以下两点：

（1）水塘绿化

植物选择上以当地乡村树种为主，选择耐水湿、生命力强、易管理的树种，植物配置宜结合地形、道路和曲折的水岸线，营造疏密有致、自然生态的植物群落景观，水面植物不宜过于密集，以免妨碍倒影的产生，一般不应超过水面的1/3，选用水生植物，种类宜简不宜杂。

（2）水岸设计

水岸设计应根据水塘与乡村的空间位置关系、水塘自身的属性和形态特征，选择采用不同的护岸类型、材质，要体现水岸生态性、安全性、亲水性、实用性以及防洪、灌溉的功能。生活型水岸的设计要设置亲水平台、水埠头等附属设施，为乡村居民

图6-11 安吉山川村整治水系

提供一个戏水、洗衣的空间；观赏型水岸的设计更注重于景观美学特性，通常结合当地的历史文化，运用乡土材料，以植物造景、景观小品设置为亮点，为人们提供一个良好的生态环境。如西湖区东江嘴村水塘景观整治（图6-12）。

2. 溪流

溪流是线形的开放式空间，蜿蜒于乡村的各个区域，有效地组织乡村景观空间序列。溪流与乡村的关系大致有两种情况：一种是傍村而过，即溪流沿着乡村边缘流过，这种情况多出现于山区型乡村，农居建筑傍山而建，依地形起伏而错落有致；另一种是穿村而过，即贯穿于整个乡村，这种情况多出现于平原、丘陵型乡村，民居建筑沿着溪流两边而建，溪流景观受人工影响较大（图6-13）。傍村而过的溪流地带通常是由乔木、灌木、草地与湿地组成的结构复杂、物种丰富的自然群落带，河岸植被景观丰富，表现为自然式、生态性较强。对于河流穿村而过的河岸，

图片来源：
图6-10 《东江嘴3个项目调整方案文本》；http://cn.sonhoo.com/company_web/sale-detail-10504437.html；http://news.471700.net/article_9298.html；http://www.huishi168.com/goods.php?id=149
图6-11 http://www.letyo.com/hangzhou/p_5_15068381.html

图6-12　西湖区东江嘴水塘景观整治

图6-13　两类乡村溪流

图6-14 梅蓉村水渠景观

除了以上所述的特点外，人们出于安全性及功能性的考虑，会对流经乡村的河段进行河岸硬化处理，设置亲水平台，营造良好的交流空间，甚至还会从灌溉、防汛角度考虑，对溪流进行改造，从而造成溪流局部空间的改变，使得动植物赖以生存的空间产生了变化。

因此，在溪流景观设计中，首先要了解景观的使用群体，以人为本，从乡村的实际情况出发，拟定合理的景观理念、功能定位和结构布局。其次要做好先期的景观设计，依据地形地貌做好平面形态设计，按照流速、水量确定驳岸的材质以及植物配置方案。处理好水系、驳岸、植物、设施之间的关系，合理划分空间、设置亲水平台，为乡村居民营造一个舒适的交流空间。

3. 沟渠

农田灌溉常利用江河之水，通过地面上所开之"沟"，引入农田，水渠是人工开凿的水道，有干渠、支渠之分，干渠与支渠一般用石砌或水泥筑成。沟渠曾是农村常用的一种排水、灌溉系统，用于家庭污水、雨水的排放以及农田灌溉。

沟渠原本是源于乡村灌溉，在景观生态规划设计中，应深入挖掘其内在属性，在体现其灌溉、排水功能的基础上，通过园林造景艺术，丰富水渠景观特性，提高观赏价值。如桐庐县梅蓉村于20世纪六七十年代修建的水渠，通过现代的景观设计手法，根据水渠的历史纪念意义，在保留原有水渠的基础上对其进行景观改造：在水渠西侧铺设一条与之并向的游步道，

在水渠上设置种植池，通过木桥、石板桥、汀步及景观石的交错运用，增加水渠的趣味性和景观性，不但满足了乡村灌溉、排水的基本需求，构建了居民游赏、休憩的空间，而且改善了乡村生态环境，丰富乡村景观的历史文化底蕴（图6-14）。

第三节 "美丽乡村"景观的宜业性表达

农业是安天下、稳民心的战略产业，没有农业现代化就没有国家现代化。在乡村景观宜业性表达上要遵循"依托资源，突出特色，优化结构，重点突破"的思路，细化乡村产业类别，实现"宜业"的发展目标。以大力发展休闲农业为重点，促进农业资源由单一生产型向多种经济形式的转变，利用乡村地区富饶的农耕文化、山林植被的优势，营造特色明显、布局合理、资源集约的产业体系，形成"一产带动三产"的产业新格局。即规划以现状农业资源为基础，以自然生态环境为依托，以乡村景观和文化为主体，经济生产与景观观赏相结合，通过产业结构调整和劳动力合理

图片来源：
图6-12 《杭州西湖区"美丽乡村"精品村整治规划——东江嘴村设计文本》
图6-13 http://www.nipic.com/show/1/7/41b61c54bd25b6ef.html；
http://www.websbook.com/sc/sc_img/15697.html
图6-14 《梅蓉村庄整治设计文本》

配置，积极引进先进科学技术，巩固拓展现代农业、生态农业、高效农业，切实提高乡村居民的经济收入，为"美丽乡村"建设奠定坚实的经济基础。

一、农田景观

农田景观是乡村地区的最基本景观，通常由几种不同的作物群体生态系统、大小不一的镶块体、廊道构成。影响乡村农田景观的因素主要有农作物轮作、农业生产组织形式以及耕作栽培技术运用等方面，因此，不同的地域环境所形成的农田景观也各异。农田景观规划设计是从农田生态学的角度，综合考虑农田景观各要素，对景观空间结构的调整，改善生态环境，维护农田生物多样性，发挥景观的综合价值，提高农田生产力、生态稳定性及美学价值，为人们创造优美的休闲观光场所。

（一）农田肌理

肌理，是指物体表面的组织纹理结构，即各种高低不平、纵横交错、粗糙平滑的纹理变化，它表达了人对设计物表面纹理特征的心理感受，是构成视觉和触觉形象最基本的要素。就乡村农田景观而言，农田肌理并不仅仅指种植农作物的田地肌理，它的广义包含各种各样用于营造农田景观的元素，既表现在硬质景观方面又体现软质景观的营造，如田埂、驳岸、岩石、植被、水体等。不同的材质通过不同的手法可以表现出不同的质感与肌理效果，如大理石纹理的细腻，草坪的柔软，树干的挺拔，山林的茂密等，使形成的农田景观富有趣味性而又不乏内涵。

如位于丽水市的云和梯田（图6-15），在保持农田原貌的基础上进行现代景观设计形式的保护与改造，提倡"大脚美学"，倡导自然生态美，用一种筑田岸、铲田坎的古老技术，营造云和美丽的自然景观。乍似无序的曲线在变化中形成统一，景随步移，形成亦山亦水的奇观，这样的景观正是农田中大地与植被的天然肌理所体现的美感。

（二）农田色彩

色彩是塑造乡村农田景观美学形象的有效途径之一，因为色彩是自然赋予农作物最丰富的表情，是

图6-15 丽水云和梯田

不同种类的农作物或分散或聚集表现出的整体效果。不同农作物由于季节、气候、环境的变化而改变自身的色彩，同时，也由于自身种类的差异而产生不同的表面特征。这样，农田景观便具有了在不同条件下的不同景观美学形象（图6-16）。如初春的三四月间，春意盎然的时节，金黄而热烈的油菜花，连天接地，空气中弥漫着它们浓郁的芳香，人在花海中徜徉，也有了一种心醉神迷的意境；夏，成熟之色，苍翠欲滴；秋，丰收之色，红黄交接；冬，焕发之色，灰白相间。农田景观设计结合乡村自身地理环境和农耕文化、风土人情等进行色彩规划，考虑色彩的地方性，注重本地土壤、气候、水体、植被的特点，用色彩景观来体现乡村农田的特有风格。

（三）农田序列

农田序列，是指农田景观按一定规律变化所形成的排列，即农作物在时间、空间以及景观意境上按一定次序、有组织的排列。农田景观序列主要有两层意义，一是客观景物有秩序的展开，具有时空运动的特点，是景观空间环境的实体组合，如农作物的四季交替；二是指人的游赏心理随景观的时空变化作出瞬时性和历时性的反应。在景观设计中，为营造丰富多样的景观空间，形成景随步移、生动、舒适的田园景观，在农田序列组织可以通过变化横向空间、纵向空间、生态序列、层次等来实现。将不同种类的农作物进行有机组合，甚至可以利用地形、陡砍、田埂、水系等景观要素进行穿插、排列，使之构成一种承上启下的景观秩序，形成一个具有韵律、节奏的景观空间。

图6-16　农田色彩景观

同时利用防护林、沟渠、道路、山体形成隔、透、漏等园林意境，从而增强景观的趣味性（图6-17）。

二、林果园景观

现代林果园是乡村经济的主要来源之一，是农业景观的重要组成部分，它已超出传统意义上的农业生产，是集生产、观光和生态于一体的现代高效农业。乡村林果园景观设计是以乡村果树、苗木、花卉等经济林资源为基础，以自然景观、乡村产业、民俗风

情为依托，整体景观意象突出表现为"林海、花海、硕果累累"的丰收景象。

林果园的景观规划设计的特点：

（一）以人为本

林果园景观规划设计主要目的是服务于村民，美化乡村景观，改善生态环境，提高经济效益。同时，

图片来源：
图6-15　http://my.poco.cn/album/album_show_details.htx&user_id=53897517&item_id=84583137&no=16
图6-16　http://www.ivsky.com/tupian/yunnan_luoping_youcaihuatian_v5687/pic_180922.html；
http://www.ivsky.com/tupian/shuidao_v822/pic_20077.html；
http://www.01ny.cn/thread-2906471-1-1.html

图6-17 绍兴上虞农田序列景观

林果园也是现代休闲农业的载体，例如在乡村营造集"生产、休闲、观赏、娱乐"于一体的观光果园，便是现今浙江省"美丽乡村"建设重点内容之一。所以，在景观设计中体现的"以人为本"思想主要是强调人在乡村景观中的主体地位，从使用者的角度出发，满足人们各种心理、生理需求，为人们提供舒适的景观空间，为乡村景观增添美景。

（二）因地制宜

在景观规划设计初期，对项目基地进行系统、全面的考察，根据实际情况，选择适宜当地发展的林果树种，尽量选用能被更好利用或恢复原有生态系统的植物种类，使林果地植物系统形成一个生长良好且稳定的生态群落。在使用外来物种果树时，应密切关注外来物种的入侵性，充分利用周边环境资源，合理规划布局，营造良好的生态格局，从而获得理想的生态效益和经济效益。

（三）生态优先

生态的可持续性是乡村林果园健康发展的大背景，林果园的建设应该以不破坏原有生态平衡为前提，维持原有生态格局、乡村地貌，重视环境的可持续发展，建立稳定的生态系统。"生态优先"原则是创造林果园恬静、舒适、自然的生产生活环境的基本原则，也是提高林果园景观环境质量的基本依据。

（四）突出特色

特色产业是经济发展的生命之所在，愈有特色，其竞争力和发展潜力就愈强，因而林果园景观设计要与当地特色产业相结合，明确资源特色，选准突破口，使整个乡村林果产业特色更加鲜明，使景观规划更直接地为居民服务，调整产业结构，改善生态人居环境，切实提高乡村居民收入。

三、养殖景观

养殖，在经济发展的早期阶段，常常表现为农作物生产的副业，即所谓"后院养殖业"，随着经济的发展，逐渐在某些部门发展成为相对独立的产业，如养猪业、水产养殖业、蛋鸡业、肉鸡业等。按照现代养殖业发展的要求，推进畜禽、水产适度规模养殖，加强畜禽养殖排泄物治理，逐步引导传统散养方式向规模化、生态化、集约化饲养。发展经济养殖和生态养殖，转变传统的乡村养殖生产模式，引进先进技术水平，从硬件设施方面促进农村养殖的健康快速发展，将乡村养殖业与乡村观光相结合，形成乡村另一道亮丽的风景线。

近年来随着养殖范围的逐年扩大，养殖业对环境的负面影响有加剧趋势。因此，为了发展绿色畜产品，强化畜禽养殖污染控制，实现畜禽粪便的资源化、养殖基地的景观化，建议采取"四化"养殖技术，即标准化、现代化、生态化和信息化，形成现代养殖业循环经济模式（图6-18）。

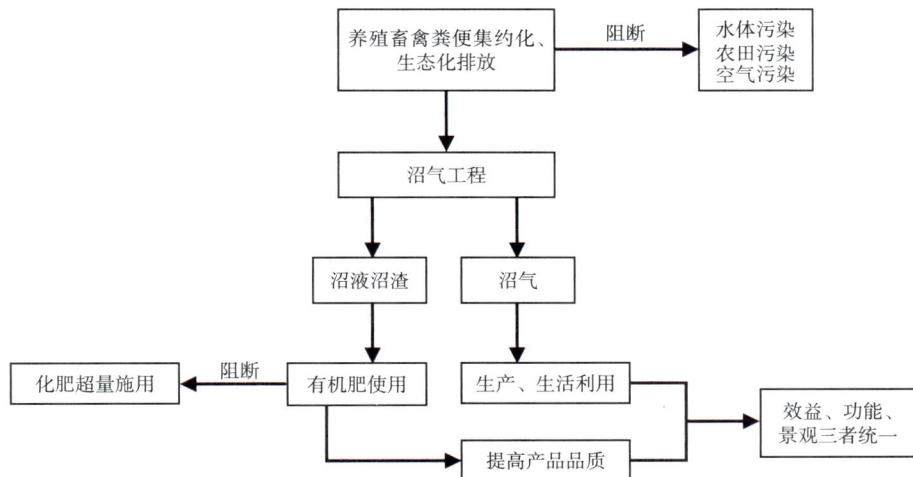

图6-18 现代养殖业循环模式流程图

第四节 "美丽乡村"景观的宜游性表达

乡村景观的宜游性表达是通过以乡村地区的自然风光、农业生产、民俗风情、历史文化为旅游承载点，以吸引外来游客、提升乡村知名度为目的，满足旅游者观光、体验、娱乐等需求的现代乡村活动。乡村旅游景观的营造对调整和优化乡村产业结构、保护生态环境、促进乡村经济发展具有重要意义。

一、"美丽乡村"精品线路（以浙江省为例）

为加快建设美丽乡村，突显特色产业园、休闲观光园、景观带、农家乐、景观节点等点、线、面相结合的区域美丽乡村景观，在调查分析的基础上，从当地的实际情况出发，依托乡村自然环境、产业特色、历史文化，有针对性地提出各个乡村适宜的发展线路。从而，为浙江省"美丽乡村"发展乡村旅游精品线路提出建议，为打造具有村域特色、可圈可点的精品线路提供参考。

浙江省素有"七山二水一分田"之称，乡村蕴含着丰富的植被资源、田园风光、民俗风情、农耕文化等特色资源，为发展"美丽乡村"精品线路奠定了坚实的基础。根据当前浙江省"美丽乡村"资源特点及经济基础，拟形成"村容风貌游"、"田园观光游"、"产业示范游"、"休闲度假游"和"民俗风情游"五种类型的精品线路（表6-3）。

"美丽乡村"精品线路类型	表 6-3
线路模式	内涵
村容风貌	以古村宅院建筑、新农村现代建筑为主要载体，利用乡村特有的聚落格局，形成以"村容村貌"为主题的精品线路
田园观光	以乡村田园景观、农事活动、农家乐为核心，形成集观赏、采摘、农事体验、娱乐、品尝等于一体的精品线路
产业示范	指乡村产业基础好、特色鲜明，发展具有"一村一品"特色的效益农业、特色产业，提高乡村经济效益，以典型引路、示范带动为特色的精品线路
休闲度假	依托优美的自然风光、清新的空气、生态的绿色空间，兴建配套的娱乐设施，满足休憩、健身等功能，形成以休闲、度假为主要内容的精品线路
民俗风情	依托乡村风土人情、民俗文化，开发农耕展示、民间技艺、时令民俗、节庆活动、服饰民俗等旅游活动，形成富有乡村文化内涵的精品线路

"美丽乡村"精品线路规划是为了更好地展现乡村景观，为游客提供确定的乡村旅游线路，精品线路是以乡村景观节点为依托，是一个串点成线的过程。所以，在乡村精品线路规划中应充分体现各个节点的景观效果。根据浙江省"美丽乡村"景观的基本特点，从村落特色景观和农业观光园两个方面展开说明，体

现景观的"宜游性"。

（一）村落景观

村落，是一个包含了社会、生态、文化和村落形态等诸多因素的综合体，是一个复杂的系统。介于此处是在乡村景观宜游性的表达，将其定义为狭义上的村落景观，即乡村范围内具有较高欣赏价值，能够吸引旅游者，使之获得美的享受的景观资源，如古建筑、古树名木、街道、小品及民俗文化等，这些元素相互组合成不同的景观层次，从而形成"美丽乡村"精品线路的核心节点之一。

形成村落景观的要素形式多样，若按照其构成物质的基本形态分，则可以得到点、线、面三种基本形态。

1. 点

点在村落景观中通常是指比较集中、规模不大的区域。点虽小，但无论在村落布局上还是景观效果上会形成强烈的中心感，具有向心性和标志性，点可以是一栋建筑、一座古桥、一口井，甚至是一棵树，通过一系列的点状空间形成的村落景观是村落外部序列空间的目标点或结束点，是整个乡村外部空间区域的视觉焦点。通过不同节点的组合，形成丰富的村落景观，是"美丽乡村"精品线路的核心内容。

2. 线

线是点运动的轨迹，又是面运动的起点，在形态学中，线还具有宽度、形状、色彩、肌理等造型元素。由于线本身具有很强的概括性和表现性，在村落景观营造中，线形空间作为造景艺术的一个基本单元，不仅是决定空间形态的轮廓线，而且可以刻画和表现村落内部的结构和组成。其中，道路、水系是乡村中最为常见的线形景观，在连接各景观要素中起着至关重要的作用。一般情况下，村落景观的各要素都是沿着线形空间展开，通过曲直变化、动静结合，形成优美、丰富的村落景观。

3. 面

面是点与线的集合，即点的扩大或线的累加，是景观中分布范围最广、连通性最好的景观单元。在一定程度上，它集合了村落景观诸要素的特征，决定着景观的性质，对景观的动态发展起着主导作用。例如，

乡村的色彩，色彩在不同历史条件和不同区域形式不同，具有一定的象征意义和审美价值，如江南地区传统的乡村建筑多以黑、白、灰为主，正是与当地的生活方式、生活环境相统一。

（二）农业观光园

乡村农业观光园是以休闲、观光为主题，以种植业、畜牧业、渔业、林果业等高科技现代农业生产为基础，集休闲游乐、旅游观光、生态建设、农业生产、科技示范、科普教育等多功能于一体，也是推动现代农业向专业化、集约化、商品化发展的有效形式。农业观光园因其广泛的资源，多样的形式等，而吸引大批的游人观光，成为乡村旅游的主要形式之一，将丰富的农业资源和旅游资源有机地结合，使乡村现有的农业产业资源和民俗文化资源得以充分利用，使乡村特有的文化、民俗风情、技艺得以延续和传承。

从人性化角度出发，充分考虑不同群体特征和心理生理特性，营建不同的活动空间和景观场所，营造舒适而方便的高品质农业观光环境，并完善区域内交通系统和服务设施，提供各种网络化通信及洁净可靠的能源供应、强化旅游接待的核心意象，体现人文关怀。在观光园景观设计中，围绕农业生产，结合休闲旅游和乡村发展，充分利用资源特征，策划各种参与性活动，并以农产品为出发点，科技为支撑，结合地方特色文化，营建地域性人文田园景观，突出"绿色旅游"、"体验健康"、"享受自然"、"传承文化"等特色，使主题特色鲜明，构建生态环境好、文化底蕴浓、充满生机情趣的休闲农业园。例如，湖州市德清县杨墩村的农业观光园（图6-19）是一个以果业、渔业为主，集农业生产、生态旅游、科普教育、人文历史等多功能于一体的综合性生态农业乡村旅游点。园区占地总面积100hm²，其中果园53.3hm²，鱼塘30.6hm²，由"八景、六园、一塘、四港、五大功能区"连环交叉组成。农庄四面环水，拥有大面积水域、自然湿地，空气清新，环境极佳，处处散发出江南浓厚的水乡风情。园区四季佳果不绝，鱼跃花香，乡村田园风光尽收眼底，体会大自然生态带来的全新感受，农庄内建有乡村特色的庄园宾馆和枇杷林小木屋，集乡村旅游、观光、休闲、度假、疗养等功能于一体。

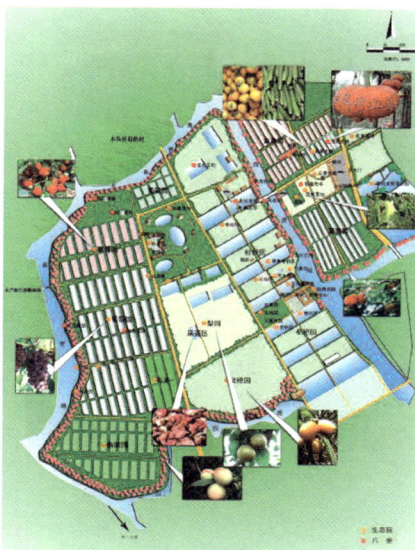

图6-19 杨墩农业观光园

公厕　　　　　　　　售票处　　　　　　　　问询处

图6-20 黄公望村公共服务设施

二、旅游配套服务设施规划

伴随着"美丽乡村"建设进程的快速推进，乡村旅游业的快速发展，对提高旅游服务设施配置产生必然需求。在景观规划中，完善乡村公共服务设施配置是基本公共服务设施体系建立的重要组成部分，是提高乡村"宜游性"的有效方法和手段，也是统筹城乡发展、逐步实现基本公共服务均等化和现代化建设成果的必然要求和重要举措。

目前的乡村地区，普遍存在乡村旅游配套服务设施不完善的现象，如服务设施供应不足、设施配置质量差、服务半径不合理、标识不清晰等。所以，规划应设置专门的乡村旅游配套服务设施，包括公共服务设施和旅游标识景观。

（一）公共服务设施

公共服务设施主要包括咨询中心、餐饮、超市、医务室、电话充值点、公厕、停车场、加油站等，是指为游客在旅途中应对日常事件、突发事件，增加其逗留时间和消费的设施，此类服务设施具有布局分散、规模小的特点，同时又是游客旅游过程中必不可少的部分，直接关系到"美丽乡村"的整体形象。因此，在乡村公共服务设施规划上，可以采取统一规划布局的措施，根据乡村的游客量、需求量，按照合理的服务半径，设置游客咨询中心、公厕、超市等，将各种服务设施遍及进行整个村域，构成完整的服务设施系统（图6-20）。

（二）旅游标识系统

旅游标识系统主要是反映乡村的景观节点、服务点及道路交通等旅游信息，指导游客能够快速、便捷地找到理想中的目的地。因此，在乡村入口、道路沿线、重要节点附近设置指示牌、标识牌，增加特色鲜明的景观元素，加强标志性特色，便于游客及时获得相关的导游信息。在标识景观设计中，根据乡村所处的区位、资源、环境，充分运用当地的材料，设计具有乡土气息的景观设施。

例如，梅蓉村地处富春江畔，曾以梅树闻名，有梅州之称，生态环境良好，其指示牌、警示牌设计反映梅蓉特色的梅花为主题，结合木、竹等当地素材，既能满足引导、指示的功能，又与乡村古朴、文雅的氛围相融合（图6-21）。

第五节 "美丽乡村"景观的宜文性表达

乡村文化景观是历代劳动人民智慧的结晶，是记录了人类活动的历史，表达了特定乡村区域的独特精神，是乡村地域宝贵的文化遗产和景观财富。其显著的特点是保存了大量的非物质形态传统习俗和物质形态景观实体，与其所依存的景观环境、人类感知、景观意向，共同形成较为完整的乡村文化景观

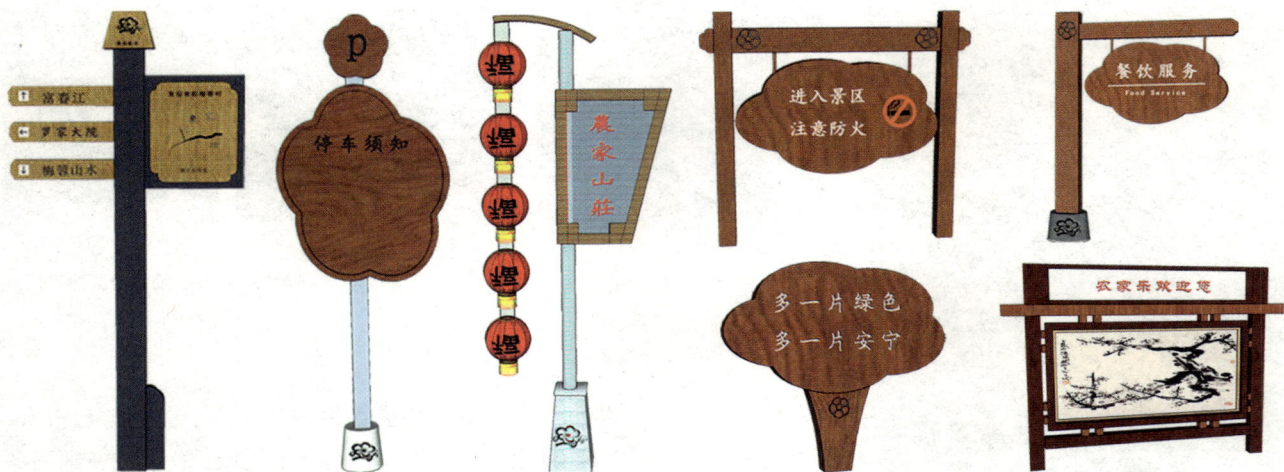

图6-21　梅蓉村旅游标识景观

体系。

乡村作为世界上出现最早、分布最为广泛的地域类型，在漫长的历史进程中孕育了各具特色的地方特色，形成并留传了众多独特的人文景观风貌，是乡村内在属性的体现。所以，乡村文化景观的规划设计需要以"继承保护"、"合理开发"为发展原则。

一、继承保护

乡村景观规划设计过程要加强对乡村文化的保护，弘扬优秀传统文化，保护乡村弱质生态空间，对自然湿地、野生物种及生活环境、主要湖泊、水源地和其他生态敏感区应加强保护措施，禁止或控制建设活动。乡村地区承载着数千年来农村文明的发展，虽然时代的变迁使得乡村居住形态经历了一次又一次的变化，但一脉相承的家族亲缘、邻里关系和传统习俗使得他们成为"乡村文化"的重要载体。

在"美丽乡村"景观过程中不应急功近利，不应重蹈城市建设大拆大建的覆辙，更不能让乡村特色伴随着新农村建设、景观重构而逐渐消失，在文化景观建设上尤其要重视保护古民居、古村落、传统习俗、风土人情等具有地域文化特征的景观要素，继承和保护优秀的历史文化。景观实践中，一般乡村文化景观的设计元素来自当地的传统建筑、文化、思想、民俗、服饰、农耕以及生活方式等方面的内容，通过乡土元素的运用，使乡村文化景观更亲切，更富有地域特征。适当保留这些元素符号可以增强人们的邻里亲近感、凝聚力和归属感，通过寓教于游、寓教于乐的方式，整合乡村历史文化景观资源，融入现代乡村生活中。

二、合理开发

继承与保护乡村文化景观不是绝对的也非停滞不前的，而是在继承保护的基础上，与当地居民的生活环境、精神文明建设相互联系，满足当地社会经济发展需求，结合乡村景观发展，合理开发利用。强调保护的同时，应遵循"有机更新理论"，保护历史文化所谓完整性，充分利用历史文化元素，通过更新乡村肌理、空间形态、景观布局，丰富乡村的聚落空间，同时允许局部景观的更新以适应现代生活的

图片来源：
图6-21 《梅蓉村庄整治设计文本》

需要。

　　"美丽乡村"景观的建设一方面给传统的乡村文化景观带来冲击，另一方面，乡村景观开发也促进了传统文化景观的保护和复苏，把握好景观设计的"度"显得尤为重要。这就需要充分挖掘地域特色，提取乡村传统符号，利用现代景观设计手法重新演绎，保留文化精髓，培育新文化，将传统与现代景观相结合，形成"古为今用、和谐美观"的景观效果。"美丽乡村"文化景观的建设及改造过程中，如果处理不好，还将会带来一系列的负面影响，如景观同质化、传统文化流逝等问题。因此，在挖掘自然形成的乡村文化景观时，要以可持续发展理论为指导，充分考虑当地人们的乡风民俗，通过规划设计选择文化景观发展方式、方向，加强传统乡村文化景观的保护利用，加快新文化培育，形成人与景观和谐的"美丽乡村"。

第七章

美丽乡村专题研究与实践Ⅰ——浙江美丽乡村乡土特色规划设计

第一节 浙江省"美丽乡村"发展概况

改革开放以来，浙江乡村经济快速发展，农民的收入提高了，也有了一定的经济基础，对生活、生产条件有了新的要求，不仅房子要大，而且环境要整洁，在经历了强烈思想冲击，无序的建设之后，富起来的浙江乡村出现了一个奇怪的现象，浙江大学中国农村发展研究教授、浙江省人民政府咨询委员顾益康总结说："只见新房，不见新村；只见新村，不见新貌，走了一村又一村，村村像城镇；看了一镇又一镇，镇镇像乡村。"在这个背景下，浙江开始了新农村建设的探索之路。在经历了一段时间的探索后，浙江新农村建设从建设理念上发生了大的转变，十来年的时间走出了三次跨越。

一、乡村整治工程时期

2003年，浙江实施"千村示范万村整治"工程，计划用5年时间整治10000个村，并把其中的1000个村建成全面小康示范村，加快建设规划科学、环境整洁、设施配套、服务健全、管理民主、生活舒适的乡村新社区。把"万里清水河道"、"千万农民饮用水"、"乡村康庄"、"生态富民家园"、"百万农户生活污水净化沼气"等工程与"千村示范万村整治"工程配套实施，形成城乡统筹建设和各方协同建设的局面，提高乡村基础设施建设水平。

该阶段工作的主要目的与方向就是加强乡村的基础设施建设，实现村村通道路，道路全部硬化，并完成对河道的整治工作，住房的立面整治与改造。但在整治过程中也出现了不少问题：①农村环境未见改观，村庄被机械的添加了许多象征城市的构筑物。②村中散乱差的问题仍然没有得到根本性的解决，主要原因还是缺少维护，未形成长效机制，整治初期效果明显，一段时间后复原，甚至更加败落（图7-1）。

整治初

三年后

图7-1 整治效果不明显

二、生态乡村建设时期

在注意到仅整治乡村并不能给乡村环境带来根本性的改变后，转而探索生态乡村的建设道路，提出既要"金山银山"，更要"绿水青山"的理念。体现在乡村景观上就是以绿化为主。开始着力发展森林乡村，发展观光农业，发展水果采摘等。形成了一大批农家乐形式的新农村，"一村一品、一村一业"行动也开始大力建设。

三、美丽乡村建设时期

美丽乡村建设是浙江省"十二五"时期，深化社会主义新农村建设的新工程、新载体，它是新农村建设实践的又一重大创新。近年来，浙江在新农村新社区建设的实践中，湖州安吉、杭州临安、衢州江山、金华磐安等地创造性地推出了"中国美丽乡村"、"清洁乡村"、"幸福乡村"、"生态家园"等建设载体，取得了非常突出的成绩。这些创新实践表明，以美丽乡村为导向，连线整片推进村庄整治、农房改造和乡村生态环境建设对于整体提升社会主义新农村建设水平有着非常好的实践效果。在整治和生态建设的基础上提出建设"美丽乡村"的理念。美丽乡村建设主要涵括：规划科学布局美、村容整洁环境美、创业增收生活美、乡风文明素质美，把乡村打造成为"宜居宜业宜游"的美好家园。规划科学布局美和村容整洁环境美是推进美丽乡村建设的重要内容，是打造乡村宜居环境的重要标志。

"美丽乡村"建设在乡村景观建设方面提出了"一村一园、一村一景、一村一韵"的建设要求，要把保护和建设充分体现生态文明的特色文化村作为建设美丽乡村的重要内容，编制保护规划，制定保护政策，在充分发掘和保护历史文化遗存的基础上，优化美化村庄人居环境，把历史文化底蕴深厚的传统村落培育成为与现代文明有机结合的特色文化村。同时，要提炼特色文化村的生态文化，在推进村庄整治建设、农房改造建设和美丽乡村建设中，吸收和弘扬生态文化。

第二节 乡土特色在浙江新农村发展中的解构及其原因

一、乡土特色在浙江新农村发展中的解构

随着浙江"千村示范，万村整治"工程的深入开展，"美丽乡村"建设的实施，城市化和农业现代化进程的加速，乡村在其经济格局、文化格局以及生态和村落形态等各方面都发生了变化。这些变化一方面反映了社会生产力的发展和乡村生活水平的提高；另一方面则表现为：首先，传统格局下的村落无节制和掠夺式的单向性发展；其次，城市化的冲击使人们

更快地放弃地方知识和地方经验以及长期的生活实践中形成的简单的自闭和的生态循环模式。

（一）空间布局形态结构转型

传统乡村聚落的空间布局形态结构有着深厚的地域文化内涵，是地域自然地理、气候和宗法礼制共同作用的产物。建筑成块状聚合，背山面水，自然条件丰富。现代的乡村民居、宅院中，由于居住单元理念的发展，强调独立性，院与建筑呈现非此即彼的关系，缺失传统的共生关系；建筑多顺路而建，主要建筑节点呈现线状排布，景观布局较零碎不成系统。大部分农民都是舍弃之前老宅，沿路新建房屋，这样造成的新房与旧房屋同时存在的局面，不同时代的建筑，其材料、风格都不相似，造成风格迥异、混乱的局面（图7-2）。

（二）景观转型

传统的江南水乡灰白素雅，环境宁静淡雅，现代的乡村民居宅院中，传统景观的痕迹逐渐消失。村民开始注重房屋的外围装饰，由最初的红砖裸露到抹水

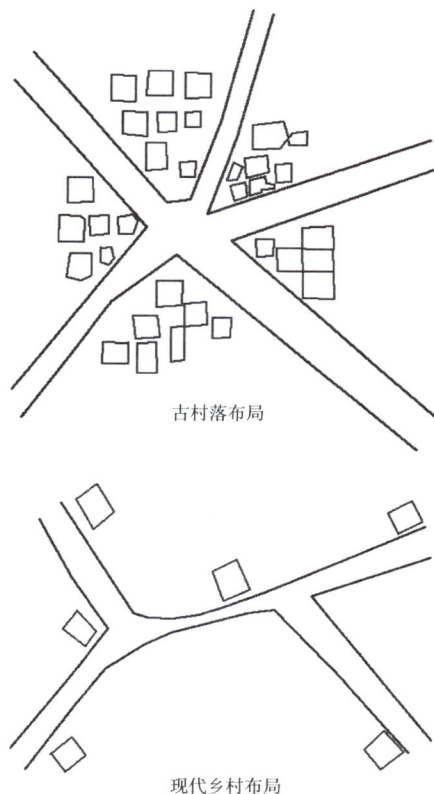

古村落布局

现代乡村布局

图7-2 布局形式的变化

图7-3 奇怪的建筑与硬质驳岸

泥砂灰，发展到贴白色瓷砖、马赛克，到现在各种颜色的外立面漆，各色的瓷砖贴面；颜色怪异的琉璃瓦，将乡村原本清静的格调点缀的分外繁杂；木质门窗被生硬的金属防盗门取代；各种商店的招牌形形色色。由于家庭经济发展的不平衡，个人意识及审美的不同，导致乡村建筑颜色千奇百怪（图7-3）。

村民缺少绿化、景观的意识。道路一般为简单的水泥面硬化，且无行道树或简单的种植桂花、香樟等树木，无区分度。庭院缺少绿化。村里原有的水系基本两岸都被硬化，且村里面的污水直接排入水中，导致水质恶化严重。乡土特色，在于它与其所在的地域自然环境的协调与融洽，在于其浓厚的乡土味道，在于其地域建筑形态的独特性，在于其地域内模式共性和地域外模式个性的矛盾统一。但是，这一切却正随着乡村建筑和景观的现代化，一步一步走向衰落。

（三）文化转型

在浙江乡土村落中，有着难以计数的人文的东西，给本无生命的空间赋予了精神的内涵。如村落的布局与风水理论的结合，这一切让人对乡村的文化底蕴不敢小觑，使生活在这里的人都处于一种文化的熏陶氛围之中，因为人们认识到村落不仅仅具备生产、生活的功能，还蕴含着发挥更大积极作用的正能量。而经济建设的发展使部分村民逐渐舍弃了这种淳朴的精神，强调个人主义，开始崇拜物质，以显示财富为荣。

（四）生产性转型

生产力的发展，物质的极大丰富，乡村的城市化，导致大部分农民步入城市进行工业生产，从事农业生产的人日趋减少，农田开始走集约化道路，为了方便耕作，将农田重新划分，"田成方，路成网"，将人类与农田千百年来自然形成的肌理、尺度推翻重做，将"柔性"的画面变成生硬的线条感，充满着机械化的味道。

随着乡村家庭收入结构发生变化，农田耕种已经不是家庭收入的主要来源，也导致了大量农田荒废而被改用为宅基地。农用地的盲目开垦、侵占改变了原有土地的生态格局用途，造成植被的减少、水土流失严重、生物多样性降低等。土地利用和土地覆盖方式的变化使乡村景观生态环境伴随着新农村的开发建设而面临着同城市建设相似的危机。

二、乡土特色解构的原因浅析

（一）审美观发生改变

传统农业文明的国民基础决定了基本空间审美的质朴与杂乱，快速工业化、信息化进程的城市文化决定了城市空间千篇一律的面貌。在面对千篇一律的城市风貌和建筑面孔时，衣食不愁的人们终于发出了很多疑问。原始、自然、多义、丰富、混沌、模糊的原生态景观和非机器化的农业文明手工景观重新以巨大的自然野性姿态博得了众多人的怀念和欣赏，工业文明的机器与直线不再是主宰的审美选择。当城市人群开始将目光投向农村这块心灵

图7-4 泛滥的村口石景

中的净地时，却发现农村正大踏步地走向城市化，乡村的人期待的是城市的生活，这是两个矛盾的审美观。

（二）建设服务对象错位

即新农村为谁而建的问题，通过调查，出现了"处处农家乐，满地是景区"的景象；相关文献也是谈到新农村必谈乡村旅游；很多设计方案也是想尽办法挖掘旅游资源，建设旅游配套设施，如游客接待中心、大建商业街、大面积停车场，最终导致商业化明显，破坏了乡村淳朴、宁静的内涵。现阶段的新农村建设与乡村旅游关系过于密切，这就出现了景观设计不是"以人为本"的出发点，而是以游客为本，处处考虑着满足游客的使用功能，在实践过程中，经历多次甲方要求在乡村中设置游乐场、游泳池等。

要立足于"宜居"，带动"宜游"。建设新农村，村与村民是最基本的出发点和落脚点，核心是为长久居住的村民服务，并提供生态良好的居住环境。不论城镇化如何发展，我国终究会有几亿农民生产生活居住在乡村，需要充分听取他们的意见。

（三）功能性本位思想

功能性本位思想是造成大尺度"城市化"乡村景观的主要推手。乡村景观本是人与自然和谐共生的产物，在新农村建设中，由于科技的进步，人类改造自然的能力突飞猛进，对桥梁、道路等的建设，以及河流的治理等方面存在大规模性和功能性本位思想，缺少创意，不注重细节与人的感性，同时还忽略周边环境与微地形变化等因素，使粗放的营造方式与大规模利用人工材料的方法成为主流，只能说是一种"功能和强度"的设计。由于工程建设对强度和物理的机能本位的对应而欠缺环境的人性化特点，这些都造成了乡村整体环境的人工化。其结果就是大量追求亲水护岸和统一式的水泥马路、柏油马路，一个模式的绿化，同样的模纹花坛。

（四）景观设计模块化

景观的同质化现象严重，有的是因为设计师对当地的文化挖掘不够深入，但主要原因是整个景观设计行业有向着模块化发展的趋势，由于景观设计产业商业化，为了追求速度与效益，众多的设计机构储存了较多的景观模块，接到设计任务后就将模块按照组合的方法快速形成一套方案，不免会出现相同甚至雷同现象。比如入口景观，乡村入口树立一块石头，刻上村名，漆以红色，这在调查过程中最为常见。（图7-4）。

（五）村民经济发展及意识相差大

村民意识水平不一致是导致乡村景观不协调的根本原因。浙江省乡村的大部分农民从事家庭式小手工业生产或多年在外经商，与外界联系紧密，思路较为开阔，改善居住条件的意愿较为强烈，而另外部分农民一直在家务农，小农思想较浓，安于现状建设状况。这两种差异想法使村庄建设难以全面展开，导致建筑与景观的风格差异明显。部分先富农民不愿

图片来源：
图7-3 http://dm2008858124.blog.163.com/blog/static/48896847201110911450634/

按照特色规划标准进行建设，建房时置规划于不顾、贪大求洋、随意搭建，盖了新房，旧房宅基地仍不肯退出，这样导致建起的农房与周边村庄建筑风格及环境格格不入。环境意识、文明意识、卫生意识淡薄，垃圾乱堆、脏水乱排、杂物乱堆，这也是造成村庄环境脏乱差的主要原因。

从以上分析可知，虽然浙江地区的美丽乡村建设取得了丰硕的成果，但是景观的同质化现象已存在于浙江地区的各镇与乡村间。尤其是在浙江生产力发展，经济条件导致的移民文化与社会状况的压力下，受全球化经济体系思潮的影响，浙江地区大多数的乡村景观正逐渐失去其地域性特色。

而少数民族地区以及山区却保留着淳朴的民风，乡村特色明显，部分新农村建设也取得可喜的成绩。主要原因是要从"人"的感知意识出发，结合了当地特有的景观元素，以人的场地体验为主线。关注地域景观特征及乡村发展脉络，是探究乡村景观发展演变的新方向和重构乡村景观空间的新动力，也是塑造具有场所精神的理想景观的根源所在。

第三节 浙江"美丽乡村"规划设计研究

一、"美丽乡村"乡土特色调查

（一）区域特征

浙江省幅员辽阔，乡村资源丰富，乡村因其地理位置、地形地貌、经济水平、地域文化等不同，形成各具特色的乡村风貌和文化特性，"美丽乡村"景观正是自然、人文、历史等特征的外在反映，在这些因素的综合作用下孕育、演变和发展的。为了更好地了解浙江省"美丽乡村"景观建设的实际情况，笔者将"美丽乡村"划分为山地型、平原型、丘陵型和滨海型四类乡村景观，并对每一类型选取一典型乡村进行深入调查，调查的主要内容包括农居建筑、道路交通、公共活动空间、产业特色、自然资源、人文景观等，从而概括各个区域乡村景观的特征。

1. 山地型"美丽乡村"

（1）基本情况概述

浙江省山地面积广大，约占全省土地总面积的49.15%，主要分布在浙江南部，包括丽水、温州等地区。区域内地形地貌类型复杂，拥有良好的生态环境和丰富的自然景观资源，农业多种经营相对比较发达，多种经济特产作物在省内有相当优势地位，涌现出一批特色旅游乡村。然而，由于受区位条件的制约，以及长期沿袭的乡村经济格局的影响，浙江山区型乡村的经济历来以传统的农业经济为主体，二、三产业发展和城市化进程相对滞后，全区域的乡村社会经济发展水平总体落后于其他地区。

因此，在浙江省"美丽乡村"景观规划设计中如何发挥广大山区的生态环境、特色资源的优势，充分挖掘山区农业文化内涵，积极发展生态农业、休闲观光农业，走出一条适宜山区特点的乡村景观规划设计发展道路，是浙江省山地型"美丽乡村"建设中所面临的一个现实问题。

（2）典型案例——丽水市景宁县杨山村

1）乡村定位——生态旅游带动型乡村

杨山村，位于浙江省景宁县城东北16km，原属金钟乡，现属于外舍管理区，地处岭根坑源头，小溪公路随坑而上。杨山村坐落于西山尖南麓山坳谷地，潘姓开基，以姓得名，曾为云和县云坛乡管辖，辖潘坑、西山坳、李坑、杨坑4个自然村，耕地面积34.67hm^2，山林约1120hm^2，有村办林场，产金钟雪。杨山村区域内峰峦如列，山水相依，峡谷短浅，四面山岭锁扼，区域内闭合空间占多数，该地貌属浙南中山区，位于浙西南新构造运动上升区，海拔一般在250-500m之间，是典型的山地型乡村（图7-5）。经县人民政府批准为抗日战争时期革命老区村，为景宁县畲乡八村之一，保留有大量的古村落自然民居。

2）自然山水景观

村内的水系由小溪的支流构成，小溪是瓯江最大的支流，发源于庆元县浙闽边界的洞宫山，全长187km，流域面积3700km^2，年径流量达39亿m^3，是浙江省水量最丰富的河流之一，村内小溪的支流宽

图7-5 杨山村全景图

图7-6 杨山村自然山水景观

窄不一，最宽处有 5m 左右，最窄处约 1m。调查区域内以山地为主，主要有山地、谷地和台地三种类型。细长的峡谷支流，共同构成当地独特的地理条件，造就了宜人的气候，形成该地自然、生态的山水风光。此外，杨山村地处洞宫山脉中段，两条基本平行的支脉，由景宁县境西南向东北递倾，两壁迂回错折，山峦重叠，在村南面保留自然形成的"风洞"，洞中常年积有一滩小水，水清且净，并有风从石缝中吹出，冬暖夏凉（图7-6）。

3）农居建筑

清嘉庆陈之东曾写诗道："地缘杨氏号杨山，秀石为城境最闲。聚族同居尘不染，桃源胜迹寓其间。"诗里的杨山就是今位于景宁县东北部外设区块境内的杨山村。乡村地貌奇特，风光旖旎，古民居保留完整，古文物原貌尚存，人文景致并具，奇峰、奇石、古居、小桥、流水、人家，构成了一幅恬静自然的古村水墨画卷。但因年久失修，部分民宅外立面有"脱落"现象，庭院围墙封闭性强，院内堆放各式杂物，略显杂乱无序，缺乏景观设计（图 7-7）。

4）乡村道路

杨山村只有一条宽 4~5m 的主干道与外界相连，主干道为水泥路面，道路沿着水系而建，两侧基本无绿化、无防护，存在一定的安全隐患。此外，村内还保留有"苍穹古道"，即远古时期人们通往外界的道路，具有较强的历史意义。《古道歇棚记》载："古道者，古来人世跨空移时、运往行来之途；贯朝穿代、纫忧缀乐之线。"杨山村的古道由岭根通向杨山的通道，蜿蜒曲折，穿梭于苍穹山林之中，富有浓厚的时代气息（图 7-8）。

图片来源：
图7-6 http://www.mafengwo.cn/photo/10124/scenery_2993184_1.html；http://www.yh121.cn/dispbbs.asp?boardid=2&id=13236&Star=1

图7-7　杨山村农居建筑

图7-8　杨山村道路

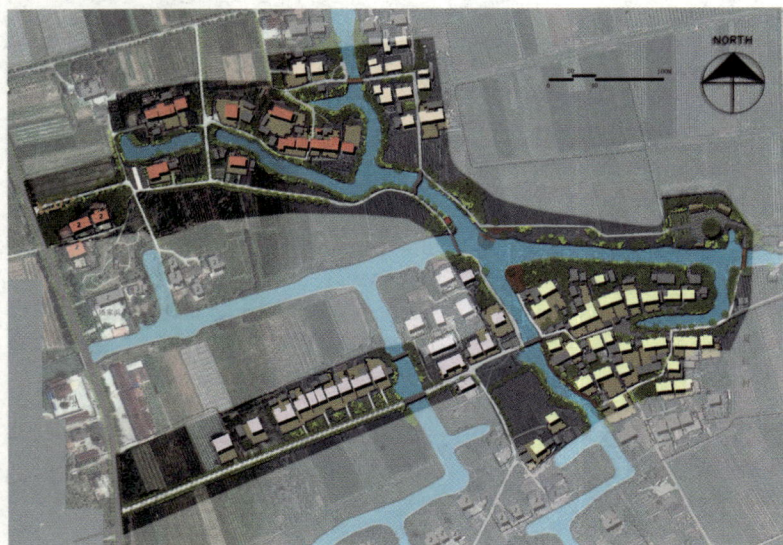

图7-9　潘家浜村平面图

5）公共活动空间

杨山村地处偏远山区，村域内几乎无大面积的室外活动休闲场地，只有零星散布于农居间的小场地，缺乏公共景观节点，农居范围内绿化偏少，缺乏游憩空间，大部分的休闲设施有待进一步完善。

6）产业结构

杨山村以传统农业经济为主，经济发展相对落后，产业结构单一，为适应现代乡村建设，提高乡村经济，需要充分挖掘当地的资源特色，调整产业结构，种植经济作物，发展山区旅游业，转变传统的农业产业向第三产业发展。

2. 平原型"美丽乡村"

（1）基本情况概述

浙江省的平原型乡村主要位于杭嘉湖平原、宁绍平原和温黄平原等区域，地势平坦，海拔一般在10m以下，水网密布，湖荡众多，历来是浙江省粮食、油菜籽、果蔬、畜牧的主要产区。平原乡村大多区位条件优越，农村经济发达，乡村景观环境优良，是全省"美丽乡村"建设成效最显著、经验最丰富的地区。

在"美丽乡村"景观建设中，浙江平原乡村可充分依托区位、市场、技术等多要素集聚的优势，以特色产业、高效农业、专业市场等为主导因素带动美丽乡村建设，有力地推进乡村人居环境改善、基础设施建设、生活品质提高，走出一条具有平原乡村特色的"美丽乡村"建设道路。

（2）典型案例——嘉兴市新塍镇潘家浜村

1）乡村定位——特色农业带动型乡村

潘家浜村（图7-9）位于秀洲区新塍镇的南部5km，有洪兴公路与之相连，全村占地面积406hm²，其中耕地总面积291.5hm²，有7个较大的居民集中住宅区，有13个村民小组，常住人口1990人，劳动力1048人，总户数511户，流动人口478人。村主导产业主要以葡萄、翠冠梨等高效水果业、苗木、传统农业以及羊毛衫加工业组成。2011年，村工农业总产值6697万元，村级集体经济总收入53.3万元，农民人均年纯收入15472元。现有农家乐餐馆14家，经济林梨树73.3hm²，优质葡萄30hm²。

2）农居建筑

村内建筑大部分为现代建筑，形式杂乱、风格各异。早期新农村整治建设时，建筑外立面以蓝绿色为主，但因年久失修，破损折旧现象严重，在一定程度上影

图7-10 民居建筑、庭院、小巷

图7-11 村内主要道路

图7-12 乡村绿化景观

响村容村貌，需采取相应的整治措施加以弥补。庭院多为半开放空间，缺少绿化，硬质面积偏大，有部分庭院种植果树、蔬菜，富有一定的乡土气息（图7-10）。

3）乡村道路

道路以水泥路面为主，以香樟、水杉为行道树，基本能满足村民日常交通所需。但村内道路等级不明显、道路标识系统缺乏统一规划、路面材质单一，与周围环境不相协调，道路绿化也有待进一步提升（图7-11）。

4）乡村绿化

村内有两个农民公园，有一定的健身设施和休憩空间。绿地形式主要有大片的田园、果林，虽然绿地率相对较高，但与当前"美丽乡村"建设要求仍存在一定差距，宅前屋后绿化较少，植被形式较单一，缺乏季相植物（图7-12）。

5）水系河道

村域内河道纵横交错，水资源丰富，但水质状况

图片来源：

图7-7 http://zt.jnnews.zj.cn/qxh/ny.asp?id=761；
http://blog.sina.com.cn/s/blog_63d0355501014p01.html

图7-8 http://blog.sina.com.cn/s/blog_63d0355501014p01.html；
http://www.yh121.cn/dispbbs.asp?boardid=2&id=13236&Star=1

图7-10 http://jx.zjol.com.cn/05jx/system/2012/12/28/019051200.shtml；
http://xnc.zjnm.cn/zdxx/xwlb/list.jsp?zdid=6799&lmid=12

图7-11 http://www.zjjxxcw.cn/xzqpjbcw/contents/780/66353.html；
http://www.zjjxxcw.cn/xzqpjbcw/contents/781/1063.html；
http://www.zjjxxcw.cn/xzqpjbcw/contents/775/59156.html

图7-12 http://www.zjjxxcw.cn/xzqpjbcw/contents/775/73923.html；
http://www.zjjxxcw.cn/xzqpjbcw/contents/8737/70776.html；
http://www.zjjxxcw.cn/xzqpjbcw/contents/775/58237.html

图7-13 乡村水系景观

图7-14 公共服务、基础设施

较差，水上常漂浮有生活垃圾，影响河道景观；驳岸基本都运用石材，景观突兀，缺乏生态性；河岸两侧绿化缺乏整体规划，稍显杂乱，需加以改造、提升（图7-13）。

6）公共服务、基础设施

村内配有公共活动中心、医疗室、商店等公共服务设施；在农民公园处配有健身器材、亭廊构架、休息坐凳，但使用效率不高，缺乏合理的规划，其服务半径也不均，难以满足村民生活需求；部分垃圾箱严重破损，垃圾堆放随意，严重影响村落环境形象（图7-14）。

3. 丘陵型"美丽乡村"

（1）基本情况概述

浙江省丘陵面积占全省土地总面积的17.88%，主要分布在浙中盆地、浙西丘陵山区和浙东沿海丘陵地区，是土地资源最为复杂、土地生态最具有多样性的地带。丘陵型乡村一般多临山，山林植被较为完整，且生长良好，森林覆盖率高，植物种类丰富。村内或者周边有许多古树名木，自然形成的池塘，以及古建筑等，形成了一道生态、人文相结合的靓丽的风景线。

此外，丘陵地区村落经济发展平稳，介于山区与平原之间，既具有浓郁的传统民居特色，也不乏现代乡村气息。但随着近几年农村社会经济的发展，受乡村旅游的拉动，部分村民自发建设农家乐、私营产业、集体经济，甚至建起了旅游度假村，虽然在一定程度上增加了农民经济收入，但在乡村生态环境上带来了一些负面影响。所以，在浙江省"美丽乡村"景观规划设计研究中，试着从问题出发，探索出适合丘陵乡村景观规划设计的建设道路显得尤为重要。

（2）典型案例——东阳市南马镇花园村

1）乡村定位——特色产业带动型乡村

花园村（图7-15）地处浙江中部，东临横店镇，北衔东阳市区，距城区16km。原花园村180余户，约500人，总占地面积约1.0km²，2004年10月，通过与周边9个行政村合并组建成新花园村，现花园村农户1748户，总人口3万多（其中村民4393人），村区域面积达5km²。花园村已有600多年的历史，新中国成立前是一个有名的穷山村，经过三十年的创业拼搏，花园村已成为经济发达、村民富裕、乡风文明、村容整洁、管理民主、生态良好的全面小康建设示范村，是中国十大名村之一。花园村的景观规划实质在于"品质提升、人村共美"，核心是

图7-15　花园村全景图

新区

旧民居

整治建筑

图7-16　花园村农居建筑

以美的内涵发展现代农业、建设现代农村、培养现代农民，其依托的产业主要有高效农业、红木家具、建筑地产、乡村旅游业等，是浙江省典型的现代化特色产业带动型乡村。

2）农居建筑

在"美丽乡村"建设前，花园村农居建筑基本以低层独立式农村住宅为主，分布散乱，朝向各异，占地面积大。建筑形式多样，整体外形陈旧，色彩单调，公共基础服务设施缺乏，整体居住环境不佳。

花园村通过工业向园区集中，围绕乡村农居建筑组团式布局、撤村并点等措施，整合乡村自然资源，注重建筑布局与环境的充分融合，在对空间的整体把握中，梳理水系景观，充分利用原有地形，结合自然，

实现空间的过渡，营造绿带水系生态生活区，并运用小桥、流水、公园绿地等各种设计元素，形成了一个现代、健康的农居聚居区。然而，美中不足的是花园村在"美丽乡村"整治建设中缺乏对乡村文化的挖掘与乡土元素的提取，建成的农居建筑缺乏地域性，识别性不强（图7-16）。

3）休闲农业

伴随着花园村经济的发展、农业产业格局的调整以及"美丽乡村"建设，使农业向现代化、科技化、

图片来源：
图7-13　http://www.zjjxxcw.cn/xzqpjbcw/contents/775/73923.html；
http://www.zjjxxcw.cn/xzqpjbcw/contents/775/73923.html
图7-14　http://xnc.zjnm.cn/programs/zdgl/layout/autoset.jsp?zdid=6799&mbid=1&ysid=1；
http://app.qjwb.com.cn/print.php?contentid=11981
图7-15　http://news.zj.vnet.com/20130514199338390.html

图7-17 花园村休闲农业

图7-18 吉祥湖公园

多元化发展，现代农业景观应运而生。花园村具有良好的农业资源，农耕文化深厚，农作物种类丰富，先进的农业生产设备、雄厚的科研实力、优良的农业资源、丰富的农业景观、优秀的管理队伍，为农业科普观光提供了强有力的保障。现代农业以蔬菜、花卉、瓜果为依托，通过土地资源的合理利用，引入先进技术，发展高效农业。通过农业生产带动经济发展，以科普观光促进科研发展，形成集科研生产、科普教育、娱乐休闲于一体，高经济效益、生态效益和社会效益的现代农业景观（图7-17）。

4）公共活动空间

位于乡村核心区的吉祥湖公园以及西北方向的泰山乐园是花园村集中的公共性活动空间。其中，吉祥湖公园由一个呈L型的水面和一片人工绿地组成，湖面建有船型的水上餐厅，并配有水上茶吧、水上游乐设施，岸边种植柳树，游步道边配以杜鹃、云南黄馨、一年蓬等景观植物，每隔50m设置有休息坐凳（石材），形成了一个舒适、典雅的开放空间（图7-18）；泰山乐园是以拓展训练、健身娱乐为主题的休闲公园，主要满足当地及周边村民开展竞技、集体观光等活动，园内设施齐全、绿化丰富。

5）道路水系

经"美丽乡村"规划后，花园村主要由主干道、次干道、支路及小区道路四级道路组成，基本能满足乡村居民内、外联系的需求，以水泥路面为主，部分路段有裸土现象；道路绿化以上层乔木为主，中下层植被相对缺乏，行道树主要有香樟、广玉兰、桂花，但缺少季相树种，植物群落较为单调（图7-19）。

村域内分布着几十处水系，大小不一，景观各异。部分水塘、溪流经过景观处理，岸边植被、驳岸、水质都得到了一定程度的提升，但普遍缺乏后期养护管理，水质污染较为严重，可利用价值不高（图7-20）。

4. 滨海型"美丽乡村"

（1）基本情况概述

滨海型乡村主要分布在浙江省的舟山市区、岱山、嵊泗等县、区和台州列岛、南麂列岛、北麂列岛、东矶列岛以及宁波等沿海地带，周边海域广阔，岛屿星罗棋布，港湾众多、滩涂面积大，加上气候温暖湿润，海域热量充分，生物资源丰富，适宜多种鱼、虾、贝、藻等多种生物生长与繁衍，具有发展以海洋渔业经济为特征的沿海蓝色渔（农）业的条件。同时，

图7-19 花园村道路景观

图7-20 花园村水系景观

沿海岛屿也是浙江省著名风景旅游区，拥有众多历史佛教名胜地、海滨度假地和独特的海洋文化，具有发展休闲渔业的优势。

针对浙江省海岸线长、岛屿众多、民风淳朴、环境优美的特点，在滨海型乡村景观规划设计中，积极建设以现代海洋渔业和滨海旅游业为特色的滨海产业体系，依托海洋资源，培育渔业经济发展新亮点，促进滨海区乡村经济发展、渔民富裕和渔村繁荣，营造具有当地特色的乡村景观。

（2）典型案例——舟山市普陀区东极村

1）乡村定位——渔家乐带动型乡村

东极村（图7-21）是东极镇的唯一行政村，地处舟山群岛最东端，距沈家门45.5km，陆地面积2.7km²，东极村是名副其实的"东海极地"，自然资

源和渔业资源极其丰富，特定的区域注定了其独特的旅游资源。四周环海，海水清澈，拥有美不胜收的极地风光，丰富多样的岛礁资源，古朴浓郁的渔家风情，气势磅礴的山海景观，独具魅力的海域特色，深厚内涵的文化底蕴。当前东极村正在积极打造集观光游览、休闲度假、海钓运动、影视拍摄于一体的"东海极地生态旅游区"。

2）自然景观

东极村是典型的海岛渔村，具有浓郁、古朴的渔家特色，起伏的地形、梯级而上的村落布局，海浪、

图片来源：
图7-16　http://blog.sina.com.cn/s/blog_68c05aa50102vcjk.html;
http://xnc.zjnm.cn/programs/zdgl/layout/view.jsp?zdid=7003&ysid=1&id=2576608&lmid=5;
http://xnc.zjnm.cn/programs/zdgl/layout/view.jsp?zdid=7003&ysid=1&id=2576274&lmid=5
图7-17　http://img1.365960.com/item.php?act=detail&type=cun&id=184517;
http://blog.sina.com.cn/s/blog_6b0cea9b0101lt7s.html

图7-21 东极村

| 大海 | 礁石 | 植被 |

图7-22 东极村自然景观

沙滩、礁石等是其特有的景观。同时，也因其独特的地理环境，阳光充足，形成的地被植物非常丰富，坡地上常有成群的羊、鸡，有着浓厚的乡土气息。所以，在"美丽乡村"景观建设中，充分利用当地丰富的自然资源，因地制宜，营造自然、舒适的景观空间（图7-22）。

3）农居建筑

东极村历史悠久，因其特殊的地质条件，在东极存在大量的优质石材，当地村民利用石材进行采石，建成各式各样的石屋，依高就低，顺势而建，邻里相接，街依房建，房与街齐，石屋、石街、石墙遥相呼应，诗情画意油然而生。在石屋、石壁的外立面上垂满了藤本植物，构成一副古朴、纯美、原生态的画面，石屋的建造正是遵循"因地制宜"的原则，选用的是海边的岩石为主要建筑材料，坚硬的石材经得起海风的考验，既满足防风御寒功能又具有欣赏价值（图7-23）。

4）乡村道路

东极村因其特殊的区位条件，乡村道路多就地取材，路面材料以石块、石板、青石等石材为主，道路沿着岛屿的形态盘绕而成，道路周边长满野花野草，但在景观功能方面，缺乏一定的休憩设施、标识系统及夜间照明设施，在一定程度上未满足游客的需求（图7-24）。

5）渔家文化

东极村文化底蕴深厚、文化类型丰富——渔民画、渔具、渔家美食、渔家工艺、渔家诗词、渔家习俗等，各种文化和谐共融，形成东极村独特的渔家文化。"美丽乡村"建设通过对东极村传统文化的挖掘、保护和宣传，形成渔乡特色品牌，既有放生节、观海、沙雕等传统文化活动，又有掌舵、织网、画渔乡等体验活动，让人们近距离感受渔乡文化的特色和乐趣（图7-25）。

通过对四个不同区域"美丽乡村"建设实践的自然景观、人文景观等方面的分析，可以清晰地发现基

图7-23 东极村农居建筑

图7-24 东极村道路景观

图7-25 渔家文化

于不同地域特征下的乡村，所具有的景观资源各异，形成的建筑风格、产业格局、自然特色、人文历史也迥异。结合"美丽乡村"建设的总体目标，分别从"居住环境、产业特色、自然景观和人文景观"四个层次分析各个区域的景观特征，进而得出浙江省乡村地区景观资源特色（表7-1）。

续表

区域类型 \ 景观要素	乡村居住环境	乡村产业特色	乡村自然景观	乡村人文景观
滨海型	"沿岛而居、石屋遍布"，聚落多呈台地式布局	海洋经济，渔家乐、观光度假等旅游业	海域广阔、海岛星罗棋布、生物资源丰富	渔网、船帆、锚等渔具及渔家风俗、礼仪

不同区域条件下"美丽乡村"景观特征分析　表7-1

区域类型 \ 景观要素	乡村居住环境	乡村产业特色	乡村自然景观	乡村人文景观
山地型	群山环抱，乡村聚落多依山而建，形成错落的景观格局	经济林、果业、农家乐旅游、生态度假	山水相依、植被丰富、地势起伏、高低错落	古树名木、传统建筑、农耕文化、文人墨客
平原型	"逐水而居"的传统住宅布局特色	以农业为主，二、三产业联动发展	地势平坦、交通便利、水网密布、湖荡众多	鱼米之乡、小桥流水人家、水文化特色显著
丘陵型	沿道路、溪流成线形而建或围绕着广场、水塘呈团状布局	生态农业产业、农家乐休闲旅游业	地形多样、生态多样、景观丰富、层次分明	生产习俗、传统技艺、人文艺术、古民居等

（二）乡村意象

浙江"美丽乡村"实地调查分析

根据美丽乡村建设中景观设计实施对象的不同，将乡村分为：保护型村庄、整治型村庄、新建型村庄。

（1）保护型村庄

主要包括蕴涵丰富历史文化内涵的古村落、名人故里、民族风情地区，自然环境优美、建筑风格自成风格的乡村等（图7-26）。主要分布在浙西丘陵、浙南山区，如丽水市景宁畲族自治县就有包括畲族、苗族、哈尼族等29个少数民族，其村寨民族特色非常明显（图7-27）；古镇分布区域较广，如周庄，同里，南浔，乌镇，西塘，龙门古镇等。

浙江是我国历史文化村落保有量较多的省份之一。据浙江省农办牵头组织的调查，在浙江大地上，坐落着609个历史文化村落，其中古建筑村落324个，这些文化村落或古韵悠远，或景观独特，折射出浙江丰蕴深厚的历史文化，是我们共同的文化家园和心灵故乡，是世人了解浙江历史、浙江文化的重要窗口。

从传承的历史看，据各地对现存较大规模乡村的宗谱记载调查，浙江省古村落建村历史普遍久远，唐、宋、元、明、清各个朝代都有。年代最久远的为新昌县古民居面积最大、保存最完好的西坑村，至今已有1200多年历史。永嘉县苍坡村，为1178年（宋孝宗淳熙五年）规划重建村落，村庄占地146亩。磐安县管头村古建筑已有1100多年的历史，有乌石建筑460多间房屋，均以2亿年前火山喷发的岩浆变成的黑色玄武岩砌墙，是全国保存最完整的乌石古村。武义俞源村现存宋、元、明、清建筑多达395幢，宋代洞主庙、元代利涉桥、清代古戏台闻名四方。龙湾区新城村永昌堡建于明嘉靖三十七年(1558年)，当时修建此堡为抗倭。乐清市南阁村起源于五代，明代达到高潮，现存的牌楼群等明代建筑，是浙江省木牌楼群的代表，在全国不多见，具有很高的历史、艺术和保护价值。这些遗产必须坚决予以传承。

从自然景致来看，如云和梯田。遂昌大柯村，其村庄本身就是一处无与伦比的景观，经历了千百年与自然的融合，他们已经与自然融为一体，并成为自然的一部分（图7-28）。"虽由人作，宛自天开"。其特色，来源于生活，来源于本来就是不同的土地和那方土地上不同的天空和自然过程。当我们着手于这样的乡村，我们景观设计能做什么，任何的设计语言在历史与自然的积淀中都显得力不从心，除感叹大自然的奇妙，人类的伟大，就只有用心去好好呵护这份恩赐。

从经济角度看，有较多人支持帮助山区人民集聚到平原地区，或者在条件较好山区新建住区的建议，但在调查过程中，90%以上山区人民不愿意下山，甚至离开世代居住的祖屋，这就是常说村民相信的土地是有神灵的，生活在这片埋葬着祖先的土地上，在这宁静的世界居住（图7-29），他们其实是幸福的。

图7-26　龙门古镇

图7-27　景宁畲族自治县大均乡

图7-28　村庄本身就是景观

而这也是我国文化多元、魅力的所在。我们要尊重这份信仰。

浙江的新农村建设工作：

历史积淀下来的宁静、淳朴就是此类乡村最大的特色，要尊重这没有设计师的设计，做尽量少的设计。浙江在进行此类新农村建设时，采取的就是坚持"历史真实性、风貌完整性、生活延续性"的原则。保护历史的真实性，尽可能多地保护真实的历史遗存，对历史建筑积极保护改善，不因其破而拆毁。保护风貌的完整性，保存整体的传统环境风貌，尊重它们的历史痕迹，统一整体风貌。维护生活的延续性，这里的居民要继续生产和生活，要维持原有的社会功能，促进经济的繁荣。

延续村庄肌理，改善居民生活条件。完善配套设施，满足住宅的居住性、舒适性、安全性、耐久性和经济性。改善村民的生活条件的同时，又不破坏原肌理，呈现一种原始原生态的景象。营造一个古村特色、地方特色和民族特色的村庄，给人以安静、淡雅原生态感受。同时满足新增人口的需求，规划民居建筑结合地形，延续村庄肌理，新建住房现代建筑铝合金、玻璃及钢筋结构等不外露；新建筑依当地村民的居住习惯和生活特征，按照适用、卫生、舒适的现代文明生活准则进行，做到功能齐全、标准适用、布局合理、方便使用和材料适应等当地环境景观。

（2）整治型村庄

此类村庄有一定的人口规模和建筑规模，大部分

图7-29　整洁、宁静的村庄

住房条件良好，已经有较好的条通条件，具有一定的基础设施并可实施更新改造。新农村建设只要在原有

图片来源：

图7-26　http://www.isying.com/forum.php?mod=viewthread&tid=30407
图7-27　http://foto.zszs.cn/2011/06/16/104506.htm
图7-28　http://zgyhnews.zjol.com.cn/yhnews/system/2011/01/10/013128279.shtml
图7-29　http://www.z4bbs.com/forum.php?mod=viewthread&tid=3523069;
http://www.z4bbs.com/forum.php?mod=viewthread&tid=3523069

图7-30 浙江平原地区乡村

基础上加以整治、改造就能满足建设要求，整治型村庄是浙江乃至全国新农村建设最主要的实施对象。此类村庄的主要问题就是因为太多的乡村这样无序的建设，进而导致村庄千篇一律无特色，甚至有的村庄特色在城市化的思潮下被无意识的掩埋。

浙江省个体和家庭作坊在改革开放之后如雨后春笋一般出现，由于家族关系或者生产的聚集，自发地在地方形成聚落，产生现在的村庄。加之浙江地区重商，浙江乡村小企业遍地都是，五金玩具服装鞋袜等，一个地区一个板块，部分地区甚至家家户户都有企业或加工厂，大量的外地人员来浙乡村工作，导致乡村建筑面积大量的扩展。此类村镇一般建立时间不长，且建设速度快，无序，进而导致乡村景观千村一面无多大特色（图7-30）。

建筑：江浙一带近30年来农民建筑的更替——首先是把老建筑拆掉，这一代的新建筑很接近老建筑，很朴素的白墙黑瓦；第二代开始有一点复古倾

向，平屋顶带着一个小小的披檐，最典型的就是在平房顶上设置仿古亭，这种样式在很多地方都能看到；第三代就是在屋顶上有了好多装饰，是为了辟邪或者炫耀，出现一些象征性的东西。接下来风靡至今的，就是"上海东方明珠"的屋顶。21世纪伊始，农民的建筑就受到别墅的影响，他们自己再添加上中国式的小亭子和西方的罗马柱，形成了一种典型的全球化背景下的农民折中品，因为他们没有任何价值观的基础，他们拿来这些元素纯粹是为了装饰和显示自己有钱。"手里有点钱，就想着把房子修得更好更漂亮"，"现在新造房子当然要够气派才行"，这是在乡村考察期间接触最多的观点。

对于此类乡村建设建筑形式的混乱已经是新农村建设中不可逆转的局势，大量地进行立面整治也不现实，所以大部分只在改善基础设施的基础上，对周边环境加以优化。

色彩：村民开始注重房屋的外围装饰，由最初的红砖裸露到抹水泥砂灰，发展到贴白色瓷砖、马赛克，到现在各种颜色的外立面漆、瓷砖贴面以及大理石贴面，由于家庭经济发展的不平衡，个人意识及审美的不同，导致乡村建筑颜色千奇百怪。

布局：由于生产的需要以及社会的风气，建筑多顺路而建，因为经济上的富裕，大部分农民都是舍弃之前的老宅，沿路新建房屋，这样造成的新房与旧房屋同时存在的局面，不同时代的建筑，其材料、风格都不相似，造成风格迥异、混乱的局面。

景观：村民缺少绿化、景观的意识。道路一般为简单的水泥面硬化，且无行道树或仅简单的种植桂花、香樟等树木，无区分度；庭院缺少绿化，仅村中保留原有的树木；村里原有的水系基本两岸都被硬化，且村里面的污水直接排入水中，导致水质恶化严重。

文化：人们的思想认识出现断层，对传统文化、传统节日等印象模糊，除了现代思想的影响，还有乡村相关软硬件不平衡，许多传统文化被淹没。如金华舞龙灯，据村民介绍，之前都会在祠堂前的空地，举行盛大的仪式，场面非常隆重且神圣。由于新村建设祠堂被推倒，现在只能在模纹花坛的水泥场地举行，

只剩下热闹的场面,缺少敬畏的感情(图7-31),已经有大部分村民不再参与此项活动。

浙江的新农村建设工作:重点在基础设施的完善。工程内容包括以村庄规划为龙头,从治理"散、小、乱"和"脏、乱、差"入手,加大村庄环境整治的力度,完善乡村基础设施,加快发展乡村社会事业等。其中直接与乡村聚居点人居环境有关的具体措施为"六化"工程:布局优化,道路硬化,村庄绿化,路灯亮化,卫生洁化,河道净化。

在统一规划的基础上,村庄整治的规划、水利、供水、交通、绿化、污水治理等任务分配落实给各相关部门组织实施。在实施"万里清水河道工程"、"万里绿色通道"工程、"乡村康庄"工程、"千万农民饮水"工程、"生态家园富民计划"等乡村项目时,与"万村整治、千村示范"工程建设有机结合起来。

妥善处理新旧村的建设关系。积极推进旧村的改造和整治,合理延续原有的空间格局,有序建设新村,形成合理有序的空间结构。旧村改造要重视保护和利用历史文化资源,挖掘其文化内涵,体现地方特色;对现有建筑进行质量评价,确定保护、整饬、拆除的建筑,保护原有村庄的社会网络和空间格局;加强村庄绿化和环境建设,加强基础设施和公共服务设施配套建设,提高村庄居住环境质量。村庄扩建要与原有村庄在社会网络、空间形态、道路系统等方面保持良好衔接,在建筑风格、景观环境等方面有机协调。

典型案例:杭州外桐坞

外桐坞村位于浙江省杭州市转塘街道东北面,置于素有"万担茶乡"之称的龙坞茶叶基地之中,是西湖龙井茶的主要场地。绕城公路穿村而过,将村一分为二,中间由两座桥相通连,为主要交通入口(图7-32)。村民主要从事茶叶种植,经济较富裕,房屋建筑为典型的浙江三至四层自建小洋楼,风格各异,新旧不一,仅剩有一幢年代较久远的老屋(图7-33)。因为未统一规划,房屋分布仍呈现散状布局。村内环境较好、院舍林立、溪水潺潺,茶绿、榴红、竹翠。

外桐坞只是杭州绕城高速边上非常常见的一个产茶叶小村庄,建筑毫无特点可言,环境也不出众,在2010年以前也是默默无闻。

图7-31 缺少仪式感的民俗活动

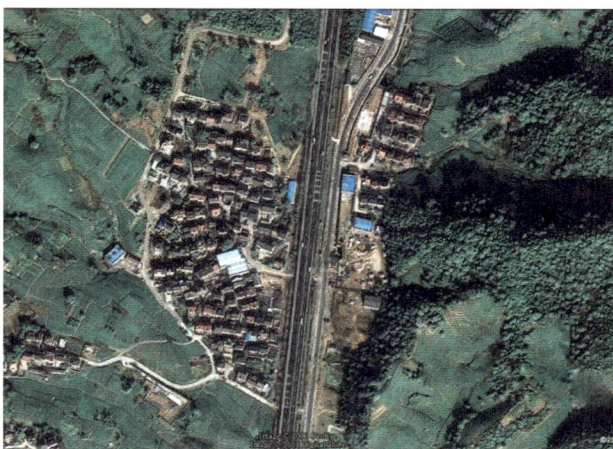

图7-32 村庄平面图

图7-33 建筑风格

2010年杭州开始"美丽乡村"建设,于是中国美院设计人员开始挖掘村庄特色。"朝涉外桐坞,暂与俗人疏。村庄佳景色,画茶闲情抒。"一千多年前,诗仙李白游历至此，被这里的恬静与秀美所吸引，挥毫泼墨写下传世佳句，于是与艺术结下不解之缘。结合村庄现有自然资源，以及毗邻中国美院，提出建设以"农家石榴村＋历史文化村＋艺术创意村"为表现形式的外桐坞村，将农家生活和艺术完美结合，成为一个全新的艺术创意之地。2012年外桐坞入选杭州市第一批"风情小镇"建设批次，外桐坞"风情小镇"的建设以"相遇艺术，融入自然，创意生活"为规划理念，依托中国美院和中国美院国家大学创意园的地理和政策优势，将特色旅游和艺术产业完美结合，营造出一个极具艺术风情的休闲茶园，创意度假的体验基地。

规划理念：杭州市外桐坞形象营造以当代艺术、本土民俗元素交融为基调，尊重原有的建筑景观，避免过多的干预设计，整体规划围绕"一村一环三园"、"一心一街三巷十组团"展开，景观体系遵循"一带一街三巷三中心七节点"设计理念，融合户外自然和室内创意空间，诠释新农居建筑独有的特点，追求释放空间约束的建筑形态，恢复"木欣欣以向荣，泉涓涓而始流"的田园景观。让游人和原住民亲近外桐坞自然村落的艺术生活，感受村庄人文的独特品质，分享艺术创作、归隐田园的心灵触动（图7-34）。

主要工作：为了更好呈现小镇的统一设计风格，共拆迁艺术街沿线主房8处，附房37处，总计达到了5050m²，同时积极引导周边农户自主立面改造

30000余平方米。此外，还进一步完善了风情小镇的市政配套，共铺设污水管道、自来水管道2000多米，电信、电话线和电力线3000余米，拔除电力杆70余根。利用老屋建设了朱德纪念堂，为保护老香樟打造了乡土气息浓郁的樟树文化公园等（图7-35）。

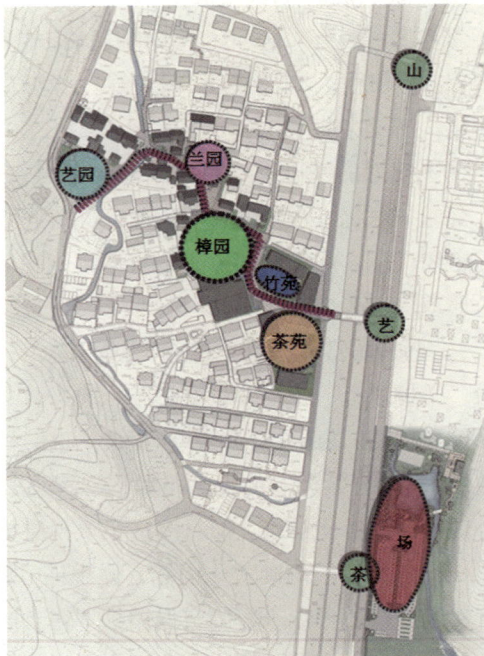

图7-35 功能分区图

文化节点设计：仇世祖坟位于古樟树下，作为外桐坞村的历史文化碎片，营造"老樟树下的仇家祠堂"，打造为外桐坞有特色的"文化场所"（图7-36）。

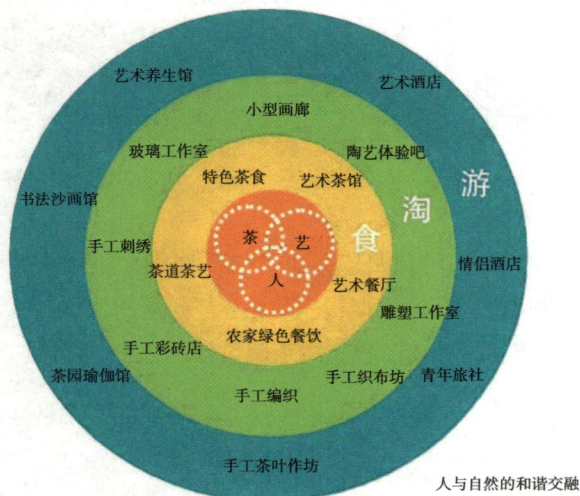

图7-34 功能布局图

图7-36 节点平面图

图7-37 节点实景

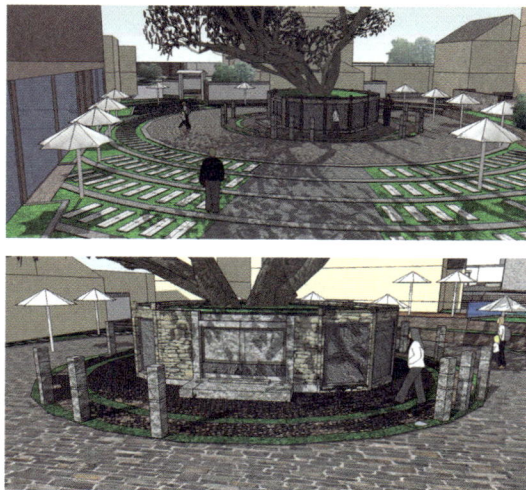

图7-38 节点效果图

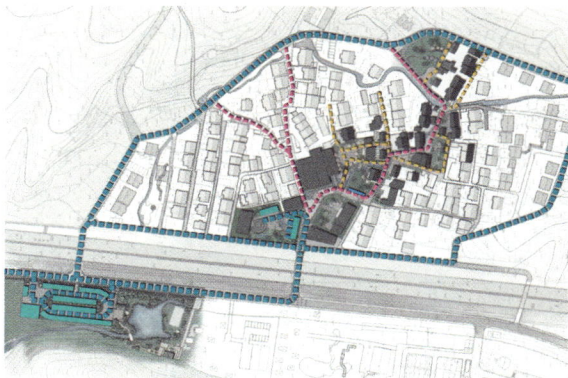

图7-39 道路网络

图7-40 道路景观设计

外桐坞 80% 左右为仇姓，世代以来，仇氏祖先就特别注重孝道，对子孙们要求严格，至今还流传着烧乌米饭给娘吃、"丫"壳草鞋、枣生贵子树、"石"分"榴"连、好子湾毛笋等民间孝道故事。村内曾建有仇家祠堂及聚贤堂，分别是说孝道之所及天下忠孝之贤才聚集地，因"文化大革命"期间被破坏而尚无存在。在文化教育越受重视的今天，村两委将恢复仇家祠堂，修建聚贤堂，定期可设孝道讲堂，举办孝文化讲座，传承弘扬孝文化。

尊重仇氏祖坟形体，保留遗迹，将原有语言符号沿用，在原有表面加厚重石材。材料体现祖坟的沧桑和历史厚重感（图 7-37）。石材上设计艺术浮雕，雕塑以系列形式展开，形成一系列的片段，以仇氏家族发展历史为材，重点讲述明朝著名画家仇英生平、

书画以及对后世的影响（图 7-38）。设计后的仇英祖坟将成为外桐坞村特有的文化景点。"祖坟"与"古樟"、"古井"一同述说着外桐坞村悠久的历史故事。

道路景观设计：充分利用两个桥洞作为出入口，形成外围连通，内部畅通的道路网络，在满足功能的基础上打造特色（图 7-39）。旧址入口的巷道地面结合老石板铺设，周边的建筑墙体改建成黑瓦白墙，整个区域营造古朴的传统氛围，与周围自然环境相协调（图 7-40）。

图片来源：
图 7-34 外桐坞村委会提供
图 7-35 外桐坞村委会提供
图 7-36 外桐坞村委会提供
图 7-37 http://you.ctrip.com/sight/hangzhou14/110015.html
图 7-38 外桐坞村委会提供
图 7-39 外桐坞村委会提供
图 7-40 外桐坞村委会提供

图7-41　入口一实景

图7-42　入口二效果图

色彩设计：尊重本土色彩的丰富性，优化重要节点色彩的鲜动性，营造既丰富又统一的整体色彩氛围。充分考虑已有建筑、周边背景建筑色彩及未来规划重要节点。入口处以周边建筑的冷灰色为主要色彩基调，逐步向樟树周边由冷向暖自然过渡。整条风情小巷通过冷暖相间的色彩变化打造丰富多变的节奏感和韵律感。

入口景观：高速公路桥洞通道为村庄主要入口，水泥，几何式构图给人以生硬、工业化的感觉，利用植物，贴面进行软化，墙面镶嵌村类风景画与石雕，渲染艺术氛围，吸引人进入（图7-41、图7-42），营造"从口入，初极狭，复行数十步，豁然开朗。土地平旷，屋舍俨然，有良田美池桑竹之属。阡陌交通，鸡犬相闻"的桃花源式探寻体验。

（3）新建型村庄

此类村庄主要包括因根据经济和社会发展需要，确需规划建设的村庄，如移民建村、迁村并点及其他有利于村民生产、生活和经济发展而新建的村庄，也包括少部分因为村庄集体经济发展壮大，旧村庄已经不能满足村民的物质文化需求，村里集体在一区域建设新的乡村社区，浙江的乡村社区已经趋向于城市的小区，住房统一规划、建造，景观也有专业设计公司进行打造。

这类型的新农村居民居住条件、交通条件都非常优越，经济富裕，也将是新农村发展的主要方向，如浙江东阳花园村，奉化滕头村等。在景观上它有两面性，设计把握不好就会完全变成城市小区的翻版，但它也易于统一，容易营造出特色，因为完全新建比

景观整治的局限性要小。

浙江针对新建型新农村的要求：应与自然环境相和谐，用地布局合理，功能分区明确，设施配套完善，环境清新优美，充分体现浓郁乡风民情和时代特征。

新建新农村处于一个探索阶段，村民难免因为急于摆脱长期形成的乡村贫穷落后的面貌，而追求城市的干净、整洁，道路通达，向往城市喷射而出高高低低、花样繁多的水景，期待大理石广场铺就的大气（图7-43），看惯了瓜果藤架而急于将修建成型的模纹花坛种植到家门口。最终造成与城市相差无几，更有甚者，将一些国内国外景观、建筑"山寨"到村中，到处饰以"金黄"以示富贵，这也可以归属为一种"特色"但未免有点庸俗（图7-44）。这也与政策有关，调查中可以发现几乎全部的新建型新农村都提出了大打旅游牌的口号，发展旅游经济成为其打造景观的重要动力来源。大多的新建型新农村都有着树立榜样的作用，所以抓好典型意义深远。

典型案例：浙江奉化滕头村。

浙江奉化滕头村现有农户343户，村民844人，耕地近千亩，是一个拥有水乡特色的江南小村。过去，滕头村及周边的村庄有这样一首民谣："田不平，路不平，亩产只有两百零，有女不嫁滕头村。"村民便开始着手改善居住环境。首先，他们把着眼点放在保护和建设生态环境上。他们在田边溪头植上果树苗木，房前屋后栽种花草盆景（图7-45）。到20世纪末，滕头村的歌谣是这样唱的："田成方，楼成行，绿树成荫花果香，清清渠水绕村庄。"

建筑的变迁：滕头村在别墅的建造上有个非常大

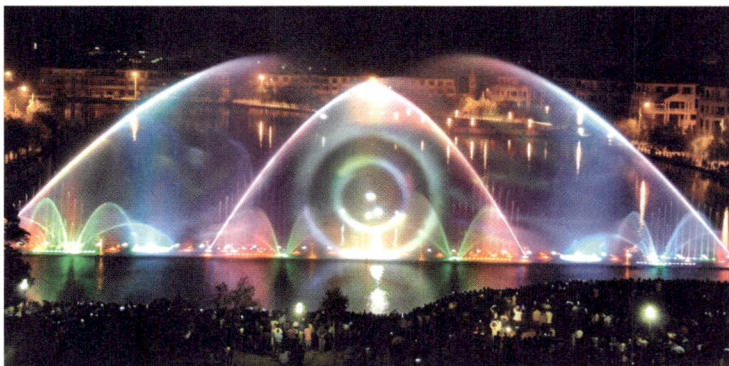

图7-43 乡村的城市化（浙江东阳花园村）

图7-44 各种"山寨"建筑

的转折，第一代小康别墅完全按照城市里独栋别墅进行建造，瓷砖贴面，红色琉璃瓦，整齐排列，但经过几年的实践表明，这样类似于城市的建筑使原本相溶在一起的邻里关系分割框在了自己领地里，邻里之间缺少沟通，村民之间的感情也开始淡薄。于是第二代建筑，村民一致认为还是原来的住房有味道，提议按照村里原有的徽派风格和布局方式建造第二代别墅（图7-46）。

乡村特色明显：村里原有古建筑都予以保留和开发利用，农田中曾经使用过的水车、茅草屋等仍然保留，并不显得落魄到有几分忆苦思甜的朴实。村庄绿化沿用了香泡、构树等乡土树种，花卉为农田常见

的紫云英、二月兰等，南瓜、苦瓜等爬藤蔬菜在村中廊架上非常常见。将军林、柑橘观赏林、绿色长廊、乡村文化广场、盆景园等30多处景观，使诸多宾客在观赏中领略到江南风韵的田园乐趣，感受到返璞归真、崇尚自然的生态特色（图7-47）。

淳朴的民风：藤头人不失农民本色。在采访村民及村支书时，他们多次强调：藤头不一样，它就要过自己的乡村生活。滕头人的环保意识，来自于对

图片来源：
图7-41 http://big5.xinhuanet.com/gate/big5/news.xinhuanet.com/house/hz/2013-06-19/c_116210647_18.htm
图7-43 网络
图7-44 http://hongdou.guilinhd.com/viewthread-8741945-2.html；
http://bbs.jjtang.com/read-htm-fid-51915-tid-517355-fpage-3-thgtype-forum.html；
http://gz.focus.cn/msgview/23794/51286211.html

图7-45　村庄环境

土地深深的依恋。藤头村生怕富得失去农民的本色，他们用水、用树、用心把自己的家园圈了起来，建公园叫农民公园，文化活动都是乡风民俗，可越这样，人们越高看它。中国的乡村就该建成这个样，中国的农民就该过这样的日子。

（4）浙江乡村特征

浙江乡村意象大体上可概括八个特征：

1）田园风光

农耕文明是乡村的主要背景。由农田、菜园、果林、农作物、畜禽构成的乡村景观，不需要特殊处理，就会成为很好的审美对象。农业本来就是自然生态循环的产业链，发展循环生态农业，重建田园风光，是美好乡村建设的应有之义。

2）生活自然

村庄通常不具有明显的边界，它与周边的农田和自然环境相互渗透。村庄是低密度、低容积率的，它应该有充足的空间进行绿化。乡村生活是闲适的，没有朝九晚五的节律，只争朝夕的渴望和诱惑，没有城

图7-46 别墅风格的变迁

图7-47 农家特色明显

市间，甚至是城际间马不停蹄的奔波。乡村生活是日出日落的循环、春夏秋冬的交替，缓不得，也急不得。

3）建筑质朴

乡村具有一种天然的质朴气息。乡村建筑简洁明了，建筑材料大多就地取材，把地方材料应用发挥到极致。村庄没有高层建筑，很容易看到屋顶。屋顶的式样和组合，应当注意传承地方传统风格。乡村建筑不排斥装饰与点缀，但这种装饰与点缀通常是自然和手工的。古戏台、红灯笼、农民画、玉米棒、红辣椒的点缀，可以带来一些迎宾的喜庆和乡土气息。铺金陈银、豪华气派、玻璃幕墙、罗马柱，不适合乡村。

4）村口独特

城市没有城口，乡村的村口十分醒目突出。可以综合运用石头、树木、绿化、假山、文化墙等元素，构筑丰富多彩的村庄入口。现在很多村口会建立标志物，或者当道建一座牌楼，或者建一座照壁，或者摆放一块刻有村名的较大石块。

5）街道曲折

街道是一个上端敞开的空间。街道宽度与街两边的建筑，尺度比较人性化，街道不会建得太宽，街道空间不会太开阔。道路富有层次的曲折、自由的曲线，因而不能一眼看穿。

6）绿化乡土

村庄绿化有三个系统：一是村庄外的山林果树农

田，二是村庄内街道绿化，三是庭院绿化。街道绿化，不提倡搞城市景观树和大面积草坪，城市景观树和草坪缺乏乡野的情趣。村庄里的古树，给人以历史沧桑感。庭院绿化生活化，可种花，也可种菜。

7）布局起伏

村庄布局尊重和顺应自然，尤其是山村，保持一定的起伏，极大地丰富了村庄的空间层次。利用地形的高低，因地制宜地进行建筑的布局，而不是简单地推平处理，借助略微曲折的道路、树木、照壁，辅之以乡土材料和工艺，生态地对待树木和自然，高低错落布置住房，使得村庄布局的乡野气息和趣味性大大提高，也包含了人与自然和谐的理念。

8）色彩明快

城市色彩远离自然和阳光。村庄里人与人关系很近，人与自然相互依存，所以乡村色彩是最靠近自然的色彩，这些色彩会让我们感受到自然的力量，感受到阳光的温暖。在建筑上用的色彩一般不会超过三种，浙南的房子，白色或灰色占主体75%，瓦黑色占20%，门窗为原木色占5%。

（三）乡村问卷调查

"以人为本"是当今每一名设计师都要考虑的问题，因为它事关我们生存环境的真正归属问题。新农村建设的最终受益者是民众，设计要以人为本，就必须尊重人的意愿，因此了解民众对新农村有什么样的期望，对新农村景观有着怎样的要求，民众对在进行的新农村建设认可程度以及评价，这就具有一定的必要性与实际的指导意义。

调查问卷的问题设置结合文献调查分析的结果，以浙江乡村建设的共性问题设置问题，分别就水系整治、道路景观、入口景观、农田景观、建筑立面整治进行了调查。共设置18道封闭型问题及4道开放型问题。

1. 调查实施

调查采取在乡村入户或者在市区随机发放的方式，并在实地考察时入户面对农户进行深度访谈调查。在选择调查对象时，选择以20~50岁之间人员进行调查。调查员为浙江农林大学2010级城市规划与设计专业的硕士研究生。在正式调查前，在杭州临

安市平山村进行了预调研，根据预调研情况对问卷进行了完善。

本次调查选取了浙江省杭州市外桐坞村、临安市太湖源镇、安吉县山川乡、嘉兴市新塍镇建林村作为调研样本村，杭州市西湖文化广场、武林门广场、临安市人民广场、安吉县市政广场作为调研的市区投放点。正式调查于2012年6月19日开始至8月15日结束。按照每个点60份问卷的标准，本次调查共发放问卷500份，除去填写不完整及明显填写不认真的问卷共57份，最终获得有效问卷443份，调查问卷有效率88.6%。

2. 问卷调查分析

（1）样本描述性统计分析

问卷投放具有一定的随机性，用excel数据分析对443个统计样本进行描述性分析，结果如表7-2，从最终统计结果来看，样本年龄、性别、文化水平及居住地等变量符合预期设想。

调查问卷描述性统计分析结果　　表7-2

类型	选项	样本数／人	比例／%
年龄	30岁以下	186	42
	30~40	194	44
	40~50	33	7
	50岁以上	30	7
性别	男	242	55
	女	201	45
文化水平	高中及以上	287	65
	初中及以下	156	35
居住地	乡村	233	53
	城市	210	47

（2）封闭型问题调查结果分析

调查的目的是为了对浙江"美丽乡村"建设有较深层次地了解和认识，并不考虑年龄、文化层次对新农村建设的影响，因此只是对数据做定性分析与简单的定量分析。统计分析结果见表7-3。

从统计结果可以了解到现阶段民众对于"美丽乡村"建设还是比较了解、关注的，期待也比较高。调

查中 50 名被调查者认为现在的乡村特色明显，54 名觉得较有特色，而 339 名被调查者感觉乡村特色一般或毫无特色，达到 76.5%，可见我们的乡村特色确实有待加强，也与本书前面分析的乡村同质化现象相吻合。320 名被调查者，即 72.2% 认为景观设计对于新农村建设形成特色起重要作用。

农业景观仍然是乡村的重要组成部分。问题 6 与问题 7 针对农业与农田种植的重要性而设置，结果显示 79% 的调查者认为农业景观是乡村中不可缺少的一部分，在访谈的过程中，大部分民众认为"没有农田哪还能叫乡村"，"想去乡村看满地的油菜花"，80% 城市居民表示愿意并经常去乡村采摘蔬菜，参加劳动。这与现阶段农家乐、农业观光园兴起的现象有直接联系，可以说明乡村中参与式的体验将大有潜力（图 7-48）。

自然式的道路与古朴的石板路较受民众喜爱。在笔直道路与自然曲线道路的选项中，仅有 75 名被调查者选择了笔直道路，占总数的 16.8%，且年龄分布较均匀，一定程度上说明未形成年轻一代就青睐于几何构图的倾向。在路面处理形式上，或由于乌镇、西塘等古镇的影响，74.5% 的被调查者选择石板路，仅有 10% 与 7.2% 选择了水泥路面与柏油路面，砂石路面 5.86%，一定程度上表明民众在道路形式上不仅注重材料的选择，也对使用功能有较大要求（图 7-49）。

对乡村住房颜色是否要统一，结果显示民众的意愿不那么强烈，五个选项分布数量都比较多，数据分别为非常重要 96 人，比较重要 92 人，一般 81 人，可有可无 79 人，不需要 95 人。对此现象在之后的调查过程中给予了高度重视，大部分人认为同样颜色的房屋给人以沉闷的感觉，像军营一样的压抑感，但并不排除色调的一致性，比如被问及是否喜欢江南的粉墙黛瓦时，大部分认为这种淡雅的色调比较喜欢，也容易被接受（图 7-50）。

水景在乡村中是必需的但须慎用。被问及水景在乡村景观中的重要性时，选择不需要选项的人数为 0 人，85.8% 的被调查者认为重要。同时在水渠的处理方式上，79.5% 的被调查者选择了生态驳岸。在与多名村干部访谈时，普遍反映在新农村建设中希望能有自然的水景，能充分利用村里现有的水塘、溪水等加以改造，最不希望设置喷泉之类的人工景观。一方面是因为大部分村中没有维护人员，平时不易管理；另一方面，村民并不认同在村落设喷泉，村民一般都有节俭的意识，认为这是在乱花钱，而在村中此类设施最容易被破坏（图 7-51）。

村口标志性景观是形成乡村特色的重点。76.7% 的被调查者认为村口标志性景观非常重要，在访谈调查中，被访者强烈反对在村口树立石碑刻字，以及浙江地区常见的石牌坊，普遍认为最好的就是在村口能有一棵大树，比如安徽宏村的入口有三株大香樟，给人印象深刻。

图7-48　农业景观的重要性调查

（图例）
- 非常重要
- 比较重要
- 一般
- 可有可无
- 不需要

图7-49　道路形式调查

（图例）
- 笔直道路
- 自然曲线道路
- 其他

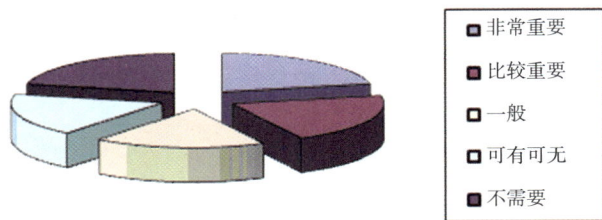

图7-50　色彩统一调查

（图例）
- 非常重要
- 比较重要
- 一般
- 可有可无
- 不需要

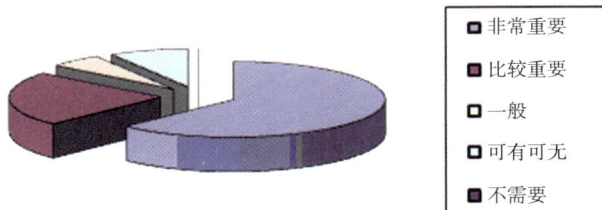

图7-51　水景设置调查

（图例）
- 非常重要
- 比较重要
- 一般
- 可有可无
- 不需要

		变量统计分析结果		表7-3
变量	赋值	平均值	中位数	

变量	赋值	平均值	中位数
Q1 是否了解新农村	4= 了解，3= 比较了解，2= 不太了解，1= 没听说	3.75	4
Q2 乡村景观特色	5= 特色明显，4= 比较明显，3= 一般，2= 毫无特色，1= 不清楚	2.98	4
Q3 景观设计对新农村的重要性	5= 非常重要，4= 比较重要，3= 一般，2= 可有可无，1= 不需要	4.52	5
Q4 乡村景观是否要有别于城市	3= 很大差别，2= 有一定差别，1= 本该一样	2.80	3
Q5 农业景观对乡村的重要性	5= 非常重要，4= 比较重要，3= 一般，2= 可有可无，1= 不需要	4.47	5
Q6 农田种植的重要性	5= 非常重要，4= 比较重要，3= 一般，2= 可有可无，1= 不需要	4.54	5
Q7 路面处理方式	5= 水泥，4= 柏油，3= 砂石，2= 石板，1= 其他	2.46	2
Q8 道路形式	3= 直线，2= 自然曲线，1= 其他	2.16	2
Q9 水渠处理形式	2= 水泥硬化，1= 生态驳岸	1.21	1
Q10 保留乡村民俗	5= 非常重要，4= 比较重要，3= 一般，2= 可有可无，1= 不需要	4.65	5
Q11 乡村种植果树	2= 种植，1= 不种植	1.84	2
Q12 乡村保留老建筑	2= 保留，1= 不保留	1.85	2
Q13 居住在古村落	2= 愿意，1= 不愿意	1.30	1
Q14 民风淳朴	5= 非常重要，4= 比较重要，3= 一般，2= 可有可无，1= 不需要	4.65	5
Q15 乡村住房统一	5= 非常重要，4= 比较重要，3= 一般，2= 可有可无，1= 不需要	3.04	3
Q16 水景的重要性	5= 非常重要，4= 比较重要，3= 一般，2= 可有可无，1= 不需要	4.4.	5
Q17 标志景观的重要性	5= 非常重要，4= 比较重要，3= 一般，2= 可有可无，1= 不需要	4.48	5

（3）开放型问题调查结果分析

田园、自然生态、淳朴、小桥流水等四个词是形

容理想新农村出现频率最高的。问题要求被调查者结合生活，用四个词形容理想中的新农村，在设置问题的时候，在学校及学校周边的村中预调查，从预调查的结果中选取了田园、自然生态、古街古巷、整洁、野花野草、淳朴、山清水秀、粉墙黛瓦、小桥流水、亲切等10个较具代表性词语，并加入了广场、颜色鲜艳、小洋楼等较城市化的词语，给调查者以引导与启示。

结果显示田园被钩选达401次，与开放性问题得到的结果相印证。表明田园仍然是乡村建设的主旋律，在之后的设计工作中，将是工作中的重点。大尺度的田园景观能形成非常浓郁的特色氛围。浙江丽水市的云和梯田每年都吸引着众多游客前往，江西的婺源也因油菜花儿闻名遐迩。

印象最深的乡村景观以古民居的出现频率最高，其次是田园景观、生产性景观，有龙井村的茶山、桐庐县薰衣草园，城市居民普遍对乡村的生活感兴趣，比如袅袅炊烟出现次数达56次。而乡村居民则对寺庙、戏台以及村内举行的大行民俗活动等记忆深刻，如杭州双浦的沼虾节，西溪湿地的火柿子节、花朝节等。

浙江最美乡村答案较凌乱，排在前六的依次为嘉善县乌镇、庆元举水乡月山村、西湖区龙井村、临安市太湖源镇东天目村、景宁县东弄村、浙江安吉迁迢村。乌镇是远近闻名的江南小镇，旅游胜地；月山村是中国最典型的江南山村，廊桥之乡；龙井村因气候宜人，茶香满园而闻名遐迩；天目村，身处国家自然保护区天目山内；景宁东弄村，是景宁畲民的集聚村，是传统畲族文化的传承基地；迁迢村，以粉墙黛瓦，书画乡情守清溪而著名。分析可见，美丽乡村或因自然环境让人流连忘返，或因历史人文使人记忆犹新。因此，要构建特征明显的乡村景观，必须从自然景观、人文历史上加以挖掘，才能形成特色。被调查者提供的最美乡村信息，对后期的实地考察提供了场地上的选择。

从调查问卷及访谈中可以得出一个乡村的景观是否有特色，能否给人留下深刻影响，入口景观、农业景观、水景以及老建筑的保留起到非常重要的作用。而乡村所具有的内涵对能否留下深刻印象起着决定性作用，所以乡村景观特色必须加以强化其内涵，

突出其地域特色、民族特色、自然特色、文化特色。同时要注意景观的形式及色彩等方面（表7-3）。

二、规划指导思想与原则

（一）规划指导思想

围绕加快建设生态文明和全面建设小康社会的战略目标以及社会主义新农村建设的总体要求，以景观规划设计学为理论基础，充分考虑当地的地形地貌、历史文化，注重乡土元素的提取，运用现有材质，继承传统，体现地域特性，将自然资源、农耕文化、民俗风情、传统服饰等纳入乡村景观规划设计中。通过乡土特色的设计，挖掘潜在的景观资源，保护和延续乡村原有的景观格局，形成富有地方特色、人与自然和谐相处的美丽乡村。

（二）规划原则

1. 整体综合性原则

"美丽乡村"景观是由基质、廊道、斑块等要素组成的具有一定形态和功能的整体，是自然环境与人文社会共同作用形成的综合体，在规划设计时需从整体角度出发进行景观要素的梳理、整合，使设计的景观与乡村整体环境相协调，以达到景观效益最大化，实现资源优化利用。所以，在乡村景观规划设计中，要依据乡村当前发展的内容与要求，延续乡村肌理，保护传统文化，在改善乡村人居环境、提高村民生活水平的基础上，实现"美丽乡村"景观建设与社会、经济、生态和文化的整体协调。从全局出发，对构成乡村景观系统的居民点、道路、农田、水系等要素进行整体规划，改善乡村的整体环境，达到景观规划设计的和谐统一。

2. 保护性原则

对于不同类型乡土景观的保护，保护的方法也不尽相同。有些乡土景观不可能进行原样的保护、保存；有些乡土景观也没有完全重塑的可能性。但是针对具有较好的自然风貌的地带，就能够实现完全的保护，因此在对一些较重要的区域和地段可以进行集中的保护，而对那些特色鲜明，具有历史文化价值的乡土景观需要完全的保护，不需要整治、修葺，可以就地

原样保护，这既是对历史的尊重也是对乡土景观最有效的保护和再现。

3. 乡村肌理延续性原则

乡村的历史发展悠久，是历经了岁月的积淀才发展至今，历代的发展演变轨迹向人们展示了乡村丰厚的肌理，乡村景观的再创造，要遵循这种肌理的演变，设计自然和谐的乡村景观形象。在浙江省"美丽乡村"景观设计上，应将乡村的历史文化遗产、山水自然环境有机地组织到乡村景观营造上，使乡村景观设计拥有山水意象，同时注意乡村原始肌理与景观空间结构相互穿插，通过内外关系的转化，形成层次分明、肌理丰富的乡村景观空间。

4. 地域性原则

乡土景观地域性原则强调乡村的地形地貌、气候因素、建筑材料以及科学解决各种环境问题等的方法，并要求充分挖掘乡土材料、乡土植物以及景观形式背后所隐藏的乡土设计思想。乡土景观的营造有了人工因素的介入，特别是乡土植物的运用、对场地的尊重、就地取材、因地制宜等显得尤为重要，而这些都是乡土特色景观营造要遵循的基本法则，地域性原则还体现在对地域文化的提炼与人们生活方式的尊重。

三、杭州市东江嘴村乡土景观规划设计

（一）东江嘴项目背景

东江嘴村，是浙江新农村建设的一个典型代表，它有着悠久的历史，经济实力雄厚，产业处于转型期。位于西湖区双浦镇最东面，钱塘江、富春江、浦阳江三江交汇处，整个村子就像一个月牙形的半岛，依靠着钱塘江（图7-52）。从空中俯瞰，东江嘴就像一钩弯月，或者一柄候鸟之嘴直插钱塘江江心，所以得名"东江嘴"。

20世纪80年代前，东江嘴村民多以捕鱼为业，90年代后不少村民见采捞江中黄沙可以赚钱，多改业从事采砂、运砂业。现今，80%以上村民的生活来源都与采砂业相关。村内散落着15栋古建筑，大部分为20世纪80年代村民自行建造的房屋，有两个

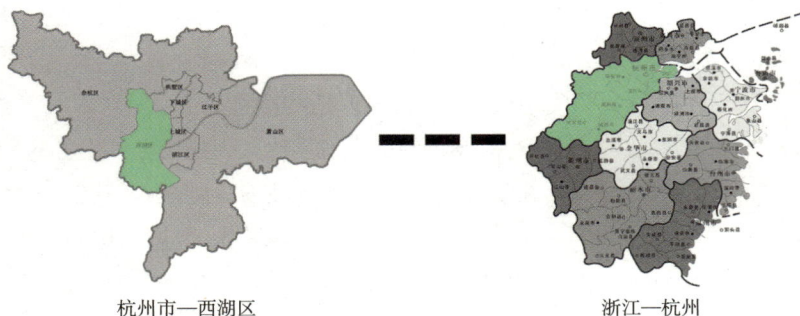

杭州市—西湖区   浙江—杭州

图7-52 区位图

图7-53 东江嘴村现状平面图

新建居住区,布局形式多样,房屋形式各异(图7-53)。

(二)景观设计的流程

1. 解读上位规划

《杭州市西湖区"美丽乡村"建设总体规划》提出其乡村肌理与产业相结合,更倾向于沿江渔乡特色肌理。着眼于沿江渔乡风情村落的营造,新文化培育可重点结合钱塘江文化和渔猎文化,主要从四个方面打造:①打造特色滨江休闲带;②打造特色村落;③结合体育强镇;④结合节事活动。

其中东江嘴村在①、②、④方面具有较好的发展优势,可以从南北大塘沿江慢生活体验带、特色渔乡民居村落和渔文化节事活动等方面对东江嘴村进行

图片来源:
图7-52 《东江嘴风情小镇规划》

渔乡风情小镇的建设规划。规划确定了东江嘴的建设将走体现渔乡风情的道路,打造滨江休闲产业将是在设计中需要突出的方面,并要充分挖掘其节事活动,为这些活动的举办设置场地。

《双浦旅游发展总体规划》中指出双浦镇的目标是打造"国家级乡村生态旅游示范基地"。根据《双浦镇旅游发展总体规划》的描绘,双浦旅游将形成"一心两翼七组团"的总体功能布局。其中"一心"就是以双浦新区为核心,打造渔乡风情小镇,通过社区参与互动、国内外知名渔乡风情小镇休闲元素的引入,让游客欣赏和体验宁静祥和的渔乡生活;"两翼"即沿山生态运动带和沿江慢生活带。沿江慢生活带重点打造农庄度假休闲和生态观光,"慢饮食、慢睡眠、慢读书、慢音乐、慢运动、慢休闲",为游客全面营造"慢生活"氛围;七大特色组团中定位东江嘴村为"临江品鱼"组团。按照规划,东江嘴村作为"三江两岸"生态景观重要保护节点,西湖区旅游西进第一村,又是双浦片区营造渔乡风情小镇、沿江慢生活带、临江品鱼等重要景观节点的聚集村落。因此,发展和提升东江嘴村风情小镇建设规划,对整个双浦片区发展具有重要意义。

《杭州之江地区战略性规划研究及重点区域概念性总体规划》将之江地区空间结构划分为都市区和田园区,东江嘴村以绕城高速为分界,北片区为都市区,南片区为"江"主题田园区,按照规划,此次风情小镇规划将以"江"为主题打造沿江风情小镇。概念规划提出对双浦沿江农居,特别是三江口区块的农居进行集聚整合,异地重建安置,同时引入低密度住区及配套设施,控规中保持沿江现状用地风貌,

沿钱塘江用地明确作为生态绿地、公共绿地，原则上不应进行一般性的居住开发和设施建设，东江嘴村土地利用规划将从农居集聚、尽量保持沿江现状绿地等方面入手，同时结合之江新城的发展定位、规划规模、空间布局等问题，进行更深入的分析和研究。

《杭州市"三江两岸"之江段景观廊道规划》中提出将建成"集旅游创意、度假休闲、娱乐观光、生态保育于一体的沿江生态休闲景观带"。要具郊野型的风景与气质，决定东江嘴村景观设计将定位于具有郊野、乡土气息的乡村特色景观。

《杭州市"三江两岸"之江段黄金生态旅游线交通发展规划》中提出北岸主线以现有和已有规划中的道路为基础，通过对道路功能的进一步完善，提升景观、生态、旅游等功能，形成沿江景观大道，其绿道规划采用现代都市、休闲田园、浪漫江堤、人文古韵、自然生态等五大主题进行布局，这对东江嘴村绿道建设和南北大塘沿江道路规划的主题功能定位提供了重要参考依据。

根据上位规划的定位和梳理，要充分发挥东江嘴村三江两岸的地理优势，壮大本地特色产业，培育渔乡风情文化，打造沿江特色乡村景观。要充分挖掘东江嘴村的渔文化、农业文化及历史资源。

2. 乡村资源的收集与挖掘

通过场地的实地勘察与走访调查，以及对双浦镇的历史文献研究，对东江嘴的自然资源，历史文化等有较深层次的了解。

（1）水资源丰富，自然资源较优越

东江嘴村有着丰富的水资源，是钱塘江（闻堰至东海段）、富春江（富阳至闻堰段）以及浦阳江三江交汇处，水域面积占全村总面积的7.2%，是附近区域的主要水源。村内的九号浦南起陈三房自然村，折向东北出北大塘入住钱塘江，穿村而过，全长1200m，宽10m，是全村排涝保田的主要浦道。村域内还有大量的水塘、鱼塘、水田，水质较好，资源丰富。

其水塘在当地被称作"龙潭"，为旧时钱塘江大堤不固，潮水冲破大坝，等到潮水退后，留下了一个个水坑，便成了"龙潭"。龙潭水生植物丰富，极具江畔野趣，但一般都缺少乔木绿化，是具有开发潜力

的自然景观资源。

（2）旅游资源丰厚，历史文化有底蕴

1）古戏台："南朝四百八十寺，多少楼台烟雨中。"东江嘴村古戏台自宋代以来，虽历经历史的变迁，但较好地保存了明清时期的风格。

2）孔氏家族：钱塘孔氏，出自山东曲阜，是孔子直系后代。元朝，孔元成的儿子孔沁迁居东江嘴，至此，钱塘孔氏便在东江嘴繁衍起来，改造滩涂，转堰造堤，一派耕读美景。在东江嘴村800年的历史中钱塘孔氏是第一个谱写东江嘴村历史的姓氏。东江嘴村内居民60%为孔子后裔，作为孔子后裔集中的居住地东江嘴村倡导儒家文化，文风鼎盛，村内建有儒家特色的建筑数幢。

3）群灵寺与西渡庵：相传宋时开山，规模较大，占地50余亩，寺产有农田80余亩，盛时有99位和尚，山门内供弥勒佛，北面供朱天菩萨，前大殿供奉关公。现在的群灵寺与西渡庵合而为一，寺旁建有戏台和广场，信众不少，香火鼎盛，每年的节日人们都会来此祈求社会安宁、风调雨顺。

4）财神庙：东江嘴村的另一个大姓为赵氏，曾在庙里供奉财神。赵财神，名公明，得道于终南山，受封正一玄坛大元帅，故称赵玄坛，后人皆以"赵公大元帅"乎之，他与招财、财宝、纳珍、利市合称"五路财神"。

5）磐头：清同治前，上泗地区常有水患，当地人张预悉心研究水利，创造了"磐头护堤营造法"，对保护南北大塘大堤起了很大的作用，堤坝有了磐头就再没有洪水冲击龙潭的事发生，塘堤也没有塌过，现在大都已经浇上水泥，成为通向江中的一座座"小堤"。

6）始皇东渡：公元前210年，秦始皇南巡会稽，祭祀大禹陵，"过丹阳，至钱塘，临浙江，水波恶，乃西百二十里，狭中渡。"此中"狭中渡"即为东江嘴一带，而今竹林农舍，无复古貌。

7）九号浦：位于东江嘴村内，一条久经岁月的河流，宁静而安详，哺育着一代又一代的村民，承载着村民的记忆，许许多多久远的故事在这条河流上沿袭至今。

（3）开发生产性景观条件优势明显

村内农田与住房联系紧密，且分布均匀，土质肥沃，水利设施齐全；鱼塘连片，养殖模式较原始，有一定的野趣；鹅、鸭养殖有一定规模能形成产业。

（4）民俗活动丰富

1）沼虾节：东江嘴村养殖沼虾已有17年的历史，目前以"罗氏沼虾"最为出名，依靠得天独厚的地理位置和水源优势，全部沼虾均已获得无公害产地认定与产品认证书，同时被列入浙江省现代渔业精品园建设项目，当地所产沼虾畅销杭州及周边市场。在沼虾节期间，在东江嘴的各大农庄都能品尝到各具特色的沼虾美食，沼虾节期间的活动也丰富多彩，主要包括捕虾、钓虾、摸虾比赛以及沼虾烹饪大赛等，形成"游、乐、食、健"四大节日主题。

2）放生节：集民俗文化、地域文化和宗教文化为一体的传统节日，推崇"因果报应，慈悲放生"的佛学理念，宣扬"放生还债、放生消灾、助住西方极乐世界"的佛学观点。每逢放生节，开坛设场，诵经念咒，净心素灵，以达到"诸恶莫做、众善奉行"，劝化世人行善积德、修身养性。放生所用的动物主要以水族动物中的鱼、泥鳅、乌龟为主，也有部分其他动物。其意义可上升为天地万物各乐天真，保护自然，保护生态平衡，促进"风情小镇"的生态文明建设。

3）观潮：八月十八是杭人观潮日，《西湖游览志余》卷二十："郡人观潮，自八月十一日为始，至十八日最盛，盖因宋时以是日校阅水军，故倾城往看，至今犹以十八日为名。"其时又有"弄潮"之戏："伺潮上海门，则泅儿数十，执彩旗，树画伞，踏浪翻涛，腾跃百变，以夸材能。"《杭俗遗风》载："候潮门内至闸口沿江十里，均可看潮。起始之时，微见远处如白带一条迤逦而来，顷刻波涛汹涌，水势高有数丈，满江沸腾，真乃大观也。"东江嘴村坐落于三江口，是较佳的观潮地点。

（5）建筑风格各异

东江嘴村现状建筑新旧不一，有传统的院落建筑、现代建筑及一些临时搭建的棚舍。农居建筑基本沿着主干道建设，整体分布区域较集中，但设计凌乱，风格各异，各住宅占地面积大小不一，围墙形式多样（图7-54），本次规划依据建筑结构、材料、外观等条件将建筑质量划分为以下三类：

1）一类建筑：内外结构完好，建成时间较短，为2层以上建筑，无碍村庄公用设施等建设的建筑，建议简单整治。

2）二类建筑：结构完好或稍有损坏，多为20世纪70~80年代所建，无碍村庄近期发展的建筑，建议一般整治。

3）三类建筑：20世纪60年代前后所建，结构损坏较严重，有碍村庄重要公共设施或基础设施建设的建筑及有严重消防隐患的建筑，以及临时搭建的简易房、棚等，建议重点整治或者直接拆除。

东江嘴村整体环境景观较为整洁，村庄已建有小游园6个，村内有自然形成的水域3个，人工水渠2条，自然河流围绕村庄，且水质较好。村庄整体绿化量少，不成体系。

从整体上分析，东江嘴村在环境景观营造上，普遍缺少系统的公共绿化，景观营造投入较少且缺乏维护与管理，农民在房前屋后美化的积极性不高，庭院内常常是简单的硬化，田边、村边、水边、路边也缺少系统的绿化，一些主要道路甚至没有绿化，乡村缺少了特有的生态环境与田园风光（图7-55）。村庄中部分地段仍存在着"乱丢、乱堆、乱排、乱种"的情况，主要体现在生活垃圾、建筑垃圾没有集中处置，屋前院后瓜果蔬菜种植杂乱等方面。

3. 景观元素分类

东江嘴村现状景观风貌可分为自然景观风貌、半自然景观风貌和人造景观风貌三类，其中自然景观风貌主要为农田景观，农田基本集中成片，农业产业特色比较明显，依托其平原水乡的特色，拥有浓郁的渔乡风情，发展沿江休闲旅游具有得天独厚的条件；半自然景观风貌主要为沿江滩涂、鱼塘等，乡村内水域面积较大，其中鱼塘有1378亩，占全村总用地面积的31%，但水域分布较为零散，水质也受到一定程度的污染，水域周边无系统的绿化；而人造景观主要为现代风格的"别墅"建筑、"民居"建筑、景观构筑物等，总体上村内建筑风格不一，建筑密度相对较高，可建设用地较少（表7-4）。

图7-54 建筑分布

图例
一类建筑
二类建筑
三类建筑
耕地
水域
林地

图7-55 村庄色彩

景观资源的分类 表 7-4

名称	空间特征	时间特征	文化特征	角色和目的	稀缺性特征
古戏台		√	√		√
古建筑		√	√		√
老大塘	√	√			
龙潭	√				
滩涂	√				
鱼饲料种植	√			√	
芦苇种植	√	√			
渔船	√	√		√	√
码头	√				
放生节	√		√	√	
始皇东渡	√	√	√		
酒文化	√	√	√		

通过分析，古建筑、古戏台、放生节、酒文化等必须进行保留与发扬，芦苇飘飘、下江捕鱼的传统活动将适当地进行再现，消失的始皇东渡、磐头景观将通过艺术手法在东江嘴村中重现，渔船、芦苇、龙潭、石材确定为在设计中要着重表达的乡土特色元素。

4. 设计表达

据东江嘴村建设风情小镇的主题定位，并考虑主要功能要求、旅游资源的分布特点、资源的组合状况、建设用地的合理安排、地域空间完整性程度等因素，

图片来源：
图7-54 《东江嘴风情小镇规划》

139

并结合所开展旅游活动的特点与需要，设计布局以打造特色渔乡风情小镇，形成"两带、三区"景观布局。通过景观空间布局，营造出"三江嘴畔芦花飞，半岛烟雨渔意浓"的东江嘴特色风情景观。

（三）乡土景观设计手法的应用

乡村现有的格局，现有的道路、水系、建筑等，都尽可能不要去改变。村里参差的小楼都是不同年代建造的，有岁月的记忆、历史的痕迹，不要都兴师动众地做外立面改造，保留原有的风格，也是一种美。

1. 村庄景观布局

根据村庄的自然资源、建筑分布以及原有产业等现状，村域整体规划在空间结构上基本维持现状的特点，采取"田近水、绿入村、添绿增色风水灵、商服居住各就位、历史文化显特征"的规划措施，总体上形成"一岛、三区、十景"的景观结构布局（表7-5）。

景观结构布局 表7-5

景观结构	定位
一岛	以居住区为中心营造乡土特色浓郁的乡村环境
三区	自然田园景观区、沿江风情景观区、渔乡村舍景观区
十景	荻舍涵秋、江堤烟雨、浦溆风荷、粟谷闻香、汀畔聆曲、鱼园谐趣、芦径飘絮、艺圃吟春、酒韵流芳、斜阳渔影

通过乡村整体风貌、特色优势资源以及传统工艺等方面营造出地方色彩浓郁的乡土景观，通过打造十个景点进行表现（图7-56、表7-6）。

十个景观节点的内容 表7-6

景观类型	景点	表现主题	依托资源	场景
民居景观	荻舍涵秋	芦苇荡	传统建筑	树声村店晚，草色古城秋
文化景观	江堤烟雨	感受江南烟雨中"南北大塘"的历史人文景观	南北大塘；群灵寺与西渡庵	草长莺飞二月天，拂堤杨柳醉春烟
	斜阳渔影	渔文化	钱塘江、磐头	
	酒韵流芳	酒文化	酿酒工艺	
	汀畔聆曲	戏曲文化	古戏台	戏曲文化
农业景观	艺圃吟春	花卉景观	农田	
	粟谷闻香	稻作景观	农田	
自然景观	浦溆风荷		九号浦	
	鱼园谐趣	渔文化	龙潭、钱塘江	一园谐趣满园春，望穿碧水知鱼乐
	芦径飘絮	江畔芦苇野趣景观	钱塘江滩涂	恢复曾经的芦苇

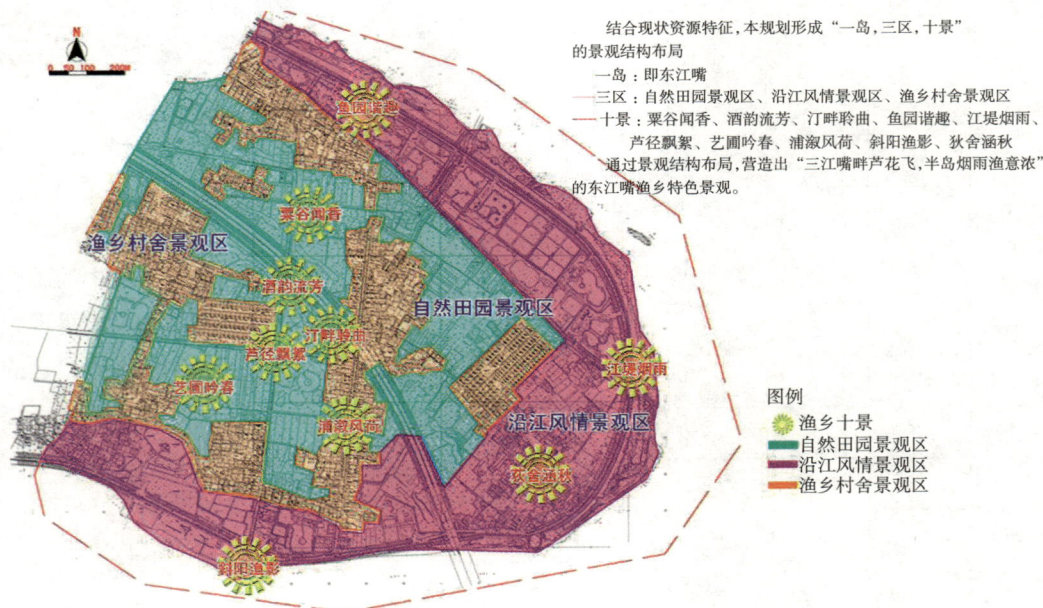

结合现状资源特征，本规划形成"一岛，三区，十景"的景观结构布局

一岛：即东江嘴

三区：自然田园景观区、沿江风情景观区、渔乡村舍景观区

十景：粟谷闻香、酒韵流芳、汀畔聆曲、鱼园谐趣、江堤烟雨、芦径飘絮、艺圃吟春、浦溆风荷、斜阳渔影、荻舍涵秋

通过景观结构布局，营造出"三江嘴畔芦花飞，半岛烟雨渔意浓"的东江嘴渔乡特色景观。

图例
渔乡十景
自然田园景观区
沿江风情景观区
渔乡村舍景观区

图7-56　景观规划结构图

图7-57 道路景观设计

2. 道路景观设计（图7-57、图7-58）

主干路：为村庄对外交通和联系各组团的道路，规划拟对现状宽窄不一的路段加以拓宽，结合现状用地特征和发展预期，控制车行道宽度为7m，每隔500m增加会车道，同时修复破损路面，保证主干道的通行能力和舒适性。在主干道一侧设置1.2～1.5m宽的慢行步道，面层铺装材料宜就地取材。主干道两侧营造宽度不小于3m的绿化景观带。

次干路：为村庄各组团内主要交通道路，规划遵循因地制宜的原则，根据道路现状予以适当拓宽，控

图7-58 道路景观

图片来源：

图 7-57《东江嘴风情小镇规划》

图7-59 水域景观植物配置

制次干路宽度为5m，以增强村庄内部联系。同时两侧营造宽度不小于1.5m的道路绿化景观带。

支路：为村庄组团内部联系村民生产、生活的村巷道路。规划拟采取硬化、修复、绿化等措施改善道路脏乱差的现状。控制支路宽度为2～3.5m，以步行为主，紧急时作为消防安全通道。

3. 水域景观设计（图7-59）

为契合渔村水乡风情的总体风格，将沿江休闲渔庄水域现有硬质驳坎整治成为生态驳岸，采用自然石块柔化现有驳坎的生硬线条，同时采取营造湿地密林措施，选用耐湿、耐水树种，种植水杉、池杉、垂柳等树种，水缘边种植芦苇、白茅（*Imperata cylindrica* (Linn.) Beauv.）、蒲苇（*Cortaderia selloana* (Schult.) Aschers. et Graebn）、芒草、菖蒲（*Typha orientalis* Presl）、泽泻（*Alisma lanceolatum* Wither.）、再力花、千屈菜（*Lythrum anceps* (Koehne) Mak.）、茑萝（*Quamoclit pennata* (Lam.) Bojer）、蒲公英（*Taraxacum mongolicum* Hand-Mazz）、藿香（*Agastache ragosus* (Fisch. et Mey.) O. Ktze.）、艾草（*Sphaeranthus africanus*

Linn.）、一年蓬（*Erigeron annuus* (Linn.) Pers.）等水生植物和野生花卉，以净化水质，改善池塘环境，体现自然野趣，形成富有渔乡特色的水岸湿地景观。

4. 田园景观

田园景观整体风貌对东江嘴村特色风情的形成起着举足轻重的作用（图7-60）。规划从村庄特色风情的角度出发，结合田园现状、生态农业和历史文化，统筹考虑村庄田园植被种植，在照顾村民利益和意愿的前提下，最大程度上优化、美化村庄整体田园景观，形成四季皆景，"景在田中，田在景中"，同时切实增加农民收入。在植物景观规划上通过现有植被资源的有效利用，形成以苗木、果树、蔬菜、花卉、农作物等几个不同类型的植物景观群落，从季相、色彩、层次、形态等方面展现植物之韵。

5. 入口景观

东江嘴村地形特殊，与外交通比较集中，只有一个入口进入村庄，因此在村庄入口处设置标识性景观，能很好地增加村庄的识别度。标识景观既要符合乡土的，又要满足"开阔"、"宽敞"、"大气"、"自然"及"有

图7-60　田园景观风貌

一定文化底蕴"的乡土景观风貌这一景观形象定位。

忽略环境的创作是不伦不类的，脱离了背景的作品也是苍白无力的。除对主入口景观空间与景观环境空间的关系充分把握外，能否将东江嘴村的内涵巧妙地注入，将形式与精神完美地结合于这一主入口景观，将是方案成功与否的关键。

东江嘴村原为西湖区有名的渔村，每天早上，村民放江钱塘，"帆"是渔村最好的形象代言，也寓意

图7-61　入口标识景观

着一帆风顺，也是钱塘江弄潮精神的体现（图 7-61）。虽然村庄现在下江捕鱼已不常见，但村中至今还保留许多的渔船，是村民对以往捕鱼生活的怀念。所以，入口景观提出以"帆"为主题，融入"三江"的概念，体现水的灵动的概念。

材料：帆船造型采用现代的不锈钢材质与仿木色张拉膜组合，经久耐用，且与整个村庄的建筑相匹配。可旋转的底座，在江风徐徐时，帆可随风旋转，增添几分灵动。场地铺砖以原钱塘江大塘❶的青石块铺就，每一块石头都记录着钱塘江的潮起潮落，历史变迁，还可以展示千百年前先人筑塘时采用的"铁榫锁石"工艺。

入口景观周边绿化选用体现"三江嘴畔芦花飞"的标志性植物——荻（Triarrhena sacchariflora (Maxim.) Nakai），营造郊野情趣，点缀以桃花（Prunus persica(L.) Batsch）、紫薇（Lagerstroemia indica L.）等树种，形成春夏有花，秋冬观草的季节变化。

色彩：景观节点的色彩以自然材料的原色为主，易于与乡村自然环境融合，增加亲切感。

形态：铺装采用取自钱塘江的鹅卵石，外形模仿钱塘江水的形态，象征三江之水汇聚于此之意。场地自然流畅的线条，与广阔的背景相协调，突出"开阔"、"宽敞"的形象。

元素符号：将帆船的形象简化，把曾经在这个村落的历史通过"帆"这一形态在村庄的重要入口给予展示，使居住在村里的人对曾经的"渔"生活的怀念，

❶　大塘，即为钱塘江防洪大堤

同时也主题鲜明地向初次到来的人表明村庄的特色，使已经"进城"的村民回来时，感受到故乡的亲切，找到以往生活依稀的影子。

6. 中心小游园

在调查中，群众普遍反映缺少一处休息空间，且村中传统的"年戏"没有场地举行，在分析全村的基础条件下，以及得到村民及甲方的认可，在村中心规划一处公园，要集东江嘴文化展示，戏曲演出，休闲娱乐，老年文化活动中心等多项功能为一体。

规划场地位于村中心处，为一处林地，原有植被较单一，乔木全为马尾松（Pinus massoniana Lamb.）。四周水渠通达，东北角为一长条形"龙塘"，水质较好，处于野草丛生的自然状态。我们设计团队以现代风格与生态公园为主题，设计了两套方案。

（1）现代文化广场

设计概念：以"船"文化为载体，采用村民所熟悉的渔船为基底，广场外形形似一条渔船，布局上以船型广场为中轴，沿轴布置有乘风破浪、丰庆广场、戏曲舞台等景观节点，两侧设置休闲、康体设施，给村民提供一个可交流、活动的场地。结合场地现有水系，营造"打鱼归来"，欢快喜庆的场景（图 7-62、图 7-63）。

广场采用现代元素来表现渔村风情，以求与村庄的建筑风格相契合，且表达一种追求现代化的乡村，用几何式的线条，规则的种植来加以强化。

设计中多处采用"门"的形式，入口红色的景观门廊，舞台背景是一道石刻景门，雕刻有"打鱼归来"、"鱼市"等图案。丰庆广场两侧树立"盘龙柱"，以示对"河神"的尊敬。

材料：以大理石、木材为主，铺砖以东江嘴乡村建筑常用的大理石与瓷砖，点缀以高湖石等体现乡野特色的材质；绿化以常用的园林材料，如香樟（Cinnamomum camphora (L.) Presl.）、桂花（Osmanthus fragrans (Thunb.) Lour.）、银杏（Ginkgo biloba Linn.）等，广场花园保留原有的松树林与水系。

色彩：村内建筑以黄色色系为主，广场选用的铺砖材料等都以黄色色系为主。入口的景门选用象征喜庆的中国红，形成强烈的视觉冲击。

图7-62 现代文化广场平面图

图7-63 现代文化广场鸟瞰图

形态：采用几何式线条，体现现代的感觉。弧形的景墙，圆形的舞台，直线的广场边界，与周边水泥道路也能良好的呼应。

（2）生态休闲公园

公园在设计上以生态自然、乡土野趣为设计理念，景观上结合渔文化、酒文化、戏剧文化加以演绎，通过景墙、景观小品、图片实物等内容形式，展示东江嘴的历史文化故事、地方文化民俗、渔乡文化风情等，让游人得到更全面的了解（图7-64~图7-67）。

古戏台：村内原有宋朝遗留下来的古戏台，与西渡庵作为村内重要历史文物建筑予以保留、保护，在生态文化公园按照原有戏台重建。近年来，新农村建设的稳步发展，村民在物质生活得到满足的同时更加崇尚精神生活。古戏台为越剧下乡等文化活动的开展提供平台，增添了节日气氛的同时，更是丰富了群众的业余生活，一定程度满足群众日益增长的精神文化需求。

渔村忆事：节点位于游园的次入口处，以景墙与场景的营造为主要手法，将曾经发生在东江嘴的一些事情"凝固"下来。在村中发起倡议，让村民寻找记忆中最深刻的、最具感情的物品，或者曾经在东江嘴盛行，现在却凋零即将消失的物品、场景等，这样增加了景观的互动，也最真实地反映了村民最怀念的东西。最后"消失的鱼篓"、"缸荷"、"酿酒"、"晒鱼干"

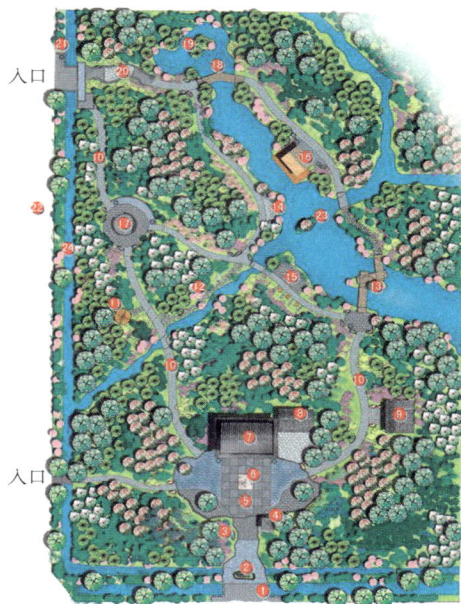

❶ 特色石墩	❼ 古戏台	⓭ 亲水栈道	⓳ 杉林芦影
❷ 标识景墙	❽ 准备用房	⓮ 游憩场地	⓴ 渔村忆事
❸ 活动场地	❾ 康乐中心	⓯ 滨水小驻	㉑ 现状道路
❹ 门球场	❿ 乡间小路	⓰ 烟雨草廊	㉒ 水缸小品
❺ 观戏场	⓫ 松间听涛	⓱ 酒韵流芳	㉓ 景观水系
❻ 地方文化展示馆	⓬ 临水汀步	⓲ 麻石曲桥	㉔ 保留水渠
			㉕ 儿童游乐设施

图7-64 生态文化广场平面图

图片来源：
图7-64《东江嘴风情小镇规划》

图7-65　渔村忆事节点效果图

图7-66　酒韵流芳节点效果图

图7-67　生态文化公园鸟瞰

等将通过各种形式被展示在这里。

杉林芦影：在与村中老人交谈得知，曾经的东江嘴，种植着大片杉树（*Wikstroemia angustifolia* Hemsl.），在钱塘江的河滩上长着大片的芦苇（*Phragmites australis* (Cav.) Trin. ex Steud.），人们在此

图片来源：
图7-65 《东江嘴风情小镇规划》
图7-66 《东江嘴风情小镇规划》
图7-67 《东江嘴风情小镇规划》

放牛、养鸭，草长莺飞，最是难忘。现在因为修筑新的防洪大堤，以及沿堤建设，芦苇早已不存在。因此，在生态文化公园原生的湿地中模仿了这一场景，使曾经生活在此的人找到那一片杉林，现在的孩子看到那一片芦影。

麻石曲桥：东江嘴九号浦原来是一条清水流淌的小河，入村处有一座小桥，由青石和麻石构筑而成，村民经常在此边洗衣边聊家常，气氛其乐融融。由于之前的建设，已经将九号浦完全渠化，麻石桥也被水泥板桥取代，但那份记忆却是无法取代的。

材料：材料上拒绝一切的水泥制品，全部采用乡土材料，青砖、麻石块、旧房屋拆迁的瓦片及破旧石材为主；在保留现状植物的基础上，选用乡土植物，从植物的层次、季相等方面加以营造，形成具有乡土特色的生态文化公园。

色彩：全园色彩均为灰色调，自然石材的颜色，木质的原色，展现一种自然、生态、古朴的韵味。

形态：道路、广场边界全部采用自然式线条，道路引地势而设，顺畅过渡，模仿芦苇地中自然而形成的道路系统；水系的外形也毫无章法，模仿"龙潭"的自然形态。

两套方案的比较及获得的评价：

方案一更多的是出于对环境的考虑，用比较现代的表现形式来权衡乡村，缺少对村民精神上的关怀，大多村民在思想上是向往城市的繁华，但还是希望自己生活的地方多一些自然的东西，尤其是东江嘴在近30年发生的巨大变化下。"久在樊笼里，复得返自然"，城市里的人更加期望，贴近自然。方案二就是依据这样的价值观提出的。

两套方案提交给村委，在村中展示，并向村民介绍拟建生态公园的功能，对景观特色等进行详细介绍，经过评选，最终选定了方案二——生态文化公园。村民们对自己参与的项目积极性很高，在调查中，村民一致认为生态公园非常具有亲切感，有一种似曾相识的感觉，尤其是古戏台的重建，让他们已经开始憧憬演戏时热闹的场面。

东江嘴村是杭州市西湖区重点建设的村庄，具有得天独厚的地理以及经济优势。有建设快、经济转型等带来的各种问题，是浙江省新农村建设中的典型村庄。在参与项目的过程中，感受到了乡村变化给村民带来的丰厚的物质财富，同时也深感乡村传统特色的逝去给我们带来的精神上的缺失，开始真正的审视乡土景观。

总结东江嘴乡村景观规划实践，主要有以下五点体会：①必须要做好前期的调查，这将为后续的设计输出提供强大的信息支撑；②重视乡村文化的传承和保护；③充分尊重乡村原有肌理和村民的生产生活习惯；④最大化地应用本地树种，强化地域植物特色；⑤要充分调动村民的积极性。

第八章

美丽乡村专题研究与实践 Ⅱ ——浙江乡村色彩规划设计

我国乡村面积广阔，不同乡村的色彩景观具有其独特的地方性和民族性，同时乡村色彩景观对乡村文化的延续也起着举足轻重的作用。纵观历史和现实案例，不难发现，多数发达国家都经历过由乡村承受城市扩大经济发展可能性的结果：乡村人居环境随城市建设的延伸而不断恶化，绝大多数乡土文化和乡村固有的自然景观色彩正在逐渐消失。由此可见，缺乏对新农村建设的关注和城乡风貌的维护与重建将会成为我国经济快速发展的绊脚石。目前，城市色彩景观规划设计是凸显城市发展面貌的重要措施，乡村建设也需要色彩规划，而保护和重塑乡村特有的精神面貌，更需要进行一场色彩规划运动。

浙江省作为一个经济大省，其乡村经济发展的大提速以及居住人群的审美品位不断提高，乡村传统民居建筑和乡村景观给人带来的美感很大程度上都受到了色彩的影响，因此，乡村色彩景观的规划显得尤为迫切。同时，乡村色彩景观规划有利于对乡村特色景观进行整合、归纳，更能提升乡村品牌，改善乡村环境品质。

第一节 乡村色彩景观的相关概念及存在的问题

一、相关概念

（一）乡村色彩

姜丽认为乡村色彩是乡村居民环境质量的重要组成部分。乡村色彩本身积淀着乡村的历史，与地理环境和传统民族风俗有着密切的关系。因此，可将乡村色彩定义为乡村实体环境中反映出来的所有色彩要素共同形成的、相对综合的、群体的色彩面貌，主要由绿化、建筑、道路以及构筑物等的色彩构成（不在意色彩的构成是否合理，是否符合地方特色）。

（二）乡村色彩景观

根据乡村色彩的概念，乡村色彩景观则被研究限定在以"色彩"为特定的景观类型，乡村实体的可视

因素范围内。

（三）乡村色彩景观规划

以建设社会主义新农村、相关村镇规划政策为依据，针对新农村村庄建设的景观整治问题，以乡村景观色彩构成的宏观角度为出发点，依托合理有序的规划层次，运用视觉美学和文化层面的色彩景观概念充分融入乡村景观中，提升乡村品牌。

二、存在的问题

随着城市化进程速度的加快，乡村中随意砍伐和建造的现象使其丧失了大量乡村典型的色彩景观信息，同时城市色彩景观规划和相关色彩管理条例中几乎很少涉及如何规划和规范乡村色彩景观。

由于乡村色彩景观的发展借鉴于城市色彩景观，所以在某种层面上，乡村色彩景观的提出和发展更为滞后。浙江省多数城市色彩规划和村庄建设规划涉及的色彩景观领域，仅停留在对建筑立面色彩规划的层面，缺乏宏观的色彩视觉引导和精神文化层面的体现。

综上所述，对浙江省优秀的传统典型民居和目前新农村建设中的乡村色彩景观进行现状分析，发现其中存在了不少问题：

1）色彩景观规划设计滞后于其他类型的规划设计，多数设计者将色彩景观规划的认知归纳为实际操作过程中考虑的问题；

2）在村庄整治、修复、重建的过程中，为了满足设计的效果、形式，不自觉地破坏当地自然、人文等色彩景观实体要素；

3）漠视当地传统、优秀的色彩景观思想，忽视地域文化特性，照搬照抄城市和其他地域的传统典型民居色彩景观规划，出现了大量的"建徽潮"、"千村一律"等现象；

4）无视当地村民的视觉感受，断章取义地进行色彩景观创作；

5）在色彩景观规划领域上缺乏统一的规划管理和建设色彩规范，不仅给乡村带来了"色彩污染"，而且对发展新农村人居环境与村庄规划的景观建设

产生了诸多阻碍。浙江省新农村建设发展快速，出现了新型与传统色彩景观的矛盾，如何重塑乡村形象问题，空前严峻地摆在了我们眼前。

第二节 浙江省乡村色彩景观规划基本内容

一、浙江省乡村色彩景观的构成要素

（一）自然景观色彩

自然景观色彩是指乡村中裸露的土地、山体、岩石、草坪、树木、花果、河流、海水以及天空等色彩元素。郝峻弘认为从色彩生理学的角度分析，自然界天然物质的色彩通常是由多种色相、明度和纯度的颜色组成，使得天然物质的色彩具有层次感和丰富性，是人眼更为容易接受和感觉舒适的色彩。自然景观就乡村色彩景观而言，具有相对稳定性，此类色彩景观虽然会随着时间、季节及各种气象条件的不同而改变，按照色彩的时间性属于非恒定色彩景观。但是这种变化规律同该乡村的特定的自然条件存在一致性，如植物的种类、种植的面积、植被覆盖程度同自然气象中的温度、湿度、光照、风向、水流有相对的确定性；同土壤、岩石等矿物质成分所组成的大自然主体存在统一性。世界上所有传统的城市在搭建房屋时使用的材料基本上都是石头、木头和本地区的土壤，这些材料吸收了本地区的资源，适应了本地区的气候，容易与地区环境相互融合。环境色彩规划的基础是了解一个地区的自然色彩，发展自然景观时将这种色彩放在首要位置。

浙江省疆域不算辽阔，却拥有山区、平原、河流和湖泊四种不同的地理形态，以亚热带季风气候显著，气候温和湿润，四季分明，植物种类和矿产资源丰富。丰富的水系湿地、平地与丘陵交杂的地貌和茂密的植被是浙江的显著特征。而浙江省的乡村更是积聚这些特征的典型代表。

作为规划设计师，需整理分析气象资料，研究色

图8-1 由绿色系和黄色系搭配的乡村自然景观色彩

光源给乡村景观带来的不同色彩；研究乡村周边相关区域辐射半径的山水自然环境色彩；调查并提取乡村中典型土壤、岩石的色谱；研究并提取乡村范围内的主要植被、背景树、中景树、前景树、庭院树种等植物色彩，可制作乡村自然景观色彩的分类色谱。

绿色是大自然也是乡村色彩中占份额最大的色彩，原因是乡村景观主要是由绿色植物所组成。绿色象征生命的颜色，正是这些绿色信息和载体为人类提供了水分、氧气等生存所必需的条件。我们所提炼的色彩基本上都来源于大自然或者实践活动过程。绿色所附属的植物景观特质大都具有改善城乡气候、维护生态平衡、加强环境保护等特点。诚然，植物搭配的不同会丰富绿色系的色谱，按照乡村景观不同的功能，正确区分搭配不同种类的绿色植物景观，就会更加美化环境，同时更好地起到"因色制宜"的景观视觉效果（图8-1）。

蓝色在自然界代表"初始"的颜色，也是乡村里经常见到的色彩。科学家发现，蔚蓝色的湖泊、绿色的树木能吸收强光中的紫外线，减少对眼睛的刺激。处在这样的环境中能使人的身心轻松舒畅，从而对多种慢性疾病产生奇妙的治愈功效。相比较城市受污染的灰蓝色天空，缺乏生机的灰蓝色人工河流，乡村里晶莹透彻的天空、水体随着周围景观色彩改变而改变，特别是水体，会根据水的深度，水中覆盖的石子或者植被、水中所含矿物质的不同而呈现出不同的色

图片来源：
图8-1 http://www.nipic.com/show/11964977.html

图8-2 蓝色系为主的九寨沟色彩景观

图8-3 蓝色系为主的云南蓝月谷色彩景观

图8-4 西班牙乡村色彩景观

图8-5 日本乡村色彩景观

彩。通过光线的照射和周边景物的倒影，使得水面变得生动、色彩缤纷（图8-2）。例如云南玉龙雪山山谷中的蓝月谷，又叫"白水河"，整条河水格外纯净，随着天气不同而色彩不同，让人远远看去犹如一块蓝宝石嵌在山谷中（图8-3）。

褐色、棕色系的大地土壤、白色雪景等自然色彩都在特定的时节给乡村增添自然风味，陶冶人们的情操。

现代城市长期偏好奇花异草，对乡土物种的敌视，导致城市色彩景观单一、相似、缺乏趣味性等特点，而乡村自然景观中大面积绿色的植被、金黄色的稻田、湛蓝色的天空、色彩斑斓的花朵、清澈透明的水体等景观，无一不是色彩艳丽而丰富。虽然大自然颜色大都纯度比较高，但是人们更容易被此类色彩所吸引，会更渴望亲近它。况且有些乡村开垦量比较少，加之断墙残壁及古村的水塘构成了庇护环境，形成了丰富多样的生境条件和自然景观色彩。作为规划设计

师，我们需极力保存乡村的场所故事和精神，保护自然景观色彩，减少人们长期对外来物种的偏好和对乡土物种的敌视。

（二）人文景观色彩

人文景观色彩是受传统风俗、宗教观念、社会制度、思想意识、文化经济活动等因素的共同作用并参与而形成的结果，属于非物质性的范畴，它是乡村色彩景观的无形之气，对它们进行研究，就可以透过物质形态表象，深入到内部，使乡村色彩景观处在深层机制的水平上。譬如，西班牙和日本在地理位置上纬度基本相同，气候条件差异不大，但是两个国家的乡村风貌却大不相同：朱红色屋顶和黄色砖墙；灰色屋顶和白色、淡红色相间深条纹的瓷砖墙面。其中的文化传统、宗教观念等人文因素起着关键的作用（图8-4、图8-5）。

由此对比可见，此类景观色彩随着历史的长期演

图8-6 优秀的橙色系乡村色彩景观案例

图8-7 优秀的蓝色系乡村色彩景观案例

变形成了独特、传统的色彩审美观念，它的形成极为复杂，缺乏固定规律。如果把此类属于特定文化环境的色彩景观设计运用到其他地方，就不易为人所接受，或者大肆趋同特色的抄袭，就容易给人带来审美疲劳。

作为规划设计师，我们需要：①多查阅收集乡村的历史资料和民俗传统及节日常用色习惯，并用色卡对照景观或者景观照片相结合，尽量做到色彩还原；②研究优秀乡村色彩景观案例，总结借鉴经验（图

8-6、图 8-7）；③考虑人们对人文景观色彩的认同感，在研究传统文化景观的表现形式时，积极调查并了解村民的喜好及禁忌；④分析日常生活中色彩的偏好及禁忌；⑤提取相应的色谱，研究乡村景观色彩的闪光

图片来源：
图8-2 http://www.nipic.com/show/1/47/6313780kd6e0369d.html
图8-3 http://bbs.it007.com/thread-1460452-1-1.html
图8-4 http://www.quanjing.com/share/mf700-00065947.html
图8-5 http://qing.blog.sina.com.cn/2012338675/77f1d9f332000634.html
图8-6 http://www.nipic.com/show/1/38/bc45a6453f240942.html；
http://www.nipic.com/show/1/8/93ac0855942aab25.html
图8-7 http://lvtu.qunar.com/mobile_ugc/web/picWebDetail.htm?picId=45159475#45159475；
http://www.ivsky.com/tupian/hunan_fenghuang_gucheng_v5599/pic_178937.html

图8-8　西双版纳乡土建筑色彩同自然景观色彩搭配

大同小异，一经特定的自然景观色彩结合，就形成了琳琅满目的建筑色彩。譬如，我国南方的一些地区非常会利用当地的材料，像西双版纳地区就会选用竹、木等材料来建造房屋，在林木掩映下建筑若隐若现，形成黄绿色系过渡极为自然，给人亲切自然的感受（图8-8）。

如在日本的仙台，街灯和指引板的色彩就使用了仙台藩主伊达政宗的象征色绛紫色。虽然是公共设施，但是成为谋求色彩连续性的好例子（图8-9）。

因此，设计不同民族文化的浙江省景宁县畲族乡村的功能性小品，应该考虑当地的民俗文化、周围环境材料，提取独特的色彩、图案和造型后统一的人工表现在景观中（图8-10）。

乡村功能和人流日益扩大，景观、建筑工程量也节节攀升，在面对乡村中新建筑、景观色彩不合理的情况时，需要妥善运用自然材料或统一色调整治代替大面积拆除浪费现象。虽然是人工景观设计，却是来源于自然，更接近自然，更胜过自然，同自然景观色彩融为一个整体，这样不仅加强了空间的识别性，更给人很强的感染力（表8-1）。

眼下经济发展迅猛，有不少人工景观色彩给乡村带来疑似城市色彩病的"色彩污染"，那些不属于乡村领域的色彩频繁、相似的出现；更有甚者，在新农村建设或者仅仅只停留在用涂料、喷漆的人工机械方式来塑造色彩景观。

作为规划设计师，需努力做到保护、整治和重建人工景观色彩，制定相应的色谱、规范，就像应对景观生态危机一样去正确规范乡村色彩景观的道路。

点以及同城市色彩景观规划的关系，努力做到挖掘、提取景观色彩，作为点缀色活泼整个村域。

（三）人工景观色彩

人工景观色彩是指研究色彩景观载体的人工附加而成的外部色彩。包括作为乡村物质空间的主体构成的建筑及其构筑物色彩、道路铺装、晒谷场、桥梁、景观小品、户外广告等色彩。

人工景观色彩是构成乡村景观色彩的最重要元素。它支撑着乡村视觉主体和形象魅力的成功与否，此类景观的色彩风格构成了乡村景观的性格特征，对环境也起着不容忽视的作用。人工景观色彩有很大的主动性，但是它不能脱离自然景观和人文景观色彩而独立存在。譬如，同样是木结构为主的日本优秀传统建筑，立面保持原木的质感本色，极少用色彩作修饰，屋顶用青黑色瓦片，整个建筑群落给人一种平静、柔和的美感，反映出日本所追求禅教文化思想境界。优秀的人工景观色彩往往是当地文化的有效载体，通过运用当地特有的材料、建造工艺和建造形式反映出特有的地方性，甚至成为乡村或者整个区域标志。中国传统村落的选址和民居建设都和自然地貌有机地融合在一起，即使是一个地域的单体建筑，其色彩也

图8-9　日本仙台县人工景观色彩同周围环境的融合

图8-10　大均村畲族演艺中心局部小品色彩景观

二、浙江省乡村色彩景观的影响要素

（一）乡村的地理风貌

不同的地理区位所形成的乡村景观风貌是明显不同的。地形地貌直接形成了乡村景观的空间特征，同时也促成乡村色彩景观的丰富多彩。浙江省作为一个经济发达的沿海省份，城乡规划的发展必然受到其他省份城市、乡村的模仿，于是导致了我国大多数城市、乡村色彩景观并没有因为地理位置所处的不同而呈现出明显的差别，趋同化模式的发展似乎成了城市、乡村发展的唯一道路。

以浙江省为例，地形复杂且多样性，大致上可分为浙北平原、浙西丘陵、中部金衢盆地、浙南山地、东南沿海平原及滨海岛屿等6个地区，每个区域色彩景观大不相同，特别是山区或者丘陵地带，乡村的色彩景观在空间格局上表现更为明显；气候以中亚热带季风气候区为主，6个区域会因为地理环境的差异而不相同；而与农业生产关系密切的土壤有黄壤和红

浙江省乡村色彩景观构成元素　表 8-1

分类	现状及评价	措施
自然景观色彩	大均内分布黄土壤、水稻土、潮土三类，泥沙质的土壤色彩以不同明度的黄色系为主，紫红色和褐色系穿插其中；水岸线是属于典型的灰蓝色系，与紫蓝色的天色浑然一体；周边山体景观环绕，植被茂盛色彩浓郁；岩石多为玻屑凝灰岩，流纹质、英安质或含砾晶屑凝灰岩为主	保护景观色彩
人文景观色彩	大均属于畲族村落，服装大多崇尚青蓝色；但是也有黑色、桃红色、棕色作为陪衬或点缀；由于畲族与汉族交往比较频繁，除了少数聚居有鲜明的色彩区外，传统的风俗和习惯的保留不多	挖掘、提取景观色彩，作为点缀色活泼整个村域
人工景观色彩	区域内古建筑群落色彩丰富统一，但是过显陈旧。主要以黄褐色系为墙面，兼有砖红色、熟褐色系为屋顶色；新建混凝土建筑分布较散，颜色不协调，其中主要以白色系、灰色系、蓝灰色系为代表；景观小品量太少，尤为呆板，非常突兀；整体用色节奏单调，缺少层次感，细节匮乏，韵律感下降，衔接不够密切，更缺少同自然色彩的对话	保护、修复和翻新景观色彩；新建筑在不拆除的情况下寻求自然材料或统一色调整治建筑外立面

图片来源：

图8-8　http://bbs.clzg.cn/thread-1318700-1-1.html

图8-9　http://xinxinjapan.diandian.com/post/2013-07-04/40050293747

图8-10　http://blog.sina.com.cn/s/blog_666efa9f0100ise1.html

壤，这也直接影响了浙江 6 个区域在建筑、植物景观风貌色彩的不同；不同地域的水资源也成为形成乡村色彩景观不可缺少的动态因素。

保护此类景观对乡村色彩景观专项规划有很强的作用。我们应该学习日本在 20 世纪 30 年代制定的风致地区和美观地区的制度（表 8-2），奠定了良好的景观保全制度的基础，使城乡风貌在开发和保存的矛盾局面中，将天然本土的材料与新建的街道、工作物等材料相结合，不断地把传统和现代生活行为形态进行推广，仍然能展现环境内涵和地理风貌交融的景象。

自然风景保全地区和风致地区的特性和限制　　表 8-2

自然风景保全地区	区域种别	主要项目
	1	变更现状行为必须保留绿地面积约 7 成以上 建筑物等高度以 15m 以下为限 不造成自然风景之不良影响等
	2	变更现状行为必须保留绿地面积 5 成以上 建筑物等高度以 15m 以下为限 不造成自然风景之不良影响等

风致地区	区域种别	区域特色
	1	山林，溪谷为主之优良自然景观地域
	2	树林地，池沼，田园为主之优良自然景观地域
	3	有趣建筑物等特优自然景观地域
	4	有趣建筑物等良好自然景观地域
	5	有趣建筑物等自然景观地域

来源：《京都市景观计划》。

（二）乡村文化背景

随着城市节奏的加快，乡村功能的扩大，变成城镇人们休息度假的必须场所，许多乡村出现了新色彩，吸引着人们的眼球，粉红、嫩黄、灰白镶嵌、唐朝红、深蓝、翠绿，出现了各色建筑外墙；棕色、绿色、黄色，跳跃不合群的景观小品到处可见，令人眼花缭乱。乡村色彩景观也跟着开始混乱，到了随心所欲的状态。中国有着几千年的农业文明，在城市文化未形成前，乡村传统观念文化主导人们的生活、行为。一般地讲，在经济文化都比较发达的地区，社会及文化因素所起的作用比生产力低下的地区更为显著。

墨西哥在殖民时期受到庄园主人用色彩想象力来满足自己富裕心理影响，而这种用色方式也在其他阶层传遍开，最终形成了光彩夺目的色彩景观风格：草绿、橙黄、土黄、褐色、粉红、粉绿、翠绿、钴蓝等强烈色彩对比。虽然斑斓浓烈的色彩比水墨、淡彩般的颜色更会给墨西哥人带来热感，但是由于传统文化习俗等因素的制约，当地人至今还是义无反顾地坚持这类色彩景观特质。一位西方学者说得好："对中国人来说，他们并不缺个人的才能，而缺乏文化环境。"显然，这多是村民对当地传统文化不了解，是管理者宣传本土文化没有到位，更是没有控制色彩景观规划付出的代价，将文化境地的乡村无形价值锐减。这样发展的结果只能是跟随城市色彩污染的后尘，恐过之而无不及。所以，乡村传统文化所表现出来的地域特征更需要由乡村色彩景观来逐渐体现。

浙江省是一个经济发达的文化大省，继承了徽商等功利性文化和理学思想，使乡村色彩景观风格受到了影响。例如，在浙江与安徽交接的乡村色彩景观是由以黑、白、灰为家园的整个基色，在人工景观色彩上通过胭脂红、湖蓝色、绿色、黄色等丰富多样的点缀色彩来体现等级制度和富裕程度；浙江山区相对于沿海地区，小农思想根深蒂固，农耕景观色彩保存完好，建筑色彩贴近本土自然材质。在有少数民族山区，服饰、图案、图腾、语言、宗教体现的黑、黄、红、蓝等人文景观色彩更加强了观赏性，也有像乡村中的牌坊、诗文、宗祠等都是历史文化的宝贵资源，色彩鲜明的人文景观色彩是吸引人们前去欣赏的主要目标。

（三）乡村经济活动

响亮与浓烈的色彩景观的形成需要有经济力量的支持。色彩景观载体的样式、材料、图案的运用也成为乡村风貌决策设计的重要内容，色彩在景观上的显示是要考虑的，但是色彩景观更应该考虑同乡村经济共存的形式。随着现在城市规模的不断扩大，乡村经济活动由单一性转化为多功能，多产出为主，森林公园、植物园、农业观光园、高科技生态示范基地开始同当地原有的果树林、经济林、药材经济林相结合，不断地提高经济效益，提高人均产值。日本通过保护自然环境和历史资产的制度，让观光经济成长找回根源的生活形态和居住空间的自信，希望提升资源的生产和永续。

浙江是中国经济比较发达的沿海对外开放省份，富有鱼米之乡美名，是综合性的农业发展基地。随着新农村建设的深入，通过"工业反哺农业，城市支持农村"等有益的探索，帮助联系村发展村级经济，发展区域经济。因此，地理区位、农业产业优势凝聚出浙江乡村色彩景观的丰富多样性。

乡村色彩景观规划以乡村经济活动为基础：①以优化村庄和农村人口布局为指向，建设乡村宜居家园。乡村宜居家园目标的构成中必须包含有审美的内容，而审美有广泛性，不经约束的结果是丧失乡村特色；②乡村节能节地，维护乡村生态可持续。尊重自然，尊重乡村所拥有的自然色彩背景色；③乡村生态工业和农业，加强乡村生态功能区规划。主要形式有农民创业园、现代农业产业示范园、生态循环农业园区等科技示范场。根据村庄经济功能分区，色彩景观能承载乡村经济活动的特色空间。④乡村生态旅游。近些年来，依靠乡村和风景名胜区秀丽的山水风光，多样的农耕文明，乡村旅游俨然已经走进都市每一个人的生活，成为旅游业一新增点。我们不能忽视乡村旅游经济在乡村色彩景观特色塑造中起的积极作用，高效益的乡村旅游经济是优秀色彩景观环境的必要支撑，而乡村旅游经济没有优秀色彩景观环境的保证，就会渐渐衰退，最终被游客所遗忘。

三、浙江省乡村色彩景观规划层次

日本对景观规划分区制定比较有层次。景观计划区域的制定范围包括都市、农山渔村和其他乡镇聚落的整体景观区域。①需要营造优良景观保全的区域；②保有自然、历史、文化等地方特性的区域；③区域间交汇区或者交通节点；④住宅开发或者整体开发事业的区域；⑤发生土地滥用、滥砍伐现在的不良区域。

浙江省经济发达，无论城市色彩景观规划、新农村建设都处于高速发展的阶段，如何打造浙江省乡村优质风貌的战略和善于提升乡村色彩景观规划的团队，需要我们在规划设计乡村色彩景观时，具有正确的规划思路，了解乡村色彩景观"面、线、点"规划层次的纵向剖析思路。

（一）面

首先，"面"的理解分为广义地把乡村作为子系统，同城市色彩规划一起作为大系统研究。即乡村色彩景观规划与城市色彩景观规划之间的横向关系；而狭义上理解把乡村作为单独个体案例研究，以城市色彩景观规划为背景，对乡村自身内部色彩景观构成、功能分区的纵向综合性定位规划。广义上看，城市色彩景观规划需要村镇色彩景观为背景，就像城市色彩景观规划以城市控制性规划为导向，是城市设计的最后一个阶段，属于实施性城市详细规划设计阶段。乡村色彩景观规划应该延续城市色彩景观规划归纳出来的色谱，加强与城市色彩景观的横向联系。运用城郊道路、水体等运动走线把乡村跟城市的色彩景观联系起来，以规划的几个未来地标中心为主，通过产业聚集和经济带动，使得乡村色彩景观规划依托城市、城郊色彩景观的辐射发展进行规划。乡村色彩景观规划应该受到重视，并主动承担色彩景观的过渡作用，发挥城乡辐射范围内的优势。狭义上看，深度分析乡村内部色彩景观，研究乡村景观区域特征的不同，生产功能模块不同，古建筑群体和新建筑群体不同的色彩区域。集合对乡村色彩景观规划建设原则、控规资料、调查信息和村落自身基本形态、布局、肌理变化综合色彩景观把握，具体落实到乡村景观每一个组成元素中去。

（二）线

"线"指的是包括一定宽度的带状区域，特征上主要是指长度、宽度、方向。在乡村色彩景观中，主要是指古村落商业街面、屋顶、地面、巷、景观带和新建筑有连续性、方向性分布的带状元素，包括实体、场所空间、绿地等自身的裂隙或不同元素的交界。其中按人游览线路而呈现连续性的视线范围的就是色彩景观整治的重点。线形区域的色彩景观规划可以算得上是乡村规划的主要结构线，是最突出的规划层次。

（三）点

"点"是个相对的概念，根据乡村规模和区域范围的大小，距离的大小和相对的比例，点也可以是块，对于色彩来说，容易成为焦点的景观元素，它可能是某个场所空间、可能是实体建筑小品、也可能是绿地、水体。20世纪世界伟大的建筑师密斯·凡·德罗曾经说过："细节是魔鬼"这一著名的论断。所以，节点处细化的色彩景观虽然所占面积比例小，但是具有个别性、差异性，作为点缀色，却有新鲜感，活泼感，真正体现本土区域气息和氛围。

第三节 浙江省乡村色彩景观规划设计方法论

乡村色彩景观规划方法关键就是如何去处理继承与创新的关系。乡村不同于城市，它具有丰富的自然资源、简单的功能划分、稳定的人口流动量。继承时间留下来的自然景观瑰宝，用视觉审美角度的创新方法正视浙江省农村建设存在的问题是规划方法的总体思路。

一、规划原则

（一）突出自然美

与城市不同，乡村有着丰富的自然色彩，由山、水、土、各种植物等组成。对人类来说，自然的原生色总是易于接受的，甚至是最美的。色彩就是构成自然美的先决条件之一，没有色彩或者色彩混乱的自然景观，就缺乏自然美。现代文明造就的超越地域、国界的国际化风格与传统乡村意象形成了极大的反差。这种变异，令受到中国传统文化哺育的国人无所适从。一方面，来自对乡村景观自然之美、人文景观之美的渴望；另一方面，又对为我们提供优越环境的现代化城市感到压抑，文化的割裂和快节奏的生活促使人们向往乡野的自然景色，从中寻求古人文章中柳暗花明、曲尽通幽、天人合一的世外桃源。乡村自然景观的色彩是乡村的一种标志性象征，尤其是未经过改造的自然景观色彩，要以保护景观呈现出自然美的状

态为规划原则。同时，自然美也是社会性与自然性的统一，自然美的根源在于实践，随着人类改造自然能力不断加强，自然作为精神生活的载体才能够为人们服务，所以我们在乡村色彩景观规划时，对主体色、辅助色、点缀色的改造和整治都要以自然美为大前提，显现出自然美的特征。

（二）注重地方特色

中国有这么一句古话："一方水土养育一方人"。在这里可以解释为特定的地理自然条件对人的思维、个性和喜欢的色彩有着支配的力量。这就是传统村镇、古村落没有在今天所提出的"色彩景观也需要规划"的情况下，原本就保持着色彩的高度自制。乡村色彩景观作为乡村的第一印象，从某种程度上反映了传统文化的成熟程度。笔者认为色彩景观就是历史文化沉积下来的符号，处理不好，必然造成历史文化的断层，不利于乡村的发展。要结合乡村自身的地理环境和文化习俗等进行色彩规划，考虑色彩的地方性，注重本地历史文脉的延续和气候特点，用色彩景观来体现乡村的独特风格和文化气质。如大自然的物产（石料、木材、石灰、泥土等）或者经过一定加工烧制而成的瓦片、砖块、人造板等。在交通运输不发达的古代或者一些边缘地方，就以天然的材料为基础建造人工景观，随着时间保留形成特定区域的色彩景观。不同的地方盛产不同的色彩景观，同时也促成了不同区域独有的景观个性。根据法国著名色彩学家让·菲力普·朗科罗提出著名的色彩地理学有关理论：不同区域由于所处地理环境、气候条件和人文景观的不同，也就产生了各自独有的色彩体系。我国新疆地区的乡村民居建筑仍然捍卫着黄灰色或者米黄色、土黄色、棕色与阳光的亮黄色、沙漠的金黄色构成的一个极具特色协调的色彩景观。

所以，作为规划设计师我们应该：①继承和保护既传统又明确的自然景观色彩；②对于缺乏地方性和现代化景观浓郁的乡村，探索和挖掘当地乡村的色彩肌理、乡村历史的色彩演变、乡村色彩干扰度和色彩景观异质性等丰富的面貌；③遵循弘扬各民族的色彩风格也是非常必要的，可以借独特的色彩景观的不同展示本民族文化传统。

（三）强调整体性

乡村的色彩景观规划设计，首先要服从村镇规划标准和要求，经过大量的实例和实地取证，笔者发现，由于乡村人口过于稀少，功能分区相对简单，地区文化、历史传统更容易体现在这个村域范围内。因此，对于乡村整治规划策略，应先强调整体统一的环境色彩景观，然后营造人文条件和自然环境相结合的乡村品位和个性塑造。

在乡村色彩景观规划设计当中，其整体性主要是通过乡村色彩景观内容的各要素之间的相互关系与彼此间的作用，特别倡导"整体大于诸要素之和"的现代规划与设计理念。因为色彩景观规划设计面对的对象是多元的，因此这也奠定了系统性思维运用的特殊地位。乡村地理环境造就的背景色是存在并且不能改变的，这在强调建设"最美丽乡村"的今天也显示出了应有的价值。一般情况下，乡村背景色色调单一不乏丰富，乡村主体色、辅助色和点缀色在视觉接受的比例下酌情绚烂、艳丽一点。

中国传统的思想文化就是倡导"和谐共生"，这与乡村生态化本质发展是一脉相承的。乡村色彩景观有着天然绿色的背景色，应该在乡村宏观色彩景观结构中，将主色调、辅色调、点缀色同背景色融合为一体，给予统筹规划，让各个色彩景观在各司其职的过程中把握整体大原则。避免城市色彩景观规划的误区，使得乡村在早期就能将色彩景观趋向于理智和全面。

（四）坚持以人为本

以上诉述都证明了不同地域的民族信仰、历史、风土人情的不同，人们对颜色也就有着不同的偏爱，乡村色彩景观规划设计要符合村民、游客的生理、心理和文化的特点，以人性为设计核心，要尊重人们的色彩喜好传统，满足人们追求健康的心理需求。

正确分析人对色彩形成的心理变化，从体验者的感受视角探讨对乡村色彩景观的认知，同时以设计者

图8-11　西班牙托莱多小镇色彩景观

的理性思考通过对乡村色彩景观资源的合理利用和乡村整治建设的合理规划，并展示景观的美学效应和艺术魅力，开发景观资源。

（五）控制管理色彩景观原则

控制色彩景观就是控制环境，协调环境，不是破坏环境。生态平衡的自然环境系统是人工景观色彩美化、人文景观色彩优化取之不尽的源泉。人类早期建造家园，正是利用了天然的土木和石料来进行的（图8-11）。西班牙托莱多，提倡保护自然的建筑材料，和谐的色彩景观使其成了世界文化遗产保护地区。

控制管理需要根据制定出来的色谱，对有着不同的色谱分区如历史文化保护区、旧居住区突出历史感，在以主体色明度纯度偏暗、稳重色调为主，不能对建筑立面与小品出现明度、纯度很高的"随意涂白"、"建徽潮"现象；新居住区、商业区的色彩景观尽量以中、低纯度和中、高明度色调明快及温馨为主。在控制原则的基础上，作为规划师、色彩管理人员应该去寻找研究产生乡村色彩变化的因素和载体，这样就不会导致乡村色彩的失控。

合理的乡村色彩景观规划设计需要灵活运用色

图片来源：
图8-11　http://www.51qilv.com/gonglue/jingdian-list-8465

彩心理、色彩体系、色彩对比等色彩的基本理论。在实际的运用中，对色彩的面积、形状、表面肌理、位置等要素给予充分的考虑，在主色、辅色、点缀色中寻求各种关系平衡的统一和对比。总之，从美学的角度和谐乡村色彩及其载体，尽量杜绝与乡村自然不和谐的生硬色彩景观的出现。

二、规划方法

从大量的参考书籍和案例调查中发现，一般情况下，乡村类似于小城市、小城镇，同样易形成特有的色彩环境。乡村人口少、规模小，功能分区跟城市相比有单一，界限不明确等特性。而交通不方便、信息匮乏等原因导致乡村建筑就地取材较多，乡村色彩景观总体面貌受自然地理因素程度大，传统文化更容易在乡村中得到一致性的体现，乡村发展平衡基本上能得以延续。因此，对于乡村色彩景观规划，有条件强调统一性原则，并突出人文景观色彩或者自然景观色彩某种典型的特征，是乡村有整体协调性和个性鲜明的优势。对村民和游客普及色彩概念没有意义，需要我们规划设计师自己从自然、文化、人工等各类景观中挖掘乡村景观色彩，同时运用专业色彩知识，制定有效并合理的色谱，然后运用到最能展现乡村风貌的景观载体中去，乡村色彩景观给村民、游客带来视觉美感后并及时向设计师提供反馈意见（图8-12）。

所以在乡村色彩景观规划方法上，一般不需要推倒重来或者转换方向，实施过程比较简单，只要按照原有的人文景观色彩和自然景观色彩定式或者研究提炼符合地域性发展的色彩景观色谱，就会对乡村视觉审美建设有强大的改善作用。即通过调查、研究分析（继承、挖掘、创新）、色谱规划、景观小品设计、施工、管理这些流程。

当然，参考国内外优秀城市色彩景观的方法和大量书籍资料，对乡村色彩景观规划大为有益。方法有法国朗克罗的色彩地理学方法、二元定向图表法、乡村景观功能分区规划方法等（表8-3）。

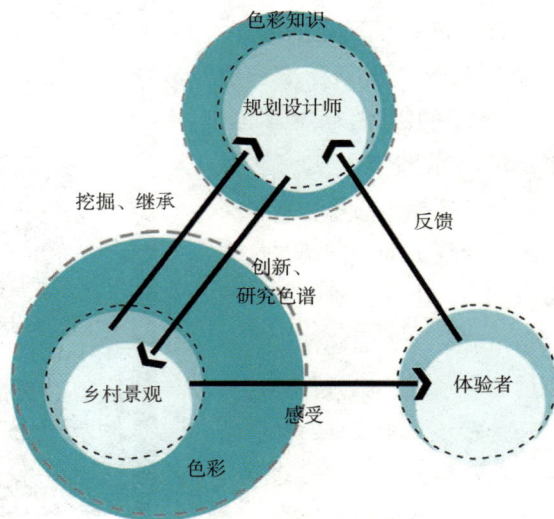

图8-12　体验者、规划者及规划对象之间的关系

不同的色彩景观规划方法比较			表 8-3
	主要内容	优点	缺点
色彩地理学方法	现场采样；同专业色谱工具对照；按照现状色谱进行分类编谱；整合规划总体色谱；制定色谱分布图；实施搭配或指导	准确度高，实用性强，尊重色彩存在性和历史文化	耗时漫长，编谱程序复杂，缺乏公众交流
二元定向图表法	色彩印象程度表；色彩分析表；特殊问题程度表	准确度一般，实用性强，尊重规划甲方，有利于规划开展	缺乏色彩专家的意见
乡村景观功能分区规划方法	乡村的上位规划；景观规划功能分区；色彩调研（过程参照色彩地理学方法）	有上位规划做参考，灵活性强，因地制宜，准确度高，实用性强，尊重乡村色彩景观存在性和历史文化，与公众交流频繁	针对乡村人口少、规模小，功能分区单一的特征而定

朗科罗主要是对所选择的色彩对象现场采样（包括土壤、树叶、建筑材料实物、摄影、绘画的成图），再以专业色谱工具（图）和测色彩明度的亮度环（图）对照，然后做好详细的记录；按照照明度、纯度或者色相对现状色谱进行分类组合编谱；结合当地色彩环境的历史、现状、景观资料全面认识，整合规划总体

色谱；制定色彩区域分布图；对某一公共服务设施进行色彩搭配或指导。日本吉田慎吾在立川市的城市色彩研究中，运用了更科学的方法，图谱对色彩进行分析。他们使用了电子彩色分光测量仪取样（图），用直观描述（色谱）和数字描述（蒙赛尔颜色体系和日本是又能够色彩坐标体系）方式建立城市色彩数据库。

二元定向图表法主要有：①色彩印象程度表，即先指明设计对象在功能上、空间上和甲方要求规划设计思路。如浙江与安徽接壤地区的传统乡村色彩景观的营造，首先归纳有代表意义的词：清新淡雅、徽派风格、青石桥；②色彩分析程度表，即对周围环境，包括自然、人文、人工的景观色彩调查，分析他们之间哪些地方合理和哪些地方的不合理；③特殊问题程度表，即有针对性地分析某种特定的色彩景观构成内容，如民族服饰、建筑空间。对于不同的项目来说，色彩倾向程度表并不是固定不变的，建筑师要根据实际的情况来制定出适合自己的色彩倾向程度表，列出项目中所有要考虑的因素以及他们之间的相互作用。

最符合浙江省乡村实际乡村色彩景观规划方法是根据乡村景观功能来划分规划区。根据新农村建设制定的村镇规划，村域、村庄发展详细规划，修建性详规等的功能划分，及景观规划图纸和村民讨论得出的意见，通过现场色彩调查研究提炼色谱，区别不同的乡村空间功能，把每个分区主体色彩集中起来，使乡村分区色彩景观的主结构、主层次能够对视觉产生冲击力，以及方便人们对这些色彩载体的理解。

第四节 浙江省乡村色彩景观规划案例实证分析——丽水市景宁畲族自治县大均乡大均村

一、项目背景及范围

大均村位于距浙江省丽水市景宁畲族自治县13km的大均乡。大均历史上是方圆百里的文化名村，

古村始建于唐末五季初期。大均有中国畲乡之窗的美誉，更是县生态示范点。2003 年被批准为国家 AA 级景区。大均属浙南中山区，地貌以深切割山地为主，有海拔 1470m 的白鹤仙尖。此外，它的森林覆盖率达 91%，降雨充沛且地处瓯江第一支流小溪江中段的风光绝佳之地，境内有多条溪涧。总体上看，大均有着得天独厚的资源优势。

大均村为整治重点，集中体现在建筑立面改造，另也涵盖其西面的泉坑和西南面的埠头。

二、大均色彩景观现状及分析

（一）基地色彩景观现状

浙江丽水景宁畲族自治区大均乡大均村山川围绕，是典型的山地畲族古民居村落。大均有着优厚的自然景观（表 8-4、表 8-5），古民居色彩景观最具有代表性的是暖黄色（裸露土壤）的墙面，新建民居采用墙面混凝土压印出凹凸不平的肌理效果，再配上灰色系的石块筑基和畲族特有的民族符号——凤凰图案。在绿意盎然的山脚下、清澈见底的溪流旁，土黄色的建筑鳞次栉比地排列，身穿蓝色、黑色、粉红色畲族服装的人们在田野劳作……这种"世外桃源"般的情景是其他地方所抄袭不来的。

大均现状的景观色彩		表 8-4
分类	现状及评价	措施
自然景观色彩	大均内分布黄壤土、水稻土、潮土三类，泥沙质的土壤色彩以不同明度的黄色系为主，紫红色和褐色系穿插其间；水岸线是属于典型的灰蓝色系，与紫蓝色的天色浑然一体；周边山体景观环绕，植被茂盛色彩浓重；岩石多为玻屑凝灰岩、流纹质、英安质或含砾晶屑凝灰岩为主	保护景观色彩
人文景观色彩	大均属于畲族村落，服装大多崇尚青蓝色；但是也有黑色、桃红色、棕色作为陪衬或点缀；有鲜明的色彩符号；由于畲族和汉族交往比较频繁，除了少数聚居区外，传统的风俗和习惯的保留不多	挖掘、提取景观色彩，作为点缀色活泼整个村域

续表

分类	现状及评价	措施
人工景观色彩	区域内古建筑群落色彩丰富统一，但是过显陈旧。主要以黄褐色系为墙面，兼有砖红色，熟褐色系为屋顶色；新建混凝土建筑分布较散，颜色不协调，其中主要以白色系、灰色系、蓝灰色系为代表；景观小品量太少，尤为呆板，非常突兀；整体用色节奏单调，缺少层次感，细节匮乏，韵律感下降，衔接不够密切，更缺少同自然色彩的对话	保护、修复和翻新景观色彩；新建筑在不拆除的情况下寻求自然材料或统一色调整治建筑外立面

大均现状景观色谱 表8-5

分类	现状色谱
自然景观色彩	天空 水体 植被
人文景观色彩	土壤 服装 色彩符号 建筑立面
人工景观色彩	建筑屋顶 景观小品 道路铺装

（二）色彩景观存在问题

大均村有着优越的自然景观，但是杂乱的村庄环境和人工色彩景观造成色彩景观分布凌乱，缺乏整体

图8-13 大均村现状色彩景观分布图

性。古村落的商业街巷是整个景区的主要游览区域，是营造具有畲族特色的乡村景观有利场所，缺乏畲族色彩文化气息，白墙黑瓦的色彩搭配依旧在此山区泛滥（图8-13）。依据乡村色彩景观特色的成因，考虑到当地拥有深厚的民俗文化、历史悠久的建筑群落等背景，因此根据乡村色彩景观类型把它定位为以古村落群为主的色彩景观规划。

（三）色彩景观规划思路

第一步：以自然景观色彩为基调，提取色彩景观。同样在此基础上捕捉人文景观色彩，和自然景观色彩融合，一起组成乡村色彩景观的背景色。第二步：在人工景观色彩的整治和选取上，自然的乡土材料优于人工的外来材料而主宰景观的色彩情感。如传承建筑的黄泥墙外立面、打谷场、竹编指示牌、刻有民族图案的木制景观小品等，在规划过程中应该严格限制将拥有城市现代感十足的色彩景观引入乡村色彩景观中，反对使用塑料、沥青、不锈钢、有色玻璃及其发光的材料。

三、宏观层面的大均色彩景观规划实践

根据规划分析的层次和色彩感知距离不同，以规划中常出现的宏观、中观、微观3个层次规划方法来实践大均村的色彩景观规划设计。

（一）面

良好的界面色彩景观，可以强化乡村内部的色彩识别，美化乡村环境（图8-14楠溪江）。通过功能分区把大均分为古村落色彩景观区、新村色彩景观区、产业色彩景观区、自然保护色彩景观区（图8-15）。主要规划设计如下：①按照每个区块的现状特点，利用软件推导出每个分区大范围（70% ~ 80%）存在的色调，作为该分区的主色调；②对突兀的色彩景观一则采用明度、纯度的高低和艳度的冷暖变化；二则利用色彩原理，创造与主色调相联系的新色调代替"不和谐"的颜色；③集合自然景观色彩背景色，得大均乡村色彩景观的主旋律，并且反复在各分区中推敲、验证。

图8-14 楠溪江古村落群的色彩景观

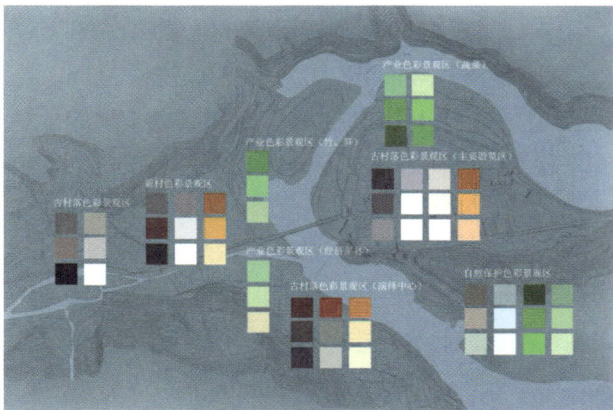

图8-15 大均村规划后的色彩景观理想分布图

（二）线

大均"线"的色彩景观设计以建筑群景观带和山体景观带为背景。主要规划设计如下：①研究并控制不同材料的色彩比例关系，如木制材料色彩同混凝土墙面涂料的比例；②具体落实到风貌较差的建筑景观，通过调整外观色彩、材料等整饬手段，达到与该区域色彩相协调；③建筑景观要体现畲族色彩，墙面色调采用似黄泥墙的土黄色系涂料为主，同粉墙黛瓦徽派色系相结合；④地面统一恢复传统街巷石板路和卵石灰砖铺路，并兼顾同墙面体现整体性，营造古色古香的村落意韵；⑤建筑沿线景观忌城市化，因为周边已有良好的山体景观自然资源，所以可选种植冠幅大的孤植在建筑群落的入口、出口、缓冲区三个景观节点中，显得虚实有序，韵律感强。

（三）点

"点"主要是指在大尺度景观色彩中被模糊和忽

视的颜色，但会对周边环境产生影响的细节区块。此类景观色彩随着乡村经济的发展，延伸出来的具有当地特色的产品已经成为诱导乡村总体色彩的重要手段。主要规划设计如下：①畲族符号运用于山门、垃圾桶、桥、小品构件和铺装等，保持色彩统一，防止色彩组织杂乱；②商业街和演艺中心的建筑墙面采用肌理压印，通过凹凸感使墙面变得立体生动；对于入口的现代建筑墙面另可采取外装饰的方法；③每个景点的不同，运用的小品、铺装材质、纹样略微不同。

四、中观层面的大均色彩景观规划实践

宏观层面的规划提供了一个色彩景观规划的主要方向，作为规划设计师还需要具体根据公众的不同行为习惯，科学地规划不同功能分区的色彩景观（图8-16）。

（一）主要出入口的色彩景观

主要出入口的景观代表整个村庄的形象，色彩景致的展现是"第一眼"，决定了村庄给人带来的第一印象。虽然大多数公众对乡村主要出入口都不加长时间停留（根据调查只有5%左右的公众选择会长时间的关注村庄的入口），但是入口作为乡村形象最典型的代表，无论从它的地位和意义上来说是非常重要的。现在村镇的入口位置多种多样，山门的形式也已经进一步向外延伸到水、陆、空。总之，把入口的位置有选择的分散布局，并选用能代表该村镇标志性色彩的指示牌和建筑景观，或采用类似"隔"园林设计手法，都能与乡村整体风貌联系巧妙，形成良好的开

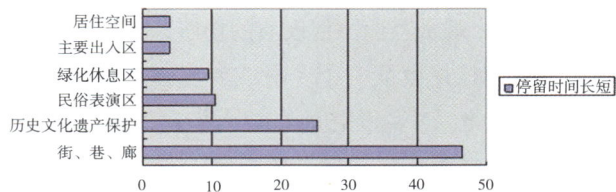

图8-16 公众的行为习惯

图片来源：
图8-14 http://gotrip.zjol.com.cn/05gotrip/zhuanti/nxj/

图8-17 大均村入口色彩景观

端。大均村是利用黄泥墙推出的景墙小品、茅草屋、灯塔在村口 200m 处的地方设置"山门"，同时一路用红色的灯笼和香樟树作线形色彩来吸引人们的视线（图 8-17）。大均村的停车服务问讯处就是把这些景观色彩放大，以延续统一，运用了色彩的识别性。值得一提的是，水口是村落最常见的入口景观。它相当于自然景观融合在乡村中的一个缩影，运用的是障景的手法，体现的就是空间的对比，集成大家美学观点，就在离大均村不远处的杨山村，就是采用了这种以蓝色和绿色系结合的水口景观方式。另外，不少地理位置优越，农作物区块突出的乡村，同样结合天然的自然景观色彩，如以梯田或者大片颜色诱人的经济果林作为乡村入口也是一有力的兴奋剂，能够唤起人们的高度关注，为乡村其他区块的色彩景观起到事半功倍的效果。

（二）公共空间的色彩景观

乡村的公共空间是村民活动的重要场所，也是人们交流信息，观赏当地民俗表演的场所，人流密度大、停留时间长往往象征一个乡村或者村镇重点景观的所在地。因此，对乡村空间及其周围环境进行色彩景观规划设计尤为重要。根据调查有 15% 左右的公众会关注公共场所（或者称为民俗表演区），这无疑更加强了乡村公共空间的重要性。乡村公共建筑多是宗祠、寺庙，平时使用不多，主要是营造严肃的气氛，但凡有重大节日，此类场所内聚集了大量的村民，

他们的表演展现了各种各样的当地乡村优秀的文化，色彩体现在符号和装饰的图案上。其中也有传统地方的文化商业建筑，一般都是属于收藏和保护的范围。对于这些具有价值的文物性建筑，建议色彩景观以符合基本的群体基调为主。提倡材料的外立面以保护性清洗、修复为主外，尽量保留其原有的材质和色彩，考虑其商业的性质，新材料的运用在色彩、质地选择上以相仿为主，决不能盲目地搞"化妆运动"。因为这种保护应该是"战战兢兢"的"收藏"，而不是"肆无忌惮"的"破坏"，再造"假古董"是对历史文化的"犯罪"行为。当然有些乡村由于需要集市交易、晒晒谷物、人流疏散等自发形成的像打鼓场、经常集会的地方俨然成了"户外客厅"，大均新建的南部区域以婚嫁表演为主，从色彩景观角度考虑，色彩景观处理得好会成为村民、游客精神上的寄托和向往，更需要多样性和丰富性的统一。色彩选择方面，在黄泥墙的背景色为基调的基础上，利用红色、玫红色、黄色等色彩搭配，洋溢起喜庆的氛围（图 8-18）。

（三）居住空间的色彩景观

根据调查，有 4% 左右的公众会关注乡村居住空间。居住空间中建筑色彩的营造需要我们对多个乡土建筑和传统民居的环境色彩的实地研究得出人们对居住环境的心理审美方向。大量实例证明，居住建筑的色彩景观在选择上倾向于高明度、低彩度的暖色调。这样的色彩会给人带来安全、轻松、愉悦、温馨的感觉。同样这符合乡村给人的感受，那么更应在色彩景观上做到这一点。切不可盲目地翻新、盖涂粉饰。材料的选择应该因地制宜，用或者仿当地的石料、木料来塑造，色彩景观上力求同宏观层面的规定方向一致，营造居住建筑淳朴、敦厚的气息。

大均村的居住建筑虽然规模小内容简单，在色彩上追求不同功能区域不同色彩，但是主要就是通过一些景观小品造型、肌理、色彩的不同处处造景，反衬出同商业建筑的区别。重要的居住建筑外墙面需要配合光线、肌理，凸出部位强调色彩明度、彩度的细微

图8-18 大均村畲族演艺中心

变化，面积占比例较大的光线比较暗，凹陷部位应该
限制使用无色彩、低彩度的色彩。早有专家指出白瓷
面砖作为南方暴发户的文化代表，其很快普及全国是
中国建筑文化史上的悲哀，比把外墙都刷成白色还不
如。确实，在有些旅游开发价值的村庄更应该因地制
宜考虑变白、变红，或者保持土黄。另外，居住建筑
的周围，可在有水流过的地方设置本土色彩的石材井
台，增加景观趣味性和色彩延展性。

居住建筑内的庭院空间在植物景观色彩选择上
以本土绿色瓜果藤蔓植物，或对建筑冷色调互补的
暖色调为宜，暴露的植物色彩必定需要符合当地乡
土味道。

（四）绿地的色彩景观

根据调查有 10% 左右的公众会愿意关注乡村绿
化休息区。乡村绿地的色彩景观主体使用的人群是乡
村居民，由于生活方式、喜好、节奏存在明显的差异，
同时乡村自然环境色彩已经很丰富，因此，乡村绿地
的色彩景观运用中国古典园林里的借景手法，设计
半天然式的景观，在景观色彩上寻求同周围环境的
延续，以互补色、同系颜色为佳。陈从周先生认为：
北国园林，以翠松朱廊衬以蓝天白云，以有瑟胜。他
又认为：白本非色，而色自生；池水无色，而色最丰。
色中求色，不如无色中求色。

大均村按照绿地系统不同和功能不同，分为公共
空间绿地（图8-19）、居住庭院绿地、经济产业绿地、
交通绿地、风景林。

图8-19 大均公共空间绿地色彩景观

根据每个功能用途的不同、树种选择的不同，也
会产生色彩的不同。以经济产业绿地为例，大均村西
北片区大面积农耕作物以茶叶、笋、竹等现状产品为
主，色彩表现为豆绿、茶绿、葱绿、青绿、碧绿等绿
色系为主，草黄、黄褐色等黄色系为辅；南片区的经
济果林结合当地的现状，种植板栗、柑橘等水果植物
为主，色彩在秋季就表现为金黄、橙黄、土黄为主的
黄色系。作为规划设计师，应该把植物习性、色彩季
相等多种因素归类，谋求更有视觉层次效果的搭配。

（五）街、巷廊道的色彩景观

街、巷、廊是公众最愿意停留的场所，根据调查
有近 45% 的公众选择关注此类线形场所。其中大多
数人认为此类的人工色彩景观是乡村色彩景观中最
有代表性的。大多数的村落布置着街、巷、廊、桥，

图8-20 大均商业街区改造前后对比

图8-21 大均畲族演绎中心墙面色彩景观

共同组成了密密麻麻、饶有情趣的交通网络。大均也有着多变的街巷空间资源，在这些狭长、封闭的带状空间中，色彩运用要以中明度、中纯度、低彩度为主，从建筑背景色整体考虑，不宜让人们的视线在色彩明度、纯度、彩度上变化幅度过大的地方停留10分钟以上，因为这样会使人眼睛产生视觉疲劳，同时对整个乡村产生厌烦心理。

重要的是要依照当地的文化特色布置廊道色彩范围。大均村是畲族典型的代表，在商业区域中的街、巷，以设置黄色系为主，因为畲族跟汉族交流频繁，不免受到影响，所以保留以建筑两翼马头墙的"粉墙黛瓦"为辅的街巷色彩（图8-20）；而畲族演艺中心区域的街景主要就是体现畲族的精神文化，就以代表畲族土色土香的香槟黄等黄色系为主。作为规划设计师，我们应该注意每条街的墙面色彩空间的营造，因为这些私密空间能反映出传统的伦理道德生活习惯所左右的空间意识。大均村的雷家桥是跟水面联系

在一块的，在色彩上我们追求同畲族风格近似的黄色系为主（图8-21），用畲族五彩的飘带在护栏的图案上做文章，使人印象深刻。

（六）历史文化遗产保护的色彩景观

根据调查有近27%的公众愿意关注历史文化遗产保护的色彩场所，多数乡村都存有历史优秀的景观，虽然仅仅是已经破损的夯土墙，不同年代的墙上壁画、磨、水推车等城市不常见的农具，当地特色的服饰，年代悠久的大树等。

大均村有着多处明清建筑遗留资源，对于这些历史文化遗产和文物古迹，关键就是对此类场所色彩景观有序的串联并保护起来，或者恢复到原来的色彩面貌。合理的色彩景观能够继承和升华历史文化传统思想，引起人们的共鸣。

五、微观层面的色彩景观规划

（一）植物的配置

如果说乡土建筑、小品、道路是乡村的静态色彩，植物色彩的搭配就是乡村色彩景观中最富有变化的动态色彩景观之一。在现在越来越重视生态环境的时代，乡村的绿化环境已经超过城市成为人们居住环境中不可或缺的元素，植物色彩景观搭配的优劣能提升乡村生活质量。

作为我们规划设计师，应该更多关注植物色彩的搭配，并把它们融入乡村整体的色彩建设过程中。

（二）景观小品

景观小品的创造对乡村风貌起着举足轻重的作用，尤其是这些公共设施的体量、材质、色彩，均从细节反映出乡村景观的整体特征，并非常具有观赏性、实用性和审美价值。作为规划设计人员，应该全面了解乡村的文化，自然背景，仔细推敲景观小品需

要传递的乡村精神，尤其是色彩的表现。必须考虑与周围景观相协调的原则。例如，在乡村的重点公共空间，布置重要的雕塑或者有象征性的乡土植物（图8-22）。另一些有功能性的小品，如围栏、竹篱笆、灯具、垃圾箱要注意形式的简洁，色彩不宜过于浓艳；对于铺装色彩的表现也很重要，如婚庆演艺中心区域需要不同灰色调的不同彩度铺装拼出"喜"，体现了民族性，同时还要考虑尺度、整体性，可以根据不同的区域使色彩富有不同的变化，毕竟景观小品的色彩是点缀色。

（三）识别符号

大均作为山区畲族民族，拥有很多民族样式的图案。提高了大均景区的识别率，并且帮助其塑造了良好而独特的乡村形象，是一个双赢的机会。

提炼民族的符号，把这些符号运用不同的色彩形式，统一色带控制（图8-23）。

综上所述，色彩景观规划已不仅是美化环境，而且还担负着对古老的建筑区、有传统文化特色的城镇、村寨环境的保护，以及作为人文环境与自然环境共存时所发生冲突的一种有效的调和手段。

综观新农村建设中的村庄规划，主要问题是对色彩景观规划的不重视，规划水平较低，色彩景观大多千篇一律；采用城市景观模式，缺乏乡村的环境色彩特征等，导致了在村庄整治过程中走弯路，并使得具有地方特色和传统文化的色彩景观埋没，从而导致处处都是粉墙黛瓦，处处都是江南水乡的现象出现。所以乡村色彩景观应该伴随新农村建设同样做到保护、整治、修复，完善乡村色彩景观规划的理论，并且在设计阶段、施工阶段都要充分考虑，从创造美好的新农村人居生活环境出发，体现乡村的美学价值。

图8-22 大均村内景观小品色彩景观

图8-23 大均识别符号色彩景观

第九章

美丽乡村专题研究与实践Ⅲ——浙江乡村旅游规划设计

建设对于乡村旅游资源开发的积极作用。

第一节 浙江省乡村旅游资源开发现状

一、开发规模

浙江省乡村旅游发轫于20世纪90年代，20多年来，乡村旅游业呈现稳步上升趋势，迅速发展成为浙江省主导产业之一。2005年底，全省有乡村旅游特色村（点）2022个，经营农户11596余户，接待游客1962.38万人次，年营业收入12.03亿元。2006年随着中国乡村旅游年的确立，浙江省乡村之旅也拉开了序幕，并确立了"游览浙江山水，体验乡村新貌"的活动年主题。到2007年底，全省有乡村旅游特色村（点）2700多个，经营农户14560余户，年营业收入超过30.4亿元。2008年，为全面反映浙江乡村旅游发展成果，浙江省旅游局结合全省旅游"十百千"工程和"旅游惠农送服务"活动，在众多乡村旅游村中整理了乡村旅游精品100村，分布于各个地市，其中有梅家坞茶文化村、桐庐芦茨村、象山东门渔村、宁波滕头村、东阳花园村等，一村一景，充分展示出浙江乡村旅游新风貌。

近年来，依托乡村丰富的旅游资源，"美丽乡村"建设在浙江大地崛起，2007年，浙江省评定了省内美丽乡村100佳，其主要集中在钱塘江流域和浙东沿海一线，具有近水系、近沿海分布格局（表9-1）。截至2011年底，全省"美丽乡村"建设投入资金126亿元，完成环境整治村3100个，累计80%以上的行政村得到整治。同时，"美丽乡村"的大力建设也为乡村旅游资源的开发提供了政策支持和经济保障，现已建成农家乐旅游村点2765个，经营农户达1.2万户，直接从业人员10.17万人；全年直接营业收入70.5亿元，游客购物收入15亿元。从表9-1中可以看出，各地区乡村旅游精品村数量与美丽乡村数量基本呈正相关，侧面反映浙江省"美丽乡村"建设和乡村旅游资源的开发同规划、同部署，以及"美丽乡村"

浙江省乡村旅游精品村以及美丽乡村地区分布　　表9-1

地市	乡村旅游精品100村数量	所占比例（%）	美丽乡村30佳数量	所占比例（%）	美丽乡村100佳数量	所占比例（%）
杭州市	18	18	9	30	22	22
宁波市	12	12	2	6.66	9	9
温州市	10	10	2	6.66	14	14
湖州市	8	8	2	6.66	5	5
嘉兴市	8	8	1	3.33	5	5
绍兴市	7	7	1	3.33	3	3
金华市	9	9	5	16.6	12	12
衢州市	8	8	1	3.33	6	6
舟山市	7	7	2	6.66	8	8
台州市	9	9	1	3.33	7	7
丽水市	9	9	4	13.33	8	8

来源：根据《浙江乡村旅游精品100村》以及《浙江省美丽乡村手册》整理。

近年来，浙江省依托丰富的乡村旅游资源，结合各地资源特色与区域旅游产业发展定位、主题形象，通过资源整合，充分发挥乡村特色资源、城镇依托和景区依托三大优势，在全省范围内形成"三圈、三带、十区、多点"的乡村旅游发展格局。其中"三圈"是指分别围绕杭州、宁波与温州的三个环城游憩圈；"三带"指环杭州湾运河·水乡·古镇乡村旅游带、浙东沿海海岛·沙滩·渔情乡村旅游带、西南山区秀山·山乡·丽水乡村旅游带；"十区"分别为杭州乡村休闲区、浙北运河古镇旅游区、绍兴古越文化旅游区、宁波东钱湖-河母渡乡村旅游区、台州神仙居-天台山乡村旅游区、温州雁荡山-楠溪江乡村旅游区、丽水绿谷乡村旅游区、衢州宗孔庙-石窟文化旅游区、金华商贸文化旅游区、滨海乡村旅游区（包括舟山、台州、温州等）；"多点"是指在全省范围内重点培植约200个乡村旅游特色示范点。通过深入挖掘乡村旅游资源，开发乡村旅游，形成乡村旅游发展空间格局，更好地实现资源的有效利用，保留乡村自然和历史传承，加深乡村居民的地方认同感与自豪感，增强历史人文景观的可读性与观赏性。

二、开发模式

乡村旅游开发所依托的资源丰富多样，而开发模式指的是乡村旅游开发所依托的主要特色资源形式。例如，海岛乡村旅游开发主要依托的资源为海洋综合资源，其主要打造的则是海滨风光，这种形式可以概括为海滨度假观光模式。在上述浙江乡村旅游精品100村开发中，经调查及统计分析，浙江省乡村旅游资源开发的主要模式有以下9种。

（一）民族风情依托模式

浙江省属少数民族散杂居省份，少数民族人口总量不多，但民族成分较多。据第六次全国人口普查统计，浙江省少数民族达53个（仅缺德昂族和保安族），其中人口最多的为苗族（30.91万人），之后依次为畲族（16.63万人）、壮族（7.28万人）、回族（3.82万人）、满族（1.13万人）、蒙古族（0.69万人）。少数民族聚居的村落一般以独特的建筑风貌和民俗风情吸引四方游客。

将民族文化内涵以及民族特色风情融入乡村旅游中，不仅有利于宣传我国少数民族文化，同时极大地丰富了乡村旅游层次。这种模式的主要特点是将少数民族特有的民俗风情、传统工艺、饮食文化、节庆文化、民族服饰、婚嫁习俗、传统住屋、山歌、语言等与少数民族村寨相互融合开展乡村观光、体验、休闲旅游活动。如桐庐县的新丰民族村、衢州的大路畲族村等（表9-2）。由于少数民族村寨一般远离城市地区，生态环境优越，民风淳朴，因此在乡村旅游开发过程中要采取较少干预政策，注重保护少数民族文化的纯真性以及村寨的原始生态性。

新丰民族村位于杭州市郊桐庐县莪山畲族乡，距离县城9.5km，毗邻杭千高速公路和05、16省道，交通便利。全村总人口850人，其中畲族人口占71%，是一个畲族文化浓厚、自然环境优越的小山村。其乡村旅游开发主题为"畲乡山寨"。新丰民族村旅

游开发主要依托的资源有万亩竹海、狮子山、清冷山、"莪溪十景"、"三奇石""一指动石"、国家一级保护古木红豆杉、二级保护古木香樟以及大片红枫林等自然旅游资源以及具有地方特色的红曲酒、畲乡龙须、高节竹笋、畲乡围巾、莪山茶、畲乡武术、山歌、语言、婚嫁习俗等人文旅游资源，自然和人文交相辉映构成一幅浓情民俗风情图画。目前，新丰民族村被纳入"十里畲乡民族风情带"建设以及具有民族风情特色的"美丽乡村"开发建设中，这些都极大地促进了新丰民族村的乡村旅游发展。

浙江省民族风情依托模式发展的典型乡村　　表9-2

乡村	开发主题
桐庐县莪山畲族乡新丰民族村	畲乡山寨
衢江区大洲镇大路畲族村	江南西双版纳，浙西香格里拉
景宁县大均乡大均村	畲乡风情游

（二）红色旅游结合模式

"红色旅游"指的是以革命战争时期所形成的革命遗址、革命纪念物为载体以及所形成的革命精神、革命事迹、革命故事为内涵的乡村红色人文景观与乡村本土景观相互结合的新型旅游开发模式。红色旅游模式将革命传统教育与促进乡村旅游业发展相互融合，注重红色资源与其他乡村旅游资源的有机整合，例如红色资源与自然生态结合（红绿结合），红色资源与历史文化结合（红古结合），红色资源与民俗风情结合（红俗结合）等，形成优势互补的综合性乡村旅游目的地。其主要特点为学习性、故事性以及参与性。浙江省红色旅游结合模式发展的典型有余姚市四明山镇梨洲村、常山县新桥乡桃花源、松阳县安民乡李坑村等（表9-3）。

松阳县李坑村，地处浙西南山区，境内多为高山，平均海拔700m，其乡村旅游开发主题为"红色旅游"。李坑村乡村旅游开发依托的主要资源有千亩野生猴头杜鹃林、奇异的野生动植物、江南第一涧之称的大基背瀑布群等自然资源以及安岱后红色古寨人文资源。"十二五"期间浙西南革命根据地遗址以及松阳

县红色旅游安岱后革命遗址的开发和保护项目，进一步提升了景区核心竞争力和品位。

炮台、海上女神妈祖玉雕像、记载明代抗倭将士伟绩的二湾摩崖石刻，明代城隍庙、烽火台遗址都是东门渔村发展乡村旅游的重要资源依托（图9-1）。

浙江省红色旅游结合模式发展的典型乡村　　表9-3

乡村	开发主题
余姚市四明山镇梨洲村	革命老区新农家
常山县新桥乡桃花源	世外桃源七十二人家
云和县石塘镇小顺村	中国摄影创作基地
松阳县安民乡李坑村	红色旅游

（三）海滨度假观光模式

浙江省拥有丰富的港、渔、景、涂、岛等海洋资源及其组合优势，拥有全国最长的6683km海岸线以及2878个岛屿，丰富的海洋资源是浙江临海乡村开发旅游的独特竞争力。海滨度假观光模式的主要特点是：利用海洋曲折的港湾、美丽的岛礁和岬角、沙滩，海蚀地貌、海岛风光、沿岸礁石等海洋资源配合海岛乡村特色人文资源开发乡村旅游活动。这种模式的乡村旅游开发要充分发挥山海资源组合优势以及临海区位优势，同时注重海岸线和近海区域资源的利用和保护，以及海洋综合文化与乡村民俗文化的相互融合。浙江省海滨度假观光模式发展的典型有象山县花岙岛村、象山县东门渔村、宁海县峡山村等（表9-4）。

位于象山县石浦镇的东门渔村，山海兼备，海防历史悠久、渔文化气息浓厚，其乡村旅游开发主题为"浙江渔业第一村"。中国四大渔港之一的石浦港、综合性海洋文化、东门庙、东门岛门头灯塔、清代古

浙江省海滨度假观光模式发展的典型乡村　　表9-4

乡村	开发主题
象山县东门渔村	浙江渔业第一村
象山县花岙岛村	海上仙子国，人间瀛洲城
宁波市北仑区春晓镇干岙村	海鲜美食长廊
宁海县峡山村	海洋生态游
龙湾区灵昆镇九村	都市花果山
平阳县西湾乡跳头村	浙南渔家风情
洞头县东屏镇东岙村	海岛民俗游
普陀区蚂蚁岛乡长沙塘村	生态渔家乐
普陀区东极镇庙子湖	东海之滨的"布达拉宫"
普陀区朱家尖街道香莲村	乌石塘海边人家
普陀区桃花镇塔湾村	千步金沙，碧水港湾
定海区马岙镇马岙村	海洋文化第一村
岱山县秀山乡秀东村	秀山秀水，我为泥狂
嵊泗县菜园镇基湖村	金沙渔火，碧海奇礁
台州市椒江区卫星村	东海明珠大陈岛
路桥区金清镇剑门港村	海滨休闲，渔事体验
温岭市石塘镇流水坑村	新千年曙光村

图9-1　东门渔村风光

图9-2 黄公望村和黄公望森林公园

（四）著名景区依托模式

这些景区一般为国家自然保护区或森林公园等，游客量较大，具有良好的生态环境以及丰富的自然资源。浙江省拥有众多AAAA级景区、国家级风景名胜区，因而依托景区发展起来的乡村旅游地比比皆是。

景区依托模式发展的乡村一般位于景区周边或景区地域内，主要功能是作为景区的附属接待和服务点存在，以民俗风味、农业特色鲜明的旅游项目和餐饮以及娱乐活动为主。乡村自身拥有独特的景观资源或浓郁的乡村民族特色，交通、食宿等配套基础设施建设完善，村民具备基本的旅游意识和服务意识，能为游客提供旅游产品和农副产品，从而促进农村经济的发展。浙江省著名景区依托模式发展的典型有富阳市东洲街道黄公望村（图9-2）、余杭区鸬鸟镇山沟沟村、德清县三合乡二都村等（表9-5）。

浙江省著名景区依托模式发展的典型乡村　表9-5

乡村	开发主题
余杭区鸬鸟镇山沟沟村	小桥流水人家
临安市太湖源镇白沙村	太湖源头第一村
富阳市东洲街道黄公望村	富春江畔田园风光
临安市西天目乡天目村	氧吧疗养院
临安市大峡谷镇桃花溪村	白云人家
建德市大慈岩镇泉山村	十里荷花
宁波市镇海区九龙湖镇横溪村	绿色、健康、运动

续表

乡村	开发主题
德清县三合乡二都村	中国湿地之乡
安吉章村镇长潭村	黄浦江源第一村
海盐县澉浦镇南北湖村	浙北橘园
浦江县先华办事处仙华山村	仙山农家乐
龙游县庙下乡晓溪村	竹海森林公园中的农家乐
开化县苏庄镇杨家自然村	原始森林边上的家园
台州市黄岩区北洋镇长潭村	碧波泛舟，休闲农家
天台县石梁镇石梁村	石梁飞瀑
遂昌县王村口镇石笋头村	国际民俗摄影创作基地

（五）古村民俗观光模式

主要依托悠久的历史文化和文物古迹开展乡村旅游，一般为古建筑群、名人故居、祠堂等历史文化遗产以及在古村落发展过程中形成的特色文化。这种模式的乡村旅游开发要坚持旅游开发与古村落保护的内在统一，开发要在保护的基础上，坚持资源的可持续发展，促使古村落的文化价值、美学价值得以永续传承。浙江省古村民俗观光模式发展的典型乡村有诸暨市东白湖镇斯宅村（图9-3）、宁海县前童古镇鹿山村、兰溪市诸葛镇诸葛八卦村等（表9-6）。

图片来源：
图9-1 《浙江日报》
图9-2 http://www.lvping.com/showjournal-d1513-r1351910-journals.html；http://blog.sina.com.cn/s/blog_5a01156f0102e8nt.html；http://travel.dahangzhou.com/zhejiang/861/2.htm

图9-3　斯宅村

古村民俗文化观光模式发展的典型乡村　表9-6

乡村	开发主题
余杭区径山镇径山村	日本临济宗的祖庭
淳安县浪川乡芹川村	民俗探古
淳安县屏门乡秋源村	书圣后裔，江南大寨
宁海县前童古镇鹿山村	历史古村落

续表

乡村	开发主题
文成县南田镇九都村	刘基文化特色旅游村
泰顺岭北乡村尾村	中国廊桥之乡
乐清市城北乡黄坦洞村	中国景观村落
永嘉县大若岩镇埭头村	楠溪江畔古村落
苍南县桥墩镇碗窑村	明清时期手工业制碗博物馆
湖州市南浔区和孚镇荻港村	书乡水韵，古村遗风
长兴县水口乡顾渚村	中国茶文化发祥地
越城区东浦镇南村	江南水村
嵊州市金庭镇华堂村	书圣故里
嵊州市甘霖镇施家岙村	中国女子越剧发源地
诸暨市东白湖镇斯宅村	江南巨宅，民俗文化
婺城区汤溪镇平古村	古村落农家休闲
兰溪市诸葛镇诸葛八卦村	全国最大的诸葛亮后裔聚居地
金华市金东区赤松镇钟头村	黄大仙传奇文化特色村
武义县熟溪街道郭洞村	江南第一风水村
武义县俞源乡俞源村	太极星相村
磐安县尖山镇乌石村	火山台地空中乡村
柯城区九华乡寺坞村	佛教圣地，清凉世界
衢州市柯城区航埠镇严村	千年古樟，传承文化
江山市清湖镇和睦彩陶文化村	中国土陶文化休闲旅游第一村
临海市桃渚镇城里村	桃渚军事古城
丽水市莲都区碧湖镇堰头村	农事体验
缙云县新建镇河阳村	千年古村，江南一绝
青田县阜山乡陈宅村	美丽"七星村"
庆元县举水乡月山村	古桥之乡

（六）特色产业带动模式

这种模式的乡村旅游开发主要是指具有生产某种特色产品的历史传统的村庄依托其自身自然条件的优势，依据"一村一业、一村一品"的原则，围绕特色产品或特色产业链，实现专业化、规模化生产，形成产业集群，同时结合旅游配套服务设施建设以及景观设施建设发展乡村旅游，是第一产业与第三产业联动发展的典型代表。其中，特色产业包括农业、林业、牧业、渔业以及所形成的产业文化。特色产业带动模式的发展要正确处理"基地＋市场＋农户"的关系，要注重政府的规划引导以及市场需求量变化。

浙江省特色产业带动模式发展的典型乡村有西湖风景名胜区西湖街道梅家坞村（图9-4）、西湖风景名胜区西湖街道龙井村、仙居县福应街道桐桥村等（表9-7）。

浙江省特色产业带动模式发展的典型乡村　　表9-7

乡村	开发主题
西湖风景名胜区西湖街道龙井村	茶乡第一村
西湖风景名胜区西湖街道梅家坞村	十里梅坞茶乡风情
西湖区转塘街道龙坞茶村	杭州第一茶村
西湖区转塘街道大清村	天堂里的世外桃源
临安市潜川镇青山殿村	深山渔村
建德市三都镇三都渔村	七里扬帆醉渔家
南湖区凤桥镇三星村	桃花盛开的地方
海宁市黄湾镇尖山村	十里果香
绍兴县王坛镇东村	香雪梅海
衢江区大洲镇板固兰花村	浙西兰花村，板固农家乐
三门县海游镇三特渔村	五星级农家乐
仙居县福应街道桐桥村	人间仙果杨梅村

（七）现代乡村观光模式

现代乡村指的是一些区位条件优越、经济较发达、交通便利、知名度高的乡村，这些乡村地区与城市联系紧密，现代化设施建设较完善，一般都具有特色产业支撑，向旅游者展示乡村现代化建设的成果。浙江省现代乡村观光模式发展的典型有东阳市南马镇花园村（图9-5）、奉化市萧王庙街道滕头村（表9-8）。

图9-4　梅家坞村

图片来源：
图9-3 http://a2.att.hudong.com/65/33/01300000164151121414336529644.jpg；
http://dp.pconline.com.cn/dphoto/574263.html；
http://www.zhongguogucunluo.com/zgjgcl/html/?412.html
图9-4《东方早报》；http://www.wehangzhou.cn/sh/xxsh_1663/xxwh/201207/t20120716_103972.html

图 9-5 花园村

浙江省现代乡村观光模式发展的典型乡村　　表 9-8

乡村	开发主题
奉化市萧王庙街道滕头村	乡村嘉年华
东阳市南马镇花园村	现代乡村风情游

（八）乡村度假休闲模式（农家乐）

一般指位于城镇周边的乡村，区位优势明显，交通便利，乡村旅游开发主要依托乡村得天独厚的自然

图片来源：
图 9-5　http://blog.sina.com.cn/s/blog_9caee4c20101ddek.html ；
http://news.zj.vnet.com/2013051419338390.html

环境以及特色农业资源，以传统农业生产生活为基础，以家庭为具体接待单位，开展一系列农家活动，体验农家的休闲生活以及农业劳作的乐趣。这种模式的乡村旅游开发要注意加强对农民从业者的培训，提高服务人员素质，注重文化内涵的挖掘，提升产品的品位。浙江省乡村度假休闲模式发展的典型有桐庐县富春江镇芦茨村、富阳市常安镇小剡村等（表 9-9）。

浙江省乡村度假休闲模式（农家乐）发展的典型乡村

表 9-9

乡村	开发主题
桐庐县富春江镇芦茨村	画屏中的农家乐
富阳市常安镇小剡村	高山休闲
慈溪市横河镇大山村	运动休闲农家乐
瓯海区泽雅镇下庵村	综合型农家乐
瑞安市永安乡直干村	水上农家
安吉县天荒坪镇大溪村	湖光三色——人间仙境
安吉县报福镇石岭村	户外运动的乐园
长兴县小浦镇方一村	中国银杏之乡
秀洲区王店镇建林村	原生态乡村水湾
平湖广陈镇龙萌村	田园农家乐
新昌县镜岭镇雅庄村	乐聚大千，原生态农家
新昌县澄潭镇左于村	天然氧吧生态农家
义乌市上溪镇贝家村	小商品海洋中的农家乐
龙泉市兰巨乡炉岙村	瓯江之源

（九）农业休闲观光模式

以现代生态农业、乡村民俗文化和社会主义新农村为特色，或专以现代农业园区为中心，利用农业生产过程的知识性、趣味性、可参与性，开发规划集农业观光、科普教育、乡村体验、休闲娱乐为一体的乡村旅游产品，满足游客需求，促进乡村旅游发展的模式。这种模式的乡村旅游开发以现代农业观光为主导，其他旅游活动为辅开展乡村旅游。浙江省农业休闲观光模式发展的典型有鄞州区东钱湖镇高钱村、桐乡市乌镇白马墩村等（表9-10）。

浙江省农业休闲观光模式发展的典型乡村　　表 9-10

乡村	开发主题
鄞州区东钱湖镇高钱村	现代生态农业观光
鄞州区下应街道湾底村	都市里的村庄
吴兴区妙西镇肇村村	都市生态乐园
桐乡市乌镇白马墩村	乌镇边的休闲农业园
嘉善县姚庄镇北鹤村	都市圈内桃花岛
嘉善县大云镇缪家村	十里水乡·生态农庄
玉环县清港镇垟根村	生态农业游

三、浙江省乡村资源开发现状小结

浙江省乡村旅游开发类型多样，特色明显，海滨度假休闲模式的开展为浙江省乡村旅游提高了核心竞争力，依托丰富的自然生态资源、农业资源、文化民俗资源而形成的农业休闲观光旅游、乡村休闲度假旅游、古村民俗风情旅游等为主导的旅游产品日渐壮大。为更好地适应市场需求，实现浙江省"旅游强省"的目标，应大力加强体验型乡村旅游的发展，例如养生保健旅游，现代游乐旅游，购物美食旅游，修学旅游，体育竞技旅游等，树立"民生浙江，鱼米江南"的浙江省乡村旅游品牌特色。

第二节 浙江省乡村旅游资源开发 SWOT 分析

SWOT 分析法，即态势分析法，20 世纪 80 年代初由美国旧金山大学的管理学教授韦里克提出。本文以浙江省乡村旅游资源为研究对象，考虑乡村旅游资源具有较强的地域特征与季节特征，严格依赖各个方面的内部条件与外部环境，因此通过 SWOT 分析法对浙江省乡村旅游资源地内部优势及劣势，以及外部机遇和挑战进行综合分析，为资源开发决策的制定提供依据，推动浙江省乡村旅游的快速发展。

一、优势

通过对开发优势的分析，确定乡村旅游资源开发和乡村旅游业发展的正确方向，坚定发展乡村旅游的信心，浙江省乡村旅游资源开发的主要优势体现在以下 5 个方面。

（一）乡村自然旅游资源具有较强地域特色

浙江省域内，地形复杂，有"七山一水两分田"之说，地势由西南向东北倾斜，大致可分为浙北平原、浙西丘陵、浙东丘陵、中部金衢盆地、浙南山地、东南沿海平原及滨海岛屿六个地形区。丰富的地形地貌赋予浙江省丰富多彩的乡村旅游资源，乡村自然资源具有较强地域特色，或以雁荡山为核心的浙南山地古村，或以杭嘉湖平原为核心的浙北水乡古镇，或以淳安、建德、金华、衢州为核心的浙西丘陵山乡小村，又或以舟山、宁波、台州等沿海地区为核心的东南海滨渔村，都具有较高的旅游价值和旅游吸引力。

（二）乡村文化旅游资源占绝对优势，开发利用潜力大

浙江省乡村旅游资源单体中，文化旅游资源比重较大，宁波的港口文化、舟山的海洋文化和佛教文化、绍兴的名人文化、湖州的湖笔文化、龙泉的剑瓷文化、景宁的畲族文化、青田的华侨文化等都充分展现了浙江省丰富的文化资源内涵。乡土民俗文化内容丰富，数量众多，且民俗文化资源具有明显的地域差异性：浙南山地古村民俗风情、浙北水乡古镇民俗风情、浙西山乡民俗风情以及东南海滨渔村民俗风情等。乡村旅游地的核心竞争力重点体现在文化旅游资源的差异性，文化景观类资源与乡村自然景观类资源形成完美的组合，为开展乡村旅游提供了极为优越的先天条件。

（三）各资源区特色突出，资源组合状况良好

丰富多彩的民风民俗、风格迥异的自然风光、独

特多样的土特产品、相当数量的新型农村、现代与传统交相辉映的高科技农业与传统农耕文化,相互融合,形成了独具特色与优势的乡村旅游资源组合:江南水乡村落景观和良渚—运河—古镇文化资源相结合的浙北平原水乡风情旅游资源区;以天目山等西北山脉为骨架的浙西丘陵生态旅游资源区;以古村落历史文化资源以及人文生态为主的浙中丘陵盆地生态旅游资源区;浙南廊桥文化和畲乡特色文化与山地森林生态旅游资源区;浙东丘菱沿海生态旅游资源区;浙东南海洋生态旅游资源区等。

(四)区位优势

浙江省地处中国东南沿海长江三角洲南翼,东临东海紧靠国际航运战略通道,南接海峡西岸经济区,西连长江流域和广袤内陆,北与上海、江苏接壤。拥有宁波——舟山、温州、台州和嘉兴4个沿海港口,以及7个内河重点港口,丰富的深水港口、疏港的内河航道资源和地处长江经济带与东部沿海经济带的"T"形交会点,是浙江港航最突出区位优势。以萧山、栎社国际机场为中心的7个民航机场空中航线连通世界各地。甬台温铁路和温福铁路的建成开通,以及"十二五"初期沪杭等客运专线的开通,充分发挥高速铁路和城际轨道交通的客运功能。优越的区位条件和发达的海陆空交通网络,促进了浙江与国内外的交流,为乡村旅游资源的开发提供了有利条件。

(五)城乡统筹取得新进展

面对国内外严峻的经济形势,浙江省始终坚持把城乡统筹放在突出位置,全省统筹城乡发展水平呈现加速提升的态势。乡镇基础设施和公共服务设施明显改善,生态文明建设全面推进,土地、水等资源节约利用水平不断提升。2006~2010年,全省城乡统筹发展水平综合评价得分累计提高20.14分,年均提高4.03分,年均增长5.8%,全面实现初步统筹。据最新数据显示,2011年全省统筹城乡发展水平得分为83.69分,比2010年增加4.28分,处于整体协调阶段(图9-6)。浙江省统筹城乡发展水平的不断提升使得区域、城乡差距不断缩小,促使乡村资源得到了集约高效利用,从而有效地促进了全省乡村旅游业的全面发展。

二、劣势

乡村旅游资源开发劣势主要指当前发展所面临的不足,对劣势的有效掌握有助于对其进行改善,化劣势为优势,从而推动乡村旅游的发展,浙江省乡村旅游资源开发的劣势主要体现在以下4个方面。

(一)旅游资源开发规划不合理

浙江省乡村旅游资源丰富多样,文化内涵深厚,但普遍缺乏整体规划,导致开发层次较低,资源利用浅,组合性较差,抑制了乡村旅游的发展。总的来说,浙江省乡村旅游资源开发存在三种现象:①资源的开发不足,在资源同质、文化同源和地理位置邻近的背景下,一个地区乡村旅游的开发势必导致周边地区的旅游跟风现象,然而这些村庄大多未经过系统的规划

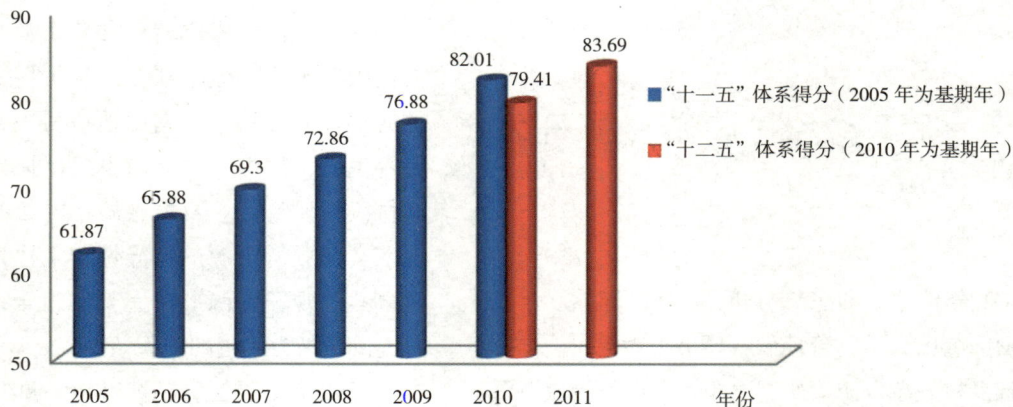

图9-6　浙江省2005~2011年统筹城乡发展水平评价得分

以及资源的优化整合，乡村旅游多处于开发一处运营一处的状态，导致资源的极度浪费，乡村旅游难以维持。②资源的过度开发，乡村旅游地盲目追求最大利益化，导致商业化、现代化气息浓重，乡村特性以及生态环境破坏严重（图9-7）。③资源的无中生有，天马行空的编撰，大势建造仿古建筑以及杜撰文化，以此吸引旅游者前来观光。

　　浙江省部分乡村在旅游资源开发规划时，过于注重外在自然环境的整治以及基础设施的建设，而文化资源挖掘程度较浅，乡村传统文化得不到很好的开发和利用，特别是一些非物质文化遗产面临着消亡，如民间戏曲、传统工艺等都存在青黄不接的现象（图9-8）。再者，在乡村旅游资源开发规划之初，盲目追求时尚化、西化洋化，外来元素的过多入侵造成一些古村落本土文化受到一定的冲击，取而代之的是现代化的商业观。这些开发规划的不合理现象都在一定程度上造成资源的埋没和浪费，抑制乡村旅游可持续发展。

（二）乡村景观同质化现象严重

　　乡村景观是构成乡村旅游资源的主体，它是特定区域内自然和文化的综合体，包括自然而成的景观，以及由于人类生产生活对自然改造形成的大地景观。乡村旅游资源开发规划的关键，实际上是对乡村景观的保护与规划。乡村景观要素分为自然环境要素以及人文要素，其中自然环境是乡村景观的物质载体，它包括气候、地景、材料、色彩等，人文要素包括乡村聚落和环境、人工构筑物、乡土小品和饰品在内的人文物质要素，以及传统习俗、风水观念、乡土经验、崇拜与信仰在内的人文非物质要素。

　　乡村景观同质化现象的出现有几个方面的因素。其一，浙江省乡村旅游资源整体呈现以城市为中心的3个圈层分布特征：以城市景观的延伸和乡村田园景观相结合的近郊非典型乡村旅游资源带；以农耕文化和传统生活为特色的中郊典型乡村旅游资源带；以原生态景观为主的远郊生态型乡村旅游资源带。位于同一圈层的乡村旅游资源一般差异较小，因此，乡村景观易呈现同质化的现象。其二，浙江省乡村旅游还处于探索阶段，开发规划不成熟，偏向于利用有形的东

图9-7　西塘古街

图9-8　黄公望古戏台

西，如自然景观等，较少的利用无形的、精神层面的、体现地区差异性的文化内涵诠释乡村旅游产品，导致未能形成特色化的产品。最后，把新农村建设单纯地理解为农村的物质空间建设，过于重视现代化和统一性，忽视村庄原有肌理，大拆大建，填塘挖山，西化洋化，极易导致村庄传统风貌的丧失，带来千村一面及破坏式更新，旅游资源开发深度的不足，也导致未能达到"一村一品"的要求。新农村建设遗留下的问题导致乡村景观的同质化现象加剧，主要表现在

图片来源：
图9-6　根据《浙江省2011年统筹城乡发展水平评价报告》整理
图9-7　http://www.zcool.com.cn/work/ZNzAzMjAyMA==.html
图9-8　http://blog.sina.com.cn/blog_5a01156f0102e8nt.html

建筑、道路、水体、绿化等方面（表9-11）。

乡村景观同质化表现　　　　　　　表 9-11

乡村景观	同质化现象	具体表现
建筑	徽派建筑、小区建设	忽视村庄原有建筑肌理，整齐划一的社区空间布局，大拆大建、村宅标准图南辕北辙地拷贝、西化洋化
道路	硬化黑化	普遍采用水泥混凝土路面，道路等级划分不明确；道路绿化景观单一，行道树配置规则，以香樟、杜英为主，缺乏中下层植被，宅前道路绿化以红花檵木、瓜子黄杨等修剪灌木为主，城市化现象明显，缺乏乡野气息
水体	变曲为直	河床抬高，蜿蜒曲折的河道被填或裁弯取直，在驳岸的处理上，多采用块石、混凝土材质，以硬化为主；河道沿线植物绿化配置上多以桃柳为主
绿化	城市造景手法	城市植物景观取代了"风水林"，忽视了乡村背景林、外缘空间的绿化

（三）旅游景点分散、旅游地发展不平衡

浙江省乡村旅游点多面广，分布相对分散，东南西北各居一方，资源整合不够，缺乏开发建设的统一性和长远规划，景点之间缺乏统一的联系，导致旅游卖点较为单一。一些地方没有按照旅游资源开发与生态环境保护相结合的方针，目前虽然初步形成一些旅游品牌，但旅游精品线路分散，缺少整合，农家乐特色村点的可看性、体验性、文化性还不够。

浙江省幅员辽阔，乡村旅游遍地开花，由于各地资源状况、区位条件以及经济发展水平的不同，乡村旅游发展水平也不尽相同。由表9-12分析可得，相比较而言，浙江省东部沿江、沿海等经济发达地区的乡村旅游发展水平相对高于经济水平落后的中西部地区。浙江省乡村旅游资源相对分散，因为交通条件的落后、经济发展的缓慢、政策法规的不完善、整体规划的缺乏以及基础设施的不完善，致使一些观赏价值以及生态价值相对较高的景观资源大多数未被合理开发和利用。例如红色旅游，由于革命根据地大多在大山深处，交通设施滞后严重，影响了红色

旅游资源的开发和利用。乡村旅游地发展的不平衡，削弱了资源的优化整合力度，在一定程度上抑制了全省乡村旅游业的发展。

2011年浙江省各市旅游事业发展情况表　　　表 9-12

城市	旅游总人数		旅游总收入		相当于全省	
	（万人次）	增长(%)	（亿元）	增长(%)	GDP(%)	三产增加值(%)
杭州市	7487.3	13.8	1191.0	16.1	17.0	34.5
宁波市	5288.2	12.1	751.3	15.4	12.5	31.1
温州市	4170.1	18.3	392.6	18.4	11.7	26.3
嘉兴市	3607.7	15.0	354.2	19.9	13.3	35.9
湖州市	3559.4	23.2	263.2	22.9	17.3	45.5
绍兴市	4188.0	20.0	413.9	21.5	12.6	32.5
金华市	3604.1	22.3	344.3	21.4	14.1	32.0
义乌市	959.2	18.3	103.2	17.2	14.2	26.1
衢州市	2091.5	26.8	121.0	27.4	13.6	37.3
舟山市	2460.6	15.0	235.5	17.0	30.8	68.4
台州市	3977.7	20.7	329.3	20.5	11.8	28.3
丽水市	2756.9	32.7	155.9	33.8	19.9	48.7
全省合计	35068.7	16.2	4080.3	23.2	12.8	29.1

来源：根据《2011年浙江省旅游业基本情况及浙江旅游统计便览》整理。

（四）旅游资源保护对策不完善

乡村旅游的开发势必导致资源保护和旅游地经济发展之间的矛盾化升级，部分乡村的旅游开发建立在资源的无限制开发上，着眼于短期利益而置资源保护于不顾，给资源的永续利用带来威胁，同时也抑制了经济的后续发展。反之，片面强调保护，从而忽视了对乡村旅游资源的开发，不能体现出乡村旅游资源本身所具有的内在价值，乡村旅游业得不到发展。再者，部分乡村的过度封闭和保守化，村民安于现状，惰于寻求新的发展道路，乡村旅游资源不加以合理开发和利用，也导致乡村旅游资源的经济效益、社会效

益无法得以实现，乡村经济发展停滞不前。

在乡村旅游的发展过程中，旅游资源被大量开发利用，然而资源是脆弱的，在开发规划过程中常常会受到不同程度的破坏，包括地质、气候、生物在内的自然因素以及人为因素，其中人文因素是导致旅游资源破坏的主要因素，它包括建设性破坏，生产性破坏，旅游开发与规划不当造成的破坏，游客本身的破坏，旅游管理不善带来的破坏等。这些破坏对乡村旅游资源的影响主要表现在以下几个方面：动植物资源、水资源、农业资源、人文资源、生态资源、人居环境（表9-13）。

乡村旅游活动对资源的影响 表9-13

序号	类型	具体影响
1	动植物资源	1. 动物数量减少 2. 动物习性和基因改变 3. 植被覆盖率降低，绿地、草皮数量减少
2	水资源	1. 水土流失 2. 地下水逐渐枯竭 3. 因大量排放垃圾、油污而污染生活用水 4. 水岸线变化（如：变曲为直）
3	农业资源	1. 减小了耕地面积 2. 人类活动导致土壤板结
4	人文资源	1. 外来文化对乡村本土文化的侵蚀 2. 人为活动对古建筑以及各种遗址的破坏 3. 基础设施建设破坏了乡村景观的整体美感
5	人居环境	1. 汽车尾气的排放污染环境 2. 大量生活垃圾破坏居住环境

近几年来，由于浙江省"美丽乡村"建设的开展，在自然旅游资源修复方面，取得了一定的成效。同时，人文旅游资源保护，特别是文物和"非遗保护"，也取得了明显的阶段性成效。2012年，浙江省文化厅评选出全省第二批包括宁海县前童村、东阳市花园村、普陀区干施岙村、景宁县东弄村等在内的共35个非遗旅游景区，这些乡村旅游景区最大的特点是具有独特的非物质文化遗产。

浙江省乡村旅游资源虽然在一定程度上得到了规范保护，但是随着"美丽乡村"建设的加快，在资源保护方面稍显落后，资源保护对策稍显不完善，其主要问题是：

1. 乡村旅游资源保护基础工作滞后

这一点主要表现在以下几个方面：一是乡村旅游资源掌握不够全面。浙江省乡村旅游资源丰富多彩，乡村旅游遍地开花，但是现阶段对乡村旅游资源的结构、类型、分布、现状等情况的了解还不够全面系统，旅游资源档案不够健全。二是乡村旅游资源保护规划不完善。全省乡村旅游资源保护规划尚未编制，重点乡村旅游地旅游规划尚未编制或不完善。三是对当地居民保护意识的普及不够全面。乡村旅游地大都位于远离城市地区，当地居民的生产生活方式较原始，乡村成为旅游景区后，很多居民缺乏生态环境保护观念，生态意识较薄弱，政府以及相关部门对居民关于旅游资源的保护意识和保护方法的普及教育有待加强。

2. 乡村旅游资源保护政策措施不到位

浙江省作为旅游资源大省，尚未系统性地依照相关法律法规，从实际出发制定切实可行的乡村旅游资源保护办法，致使乡村旅游资源保护工作在相当程度上处于尴尬的状态。改革开放以来，浙江省关于自然资源保护的相关政策文件包括1999年发布的《浙江省农业自然资源综合管理条例》；2006年制定的《浙江省自然保护区管理办法（草案）》等。关于文化资源保护的相关政策文件包括1997年《浙江省文物保护管理条例》；1999年《浙江省历史文化名城（区）保护条例》；2003年《浙江省人民政府关于进一步加强文物工作的意见》；2006年《关于加强文化遗产保护的通知》以及《浙江省非物质文化遗产保护条例（草案）》；2007年《浙江省非物质文化遗产保护条例》等。这些政策文件的颁布与实施，虽为乡村自然和人文资源的保护奠定了基础，但都未针对或是较深入地对乡村旅游资源保护提出可行性的意见。

浙江省乡村旅游自萌芽以来，明确涉及乡村旅游方面的政策文件，更多倾向于地方性乡村旅游标准以及乡村旅游发展的相关意见。例如，2005年浙江省质量技术监督局发布的浙江省地方标准《浙江省乡村旅游点服务质量等级划分与评定》。这些政策文件的颁布与实施，都在一定程度上规范了乡村旅游业的管理，促进了乡村旅游业的发展，但是都很少涉及乡村旅游资源的保护方面。总的来说，浙江省乡村旅游资源保护政策措施的滞后，在一定程度上制约了乡村旅游的快速发展，有待于出台并完善。

3. 乡村旅游资源保护保障机制薄弱

这一点主要表现在以下几个方面：一是乡村旅游资源保护涉及旅游、环境、林业、水利、相关乡镇等众多部门，但目前在乡村旅游开发保护过程中，大多各自为政，并未形成齐抓共管的整体合力。二是乡村旅游景区普遍缺乏专门管理机构或者形同虚设，在乡村旅游开发后期，有关人员大量撤离，客观上影响了乡村旅游资源的保护和管理。三是为取得经济利益最大化，未实行景区人流量的控制制度，置乡村旅游的实际承载力于不顾，大量接待游客，造成资源环境的过度使用。四是由于旅游收入分配的不均等，导致村民缺乏保护乡村资源的主动性和积极性。五是保护资金投入不足，有限的财政投入滞后于旅游资源保护的需要。

三、机遇

"十二五"时期是加快浙江省乡村旅游业新一轮大发展的机遇期，是推进乡村旅游业转型升级的关键时期，抓住机遇，把握乡村旅游产业发展新动向，使浙江省乡村旅游资源的开发处于领先地位。

（一）乡村旅游消费需求日渐旺盛

不断加快的生活节奏和与日俱增的生活压力，使得久居城市的居民对自然环境日渐疏远。2011年，浙江省城镇居民人均可支配收入30971元，人均消费支出20437元；农村居民人均纯收入13071元，人均生活消费支出9644元。随着可支配收入的增加和闲暇时间的增多，千篇一律的城市观光旅游已经不能满足人们求新的欲望，而体验田园乡村生活、感悟大自然的乡村旅游吸引大量城市居民，成为其新的消费需求（图9-9）。

当前，浙江省乡村旅游业发展正处于难得的机遇期，旅游消费需求市场空间逐渐扩大。在"十二五"规划中，浙江省委、省政府确立了依托资源优势，把旅游业建设成为生态文明先导产业的目标。2011年，作为"十二五"计划的开篇之年，旅游总收入达到了一个新的高度，全省接待国内旅游者3.43亿人次，同比增长16.25%，实现国内旅游收入3785.25亿元，同比增长24.29%；实现旅游总收入4080.33亿元，同比增长23.18%，占GDP的12.8%以及第三产业增加值的29.1%（表9-14）。据最新调查数据显示，2012年"十一"黄金周期间，随着高速免费政策的掀起，浙江省80%游客选择在省内观光度假，自助游及自驾游人数显著增加。乌镇、西塘等景区日接待自驾车游客千余人，比去年同期增长了10%左右。

此外，我国浓郁地方特色的乡村旅游资源同样吸引了大量的入境游客，1983年全省接待入境旅游人数为184287人，到2011年全省入境旅游人数已经增加为7736908万人，是1983年的42倍；从国际旅游

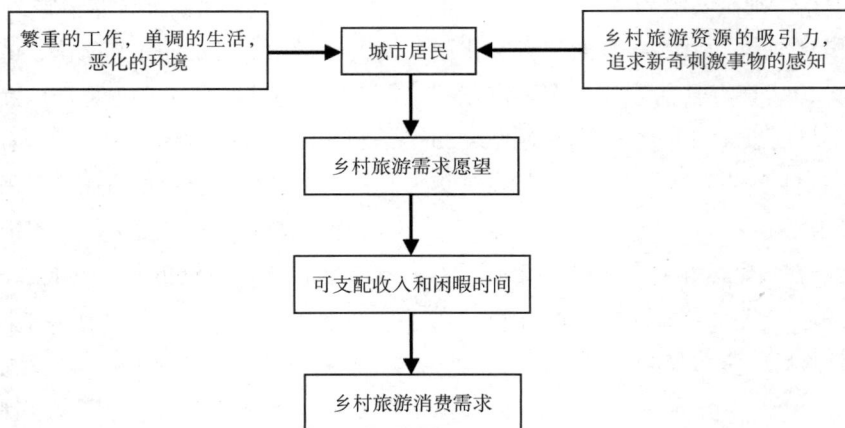

图9-9　乡村旅游消费需求的动力系统

业创汇收入上看，1983 年创汇 1458 万美元，到 2011 年增加为 454173 万美元，是 1983 年的 312 倍（表 9-14）。其中，浙江省十大外国客源市场分别为韩国、日本、美国、马来西亚、新加坡、德国、意大利、法国、英国、泰国（表 9-15）。入境旅游者在浙江的人均消费将近 882 美元，极大地促进了浙江省乡村旅游事业的发展。依托丰富的乡村旅游资源以及浙江省旅游业的广阔市场基础，乡村旅游消费需求日渐旺盛，乡村旅游资源的开发势头与日俱增。

（二）乡村旅游资源开发的供给条件更加优越

近年来，浙江省充分利用乡村山水优势和文化优势，全面推进乡村旅游资源的开发与提升，不断丰富旅游产品供给，大力推进乡村旅游地域内的环境风貌整治，切实加强旅游地与周边村镇的协调发展。通过优化旅游产业结构，实现吃住行游购娱旅游六要素的全面发展。

四、挑战

浙江省发展乡村旅游业面对众多机遇的同时，也面临着许多挑战。在宏观层面上，少数县市的旅游经济仍处于自发状态，旅游消费需求增长与乡村旅

2005~2011 年浙江省旅游事业发展情况　　　　　　　　　　　　　　　表 9-14

项目 / 年份	国内游客数量		国内旅游收入		入境旅游人数		外汇收入		旅游总收入	
	（万人次）	增长（%）	（亿元）	增长（%）	人次	增长（%）	（亿美元）	增长（%）	（亿元）	增长（%）
2005	12758	20.4	1239.7	22.4	3480089	25.8	17.2	31.9	1378.8	23.1
2006	16149	26.6	1519.6	22.6	4268328	22.6	21.3	24.3	1690.1	22.6
2007	19100	18.6	1820.0	19.7	5111789	19.8	27.1	26.8	2025.8	19.9
2008	20900	10.0	2040.0	12.0	5396682	5.6	30.2	11.7	2250.0	11.1
2009	24410	16.8	2423.5	18.8	5706385	5.7	32.2	5.5	2643.7	17.5
2010	29500	20.9	3045.5	25.7	6847102	20.0	39.3	21.9	3312.6	25.3
2011	34295	16.3	3785.3	24.3	7736908	13.0	45.4	15.6	4080.3	23.2

来源：根据《2012 年浙江省统计年鉴》整理。

2011 年浙江省入境旅游主要客源国情况　　　　　　　　　　　　　　　表 9-15

国别	来浙人数（万人次）	同比（%）	国别	来浙人数（万人次）	同比（%）
韩国	79.1	10.7	德国	16.2	18.1
日本	77.3	9.2	意大利	15.6	25.7
美国	38.8	14.8	法国	14.1	16.9
马来西亚	25.9	8.8	英国	12.4	15.9
新加坡	16.7	4.1	泰国	11.4	8.8

来源：根据《2011 年浙江省旅游业基本情况及浙江旅游统计便览》整理。

游业发展相对滞后的矛盾日趋明显。具体而言，乡村旅游资源缺乏精品，转型升级滞后等已成为浙江"旅游经济强省"建设的制约因素。

（一）乡村旅游资源整合

丰富的自然和人文旅游资源，赋予了浙江旅游资源大省地位。然而，浙江乡村旅游业发展至今，旅游产品多但不精，除乌镇、西塘旅游景区，以及具有独特文化的龙门、诸葛村、象山"中国渔村"外，浙江乡村旅游景观辨识度较低，游客对乡村景点的"可印象性"和"可识别性"评价并不高。乡村旅游资源开发深度不够，缺乏精品，严重制约着浙江乡村旅游业的发展。可以说，与乡村旅游强省相比，浙江乡村旅游业的一大差距，就是缺乏精品，而乡村旅游资源的有效整合对于乡村旅游精品的打造起着关键性作用。

（二）乡村旅游转型升级

浙江省乡村旅游发展迅速，市场广阔，但是从全省看，粗放的经营管理模式、同质化的旅游开发方式以及日趋严重的旅游产品结构性矛盾较难支撑浙江省乡村旅游的长远发展。因此，实现乡村旅游业转型升级，既是浙江省转变发展方式的客观要求，也是乡村旅游业自身发展的实际需要。只有增加资本、技术等要素的投入，才能有效提高乡村旅游业的经营效益，才能有效保护和利用乡村旅游资源，浙江省乡村旅游目的地之间的竞争日趋激烈，乡村旅游业转型升级的任务迫在眉睫。

第三节 "美丽乡村"建设下的乡村旅游资源开发策略

一、"美丽乡村"建设下的乡村旅游要素集聚

在"美丽乡村"建设规划过程中通过资源整合、产业融合和板块联合促进乡村旅游要素的集聚。这有利于乡村生产力的优化布局，产业结构的调整，促进乡村旅游地经济平稳发展；有利于健全公共服务体系，优化生活环境，构筑生态屏障，因地制宜发展生态农业、生态工业、生态旅游业，实现生态和经济协调发展，推进生态文明建设，实现区域协调发展，进一步推动乡村旅游的有序发展。

（一）资源整合

资源整合包括乡村旅游资源的整合，也包括其他资源，如人才、市场、信息的整合。资源整合不是单纯的资源叠加，而是通过对不同类型、不同层次、不同结构的资源进行选择与汲取，通过生产、流通、消费等多个环节的有机融合，提高乡村资源的系统性和价值性，实现资源的优化配置，从而获得整体的最优，并创造出新的资源的一个复杂的动态过程，例如通过人文资源的优化整合促进新文化的培育。

乡村旅游资源的整合，首先要对资源进行梳理与统计，在对资源的结构、类型、分布、现状等情况全面了解的基础上，根据地方长远发展战略和市场需求对资源进行重新配置，有进有退、有取有舍，突显乡村特色优势资源，做大做精，提高核心竞争力，寻求资源配置与旅游需求的最佳结合点。

（二）产业融合

旅游业是开放型和引导型的产业，产业融合是指突破一、二、三产业的明显界限，将旅游业与一、二、三产业融合发展。例如，旅游业与原生态农产品加工业的融合，旅游业与现代农业的融合，旅游业与创意文化产业的融合，旅游业与影视娱乐业的融合等。产业的融合不仅优化了旅游业本身发展空间，同时也带动了相关产业的发展，通过旅游产业要素与其他产业要素的一体化发展，形成紧密联系的产业链，创造出更多的复合价值。乡村旅游业的快速健康发展，应冲破传统乡村田园观光的单一模式化发展，向复合型旅游转变，大力推进乡村旅游业与文化产业、体育产业、影视产业、生态农业、轻加工业、房地产业等相关行业的融合，共同发展文化旅游、康体旅游、影视旅游、生态旅游、工业旅游、地产旅游等特色旅游，努力扩大旅游业与其他产业的融合范围，积极寻求产业融合的最佳结合点，特色产业依托型的乡村旅游发展模式是产业融合的典范。

自"美丽乡村"建设实施以来，浙江省产业融合

发展的成功案例甚多，其中安吉县是发展较好的地区之一。

浙江省安吉县地处浙江省西北部，位于长三角经济圈的几何中心（图9-10），境内多山，生态环境优越，生态空间主要以森林、竹林、白茶种植构筑，全县森林覆盖率达到71%，拥有山林198万亩，其中竹林面积100万亩，是浙江省重要林区县，为全国著名的"中国竹乡"。

安吉县依托优越的农（林）业资源及区位优势，创新开展中国"美丽乡村"建设，迄今为止，"美丽乡村"覆盖面达到85%以上。在"美丽乡村"建设大背景以及"森林浙江"建设的推动下，安吉县将产业发展与乡村旅游业有机融合，积极发展生态产业，依据乡村特色，培育主导产业，成功打造了一批以竹产业、白茶产业为特色的专业名村，同时延伸农（林）业产业链，形成"生态农（林）业—生态旅游"耦合的产业系统，现已规划形成递铺—孝丰—报福—杭垓和递铺—溪龙—梅溪—昆铜生态农（林）产业带以及递铺—天荒坪竹乡和递铺—孝丰—报福—章村生态旅游产业带。"十二五"规划以来，随着白茶、蚕桑、休闲农业、毛竹等四个万亩现代农业园区的启动建设，安吉县农业产业体系进一步完善，主导产业优势不断放大，特色产业规模不断扩大，一产"接二连三"的进程加快，产业融合度进一步增强。

安吉县通过建设现代竹林示范园区，开展高效生态竹林培育，加快毛竹速生丰产林建设和低产低效林改造，提高竹林产量和品质，做足竹乡旅游开发（图9-11）。安吉县产业融合的成功经验推动了浙江省系统性产业融合，为更好地实现旅游资源配置、产业结构优化以及提高核心竞争力指明了方向。乡村旅游业与其他产业的融合，是吸取各方积极发展因素，实现乡村旅游业转型升级和创新产业发展方式的必经之路。

（三）板块联合

通过资源整合和产业融合，确定一个区域或一个空间内乡村旅游主题或主要开发模式，构建不同类型旅游板块。板块是对产业带、旅游景点、村落等斑块进行的有机连接，各板块依托自身资源优势和独特竞

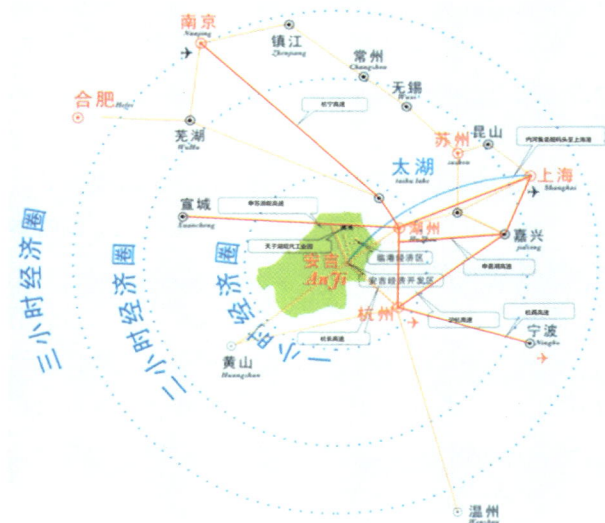

图9-10 安吉县区位图

图9-11 安吉竹博园

图片来源：
图 9-11 http://www.ajnjl.cn/lyyj/2013/0320/387.html；
http://www.photofans.cn/album/showpic.php?year=2011&picid=1005259

争力吸引旅游者，旅游群体的不同需求，导致各旅游板块的需求程度不尽相同。在"美丽乡村"建设下通过板块联合促进旅游的全面、互动发展。

1. 区域内板块联合

区域可划分一个村域、镇域、市域或者更大的范围。区域内板块联合则指某个村域或镇域或市域内不同旅游板块的联合发展。

在一个区域内，乡村旅游资源类型多样，为便于开发宣传，规划中常划分为几个旅游板块，依托当地政策扶持、资源优势互补、精品线路设计实现板块联合发展，以弱带强、以精补拙，带动其他板块的发展。

2. 区域间板块联合

以村为单位，区域间板块联合指的是不同村之间乡村旅游的联合发展；以镇为单位，则指不同镇域的乡村旅游联合发展，依此类推。浙江省大尺度区域间板块合作包括沿海协作带合作、长三角无障碍旅游区合作、浙赣闽皖旅游协作区合作、浙闽台海洋旅游区合作、沿运河旅游协作带合作和环太湖旅游协作区合作等。针对不同层次和不同的旅游区域板块联合，采取不同的应对策略。

二、"美丽乡村"建设下的乡村旅游资源开发对策

（一）资源开发的整体规划

根据旅游地生命理论，浙江省大部分地区乡村旅游尚处于参与和发展阶段，资源发生少量的变化或基本被开发，资源的开发仍具有旺盛的生命力和良好的发展势头，我们应该把握发展时机，合理利用和整合乡村旅游资源，坚持规划的整体性和先行性是乡村旅游资源开发成功与否的前提要素。坚持沟通是前提，资源是基础，文化是灵魂，创新是关键，落地是标准，多元是趋势的规划思路。

1. 沟通前提

沟通是思想的传递和反馈，沟通包括及时通过社会调查了解客源情况、消费者现实需求，村民对于旅游开发的建议和意见，以及涉及旅游的相关部门的意见。在沟通过程中获得与规划有关的重要信息，为后

续工作奠定基础。

2. 资源基础

旅游资源的规划不能无中生有、天马行空地杜撰，应在充分挖掘、整合当地资源基础上，发挥资源价值的最大化，将资源转化为旅游产品，乡村旅游景区属于资源依托型，对资源的整合利用是行之有效的根本。

3. 文化灵魂

文化是乡村旅游的灵魂，是旅游地生命力的支撑，是可持续发展的关键。乡村文化有着悠久的历史传承和积淀，是一种活生生的，充满吸引力的资源形式，乡村旅游的深度开发依赖文化的深入挖掘。浙江省文化资源类型多样，乡村旅游文化资源的开发要将分散的文化元素转化成为参与性强的文化休闲娱乐产品，把文化元素贯穿于乡村旅游活动的全过程，把文化元素融入吃、住、行、游、购、娱各个环节，让文化真正扎根于乡村旅游中，使之成为乡村旅游的特色。

4. 创新关键

在资源同质、文化同源和地理位置邻近的情况下，乡村旅游资源开发的超前性和创新性显得尤为重要。创新涉及规划的方方面面，大到理念的创新、产品的创新、形象定位的创新，小到标识系统、景观小品的设计。在体验经济时代，需着眼于旅游活动项目的创新性，满足日益多样化的游客需求。以乡村生态景观为基底，乡村旅游资源规划的创新可以多种多样，例如引进高科技的生态体验农业项目；打造情趣化的乡村生态环境；营造创意性的度假生活方式等。

5. 落地标准

乡村旅游资源的开发应杜绝"纸上谈兵"，天马行空地将目标摆在一个很高的位置，最终却不能落地，这样再好的创新性也毫无意义。落地性和可操作性是检验旅游规划成功与否的重要标准。

6. 多元趋势

多元化包括旅游产品和产业互动两方面的内容。旅游业是综合性极强的产业，规划应根据市场需求，通过资源整合、产业集聚，突破单一的旅游产业，开

发不同的旅游产品，满足游客需求。乡村旅游规划更应如此，既要关注旅游业本身的发展，也要关注与之相关的农、林、牧、副、渔业等，推动区域整体经济发展。

（二）乡土景观的合理营造

"原乡规划"理论以及乡村景观的同质化现状，都要求在乡村旅游资源开发规划时注重乡土景观的合理营造，乡土景观是地区的，是民族的，不同的地域特征、气候条件造就各具特色的乡土景观。如北方大漠景观，南方水网景观。乡土景观的合理营造是对乡土元素的提炼和再造，也是对乡土景观构成要素的组合和诠释，更是对乡村文脉和地脉的传承与尊重。

乡土景观的模式化规划设计理念已不能适应当今个性化旅游市场的需求，这就要求在规划设计中创新思路。乡土景观营造的精髓是"原乡"，即通过景观设计、风貌控制与建筑保护，维护乡村地区的原乡风味，并在此基础上整治优化人居环境，营造良好的生产生活和旅游氛围。具体包括乡土元素的挖掘，新旧元素的统一，保留乡土聚落空间生动性以及对村落原有肌理的保护。尽量使用乡土材料，因地制宜表现地方特色，使景观与当地的风土环境相融合，合理营造乡土景观，使之成为吸引游客的特色乡村旅游资源（图 9-12）。

1. 乡土元素的挖掘

不同地域、气候、民族文化形成各具特色的地方乡土景观元素，优质的乡村旅游资源应能体现浓厚的地域文化和乡土精神。乡土元素是场所记忆的承载体，它的表达多以元素符号化的形式来实现，人类创造文化的同时就在创造符号系统，文化传承与符号传承紧密相连。在乡村旅游资源开发规划之初应通过调查分析，从乡土自然环境、乡土历史文化、乡土物质文化以及乡土精神文化四个方面挖掘乡土元素，提取展现地方特色的元素符号，运用于建筑、小品中，例如安吉山川乡景观规划设计中提炼乡土"竹"元素，运用于入口标志性景观的设计（图 9-13）。

乡土元素符号，可以是乡村特有的动植物资源、文字、语言、乐谱、也可以是一个手势、一幅图案、一个形体或者名人篆刻、地方精神等。在设计中通过载体的变化来表述乡土文化，如形态、功能、结构、材料等，用符号来延续场所记忆和地方文脉。乡土元素符号在规划设计中，通常借用一定的表现手法加以组合利用，以求给游客带来不同的空间体验与心理认知，唤起不同的情景图式及"记忆"片断，从而形成特色乡土景观。常用的手法有以下几种：

（1）延续：保留原有场地形态特征，通过场景再现的形式，使历史得以延续。

（2）再创：从传统乡土景观中提取具有代表性的旧景观元素，与新景观元素重新组合，使新旧景观相互协调，创造新秩序和新关系。

（3）整合：从各类乡土景观原型中提炼出多样的元素符号进行整合叠加，或将最具代表性的元素符号大量地重复利用。

2. 新旧元素的统一

"美丽乡村"的大力建设以及现代文明的冲击，导致乡村现代元素聚集，在深度挖掘乡土元素的同时注重新旧元素的融合统一，这是资源开发的关键，它主要表现在以下几个方面：乡土材料与现代材料的组合运用；传统文化与新文化的并存；旧式生产生活方

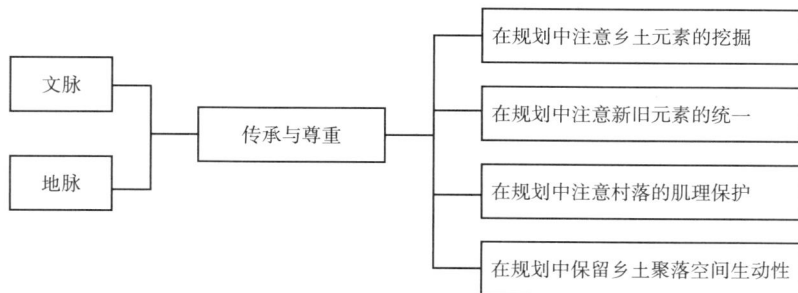

图9-12 乡土景观的营造

图9-13 安吉山川乡入口标志性景观

图9-14 乌石村民居

图9-15 前童古镇小巷

式与现代化生产生活方式的统一；传统作法与现代工艺的结合。例如，稻作景观与现代化生产设施的结合，传统建筑与现代材料的契合。

3. 村落肌理的保护

村落肌理是架构在丰富的自然生态、历史文化与社会经济互动关系之上的系统性的整体。它大体包括外在的建筑肌理、路网肌理以及内在的文化肌理。其中，建筑肌理包括建筑的材料、色彩、形体、布局等。磐安县尖山镇乌石村以黑色玄武岩为墙体材料的古建筑（图9-14）；乐清市城北乡黄坦洞村用石块或石片垒就的屋舍；徽派建筑外立面的粉墙黛瓦，这些都是一个乡村地域内建筑肌理的外在体现。乡村地区特有的建筑材料、风格和布局模式，是乡村历史的积淀，

与乡村生态系统紧密融合，它体现着中国传统建筑设计与规划布局的朴素思想，以及人与自然的和谐共存，建筑肌理展现了一个村落的整体风貌和人文特色。道路的走向、等级划分以及道路材料使用构成村落路网肌理，路网肌理在一定程度上影响着村落空间的整体布局，反应村落的历史演变，如前童古镇"回字"结构的八卦街巷构建，促使乡村形成独特的"水八卦"布局（图9-15）。而文化肌理则是一个村落几百年甚至上千年的文化沉淀，是地方文化的精髓，是世代传承的物质财富，浙江省文成县九都村世代盛传刘基文化，成为享誉国内的刘基文化特色旅游村。

村落肌理是村落特有的标志，是在长期的历史岁月中积淀形成的，是一部活的村庄历史。"美丽乡村"

建设下的乡村旅游资源开发，应打破新农村建设中建筑道路的现代化和千村一面式发展，尊重当地风俗习惯，保持乡土建筑风格的统一性，延续村庄传统建筑肌理的连贯性。在保留村落原有路网肌理的基础上，对道路脉络进行梳理，尽量在合理范围内优化道路结构，便于村民出行。更重要的是对乡村景观进行规划时，要以维护乡村生态平衡，较少人工化为原则，保护好场地的文化肌理，最终形成物质空间、功能空间、社会空间、文化空间等有机融合的村庄肌理。

4. 聚落空间生动性

乡土聚落是独特的乡村旅游资源，民居、道路、边界、区域、节点等共同构成乡土聚落空间，它的形成受地形、降水、气温、水源以及人类活动的影响（图9-16）。随着城市化的扩张，聚落在空间上由无序自由形式向有序整合，形成了乡村空间的社区化，即城市化村聚落（图9-17）。它的形成代表着现代化文明的发展，然而在一定程度上，它的整齐划一和模式化的发展思路，缺乏了乡村聚落独特的韵味，使乡村旅游失去生命力及归属感。

真正意义上的乡土聚落不同于城市化村聚落。乡土聚落应是灵动的、错落有致的，或沿水系分布，或沿山脉分布，或按风水布局，或散状分布于乡村地域内。例如西塘的乡村形态随着水系的发展而变化；诸葛八卦村整个村落按九宫八卦设计布局。我国乡土聚落空间复杂多变，北方草原多逐水草而居，没有定型的村落；黄土高原地区多以窑洞沿崖壁分布，疏散布置。南方河网地区，村落沿河建屋，多形成线状的空间布局；丘陵地区大体沿等高线布局。乡土聚落空间布局因地制宜，顺应自然。

乡土聚落的空间规划应尽量遵循村庄原有布局，在乡土聚落的内部分区上合理规划布局项目。在"美丽乡村"建设背景下，乡村大多实行土地的集约利用，规划设计中应避免乡村社区横平竖直的模式化发展，而应"师法自然"，顺应乡村自然发展规律，保留乡村原始聚落空间的生动性以及形态美，在变化中求统一，确需进行土地整理和村落集中建设时，要尽量保持住宅的院落空间，保留村落乡土本色，例如黄公望村的建筑布局形式。

图9-16 西塘水乡聚落

图9-17 花园村新社区

（三）精品线路的科学构建

资源开发的目的在于乡村旅游的大发展，因此旅游精品线路的科学构建成为吸引游客的重要战略基础。在整合资源基础上，打破行政区域限制，按照资源特色和区位关系进行优化组合，通过主题、主线、区域配置方式变"单元分割的条块结构"为"向心集聚的串式结构"，串联各核心景区（点），形成旅游精品线路，实现各景区（点）的互动发展，提升旅游业的规模效益。

浙江省乡村旅游开发的趋势是加强区域旅游资源的整合，建设区域内多主题线路产品或不同区域线

图片来源：
图9-14 《东方早报》
图9-15 http://nh.cnnb.com.cn/gb/nhnews/weihua/chenxiang/mingsheng/userobject1ai10883.html
图9-16 《水乡明珠西塘 四》
图9-17 http://news.zj.vnet.cn/20130514I9338390.html

路产品。

1. 时空构建

合理组织交通，建设不同时段线路产品，例如一日游、周末游、全周游等。

（1）杭州三日乡村游：第一天：杭州/富阳龙门古镇、白鹤村/建德三都渔村；第二天：桐庐芦茨村、莪山畲乡山寨/淳安千岛湖石林、上西村；第三天：杭州龙坞茶村/临安上坪村、白沙村/大峡谷景区。

（2）宁波/舟山渔家乐四日游：第一天：宁波/余姚丹山赤水风景区/杨梅采摘观光园/宁波；第二天：奉化滕头村、新建村/鄞州天宫庄园休闲旅游区；第三天：宁波/沈家门/东极岛；第四天：东极岛/朱家尖梭子蟹养殖观光园区/富田园旅游区。

（3）温州/台州海上渔村休闲五日游：第一天：温州/洞头"渔家乐"休闲旅游区；第二天：三魁乡村旅游/乐清湾海上休闲游/雁荡山；第三天：雁荡山风景区/楠溪江风景区；第四天：玉环漩门湾观光园/温岭长屿硐天/石塘渔村；第五天：临海石长城/桃渚风景名胜区。

（4）杭州/湖州/德清水镇竹乡一日游：杭州/水乡南浔/安吉竹博园、大竹海/德清下渚湖。

2. 资源上构建

以浙江省"十二五"规划重点项目红色旅游资源和浙江省独特海洋旅游资源为例，构建乡村旅游精品线路。

（1）红色旅游精品线路

浙江省红色旅游资源种类丰富、分布广泛，党史部门初步整理的红色旅游资源点有100多处，其中多处位于乡村地区，这些都为发展乡村红色旅游创造了良好条件。整合乡村红色旅游资源，推广红色旅游精品线路，形成红色旅游与乡村生态休闲相结合的发展格局是浙江省打好红色旅游牌的关键。

1）余姚梁弄镇—四明山景区线。主要串联景区（景点）：梁弄古镇、宁波市浙东（四明山）抗日根据地旧址等。

2）丽水厦河村—文成三合村—松阳安岱后—遂昌王村口—龙泉披云山—庆元斋郎村线。主要串联景区（景点）：中共浙江省委机关旧址、三岩寺红军洞、安岱后革命遗址、王村口革命遗址群、住龙—披云山—宝溪系列革命旧址、斋郎战斗红军指挥部旧址等。

3）平阳凤卧—洞头—山门—南雁荡线。主要串联景区（景点）：浙南（平阳）革命根据地旧址群、南雁荡山景区等。

4）衢州—江山—常山—开化线。主要串联景区（景点）：衢江区灰坪乡红军标语石刻及红军松、六英烈纪念碑、常山英蓉乡红军战斗遗迹、开化库坑中共闽浙赣省委旧址和福岭山中共浙皖特委旧址、浙皖军分区旧址及红军医院、江山仙霞关抗击日军战斗旧址等。

5）永嘉五下村—溪下乡黄皮村线。主要串联景区（景点）：中国工农红军第十三军军部旧址、浙南红军游击总指挥部旧址（黄皮寺）等。

6）长兴槐坎—安吉—孝丰线。主要串联景区（景点）：长兴新四军苏浙军区旧址、安吉反顽自卫战指挥部旧址（姚家大院）等。

（2）海滨度假休闲精品线路

浙江省独特的海洋旅游资源，以及"十二五"规划提出合理开发利用海洋资源，加强渔港建设，保护海岛、海岸带和海洋生态环境的发展海洋经济的建议；《浙江舟山群岛新区发展规划》的批复，这些都为开发海滨度假休闲精品线路奠定了坚实的基础。

1）松兰山海滨度假区—中国渔村—花岙岛景区线。主要串联景区（景点）：海滨浴场、海岛狩猎度假村、皇城沙滩、"石林"等。

2）台州卫星村—路桥剑门港村—温岭流水坑村线。主要串联景区（景点）：甲午岩海滨、下屿龙洞、观潮、沙雕、海港等。

3）普陀长沙塘村—香莲村—庙子湖—秀东村—基湖村线。主要串联景区（景点）：蚂蚁岛、乌石砾滩、"布达拉宫"石屋奇景、秀山岛滑泥主题公园、基湖沙滩等。

（四）旅游资源的永续利用

做好乡村旅游资源普查工作，是旅游资源保护的前提，将资源保护规划的主要内容纳入乡村旅游发展总体规划中。在整合资源基础上，根据浙江省地形地貌和山水景观格局以及《浙江省生态旅游规划》，将全省分为6个乡村生态景观保护区：①浙北平原水乡景观保护区，规划逐步恢复江南水乡村落特色，加强对良渚—运河—古镇文化的资源保护。②浙西低山丘陵生态保护区，构建山水生态景观格局，科学测算景区环境容量，有效控制游客数量。③浙中丘陵盆地生态保护区，重点保护兰溪等古村落历史文化资源以及对武义—郭洞—俞源的人文生态保护。④浙西南山地森林生态保护区，积极防治地质灾害，维护乡村生态平衡，加强对方岩—仙都—仙居的山地景观资源保护。⑤浙东丘陵沿海生态保护区，重点加强山水景观、文化生态、特色村镇风貌、宗教文化、海滨海岛等核心资源保护。⑥浙东南海洋生态保护区，注重保护海岛自然生态系统的独特性和脆弱性，限制开发的规模和范围，禁止破坏性和无序性开发。

（1）制定乡村旅游资源保护相关政策法规

①有关上级政府职能部门应制定相关政策法规，使乡村旅游的运作有法可依，有章可循，使乡村旅游向法制化、规范化健康发展。②乡村旅游目的地可成立乡村旅游协会，依照现实制定有关章程，对乡村旅游活动进行现场指导和监督。③为确实保护好具有典型性和脆弱性的乡村旅游资源，要制定专项保护政策措施，避免对生态环境和景观开发性的破坏。

（2）健全旅游资源保护保障机制

①完善协调管理机制，形成上下联动、齐抓共管的良好工作格局。②建立利益补偿机制，调动村民保护乡村旅游资源的主动性和积极性。③增加资金投入，用以旅游资源的保护和开发，尤其是要增加非物质文化遗产保护的专项资金。④科学计算景区旅游容量，重视乡村旅游生态环境承载力。

三、"美丽乡村"建设下的乡村旅游资源开发思考与结论

浙江省"美丽乡村"的大力建设为乡村旅游资源的开发提供了政策上、财政上以及人力上的支持。在开发规划过程中，要杜绝新农村建设时盲目现代化的主张，要谨记对于乡村旅游资源而言，越是原生态的越是民族的。高质量、高层次、强生命力的乡村旅游

要求原始的生态环境和最具有淳朴乡土味、浓郁民族味的传统文化。浙江省乡村旅游点众多，不乏符合这些发展条件的乡村旅游地，它远离都市，受污染化、城市化影响较小，有着近乎原始而又俊美的自然环境，以及传统的民族民俗文化资源，这种高品位的旅游资源有着很大的开发价值。因此，从消费者的需求出发，以人的场地体验为主线，以合理保护为准则，探究乡村旅游要素集聚，重构乡村景观空间的新动力，构建乡村旅游精品线路，塑造具有明显地域特征的乡村旅游地。

第四节 嘉兴市秀洲区新塍镇乡村旅游规划建设

新塍镇位于浙江省嘉兴市秀洲区的西部，区位优势明显，是秀洲区西部农业资源、人文资源比较丰富的中心城镇（图9-18）。

图9-18 新塍镇区位图

一、新塍镇乡村旅游资源开发概述

（一）新塍镇乡村旅游开发背景

当前，浙江省各地市皆在大力推进城市化建设进程，尤其是杭州、嘉兴、宁波等一些大城市，都进行了城市区域布局调整。在城市化发展的过程中，为打破城乡二元结构相互割裂的局面，促进城乡协调发展，浙江省提出"千村示范、万村整治"工程。为加快社会主义新农村建设，努力实现生产发展、生活富裕、生态良好的目标，制定了浙江省"美丽乡村"建设行动计划。因此，在人居、环境、经济和文化四大主题下进行新塍镇"美丽乡村"规划建设，推进农村住房改造建设、农村环境体系建设、农村生态产业体系建设以及农村特色文化体系培育。

为此，新塍镇政府提出"十二五"时期及未来发展的总体定位："现代田园新市镇"，其特色内涵是"千年吴越古镇、生态宜居福地、现代工贸新塍"，即以现代服务业为重心，以先进制造业为依托，以现代农业为基础，构建具有新塍特色的现代产业体系，依托生态资源优势，完善功能配置，着力营造"园在镇中、镇在园中"的城乡协调发展新风貌。

（二）新塍镇乡村旅游资源开发 SWOT 分析

通过 SWOT 战略分析法，对新塍镇乡村旅游开展条件加以综合评估与分析，通过了解内部资源、外部环境的现状基础，总结乡村旅游资源开发的优势和缺陷，了解所面临的机遇和挑战，从而在乡村旅游资源开发过程中扬长避短，实现乡村旅游可持续发展（表9-16、图9-19）。

新塍镇乡村旅游资源开发 SWOT 分析表　　表 9-16

名称	内容
优势（strengths）	1. 新塍紧连嘉兴市区，是嘉兴城市西翼扩张、秀洲新区西北拓展的前沿阵地，区位优势明显、交通十分便捷 2. 新塍镇是"千年古镇"，历史文化底蕴深厚，自然资源和文化资源都具有一定的特色 3. 在浙江省大力发展"美丽乡村"建设、乡村特色旅游的大背景下使新塍镇的发展得到有力保障 4. 农业休闲旅游已初具规模，乡村特产已有一定的品牌效应
劣势（weaknesses）	1. 现状村庄规划特色不突出，缺乏标志性景观 2. 生态环境质量有待提高，村容村貌有待进一步改善 3. 乡村旅游开展迟缓，品牌效应不够，资源优势没有得到很好的利用和保护
机遇（opportunities）	"美丽乡村"建设的展开给新塍镇村庄旅游描绘了一幅经济繁荣、生态富美的发展蓝图，同时周边旅游景点的快速发展给乡村特色游注入了新的动力
挑战（threats）	1. 乡村旅游在各地逐渐兴起，尤其像水乡古镇游、农家乐体验游等的特色乡村游模式在新塍镇周边已有不少的成熟案例，如何有序开展、创新突破、形成自己的特色，对于新塍镇乡村旅游的发展是一大挑战 2. 目前在"美丽乡村"建设中的村庄，如何抓住这次机遇的同时做好村庄整治内容和土地利用及未来村庄规划的建设成为又一大挑战

综合来看，新塍镇水乡风韵浓厚，历史文化底蕴深厚，在"美丽乡村"的建设规划中开展乡村特色旅游，具有一定的区位优势和资源优势；同时也面临竞争激烈的新农村旅游市场的威胁，如何打响"千年古镇"品牌效应，顺利开展乡村旅游，制定精品线路，对于处在旅游萌芽阶段的新塍镇来说具有一定的挑战性。

图9-19　现状景观

图9-20 小蓬莱公园、能仁寺、党史陈列馆

二、新塍镇乡村旅游资源现状及其评价

（一）新塍镇乡村旅游资源现状

1. 乡村"居住"类旅游资源

新塍镇传统乡村建筑特色明显，现状保存较完好。始建于梁天监二年（503年）的千年古刹能仁寺，原占地面积70亩，幸存遗址有蚕王殿、砖塔以及小蓬莱公园内的千年古银杏树。近年按照古代庙宇建筑风格对古寺进行修复，旨在建成浙江最大的寺庙之一，现已修建大雄宝殿、三圣殿、玉佛殿、伽蓝殿和祖师殿，初现古刹风韵。作为能仁寺附属建筑十二禅房之一（环清房）的小蓬莱公园，以其园内1500多年历史的古银杏树而闻名于世，经多年修葺复建，现公园面积1万余平方米，亭台楼阁依水而建，具有浓郁的江南田园风光，当地10多位书画爱好者在此组建了"蓬莱书画社"。位于陆家桥东北侧的嘉兴地方党史陈列馆，馆址原系晚清年间的吴润昭私院，新馆自2001年6月修建落成，便成为党员干部、青少年学生爱国教育的重要基地，并于2004年被评为"嘉兴市第三批爱国主义教育基地"（图9-20）。2006年，新塍镇因具有大规模保存完好的古街风貌和千年古刹，被浙江省政府授予"第三批省级历史文化名镇"称号。

2. 乡村"产业"类旅游资源

新塍镇现有西文桥苗木示范基地、庙云桥千亩苗木生产基地、洛西千亩苗木生产基地和潘家浜新品种苗木繁育基地四大苗木基地，总面积3015亩。秀洲区新塍现代农业综合区（暨台湾农民创业园）规划总面积45200亩，以发展精品水果、花卉苗木和休闲观光等现代都市农业为主线，为乡村农业休闲旅游创造良好的条件（表9-17、图9-21）。

新塍镇农业综合区空间布局			表9-17
片区	区域总面积（亩）	覆盖（村）	主要产业
精致农业区	10380	陡门村、大通村	水果、蔬菜、花卉苗木、烟叶

图9-21 现代农业园

图片来源：
图9-20 http://blog.sina.com.cn/s/blog_50ab61f60101f40f.html；
http://jxxznews.zjol.com.cn/xznews/system/2010/02/24/011863327.shtml；
http://tour.zj.com/show/15038/1706
图9-21 http://jxxznews.zjol.com.cn/xznews/system/2012/04/10/014919679.shtml；
http://jxxznews.zjol.com.cn/xznews/system/2012/04/10/014919679.shtml；
http://jxxznews.zjol.com.cn/xznews/system/2012/04/10/014919679.shtml

续表

片 区	区域总面积（亩）	覆盖（村）	主要产业
生态农业区	18350	大通村、运河农场、万民村	苗木、粮油、畜牧
特色农业区	16470	庙云桥村、潘家浜村	水果、苗木、休闲农业

3. 乡村"游赏"类旅游资源

1）乡村地质地貌景观类

新塍镇属杭嘉湖平原水网地区，土地肥沃，农业资源和水产资源丰富，素有"鱼米之乡"之称，全区处于江、海、湖、河交会之位，是杭、嘉、湖平原的重要组成部分，平均海拔3.8m。由于数千年来人类的垦殖开发，平原被纵横交错的塘浦河渠所分割，田、地、水交错分布，形成"六田一水三分地"格局。旱地栽桑、水田种粮、湖荡养鱼的立体地形结构，地形地貌明显，水乡特色浓郁。

2）乡村水域风光类

新塍镇具有典型的江南水乡特色，几条水系纵贯全境。区内河渠纵横，塘浦交错，河流总长99.7km，河网水域总面积3.1km²。镇域北端有澜溪塘（京杭大运河），与江苏省吴江市隔河相望，南端有杭州塘（京杭古运河），与洪合镇相隔，内河有新塍塘贯穿南北。现有省际河道2条、县（区）级河道5条，重要乡镇级河道11条。主要水系为运河水系，境内流域面积133.1km²，占全流域面积的100%，其流量受降水控制十分明显，属雨源类河流（图9-22）。

3）生物景观类

新塍镇在植被区划中属于北亚热带南缘地带，维管束植物科、属种均较丰富。新塍镇农耕历史久远，经过人类长期的农牧活动，天然植被和野生动物已被人工植被和养殖品种所替代。境内植被以常绿阔叶林、落叶阔叶林和近年发展的针叶树种为主。

4. 乡村"文化"类旅游资源

新塍镇是典型的江南水乡特色千年古镇，拥有1600多年历史，文化积淀深厚，民间艺术荟萃，特色饮食、传统手工艺丰富多样（表9-18），是嘉兴市本级唯一一个被命名为"浙江省历史文化名镇"的古镇，丰富的文化资源为新塍镇发展乡村旅游提供了坚实的基础。

人文资源现状表　　　　表9-18

类型	具体内容
名人文化	化学家郑兰华、画家沈本千、甲骨文金石史学者严一萍、农民画作家陈卫东等
名俗活动	元宵民俗文化节、鳌山灯会等
传统手工艺	元宵花灯、龙凤花烛、纸凉伞、老竹器、打年糕、包汤圆、编草鞋、扎灯笼、剪纸、做糖糕等
特色饮食	新塍小月饼、蟹叉三馄饨、洛东羊肉、糖糕、猪油菜饭等

（二）新塍镇乡村旅游资源评价

根据乡村旅游资源单体评价模型，对新塍镇主要乡村旅游资源进行综合评价，确定资源等级，为乡村旅游资源开发提供借鉴（表9-19）。

图9-22　现状水系

新塍镇乡村旅游资源单体评价   表 9-19

所属亚类	资源编号	资源单体	资源概述	总价值分值（分）	资源等级
传统乡土建筑或构筑物类（X_{AB}）	1	历史文化古街	沿市河两岸分布，东西长 1000 多米，南北长 50~100m，面积约 1.75 km²	85.7525	一级
	2	能仁寺	位于镇东南，始建于梁代天监二年（503 年），占地 70 余亩，幸存遗址有蚕王殿、砖塔及千年古银杏树	90.9275	一级
	3	嘉兴市地方党史陈列馆	系吴润昭私院，建于晚清太平天国年间，陈列馆为当时院落的中轴，占地 500 余平方米，馆内现有图片 193 幅，实物 23 件	84.0725	一级
	4	屠家祠堂	屠姓家族宗祠	69.825	二级
	5	郑氏老宅建筑群	郑氏家族建筑	69.825	二级
	6	名人故居	胡博泉老宅、徐氏老宅、金铭动老宅	54.855	三级
	7	小蓬莱公园	为能仁寺附属建筑十二禅房之一（环清房），以千年古银杏闻名	90.9275	一级
交通建筑类（X_{AC}）	8	问松桥	又称思皇桥。现存石桥是清道光壬寅道光十二年（1842 年）重建的，系单孔石桥。存有部分栏板，无望柱，桥身正中栏板刻有"问松桥"三字。《新塍镇志》记载：南朝梁军毅代至此，问松桥"前不可去耶"？松树为之点头，桥也随之断也，军不得过而返，故得名	86.82	一级
	9	天竺桥	又名观音桥，原先桥塊有观音庙伸向水面，因而得名	68.2975	二级
	10	码头	古代进出的水上交通站，现已荒废	55.405	三级
现代新农村建筑类（X_{AD}）	11	新社区	沙家浜社区、新盛社区、洛东社区、思古桥社区	63.00	二级
现代农业展示类（X_{BC}）	12	四大苗木基地	西文桥苗木示范基地、庙云桥千亩苗木生产基地、洛西千亩苗木生产基地和潘家浜新品种苗木繁育基地等四大苗木基地，总面积达 3015 亩	75.1925	二级
	13	秀洲区新塍现代农业综合区	暨台湾农民创业园，总面积 45200 亩，以发展精品水果、花卉苗木、蔬菜和休闲观光等现代都市农业为主线	84.985	一级
乡村水域风光类（X_{CB}）	14	古运河	澜溪塘（京杭大运河）、杭州塘（京杭古运河）、新塍塘，境内流域面积约 133.1 km²	67.35	二级
	15	溪流景观	省际河道 2 条、县（区）级河道 5 条、重要乡镇级河道 11 条，河流总长 99.7km，河网水域总面积 3.1 km²	56.9225	三级
民俗文化类（X_{DA}）	16	节庆演艺	元宵民俗文化节、鳌山灯会等	75.2175	二级
	17	名人文化	化学家郑兰华，画家沈本千，甲骨文金石文史学者严一萍，农民画作家陈卫东	65.665	二级
	18	传统手工艺	元宵花灯、龙凤花烛、纸凉伞、老竹器、编草鞋、扎灯笼、剪纸等	85.07	一级
农耕文化类（X_{DB}）	19	新塍月饼	历史悠久，制作工艺独特，全部工艺都是手工完成	83.8075	一级
	20	洛东羊肉	历史悠久，洛东所烧羊肉最有名，20 世纪 40 年代该地有好几爿羊肉店	83.8075	一级
	21	蟹叉三馄饨	始于清末	72.9	二级
	22	其他特色饮食	糖糕、猪油菜饭等	46.23	三级

根据资源单体总价值量得分，对其作出综合评价，将新塍镇乡村旅游资源点划分为3个开发等级：一级，开发价值很高；二级，开发价值较高；三级，开发价值一般（表9-20）：

资源等级划分　　　　　　　　　　表9-20

资源等级	综合价值量区间（分）	资源名称	资源数量
一级	≥80	历史文化古街、能仁寺、嘉兴市地方党史陈列馆、小蓬莱公园、问松桥、秀洲区新塍现代农业综合区、传统手工艺、新塍月饼、洛东羊肉	9个
二级	60~80	屠家祠堂、郑氏老宅建筑群、天竺桥、新社区、四大苗木基地、古运河、节庆演艺、名人文化、蟹叉三馄饨	9个
三级	≤60	名人故居、码头、溪流景观、其他特色饮食	4个

三、新塍镇"美丽乡村"建设

（一）"美丽乡村"建设规划定位

基于"十二五"时期及未来新塍镇打造具有江南水乡特色的经济重镇、生态强镇、文化名镇，实现"美丽乡村"建设在农村生产、生活、生态的和谐相融，营造特色田园风貌，依托新塍镇丰富的土地资源，着力挖掘历史古镇价值，推进都市型休闲观光农业示范园建设，积极引导田园产业发展，并契合处于黄金提升阶段的秀洲建设的发展定位，新塍镇"美丽乡村"建设的最终目标确立为秀洲中部最美丽的"田园古镇"，彰显江南水乡田园风光。

新塍镇"美丽乡村"建设总体定位为"古韵水乡，生态新塍"。"古韵水乡"意指古色古香的水乡风情。其中，"古韵"体现的是新塍镇深厚的文化底蕴和人文特色；"水乡"则彰显了新塍优良的自然生态环境，密布的河网水系，使之拥有浓郁的湿地水乡特色风情。"生态新塍"即环境优美、人与自然和谐的魅力新塍。

（二）"美丽乡村"建设规划结构

根据新塍镇各个村落资源、文化、产业等的不同特色，通过资源整合以及优化配置，从地域范围上，将新塍镇从北至南规划形成"一心三园两区两线"的布局结构（图9-23）：一心——"古镇印象"；三园——北部湿地农业园、中部传统农林园、南部都市农业生态园；两区——北部以社区为主的"水韵新村"和南部以农业园区为主的"金色田园"；两线——依托新农村社区风貌，形成美丽乡村民俗精品线和依托田园风光，形成农业生态休闲精品线，根据各自的独特优势进行"美丽乡村"建设引导规划，具体分区如下：

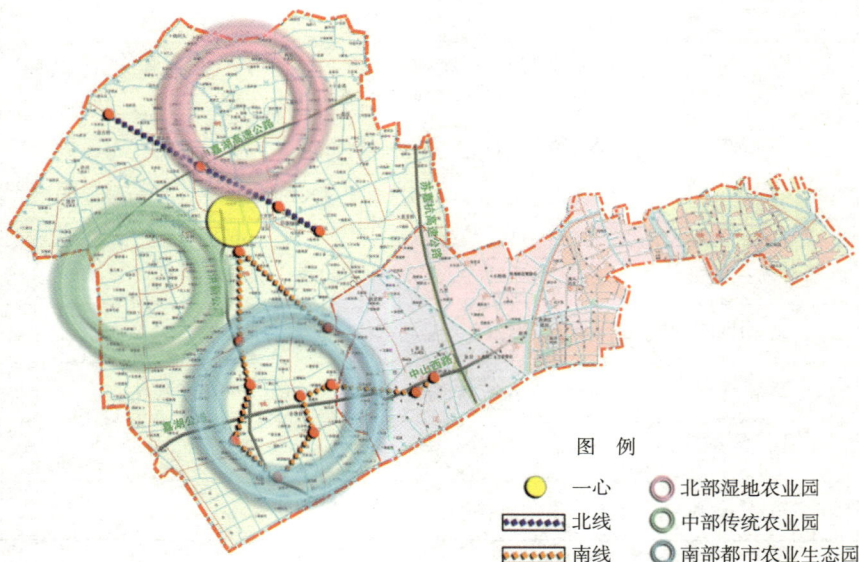

图例

● 一心	◎ 北部湿地农业园
●●● 北线	◎ 中部传统农业园
●●● 南线	◎ 南部都市农业生态园

图9-23　规划结构图

1. 一心

由能仁寺、小蓬莱、镇政府、商业服务机构构成的古镇文化旅游综合服务中心。规划强化保护水乡古镇特色文化,是市民休闲游憩场所,同时也是发展水乡古镇旅游的主要场所。该区依托深厚的古镇文化形成生态、观光、休闲、文化于一体的新市镇。

2. 三园

北部"湿地农业园"以对北部湿地的生态修复、保护为主,种植黄菖蒲、千屈菜、水葱等水生植物,净化水质,提升景观;少量增加观荷花、木划船等无污染的水上休闲项目。

中部"传统农林园"以新塍镇中部偏西一带国家农业部粮食生产区、防护林、农田等传统农林景观为主,突出大自然原生态景观。

南部"都市农业生态园"以秀洲万亩现代农业示范园建设为龙头,集特色苗木、高产桑园、绿色蔬菜、优质粮油等产业和生态餐饮休闲场所为一体,大力发展生态高效农业,打造都市休闲农业示范园。

3. 两区

以新乌线、镇区边界以及新塍公路所连接的东西连线为界,所分割而成的南北两大片区。

北区"水韵新村"位于东西分界线以北,西接桃源镇,北临盛泽镇,东面为王江泾镇。以市河为依托,主要包括已建成的洛东社区、思古桥社区和正在规划建设的沙家浜社区、新盛社区。依托该区优越的地理位置,优良的自然生态环境,结合村落建筑、水系分布、公共空间、交通干道等要素,通过新农村改造、新社区建设,使之成为生态环境优美,村容村貌整洁,产业特色鲜明,社区服务健全,乡土文化繁荣,农民生活幸福的现代新农村,突出展现新塍镇新农村的建设风貌。

南区"金色田园"位于分界线以南,西面与乌镇、濮院镇相接,南临洪合镇,东接秀洲新区。该区域具有丰富的土地资源,集中了大量农业园,农业产业发展位居秀洲区前列,现已形成粮油、蚕桑、畜禽、水产、苗木花卉、瓜果蔬菜六大主导农业产业。在新塍镇"美丽乡村"规划建设中以名优水果、优质家禽、高产桑蚕等特色产业园区为依托,着力推进都市型休闲观光

农业示范园建设,积极引导田园产业的发展。

4. 两线

以南北两区独特资源为依托,形成两条精品线路。

北线依托新农村社区风貌,形成美丽乡村民俗精品线,包括连接沙家浜社区、新盛社区、洛东社区、思古桥社区的道路沿线景观。利用农村特色地域文化风貌和具有本土特色的村庄、农田、建筑群,向游客充分展示农家风情和美丽乡村建设成果。将社区已建成的休闲绿地景观、文化广场串点成线。

南线依托田园风光,形成农业生态休闲精品线,包括由阿秀嫂农庄、蓬莱农庄、秀水万亩生态农业休闲园、秀洲万亩现代农业示范园、台湾农民创业园形成的一条休闲农庄精品线,展示种植业的栽培技术,开放果园、蔬菜园和花卉基地,供游人赏花观景、采摘瓜果蔬菜,自摘、自取、自食农产品,体验农家乐趣。

四、"美丽乡村"建设下的新塍镇乡村旅游资源开发

(一)乡村旅游要素集聚

1. 资源整合

新塍镇资源类型多样,既有物质形态的,如建筑、民居,也有非物质的纯粹精神文化方面,如历史事件、乡土风情、传统工艺等。新农村建设时期新塍镇村庄文化培育存在如下几个主要问题:村民文化意识淡薄,政府文化建设投入不足,文化活动场地紧缺,文化设施不齐全,活动形式单一。新塍镇"美丽乡村"的大力建设,加强了文化教育的宣传工作,对富有地域文化特色的民俗风情进行现代化艺术设计,吸收传统民俗文化中科学有益的养分,培育村民的文化传承意识,开展民俗风情演艺,吸引社会公众前来参与体验,从而推动乡村文化走上产业化道路,发展乡村特色文化旅游,树立文化品牌。

依托新塍镇千年水乡古镇和现代农业发展,以感受古镇风情,观赏自然田园,体验现代农业为发展方向,通过现有资源的优化整合,重点培育新塍镇水乡

图9-24 新文化培育规划图

古镇文化、农耕文化、生态文化。结合"陈卫东画室"，万亩苗木示范园，丝绸产业分层次发展培育画乡文化、森林文化、丝绸文化，将有形的载体和无形的精神文化内容相结合，共同形成独具吸引力的旅游资源（图9-24）。

（1）核心文化培育

1）培育古镇水乡文化

对分布在陆家桥以西的西北大街和西南大街以及嘉兴地方党史馆两侧的历史古建筑进行整治，清理水中垃圾，在河道两边适当种植水生植物，如千屈菜、再力花、香蒲等。重现昔日江南古镇风韵，为旅游业提供良好的文化基础和艺术氛围，结合能仁寺、小蓬莱公园、嘉兴地方党史馆等重要文化节点，形成古镇文化旅游路线。丰富水上活动类型，将船上篝火等水乡名俗活动与水上婚庆等现代水上活动相结合，大力推进古镇水乡的建设和旅游业的发展。

2）培育美食文化

依托百年特色风味小吃，发展和传播新塍镇特色饮食文化。包括拥有百年历史和独特制作工艺的新塍小月饼，三辈工艺流传的蟹叉三馄饨，四十年代就开始流传"七月半开羊刀，清明边割青草"的洛东羊肉以及糖糕、猪油菜饭等。在古街、古建筑的江南水乡建设片区加入新塍镇特色餐饮，形成游赏、娱乐、餐饮一条龙特色古街游。

3）培育农耕文化

引导新塍镇粮油、蚕桑、畜禽、水产、苗木花卉、瓜果蔬菜六大主导产业，以现代农业的高新技术发展农林业，结合"QQ农场"、"自助采摘"等农耕娱乐项目，满足城市游客体验农事活动，建造农业科技知识科普展览馆，展示创新农业技术和原始农耕文化。

4）培育名人文化

重视名人文化建设，加强新塍镇名人文化研究，在大力弘扬新塍名人文化的同时，进一步挖掘其优秀的历史文化。做好名人文化宣传，在主要街道、路口适当营造体现新塍历史文化传统特色的景观，如运用乡土材料设计雕塑、文化小景、灯箱、壁画等，并适时开展名人文化知识比赛。

（2）多样性、多层次文化培育

1）培育画乡文化

充分利用位于新塍镇小蓬莱公园内的新塍镇农民画基地，定期进行创作交流，提高创作水平，大力发扬当地农民画优秀代表厉坚芳、陈卫东、蒋健等的作品。同时，为新塍镇农民画爱好者搭建良好的平台，为其创造学习交流的机会。并进一步加强农民画人才基地建设，全面推进校园艺术教育特色化发展。

2）培育森林文化

结合陡门省级现代农业综合园区万亩重点防护林示范区，大通村260余亩的信乐果业基地，1200

亩防护林，大镇区、村庄绿化，农田林网、经济林建设等，运用生态林建设模式，形成林网密布、绿树成荫的美丽景象和森林体系。打响和传播"2009 年嘉兴市首个省级森林城镇"这一荣誉，并在今后的规划建设中，加强各绿地类型的建设力度，丰富和饱满森林体系，发扬森林文化。

3）培育丝绸文化

以传承和弘扬博大精深的"蚕丝文化"为基点，结合兴镇路的锦帛尔公司，发展丝绸产业，打响旗下锦帛尔、诗蒂芬两大主力品牌，传承和倡导江南水乡、丝绸之府的文化积淀。

4）培育生态文化

全方位培育生态文化，加强生态意识宣传教育，在农村基层规范化建设一批阅报栏、宣传牌等宣传教育设施；引领实际行动，在每年的"世界环境日"、"地球一小时"等重要环保时节以村庄集体或单位集体或社区集体的形式开展生态行动大比拼，制定相应的奖惩措施，有序推进生态文化的建设和发展。

2. 产业融合

"美丽乡村"建设以绿色、生态、优质、高效为目标，以秀洲区"十二五"都市型农业发展规划为依托，构建现代农业产业体系，大力发展现代生态农业，全力打造都市型现代农业。通过整合集约利用土地资源，加快发展现代设施农业、生态循环农业、休闲观光农业、特色乡土农业，着力推进生态高效都市型现代农业建设，构筑有新塍特色的现代农业平台，推进现代农业与乡村休闲旅游产业的融合发展。

依托丰富的土地资源，加快农业转型升级，围绕都市农业，努力向生态、观光、休闲等高效农业拓展，使农业从主要为城市提供鲜活农产品和初级加工品，向具有生产、观光、休闲乃至教育多项功能的现代农业转变。以现状农业为基础，在保证农业经济效益前提下，调整优化产业结构，重点开发名优水果、特色水产、观赏型花卉苗木等项目，以特色优势农业产品生产基础建设为主导，开发产业优势突出、市场前景广阔的特色生态主导产业示范区（表 9-21），结合乡村旅游特色项目，打造新塍镇农业休闲观光示范园。

主导产业示范区规划表　　　　表 9-21

产业示范区	村域范围	规划面积	规划内容	规划目标
台湾精致农业示范区	陡门村	6600 亩	重点建设农业高科技水平的精致水果、蔬菜、花卉、台湾种子种苗等产业	以农业为基础，带动观光旅游业发展，建设生态、高效的都市型科技农业示范园
设施蔬菜示范区	大通村 陡门村	3800 亩	栽培各类时鲜精品蔬菜，提高蔬菜产量	专业生产大棚蔬菜，形成设施蔬菜连片集中的产业优势
精品水果示范区	潘家浜村	3300 亩	延伸果园生产功能，提升果园文化，建立休闲观光园	着力打造新塍镇水果优势产业示范区
绿化苗木示范区	万民村 大通村	5200 亩	培育调整品种结构，增加榉树、朴树等乡土树种，丰富色叶树种	通过示范区建设，进一步调整优化树种结构，积极扩大彩叶树种和特色树种，提高园区知名度

3. 板块联合

（1）区域内板块联合

在"美丽乡村"建设规划结构基础上，规划新塍镇旅游发展布局为北部、中部、南部三大板块（图 9-25）。北部板块以"新农村、新社区、新气象"为主题，以新社区旅游发展模式为主，突出展现新塍镇美丽乡村的建设风光；南部板块以"都市农业、生态田园"为主题，发展农业生态休闲游，利用田园景观、自然生态、民俗风情等资源，以体验乡村生产生活为主要特色；中部板块是指以镇中心为主的怀古文化游，以"运河古乡、怀古寻踪"为主题，展现千年古镇的历史文化底蕴，满足大众文化精神需要。

新塍镇乡村旅游资源具有群聚式的特点，在区域内通过合理的功能分区、环境整治、基础服务设施的完善等，将一个片区内相对集聚的，不同类型但存在一定互补性的资源，整合成一个板块，发展乡村旅游，通过不同板块间的优势互补，促使新塍镇乡村旅游得到更好更快的发展。

（2）区域间板块联合

秀洲区全区地域总面积 542km²，下辖 5 个镇——

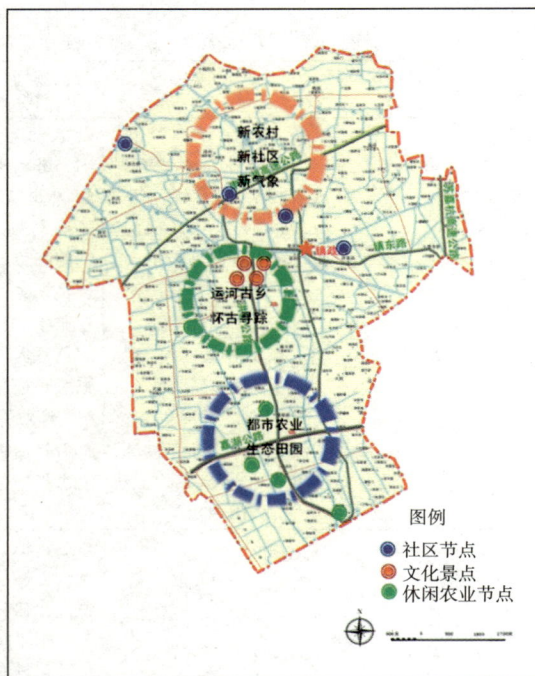

图9-25　新塍镇乡村旅游三大板块区划

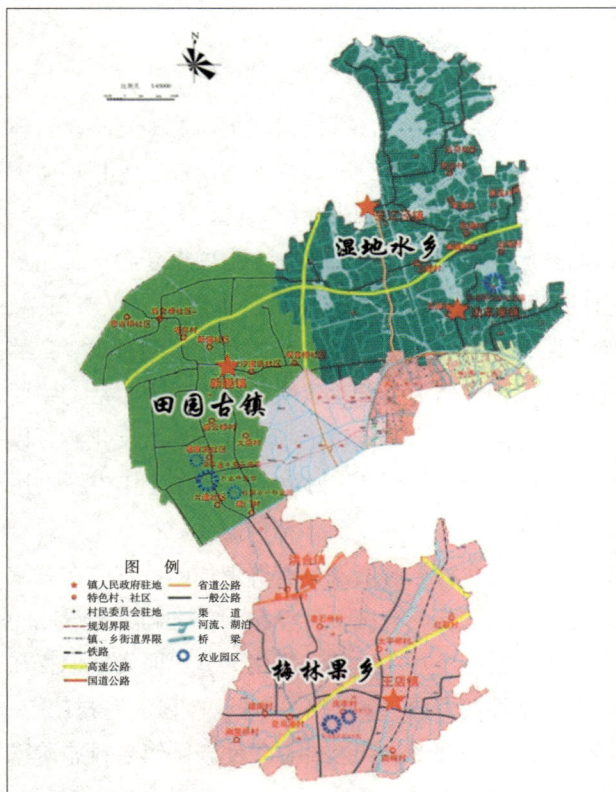

图9-26　秀洲区乡村旅游三大板块区划

王江泾镇、油车港镇、新塍镇、洪合镇、王店镇，基于"田园秀洲·美丽乡村"这一总体战略目标，根据秀洲区各个镇资源、文化、产业等不同特色，从地域范围上，将秀洲区从北至南分为三大板块：北部湿地水乡板块、中部田园古镇板块、南部梅林果乡板块（图9-26）。

北部湿地水乡板块地处秀洲区的北部，包括王江泾镇和油车港镇，总占地面积为183.8km²。规划依托其丰富的湿地资源，结合村落建筑、水系分布、公共空间、交通干道等要素，着力推进旅游、休闲、湿地农业的发展，促进农业产业增产增收，生态人居环境得到改善，人民生活水平得到提高，共建美丽的"湿地水乡"。

中部田园古镇板块位于秀洲区的西部，即为新塍镇，总占地面积为133.1km²。新塍镇的文化底蕴深厚，是嘉兴市唯一——个被命名为"浙江省历史文化名镇"的古镇。现已形成粮油、蚕桑、畜禽、水产、苗木花卉、瓜果蔬菜六大主导农业产业。在"美丽乡村"建设中，着力挖掘历史古镇价值，推进都市型休闲观光农业示范园建设，积极引导田园产业的发展，打造秀洲中部最美丽的"田园古镇"。

南部梅林果乡板块位于秀洲区的南部，包括洪合镇和王店镇，总占地面积为173.1km²。规划从该区域实际情况出发，以农业技术推动农业产业发展，进而为森林文化体系注入新生力量，丰富体系内容和结构，加快农业园区建设，推动农业产业结构调整，打造生态、绿色、宜居的"梅林果乡"。

三大板块依托自身资源优势，独立发展乡村旅游，同时，其旅游资源在功能上具有一定的互补性，通过资源的配置提升，借助成熟的网络轴线配置，促进新塍镇与其他四个镇区旅游产业的相互合作，形成精品旅游线路，便于建立统一的旅游大市场。

（二）乡村旅游资源开发模式

根据新塍镇旅游资源特色和分布情况，规划各区采取不同的乡村旅游资源开发模式：现代社区型、产业依托型、文化依托型（表9-22）。

新塍镇乡村旅游资源开发模式　　表9-22

名称	规划范围	主题理念	发展定位	开发模式
北区	主要以沙家浜社区、新盛社区、洛东社区和思古桥社区连线的村域范围	新房舍新设施新环境新农民新气象	通过美丽乡村建设，使农村成为生态环境优美、村容村貌整洁、产业特色鲜明、社区服务健全、乡土文化繁荣、农民生活幸福的全国美丽乡村建设样板	现代社区型
南区	主要以庙云桥村、潘家浜村、大通村、陡门村为主要连线的村域范围	都市农业生态田园乡村园林农家体验	加快推进农业产业结构调整，大力发展休闲农业，突出产业特色。以农业园为载体，与观光休闲、农事体验相结合	产业依托型
一心	以富园村、来龙桥村形成的镇中村域范围	运河古乡古街深巷红色文化怀古寻踪	加强小蓬莱公园、千年古刹能仁寺、嘉兴地方党史陈列馆等资源点的保护和开发，结合颇具水乡风韵的蓬莱路仿古一条街，打造生态、观光、休闲、文化于一体的特色古镇	文化依托型

（三）乡村旅游精品线路构建

通过资源的整合和优化配置，将乡村旅游资源相对聚集、价值较高的地区串点成线。乡村旅游精品线路的设计，主要是打破行政区划的束缚，通过对旅游资源空间上的配置，实现旅游资源的优势互补，在优

化配置中扩大市场规模，提升市场竞争力，带动新塍镇经济发展（图9-27）。

1. 北区——依托新农村风貌，打造美丽乡村民俗游

"沙家浜社区—新盛社区—洛东社区—思古桥社区"。这条线路以"新社区、新市镇"工程为契机，利用农村特色地域文化风貌，或具有本土特色的村庄、农田、建筑群，向游客充分展示农家风情和"美丽乡村"建设的成果，构建结构合理、特色明显、乡土气息浓厚、服务良好、发展规范的乡村旅游新格局。对社区已建成的休闲绿地景观、文化广场和服务设施进行完善，同时努力打造"一村一品"、"一家一艺"的村庄格局，提升农村家庭产业规范化，增加农民收入，带动村民积极参加社区活动，全面提升农民生活质量。

2. 南区——依托田园风光，打造农业生态休闲游

"嘉兴丝绸博物馆—五芳斋产业园—陡门花苑—秀水美地—台谊水培大棚—信乐果园—大通新农村集聚点—潘家浜（夏仁自然村落、水果观赏采摘）—秀洲万亩现代农业示范园—庙云桥阿秀嫂农庄—江南休博园"。这条精品线路是产业融合的典型代表，其设计主要通过一条"休闲农业圈、休闲农业产业带、乡村体验板块"的休闲空间结构的打造，展示种植业的栽培技术，开放果园、蔬菜园和花卉基地，供游人赏花观景、采摘瓜果蔬菜，自摘、自取、自食农产品，

图9-27　精品线路规划图

体验农家乐趣，开发出具有自然、文化、观光、体验、特色饮食、休闲度假等多样化休闲产品，使新塍镇南区旅游成为"绿色、生态、休闲"的乡村体验圈。观光区将以基地农业景观、规模农业生产、农业新技术为基本发展方向，一是发展观光、生态休闲、水上垂钓、水上娱乐和度假休闲农业；二是围绕果林等产业基地，发展体验、观光型休闲农业；三是围绕高效农业科技文化生态园，发展自然景观、生态度假、会议旅游等休闲农业。

3. 镇中心区——依托古镇文化，打造江南水乡寻古游

打造"能仁寺（古银杏）—问松桥—嘉兴地方党史陈列馆—美食一条街—小蓬莱公园"的精品线路。文化是古镇的灵魂，是旅游地经久不衰的保障，新塍古镇文化底蕴深厚，开发旅游一方面要加强对千年古刹能仁寺、古典园林小蓬莱公园、红色文化代表嘉兴地方党史陈列馆，以及特色文化古迹吴家浜文化遗址等文物保护点的修复和保护；另一方面也要注重对非物质文化遗产的开发建设，加强对元宵花灯、龙凤花烛、扎灯笼、纸凉伞、老竹器、剪纸等传统手工艺的发扬与传承，对新塍月饼、洛东羊肉、蟹叉三馄饨、糖糕、猪油菜饭等饮食文化加以宣传和包装，形成特色，打造品牌。在保护开发古建筑的基础上，打造新塍古文化特色街，向游客展示传统工艺和地方特产。镇区旅游以展示新塍镇深厚的历史底蕴，淳朴的乡村气息和浓郁的民俗风情为主，形成一条集"红色文化、古镇古韵、历史遗迹、休闲观光"为主的旅游观光线。

新塍镇以"美丽乡村"示范工程建设为契机，以优越的生态环境、深厚的文化积淀为基础，立足丰富的自然和人文资源，以红色古镇旅游和农业休闲旅游为依托，建设形象鲜明、风貌独特、吸引力大、竞争力强的"全国乡村旅游强镇"，在做大精品旅游区的同时，完善提升"农家乐"等富民经济，打响新塍农业休闲产业品牌。

新塍乡村旅游业的发展充分利用生态与文化资源优势，强化水乡古镇特色和农业休闲体验的概念宣传，依托"美丽乡村"建设的有利机遇，着力发展农村经济，充分利用当地资源优势，大力发展观光旅游、生态旅游、采摘旅游等，努力延伸旅游产业链，将农副产品转化为旅游商品，提高农民生活质量，建设美丽乡村。规划充分考虑乡村旅游发展的客观需要，将特色民居的建设，旅游资源与环境的利用与保护等列为重要内容，充分考虑村落环境整治、基础设施完善、产业结构调整等关系美丽乡村建设的重大问题，从而促进乡村旅游业的发展。在今后发展中，应结合新塍镇各个村庄自身实际，做好新社区建设，古镇文化景点保护与建设，农业园提升与改造等，具体做好以下4个方面：

（1）推动农村产业发展，加快乡村旅游业与现代农业的综合发展。

（2）突出"田园、花卉、果林"等综合资源特色，全力推进现代生态农业园建设，提升休闲农业产业的发展水平。

（3）重点培育精品乡村旅游示范点，建成以田园风光、农事体验、民俗风情、自然景观为特色的休闲旅游特色群落。

（4）保护具有乡土特色的文化历史遗存，发掘其内在价值，展现新塍镇乡村旅游地域特色，增加乡村旅游资源的吸引力。

第十章

美丽乡村专题研究与实践Ⅳ——杭州乡村庭院规划设计

第一节 杭州乡村庭院景观调研分析

在撰写的过程中，笔者曾数次深入杭州周边广大乡村地区进行实地调查研究，充分掌握传统乡村和美丽乡村庭院景观的一手资料（图10-1）。通过对杭州乡村历史文化、风土人情、优势资源、生产生活方式、庭院景观经营现状、庭院布局形式、绿化植物种类以及庭院景观设施小品等内容进行深入调查，采用照片、观察、实测、记录、访问多种方式相结合，力求明晰杭州市美丽乡村庭院景观的客观实情。实地调研的乡村见表10-1。表中所列45个乡村均匀地分布于各个县市，基本可以代表杭州地区乡村庭院景观的特征。

杭州乡村庭院景观调研统计表　　表 10-1

市（县）	乡村名称	数量
杭州市	东江嘴村、浦塘村、新浦沿村、兰溪口村、白鸟村、板桥村、桑地园村、外桐坞村、龙井村、梅家坞村、山沟村、上城埭村、慈母桥村、茅家埠村	14
富阳市	黄公望村、新沙村、八一村、勤丰村、莲桥村、新民村	6
建德市	新叶村、双泉村、下崖村、三江口村、幸福村	5
临安市	昔口村、闽坞村、宏渡村、双塔村、崇阳村、青柯村、光辉村、河桥村、白果村	9
桐庐县	梅蓉村、双溪村、环溪村、阳山畈村、芦茨村、新龙村	6
淳安县	上西村、梅口村、青田村、姜家村、石颜村	5
合计		45

图 10-1　乡村实地调查踏勘

一、乡村庭院小品、设施现状

笔者调查的庭院设施主要包括围墙、花架、亭廊、铺装、景观小品等内容。乡村庭院中这些设施与居民日常生活密切相关，同时也是乡土文化的载体，具有浓郁的乡土人文气息，能够产生精神上的共鸣与归属。

（一）庭院围墙

围墙是庭院空间围合与分隔的重要手段，不仅是庭院的界线，也起防护作用。乡村中常见的围墙高约2.5m，砖砌成型，墙面使用水泥砂浆抹平，俗称"赤膊墙"，不仅景观视觉性较差，而且阻断了庭院内外联系。一些新建成庭院采用围栏和墙体虚实相结合的方式，围墙的基础和结构使用砖砌体，墙身使用围栏的形式，沟通庭院内外的联系。在传统乡村中庭院往往是居住建筑门前的一片空地，没有任何围合形式，因而庭院本身也没有明晰的界线。以上的三种围墙形式在杭州乡村地区比较常见，但也不乏使用珊瑚树等植物材料或者矮竹篱、木隔栅等方式围合庭院（图10-2）。

（二）休憩设施

亭廊、花架、桌凳系乡村庭院景观中的休憩设施，为居民和游人提供休息、交流的场所。实地调研发现，由于资金、庭院面积等客观原因，在未进行美丽乡村规划整治的传统乡村庭院中，亭廊、花架等休憩设施较为少见。而在美丽乡村中，尤其以发展旅游经济为目标的美丽乡村，其庭院景观趋于设置亭廊、花架等

图 10-2 乡村庭院围墙现状

休憩设施，通常结合紫藤、葡萄、牵牛花等攀缘植物，形成绿色立体空间，营造出亲切的室外休闲环境（图 10-3）。

庭院中设置桌凳用于饮茶、休憩，在各类乡村中都较为常见，经济实用，使用率较高。值得一提的是，庭院中桌凳的风格和材料相差甚远。有石材桌凳，风格自然古朴；有沙发软榻，极具现代风格（图 10-4）。

（三）铺装

场地的硬质铺装通过不同的材料、纹理、色彩、大小等因素，对庭院空间予以划分和限定，硬质铺装的主要作用在于美化整洁庭院。在乡村庭院硬质铺装调查中发现，乡村庭院铺地普遍的做法是使用碎石和水泥砂浆硬化场地，但这样最终形成的水泥地面阻隔了雨水的循环，破坏了庭院与自然充分结合的途径，事实上水泥铺地也缺乏观赏性（图 10-5）。而在一些古旧的村落中，庭院铺装多采用农村当地自产的材料，有石块、青砖、水泥砖、鹅卵石等，体现了乡村的特色，延续

图 10-3 亭廊花架

了乡村古韵古味的风格特征。

（四）景观小品

乡村实地调查针对的景观小品主要指乡村庭院中充满乡土特色，且用于观赏的小品。调查发现，无论在传统乡村庭院还是美丽乡村庭院中，景观小品都相对较少。一些景观小品的形成有刻意经营，也有无心为之的结果，比如富阳市东洲街道黄公望村中有村

图 10-4　风格各异的庭院桌凳

图 10-5　乡村庭院常见硬质铺地

图 10-6　乡村庭院景观小品

民把废旧的磨盘堆置在庭院中，这在景观设计师和游客眼中俨然是景观小品，这样的景观小品不仅承载了地方特有的文化，体现了浓郁的乡村特色和农家韵味，还为游客了解乡村、感受乡村提供了途径（图10-6）。

二、杭州乡村庭院植物景观现状

植物景观是庭院中最为重要的景观要素。经过对杭州地区乡村的实地考察和走访，分析总结得出，杭州乡村庭院植物景观现状表现为以下几个特征：传统乡村注重庭院绿化景观的实用性，美丽乡村则更加注重庭院绿化景观的视觉观赏性；庭院绿化植物品种繁

图 10-7 注重实用的庭院绿化景观

图 10-8 注重观赏的庭院绿化景观

多，但是主体上以乡土树种为主，绿化有余，彩化不足，植物的季相景观变化不够丰富；乡村庭院绿化种植普遍存在欠缺生态、艺术等方面考虑。

（一）传统乡村注重实用，美丽乡村注重美观

在传统乡村中，村民注重庭院绿化景观的实用性，即乡村居民更加愿意种植可食用或有经济价值的果树、蔬菜，比如临安市玲珑街道宏渡村中村民多数在庭院中种植石榴、杨梅和各类蔬菜，供自家食用。而在美丽乡村中，村民则比较注重庭院植物景观的观赏性，当然也兼顾其实用性。西湖区双浦镇东江嘴村的庭院植物绿化多采用桂花、栀子等观赏树种，甚至使用凌霄等攀缘类植物美化庭院立面景观（图10-7、图10-8）。

（二）植物品种繁多，乡土树种为主

杭州地处亚热带地区，植物生态习性覆盖范围广泛，庭院绿化可使用的植物品种繁多。实际调查显示，杭州广大乡村地区庭院绿化植物品种纷繁众多，而绿化的主要植物品种仍以乡土树种为主。杭州常见的乡村庭院绿化植物种类见表10-2。

杭州市庭院常用植物表　　　　　表 10-2

植物名称	科属	拉丁学名
香樟	樟科樟属	*Cinnamomum camphora*
银杏	银杏科银杏属	*Ginkgo biloba*
无患子	无患子科无患子属	*Sapindus mukorossi*
枫香	金缕梅科枫香树属	*Liquidambar formosana*
榉树	榆科榉树属	*Zelkova serrata*
水杉	杉科水杉属	*Metasequoia glyptostroboides*
朴树	榆科朴属	*Celtis sinensis*
广玉兰	木兰科木兰属	*Magnolia grandiflora*
香泡	芸香科	*Citrus medica*
三角枫	槭树科槭属	*Acerbuergerianum*
榔榆	榆科榆属	*Ulmus parvifolia*
罗汉松	罗汉松科罗汉松属	*Podocarpus macrophyllus*
白玉兰	木兰科木兰属	*Magnolia denudata*
枫杨	胡桃科枫杨属	*Pterocarya stenoptera*

续表

植物名称	科属	拉丁学名
枇杷	蔷薇科枇杷属	*Eriobotrya japonica*
柿树	柿树科柿树属	*Diospyros kaki*
枣树	鼠李科枣属	*Ziziphus jujuba*
杨梅	杨梅科杨梅属	*Myrica rubra (Lour.)Zucc*
石榴	石榴科石榴属	*Punica granatum*
橘子	芸香科柑橘属	*Citrus reticulate*
桃	蔷薇科桃属	*Amygdalus persica*
李	蔷薇科李属	*Prunus salicina*
梅	蔷薇科梅属	*Prunus mume*
梨树	蔷薇科梨属	*Pyrus sorotina*
桂花	木樨科木樨属	*Osmanthus fragrans*
山茶	山茶科山茶属	*Camellia japomica*
含笑	木兰科含笑属	*Michelia figo*
芭蕉	芭蕉科芭蕉属	*Musa basjoo*
毛竹	禾本科刚竹属	*Phyllostachys heterocycla*
红枫	槭树科槭树属	*Acer palmatum*
龙柏	柏科圆柏属	*Juniperus chinensis* cv. 'kaizuka'
茶梅	山茶科山茶属	*Camellia sasanqua*
栀子花	茜草科栀子属	*Gardenia jasminoides*
木芙蓉	锦葵科木槿属	*Cottonrose hibiscus*
无刺构骨	冬青科冬青属	*Ilex cornuta* 'Fortunei'
木槿	锦葵科木槿属	*Hibiscus syriacus*
紫荆	豆科紫荆属	*Cercis chinensis*
蜀葵	锦葵科蜀葵属	*Althaea rosea*
满山红	杜鹃花科杜鹃花属	*Rhododendron mariesii*
金银花	忍冬科忍冬属	*Lonicera japonica*
月季	蔷薇科蔷薇属	*Rosa chinensis*

续表

植物名称	科属	拉丁学名
南天竹	小檗科南天竹属	*Nandina domestica*
毛鹃	杜鹃花科杜鹃花属	*Rhododendron pulchrum*
黄杨	黄杨科黄杨属	*Buxus sinica*
苏铁	苏铁科苏铁属	*Cycas revoluta*
紫藤	豆科紫藤属	*Wisteria sinensis*
凌霄	紫葳科凌霄属	*Campsis grandiflora*
葡萄	葡萄科葡萄属	*Vitis vinifera*
爬山虎	葡萄科爬山虎属	*Parthenocissus tricuspidata*
葱兰	石蒜科葱莲属	*Zephyranthes candida*
麦冬	百合科山麦冬属	*Ophiopogon japonicus*
红花酢浆草	酢浆草科酢浆属	*Oxalisbowieana*
辣椒	茄科辣椒属	*Capsicum annuum*
丝瓜	葫芦科丝瓜属	*Luffa cylindrica*
茄子	茄科茄属	*Solanum melongena*
青菜	十字花科芸薹属	*Brassica chinensis*
萝卜	十字花科萝卜属	*Raphanus sativus*
球状苦瓜	葫芦科苦瓜属	*Momordica charantia*
番茄	茄科茄属	*Solanum lycopersicum*
油菜	十字花科芸薹属	*Brassica campestris*

（三）彩叶树种不足，季相变化不够丰富

在杭州乡村，村民在自家庭院中植树种花的意识来源已久，因而乡村庭院的绿化景观为乡村铺就了一层绿色基底，绿化植被丰富，但是彩叶树种相对不足。多数庭院中只种植绿叶植物，缺少色叶树种，使得乡村庭院植物景观面貌趋于单一。但是，乡村庭院植物景观的季相变化不够明显，尚没有达到"春夏观花、秋天观果、冬天观叶"的艺术效果（图10-9）。

（四）植物种植缺少生态、艺术考虑

由于村民植物造景知识的缺乏，庭院面积和经济

图 10-9　彩叶树种不足

图 10-10　一户一庭院

图 10-11　硬质铺装+边角落绿化

因素等原因的限制，乡村庭院植物景观的营造缺乏生态原则、艺术原则的指导，导致植物群落生态功能减弱，景观的艺术观赏性也大大地降低。

三、乡村庭院景观经营现状

随着杭州地区乡村经济的发展，村民开始关注自家庭院的景观营造，并且这种经过后期规划的城市化程度较高的乡村，民居住宅多数具有庭院，庭院普遍表现为"独门独户"，"一户一院"的特点（图10-10）。

杭州乡村居民营建庭院景观多属于自发行为，缺乏科学艺术的指导，营造方式和内容也较为简单。新建民居建筑常使用砖砌围墙对庭院加以围合，而古旧民居庭院的围合形式比较简单，会使用矮竹篱、木隔栅等，甚至有些庭院没有围合，仅仅是民居南面的一块空地。总体说来，杭州乡村庭院景观内容比较简单，多以硬质场地和边角落绿化的方式为主，庭院中间大片硬质铺装场地作晾晒稻谷、核桃等农作物之用（图10-11）。

杭州乡村庭院景观营建符合浙江省美丽乡村建设行动的要求。然而，杭州乡村居民多数缺乏庭院景观营造技艺，因此需要地方政府和景观设计人员的通力合作，从乡村整体环境出发，对乡村庭院景观营建提供技术上的支持，经济上的补贴，风格形式上的引导，从而建设符合乡村立地条件和乡土文化的庭院景观。

调查中发现，在一些尚没有进行美丽乡村建设整治的杭州传统乡村中，也存在庭院景观经营相对较好的案例，村民在庭院中种植组团式植物群落，组织庭

图 10-12　乡村庭院景观经营

院空间，设置石材桌凳、健身娱乐设施等，爱好家庭园艺的村民则在庭院中侍花弄草，栽植盆景。这些案例充分说明庭院景观在乡村生活中越来越受到重视（图 10-12）。

四、民居庭院空间布局形式

乡村庭院空间是当地居民与自然环境长期相互作用的一种表现，是一种充满浓郁的自然与人文气息的私密生活空间。由于乡村住宅形式区别于城市集聚居住模式，从而使民居庭院有其自身的特点。受到区域气候、风俗习惯、传统文化、生产生活方式等因素的影响，庭院空间的布局形式变化不一、灵活多样。对庭园空间布局形式产生影响的诸多因素，大致可以分为两类：

1）自然因素：主要是指当地的气候条件、地理环境、自然资源、乡村景观格局等，这是影响整体民居庭院空间布局形态的根本因素。

2）人文因素：是村民在长期的历史发展演变过程中逐渐沉淀下来形成的风俗习惯、传统文化、历史传统、美学思想、风水观念、生产生活方式等。

在调查过程中发现，杭州乡村民居庭院的布局形式众多，归结起来分为传统形式和现代形式两类，传统庭院布局形式包括三合院、四合院、两进院等，现代或者后建成的民居庭院包括"一"字形、"二"字形、"L"形、"U"形等布局形式，其自由灵活的平面布置形式表现出乡村庭院生动活泼、丰富多样的面貌。

（一）传统庭院空间布局形式

杭州传统村落民居都沿街、巷道或者河流两侧布置，平面布局相对紧凑、严谨。因此，作为房屋之间的室外空间的庭院，自然形成了狭长的合院式布局，主要有二进院落、三合院、四合院等（图 10-13）。

1. 二进院落

前后两个院落相互连通。单体建筑在南北方向前后布置，庭院位于民居建筑南侧，东西方向由院墙或围廊构成，杭州许多住宅为避免西晒，均采用二进院落布置形式，不设东西厢房。庭院由两部分构成，村民一般采用前院为餐饮、休闲区，后院为生活休憩区的划分方法。

2. 三合院

庭院的三个方向由单体建筑围合，典型的布局形式是居住主体建筑房居中，坐北朝南面向庭院，庭院东西两侧各有厢房面向院落。三合院是规整对称的庭院形式，调查发现，多数民居的三合院不设围墙，呈开敞式布局。

3. 四合院

庭院四个方向都有单体建筑围合，形成一个相对比较封闭的空间，一般是将三合院南侧的围墙做成门廊，院落空间很小，不同于北方的四合院，因为南方炎热，不需要太多的阳光，这样的形式不仅利于乘凉而且节约用地。这种布局形式的庭院一般属于历史比较悠久的民居，弥漫着古老弥久的历史气息。

此外，受立地环境的变化、基址范围限定等因素影响，乡村民宅与庭院空间的布局形式出现了一些三合院、四合院的变形，如"H"形、"田"字形等空间丰富的布局形式。美丽乡村庭院建设应当充分尊重当地丰富多样的庭院布局，打造乡村宜居、宜业、宜游、宜文的庭院景观。

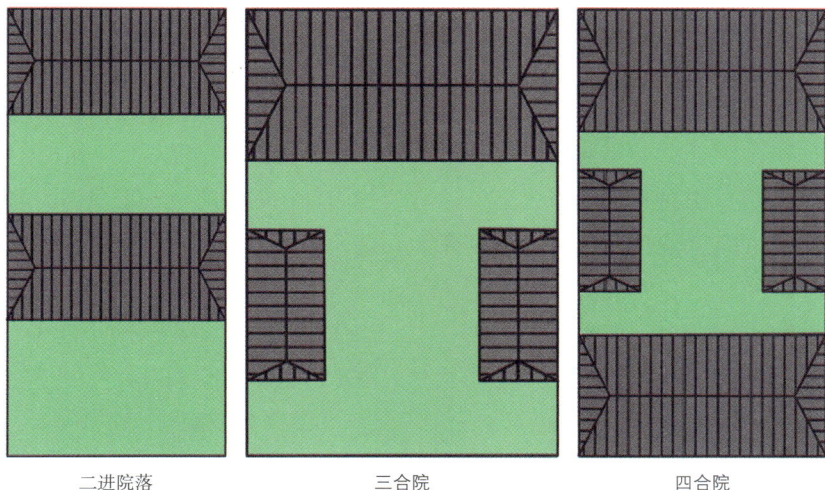

二进院落　　　　　　　　三合院　　　　　　　　四合院

图 10-13　传统庭院布局形式

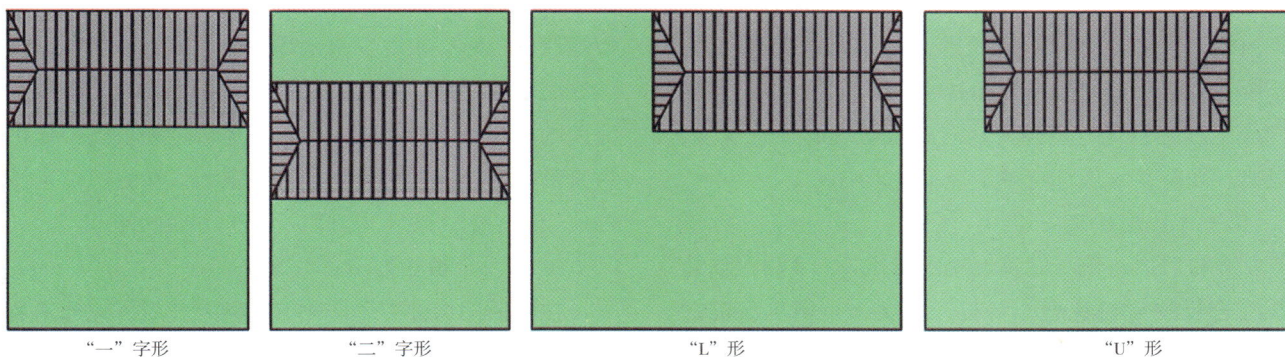

"一"字形　　　　　"二"字形　　　　　"L"形　　　　　"U"形

图 10-14　现代庭院空间布局形式

（二）现代庭院空间布局形式

杭州新农村建设的步伐和乡村城市化进程的推进，使得一些乡村旧有的景观面貌发生了改变。村民拆掉破旧的老房子，盖起了新式的楼房，从而产生了一些区别于传统庭院的空间形式，主要包括"一"字形、"二"字形、"U"形、"L"形等（图 10-14）。在乡村自我更新的过程中，盲目追求城市化现象严重，从而忽视了乡村经久流传的具有地域特征的庭院文化。比如杭州桐庐县桐君街道梅蓉村背靠富春江，村中滨江位置的民居现在成了清一色的新建楼房，显然楼房前庭院干净整齐，但是乡村悠久的历史文化和鲜明的地域特征却严重缺失。

1."一"字形

居住建筑大多处于庭院的北面，其他三个方向则由围墙、围栏等围合。住宅和庭院一字排开使得该种

民居形式的院落具有大面积的庭院空间，适合集中布置各种设施，如室外休憩、交流的桌凳，利用藤本果蔬或花卉改善庭院立面景观的廊架，水井、洗衣台及小型娱乐场地或是容纳农户私家汽车的停车场等。杭州地区新建民居中该种庭院布局形式较多。

2."二"字形

居住建筑在整个场地中间沿一个方向布置，将院落划分为前后两个部分，其他几面由围墙等围合。该种院落与传统的二进院落较为类似，主要优点是进行了空间的简单划分，便于主客、动静分离。农户主要的日常活动可在前院和上房之间，而后院相对静谧，主要用来住宿休憩。

图片来源：
图 10-12　http://ziliao.co188.com/d39189201.html；
http://sucai.redocn.com/jianzhu_2707784.html；
http://bj.58.com/ershoufang/13977008405253x.shtml

3. "L"形、"U"形

这是两种较为相似的布局形式，由于基底面积较大，建筑单体布局面积较小，未能横跨整个场地，于是形成了此种空间布局。这种形式在新建民居中也比较流行，最大的特点是住房、其他用房等布置集中紧凑，而且能够提供大面积的院落空间，不足的是建筑与庭院的占地比例失调。

五、美丽乡村庭院景观要素设计

以乡村实地调研走访为前提，宏观把握杭州乡村庭院景观整体经营现状，因地制宜地提出了美丽乡村庭院景观设计的方法。乡村庭院景观要素包括民居建筑风格、绿化景观、围墙、庭院铺地、景观观赏小品、亭廊花架桌凳等休憩设施和其他要素。这些要素共同构成了庭院景观，每种要素对庭院景观的视觉观赏、风格、功能、纹理都有举足轻重的影响。

（一）民居建筑

乡村民居建筑与庭院景观密切相关。乡村民居建筑综合反映乡村社会、科技、人文，是历史积淀的产物，体现了乡村久经岁月的历史痕迹、价值观念、生活方式。美丽乡村建设过程中，应尊重、保护、发展乡村民居建筑独有的景观风貌。

对乡村民居建筑的整治更新，主要是从其"功能"与"外观"两个层面着手，整治更新使建筑在满足使用者多方面功能需求的同时，又保护与发展乡村民居建筑风貌，使得民居建筑的功能、外观与乡村庭院景观相协调。在乡村民居建筑整治更新过程中，针对不同类别的建筑，应采用与之相适应的处理办法：

（1）对于新建建筑，应根据村庄整体规划和定位，对新建建筑的风格外观加以引导，使乡村整体民居与庭院形成和谐统一的人居系统；

（2）对于乡村中保存较为完好、历史悠久、地域特色突出的典型民居，以保护、修缮为主，实行建档、挂牌保护的策略。对于损坏严重但有历史价值的民居建筑，应当按照原样修复，保存乡村的历史文脉；

（3）乡村中普遍存在功能不完善、外观不美观的当代破旧民居，需充分利用原有结构、构架，进行整治更新，使其与环境相融合，改善建筑风貌（图10-15）。

（二）庭院绿化

乡村庭院布局与设计中，植物是一个极其重要的要素。植物景观最大的特点是具有生命，可以生长，开花结果，富于变化，它们随季节和生长的变化而不停地改变色彩、质地以及全部特征。庭院绿化可以改善庭院环境质量，柔化民居建筑线条，同时又丰富了庭院的季相景观。庭院绿化既是乡村生态环境中绿化数量的有益补充，又美化了庭院空间。在庭院中选择与应用植物时，应考虑到以下五个方面的问题。

1. 以乡土植物为主

在保证植物种类多样化的基础上，应优先选用乡土植物。乡土植物适应当地的自然环境，抗病虫害、抗污染能力强，经济廉价，生命力强。同时，乡土植物更容易与当地的其他生物构成和谐的生态系统，有助于维持生态平衡。乡土植物能够体现当地植物区系特色，代表当地的自然风貌，从而形成具有鲜明乡土特色的地域性庭院景观，避免千篇一律的城市园林景观模式。桐庐县梅蓉村，坐落于富春江畔，以杨梅为村庄的特色产业，村庄的名字也因杨梅而得名。梅蓉村庭院绿化广泛种植杨梅。杭州地区乡土植物有枇杷、杨梅、香泡、梨树、苦槠、苦楝、板栗、枫杨、

图10-15 美丽乡村民居建筑

图 10-16　美丽乡村庭院植物景观

艾草、芦苇、白茅、蒲苇、芒草等。

　　为了丰富植物景观，在选用乡土植物的基础上，适当引进一些本地缺少，但又能适应当地环境观赏价值高的树种。

　　2. 美化、实用并重

　　由前述杭州乡村庭院植物景观现状可知，传统乡村庭院绿化注重实用性，美丽乡村庭院绿化注重观赏性。针对此种现状，笔者认为乡村庭院绿化景观营造不应偏废其中任何一类功能，应当尊重乡村居民诉求，兼顾庭院绿化的实用功能和美学功能。在庭院中种植可食用或有经济价值的果树、蔬菜，同时考虑果树、蔬菜的空间组织、景观效果，选用可以与花架、小品共同形成景观的果蔬品种，例如庭院花架旁种植丝瓜供其攀爬。

　　3. 丰富季相景观、增加彩化

　　针对彩叶树种不足，季相变化不够丰富的现状，在美丽乡村庭院绿化景观营建过程中，应当注意增加色叶树种比重，丰富庭院空间的色彩。同时，注重选择季相变化明显的植物品种，丰富季相景观，营造出春花、夏荫、秋实、冬叶的庭院绿化效果。

　　4. 构建丰富的植被层次

　　通过乔、灌、草、藤多层结构的植物群落高低错落的搭配，形成层次分明的庭院植物景观，更大程度上发挥植物的生态功能。经营攀缘植物，使其攀爬庭院花架、建筑外墙、庭院围墙等，形成多方位的立体绿化效果。在构建丰富的植被层次的同时，需要注意开辟庭院透景线，沟通联系庭院内外的景观、气流。

　　5. 便于养护管理

　　除少数爱好家庭园艺的村民，多数村民平时忙于农事生产，不愿意花过多的精力经营植物。因此，乡村庭院绿化应趋向于选择栽培技术低、易于成活、养护管理方便的植物，如竹、柑橘、石榴、枇杷等（图 10-16）。

　　（三）庭院围栏

　　民居建筑和围栏共同围合形成了庭院空间。围栏的形式大致分为围墙、栅栏以及两者的组合形式。无论是哪样的围栏形式，在保证围护、分隔功能的前提下，围栏都应该注重美观，体现乡土特色。美丽乡村庭院的围墙可以采用乡土材料的砌体，融入乡村文化元素美化装饰墙体，镂空墙体用以沟通庭院内外空间，并加强庭院景深。在防护要求不强的乡村庭院中，可采用木质隔栅、竹篱笆等乡土材料，美观经济的同时凸显农家风情（图 10-17）。

　　（四）休憩设施

　　休憩设施是指庭院中的亭廊、花架、桌椅、座凳

图片来源：
图 10-16　http://blog.sina.cn/dpool/blog/s/blog_48db13b10101d4fq.html?vt=4；
http://news.china-flower.com/paper/papernewsinfo.asp?n_id=227964；
http://re.chinaluxus.com/Eli/20120620/188354.html；
http://task.zhubajie.com/206087/n15o3f0p1.html；
http://goods.jc001.cn/detail/2033890.html；
http://bbsfh.cn/forum.php?extra=page%3D13%26filter%3Dtypeid%26typeid%3D106%26typeid%3D106&mod=viewthread&tid=221412；
http://nn.focus.cn/photoshow/830138/64297423.html

图 10-17 美丽乡村庭院围墙

等设施，为居民提供停驻、休憩的场所，方便家庭成员休闲、交往等日常活动。休憩设施的使用者一般是乡村居民，因而其设计应致力于为居民创造安静舒适的环境氛围,满足居民对休憩设施的功能需求。同时，休憩设施的外观、风格、样式，应与庭院景观的整体风格保持一致，与环境相协调（图 10-18）。

考虑到经济因素，庭院休憩设施应对传统亭廊造型进行抽象简化，删除繁琐的装饰，满足方便实用；其次，在建造过程中充分利用现代技术与材料，既节约造价，又坚固耐用。如使用钢筋混凝土材料作为设施的基础和支撑构架，在其表面加以遮蔽美化处理。这种营建方式不仅避免了传统烦琐的工艺模式，节时省力经济实惠，而且达到了追求神似和营造浓郁乡土韵味的效果。

（五）庭院铺地

实地调查得出，杭州乡村庭院普遍使用水泥地面。这种做法阻断了人与自然的接触,视觉观赏性差，有待改变。庭院场地硬化可以采用透水性强，又能体现乡村特色的铺装材料，如青石、瓦片、鹅卵石、木质铺地等，既生态环保又美化庭院景观。铺地材料对庭院风格有着至关重要的影响，应根据庭院景观总体风格选择材料、铺筑方式。对于古村落的庭院，可选用青石、条石、鹅卵石等具有古朴韵味的材料，也可以铺筑各种精致的寓意图案，以营造出乡村古老悠久的气息。对于现代风格的庭院，可选用不同颜色、花纹的花岗石，甚至选用木质铺地来硬化场地，划分空间，营造舒适宜人的现代人居氛围（图 10-19）。无论采用怎样的材料、风格、纹理，庭院空间都应该

图 10-18　美丽乡村庭院休憩设施

图 10-19　美丽乡村庭院铺装

留有自然地面，供植物生长，丰富庭院景观。

（六）景观小品

在美丽乡村庭院中设置景观小品可以提升庭院景观的观赏性，增加庭院景观的人文气息，为游人了解乡村，感受乡村历史、人文、生产、生活提供途径。这也符合美丽乡村庭院景观"宜游"、"宜文"的要求。

景观观赏小品有不同的风格，应注意与庭院其他要素相互呼应，形成和谐统一的庭院景观风格。景观小品的设置最需要考虑的是其视觉观赏性，没有观赏价值，景观小品就没有意义。其次，应该注重景观小品的文化内涵，景观小品是乡土文化的重要载体，同时，乡土文化也是景观小品富有魅力的灵魂。如利

图片来源：
图 10-17　http://www.0574bbs.com/thread-1500749-1-1.html；
http://www.nipic.com/show/8543102.html；
http://www.photophoto.cn/Design-gallery/Gardens/Gardens%20villa/0100030165.htm；
http://news.hexun.com/2013-06-05/154873576.html
图 10-18　http://www.qljgw.com/thread-789766-1-1.html；
http://msdesign.lofter.com/post/fb414_26a17b；
http://www.shejiben.com/works/705822/；
http://www.duitang.com/?next=108254391
图 10-19　http://bbs.yuanlin.com/TopicMail-yuanlin150-20216.htm

图 10-20　美丽乡村庭院景观小品设施

用庭院中的水井、水缸、农具等富有乡土人文韵味的小品点缀庭院，增添院落景致（图 10-20）。

第二节　乡村庭院景观规划设计分析

一、乡村庭院景观的类型

杭州因其独特的历史、人文、经济、地貌等原因，其广大乡村地区庭院景观可划分的种类繁多，内容多样。按照杭州地区乡村地理位置的差异，可把乡村庭院景观分为丘陵型乡村庭院景观和平原型乡村庭院景观两类。按照不同发展定位和目标分，杭州乡村可分为古村落、生态村落、农业观光园村落，其庭院景观的风格类型与乡村发展定位保持一致。

（一）按乡村地理位置分类

就杭州市域范围而言，丘陵山地占总面积的65.6%，集中分布在西部、中部和南部；平原占26.4%，主要分布在东北部；江、河、湖、水库占8%。按照杭州地区乡村地理位置差异可把乡村庭院景观分为丘

陵型庭院景观和平原型庭院景观两类。这是从乡村不同的地理景观特征角度对乡村庭院景观的基本分类。

1. 丘陵型乡村庭院景观

丘陵型乡村规模一般较小，除西湖区梅家坞村等拥有自身特色产业（龙井茶）的少数乡村外，一般经济发展水平相对落后，村民居住分散，住房依山就势，乡村周围有很好的山地森林自然景观。该类型乡村庭院的面积普遍较大，闲散土地较多，庭院景观偏向植物绿化，其主要目的是获取木材或经济果蔬，增加收入（图 10-21）。

2. 平原型乡村庭院景观

平原型乡村规模较大，乡村住宅分布比较均匀，形态多呈组团状布局，居住集中，排列较为单一。由于过去乡村缺乏统一规划，新老房屋聚集，交叉分布，建筑密度高，庭院用地减少的现象比较普遍。随着经济的发展，村民开始关注自家庭院景观，但庭院空间不足成了庭院景观发展的障碍。现阶段，杭州地区村民营造庭院景观多属于自发行为，缺乏科学艺术的指导，且营造方式和内容简单（图 10-22）。

（二）按乡村发展目标定位分类

不同乡村由于其产业特色、乡土文化、人文历史

图 10-21 丘陵乡村

图 10-22 平原乡村

等不尽相同，乡村的规划发展定位和目标也随之不同，在庭院景观方面存在差异。按照不同发展目标定位分类，杭州地区乡村可分为古村落、生态村落、农业观光园村落。

1. 古村落

探古主题的乡村旅游为游人所推崇，并且热度大增，其原因在于古村落为游人提供了离开城市喧嚣的宁静氛围，仿佛跨越时空，在即刻间进入古时候，游荡在历史与现实之间，感受着古朴和恬静。建德新叶村、富阳龙门古镇、淳安芹川村、临安的指南村等，都是杭州比较知名的古村落（图 10-23）。

古村落的庭院景观营造应契合乡村悠久的历史积淀主题，反映村落古色古香的历史传承，烘托村落古老恬静的环境氛围。庭院宜采用自然式景观设计，拒绝城市现代风格。粉墙黛瓦的建筑形式，鹅卵石或青砖铺就的园路，历史人文元素的融入与应用，都可以增添乡村庭院的古韵古味。

2. 生态村落

城市兴起了回归自然的热潮，越来越多的城里人

走向山野林间，寻求大自然的真谛。生态村落为人们提供了一个空气清新、绿化良好的环境。一大批杭州乡村努力开展以生态为主题和目标的美丽乡村建设行动，创建了优质的生态环境与人居环境。如建德绿荷塘楠木林、临安太湖源镇白沙村、临目村、东天目村、西天目乡天目村、淳安县屏门乡上西村等（图 10-24）。

生态村落的庭院景观营造应以乡村优质的生态大环境为依托，以体现乡村优美生态环境为目标，注重庭院绿化景观，采用体现地方特色、风土人情的植物材料，为乡村人居环境创建一个绿色的生态基底。

3. 农业观光园村落

农业观光园集科研、生产、旅游于一体，具有示范功能、辐射功能、旅游功能，如余杭区杭州三白潭

图片来源：
图 10-20　http://bbs.sssc.cn/forum.php?mod=viewthread&tid=3333324；
http://www.nipic.com/show/8158036.html；
http://www.nipic.com/detail/huitu/20140216/225809896200.html；
http://www.qihuiwang.com/company/135457.html；
http://www.ctps.cn/PhotoNet/product.asp?proid=126948；
http://detail.1688.com/offer/43781903787.html?tracelog=gsda_offer
图 10-21　http://www.nipic.com/detail/huitu/20140912/014857725200.html；
http://www.nipic.com/detail/huitu/20141207/203104753200.html
图 10-22　http://www.nipic.com/show/1/8/8098954k76b558ce.html；
http://www.nipic.com/show/1/62/8403097k11044f11.html

图 10-23　古村落

图 10-24　生态村落

图 10-25　农业观光园村落

绿色农庄、萧山区杭州传化大地农业园、阿汤生态农业园，农业观光园规模大，经济农作物品种多，村民

发展自身经济的同时，也为游人提供了采摘、体验的场所。田园风光与现代产业相结合的农业观光村落，是美丽乡村发展的成功路径之一（图 10-25）。

农业观光园村落自身环境优越，同时考虑到旅游需求，使乡村庭院景观的营造更加注重美化环境，烘托乡村淳朴的乡土气息，植物季相、色彩富有变化，绿化效果较好。以自然院落为单位开展庭院绿化，充

图片来源：
图 10-23　http://www.nipic.com/show/1/48/5436021kf1c016d9.html；
http://www.nipic.com/show/1/48/5060534k8c133047.html
图 10-24　http://www.nipic.com/show/1/7391471.html；
http://www.nipic.com/show/1/62/077b1ffd285ac6a4.html；
http://www.nipic.com/show/11929604.html
图 10-25　http://money-hzrb.hangzhou.com.cn/system/2012/01/02/011700816.shtml；
http://www.w.haixi61.com/index.php?do=dest&act=info&id=2367&note=yes；
http://www.nipic.com/show/1/42/8194534kbc4696ee.html

分营造出乡村优美安逸的环境氛围，体现乡村风貌和田园风光，形成地域特色，创造一个舒适的人居环境和旅游环境，将更有利于美丽乡村的发展。

二、乡村庭院景观的功能

（一）休闲游憩功能

在乡村物质生活条件日益改善的今天，更多的村民开始关注其自身居住环境的经营。于是，设计营造一个实用美观的庭院已经成为现今村民的共同需求。优质的庭院景观可以营造舒适宜人的居家气息，为村民的日常生活提供休闲游憩的室外空间。随着庭院在村民生活中扮演着越发重要的角色，村民的交流、纳凉、聚餐、文体等休闲娱乐活动都和庭院景观有着紧密的联系。休闲游憩功能已然成为乡村庭院景观最重要的功能之一。

（二）经济效益

乡村庭院景观的经营可以与经济效益相结合，在美化庭院的同时也可创造经济价值。在一些面积规模较大的乡村庭院中，种植具有经济价值的绿化植物品种，为村民带来更多的创收途径，带动乡村经济增长。在一些经济欠发达的乡村，通过培植珍贵的树种、经济林木作物、名贵花卉和高品质果树，既可以美化庭院，改善乡村生态环境，还可以促进乡村经济发展和提高农民收入。例如，杭州市桐庐县梅蓉村结合其自身的特色产业——杨梅，发展以杨梅经济为目标的庭院绿化，在房前屋后的庭院中广泛种植了杨梅，使其景观和经济收入都有了不错的效果。

（三）生态功能

植物材料是乡村庭院景观不可或缺的构成要素。块状分散的庭院绿地面积总和，占据了乡村建设用地面积中一个不容忽视的比例。块状庭院绿地通过乡村道路线形绿地的相互连接，形成了乡村绿色景观基底，与村庄中的其他绿地共同发挥改善村庄生态环境的作用。科学研究及实践证明，绿色植物具有净化空气、水体和土壤，调节乡村小气候，降低噪声等生态功能。

（四）美学价值

乡村庭院景观对乡村整体景观面貌有着至关重要的影响，美丽整洁的庭院景观带给乡村居民以及外来游客视觉美感和精神愉悦。乡村庭院景观需要在乡村整体规划、目标定位规划中，系统地规划和引导，确定其大体风格定位和特征，以免村民各自为政，形成杂乱无章、风格迥异的乡村庭院景观。在契合乡村整体规划定位的前提下，融入乡土文化、历史传承等景观元素，在庭院中塑造地形、叠山置石、修筑水景、铺筑园路、栽培植物，营造优美的乡村庭院景观，进而提升乡村整体景观面貌和人居环境。

三、乡村庭院景观的特征

就杭州地区研究范围来说，对于没有进行美丽乡村整治建设的乡村而言，其庭院景观通常归为传统乡村庭院景观。传统乡村庭院景观的营造多属于村民自发行为，以场地硬化和边角落绿化的形式为主，缺乏科学艺术的指导，造景方式和内容较为简单。美丽乡村庭院景观与传统乡村庭院景观在其功能、分类方式、设计风格等方面具有共通性，即传统乡村庭院景观所具有的功能、分类方式、设计风格等，美丽乡村庭院景观也具有相似内容的联系，这可以理解为美丽乡村庭院景观与传统乡村庭院景观的共同特征。两者的不同之处在于，杭州市美丽乡村建设提出了"宜居、宜业、宜游、宜文"的要求，美丽乡村庭院景观因融入了"宜居、宜业、宜游、宜文"的景观语言和设计元素而区别于传统乡村庭院景观。

（一）"宜居"特征

美丽乡村建设以构建舒适的乡村生态人居体系为目标。而功能健全、生态友好、景观优美、文化丰富的可持续发展的庭院景观是美丽乡村"宜居"特征的重要体现。传统乡村庭院往往会忽视庭院空间所承载的居民日常生活休闲游憩功能，经营方式趋向于在庭院中种植食用果树，对场地进行简单硬化，以作为农作物晾晒或者杂物堆放之用，缺少桌椅等室外休憩设施和景观设施。与传统乡村庭院景观相比，美丽乡村庭院景观则更加注重村民对交流、纳凉、聚餐、文体等日常休闲娱乐活动的需求，在庭院中合理布置健身、休憩等设施，为乡村居民的"安居"创造环境基础（图10-26）。

图 10-26 "宜居"庭院

图 10-27 "宜业"庭院

（二）"宜业"特征

按照美丽乡村"创业增收生活美"的要求，推进乡村产业集聚升级，发展新兴产业，促进农民创业就业，构建高效的农村生态产业体系。

美丽乡村"宜业"特征在乡村庭院中则体现在开创乡村多样的庭院经济创收方式，以优美、静谧的庭院景观为依托，结合乡村自身优势产业，开辟新的庭院经济发展方式，而不仅仅是种植庭院经济果蔬林木。比如，西湖区梅家坞村在进行美丽乡村整治后，乡村整体环境得到提升和改善，庭院景观也进行了统一的规划设计，融入了体现茶文化的景观元素。梅家坞村素以西湖龙井茶著称，庭院景观经营结合乡村优势产业（龙井茶），村民在自家庭院中摆放休憩品茶设施，为游客提供正宗西湖龙井茶。美丽乡村庭院景观为乡村居民的"乐业"提供了环境支持，同时村民可以增加收入（图 10-27）。

（三）"宜游"特征

按照"村容整洁环境美"的要求，美丽乡村拟实施生态环境整治，切实做好改路、改水、改厕、垃圾处理、污水治理、村庄绿化等项目建设，构建优美的农村生态环境体系。

乡村独有的自然环境和田园风光作为美丽乡村庭院景观的基底，通过乡村道路绿化、水系绿化等线性绿色空间将块状分散的庭院绿地相互连接，形成乡村绿色空间系统。乡村天然纯净的环境，正是其吸引城市游客到访的原因。所以，在美丽乡村的建设过程中，庭院景观的设计，要通过乡土风情的注入和文化主题的挖掘，加深游客对乡村整体的印象和认知，从而使乡村自然环境、生态环境、人居环境相得益彰，创造美丽乡村"宜游"的环境氛围。同时，景观优美、主题丰富的乡村庭院，本身就是乡村旅游的亮点（图10-28）。

（四）"宜文"特征

在美丽乡村的建设过程中，要充分挖掘村镇自身的文化特色和历史、民俗等，注重优秀历史文化和非物质文化遗产的传承和发展，特别是与当代乡村居民

图 10-28 "宜游"庭院

图 10-29 "宜文"庭院

生活的有机融合，充分展现"美丽乡村"的淳朴民风和文化，引导乡村社会风尚、精神文化生活健康良性地发展，使居民文化素质不断得到提升。

美丽乡村庭院景观的宜文特征，主要表现在庭院景观对乡土文化保护和传承的功能上。美丽乡村庭院景观设计，在遵循乡村整体规划和发展定位规划等上位规划的前提下，应当充分突出乡村的人文历史、乡土风情、生产生活方式等。杭州市很多乡村都拥有古老而悠久的历史、文化资源，这些都是流传于乡村的珍贵资源，美丽乡村庭院景观的设计营造有责任融入这些文化元素，从而保护和传承乡土文化。从乡村居民的心理角度出发，这种融入了乡村民俗、文化、风情等元素的庭院景观更容易被村民所接受（图10-29）。

四、美丽乡村庭院景观规划设计原则

（一）功能性原则

美丽乡村庭院作为村民日常生活的场所，其景观设计必须首先考虑功能性需求，包括充分发挥庭院空间休闲交往的功能，注重庭院绿地的生态功能和景观

的视觉美学价值。美丽乡村庭院景观营造可以结合生产，开辟庭院经济创收的多样方式，创造经济价值。庭院景观应致力于为乡村居民日常生活交往提供舒适宜人的场所空间和环境设施，同时兼顾庭院植物景观生态功能、经济功能。在庭院中种植乡土植物不仅可以提供夏季阴凉空间、水果蔬菜，还能反映地域植物特色。

（二）保护和传承乡土文化原则

乡土文化是地域社会精神财富和物质财富的长期积累。地域社会造就了乡土文化，反过来这种文化又表达了地域社会的个性，规定了地域社会共同遵循的秩序，其形成与延续是在不断的认同与适应中完成的。乡土文化使乡村甄别于城镇和其他乡村，是乡村向游人讲述自身、表达自身的手段。美丽乡村

图片来源：
图 10-26 http://www.duitang.com/people/mblog/9058299/detail/；
图 10-27 http://www.yododo.com/area/photo/011EE4C2F869179DFF8080811EE124D3；
http://msn.huanqiu.com/mil/china/index.html
图 10-28 http://www.19lou.com/forum-1672-thread-29672592-1-1.html；
http://www.shouyihuo.com/view/1365.html；
http://www.mt-bbs.com/thread-116720-1-1.html
图 10-29 http://www.nipic.com/show/1/38/84a5137a32243bcc.html；
http://cuijianchi.com/forum.php?mod=viewthread&tid=236070；
http://mlyey.jdedu.net/abouted.php?id=16411；
http://news.wehefei.com/html/201303/10195033532.html

庭院景观作为乡土文化的一个重要载体，有必要也有责任对乡村的生产生活方式、民俗风情、文化底蕴、产业特色，加以保护和发展。乡村庭院景观设计和经营，既要延续乡土文化，保持自身特色，增强日趋淡漠的乡村居民的认同感，又要与现代文化进行整合，顺应时代的发展。

同时，乡土景观材料的运用和乡土元素的注入，增强了庭院景观的世俗性，更容易被乡村居民所接受，引导居民保护和传承乡村流传已久的优秀精神财富，使得乡土文化在城市化过程中保持鲜活的生命力。

（三）参与原则

美丽乡村建设行动不仅仅是一种政府行为，同时也是一种公众行为，乡村庭院景观营造更加需要公众的参与，因为乡村庭院景观更新的利益主体是广大的乡村居民。美丽乡村建设行动只有得到乡村居民的广泛认同，才有实施的价值和可能。因此，乡村景观规划整治必须坚持以人为本、公众参与的原则。

美丽乡村庭院景观的设计、经营，不仅需要考虑村民的参与性，引导村民积极建设、管理庭院景观，同时还需要注重游客的参与性。一些游人主动参与到农事活动中的热情很高，对各种农业生产劳动很感兴趣，乐于参与到乡村生活中。在这样的需求下，乡村农家乐庭院景观迅速发展，农务劳动、趣味采摘等参与活动使得乡村旅游的内容更加丰富与多元化。

第三节 杭州美丽乡村庭院景观营造模式

笔者在从事乡村景观整治规划设计的实践工作中发现，有部分设计人员一味追求乡村的城市化与现代化，对乡村庭院景观一律采取城市现代景观和别墅庭院景观的设计手法，造成乡土文化和乡村特色丧失，千村一面的情形。同时，也存在着以保护乡村本土文化为己任的设计师，认为乡村庭院景观设计应充分挖掘乡村本身的特色，拒绝一切现代造景手法。后者的初衷值得我们肯定，却存在着拒绝多元化的问题。事实上，以一个乡村整体为对象，其庭院景观规划和设计面临着诸多待解决的问题，不是一味以某种设计手

法就可以从根本上美化并改善乡村庭院景观的。

归根结底，乡村庭院景观的设计应采用多样化的风格手法，以乡村立地条件和实际情况为依托，符合乡村发展规划和定位，保留乡土文化特色，尊重乡村民众诉求，真正规划设计出符合乡村自身的庭院景观。乡村庭院景观设计在追求现代流行风格的同时，亦需注重乡土文化的继承和发展。乡土文化的继承和发展是传统风格庭院景观的魅力所在，而功能健全、简洁舒适的现代庭院是多数村民所向往的。所以，无论是传统风格的庭院景观，还是现代风格的庭院景观，都不应该被摒弃，两者之间的权衡应取决于乡村的实际情况。笔者认为，在美丽乡村建设如火如荼的今天，乡村庭院景观不应该只有某一种或者某两种模式。根据乡村的立地条件、乡土特色、经济发展、庭院规模和设计风格等方面的各不相同，将杭州美丽乡村庭院景观营造大致归纳总结为四种模式：城市休闲模式、乡土观赏模式、清新园艺模式以及农家乐体验模式，形成各具特色、百花齐放的庭院景观，改善人居，建设美丽杭州。

一、城市休闲庭院景观模式

（一）风格

城市休闲庭院景观模式是指在美丽乡村庭院景观的营造中，运用城市景观设计的手法，明亮前卫的色彩以及现代质感的工程材料，致力于创造舒适的庭院环境，满足日常生活的诸多功能需求，同时追求赏心悦目的视觉观赏效果。城市现代休闲风格的庭院景观主要受20世纪现代主义思潮对景观所产生的影响，而形成的一种有别于传统，具有现代主义诸多特征的景观形式。景观从现代主义艺术和现代主义建筑中，吸取了大量的现代主义思想，并形成了与传统园林截然不同的现代主义园林风格。此类庭院景观风格趋于简洁大方、安静舒适，极富现代感，与别墅庭院景观风格比较类似。

（二）适用范围

城市休闲庭院景观模式适用于靠近市区、县城、经济重镇的乡村。因推进乡村人口集聚而新规划建设

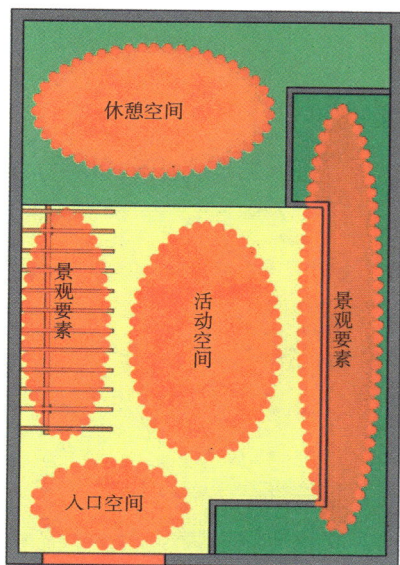

图 10-30　城市休闲庭院景观模式图

图 10-31　城市休闲庭院景观意向图

的乡村，其庭院景观营造也同样适用此类风格模式。这些乡村交通便捷，人口稠密，经济发展迅速，城镇化程度较高，村民注重建筑更新和优质的人居环境。基于城乡统筹发展的基本要求，这些乡村的庭院景观营造可以适用城市休闲庭院景观模式。

（三）特征解析

城市休闲模式的庭院多采用规则式和混合式两种布局形式，空间表现在平面形式上的规整化，空间组织和环境营造强调庭院的游憩、休闲等功能。该模式的庭院一般围合度较高，庭院空间的封闭性较强，从而加强了庭院空间的内向性和安全感，使得使用者在庭院中体会安静舒适的环境氛围。同时，城市休闲庭院景观模式也离不开乡土文化的沃土，只有扎根于乡村民俗风情、地方特色的庭院景观才有旺盛的生命力。

城市休闲庭院景观模式的组成要素，通常包括围合度较高的围栏，现代风格形式的铺装，规则的水体，欧式风情的景观小品，舒适美观的休憩设施以及生态科学的植物群落。这些现代气息浓烈的景观要素构成了现代休闲风格的乡村庭院空间，推进乡村城市化，提升乡村整体风貌，改善乡村人居环境，实现"美丽乡村"建设目标（图 10-31）。

二、乡土观赏庭院景观模式

（一）风格

近年来，我国传统乡土景观正面临逐渐消失的危险，但在国内外一些专家学者的关心与呼吁下，传统乡土景观的研究和保护利用有了较快的发展，并且取得了一定的成果。所谓乡土景观是指当地人为了生活而采取的对自然过程、土地和土地上的空间及格局的适应方式，是此时此地人的生活方式在大地上的显现。因此，乡土景观是包含土地及土地上的城镇、聚落、民居、寺庙等在内的地域综合体，这种乡土景观反映了人与自然、人与人以及人与神之间的关系。乡土观赏庭院景观模式尝试将这种在历史发展过程中形成的传统地域特色景观运用于庭院中，从而保存和发展传统乡土景观，它是当地的历史见证，是宝贵的历史文化遗产。乡土观赏庭院景观模式就是营建以保护和发展乡村传统文化、人文历史为主题，创建具有浓郁乡土特色和地方风情的庭院景观，充分挖掘乡

图片来源：
图 10-31　http://xiaoguotu.to8to.com/p10091251.html；
http://blog.163.com/cd_guorq02/blog/static/2108590152014223115688/；
http://www.70.com/news/view-28-3754.html；
http://blog.163.com/cd_guorq02/blog/static/2108590152014223115688/

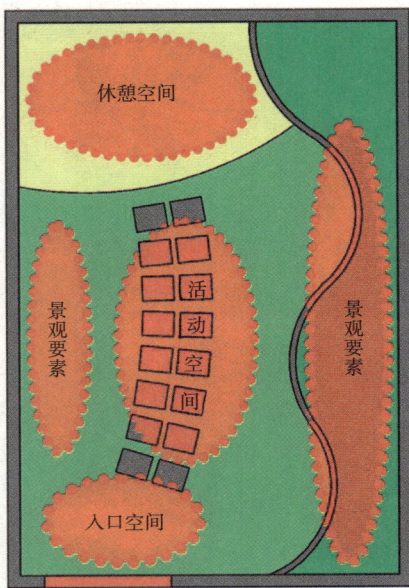

图10-32　乡土观赏庭院景观模式图

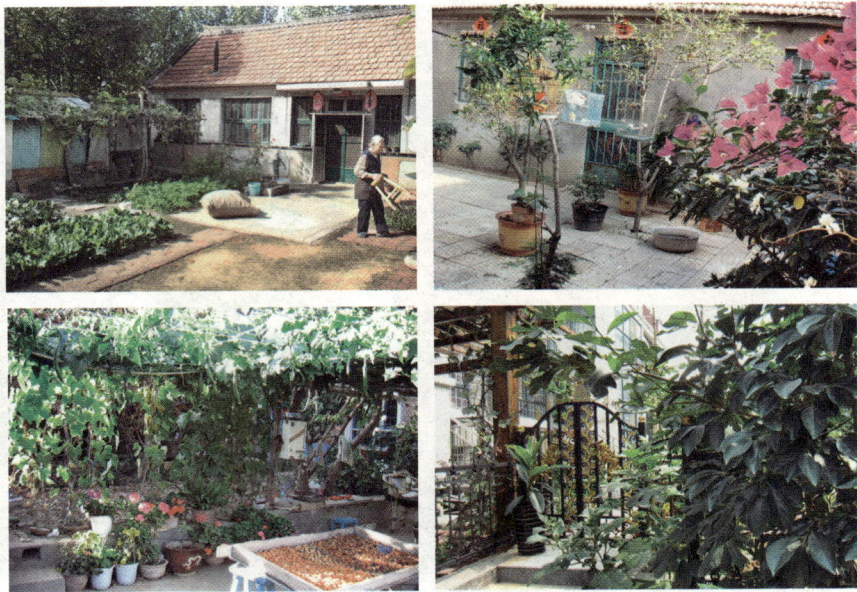

图10-33　乡土观赏庭院景观模式意向图

村的环境肌理、文化底蕴、产业特色，利用乡土元素和乡土景观材料，提升乡村整体面貌和观赏性，烘托乡村闲适安逸的生活氛围。因而，此类模式的庭院景观风格趋于古朴传统，庭院景观弥漫着历史岁月的痕迹和韵味，乡土文化元素的注入增强了庭院景观的世俗性，为乡村居民所喜闻乐见（图10-32）。

（二）适用范围

乡土观赏庭院景观模式适用于拥有悠久历史的古村落以及拥有自身文化、优势资源，发展特点鲜明的乡村。对于远离城市，自然环境和生态环境未受到干扰破坏或破坏程度轻微的乡村同样适用此类模式。这些乡村由于受城市化影响较轻，故延续了乡村淳朴的生产生活方式、民俗风情，乡村景观规划和庭院景观设计都有责任留住乡村古老久远的历史、特色鲜明的乡土文化和浓郁的地方风情。

（三）特征解析

村民生活朴素，民居建筑陈旧，土地利用率较低，庭院空间围合度低，甚至没有明晰的围合界限。乡土观赏模式的庭院多采用自然式和混合式布局形式，空间表现在平面形式上的流线化，空间组织和环境营造强调庭院的视觉观赏效果，景观注重文化元素的提炼和运用。庭院景观设计的营造基于保护和传承乡土文化，因而庭院空间充满文化气息和历史韵味。

这种乡土文化元素恰恰是乡村居民所熟悉的，故乡土观赏庭院景观易被使用者认可。对于城市游客来说，乡土观赏模式的庭院景观是他们了解感知乡村文化、风情的途径，从而实现美丽乡村建设"宜游"、"宜文"的目标要求。

乡土观赏庭院景观模式的组成要素包括青砖砾石的铺装，自然的水体，乡土材料的景观休憩设施以及乡土植物群落。这些使用青砖灰瓦等乡土材料营造的庭院景观构成了古色古香的乡村庭院空间，既保护了古老优秀文化，又美化了乡村环境（图10-33）。

三、清新园艺庭院景观模式

（一）风格

清新园艺庭院景观模式是指爱好家庭园艺的乡村居民在庭院中莳花弄草，栽培盆景，精心设计、经营、美化乡村庭院景观的方式。此类庭院景观风格趋于清新、亲切、温馨，整体上塑造出一种"小家碧玉"的庭院氛围（图10-34）。

（二）适用范围

清新园艺庭院景观模式适用于面积规模较小的乡村庭院。爱好家庭园艺的居民可以依照此类模式经营庭院。实地调查考证发现，杭州地区多数乡村庭院

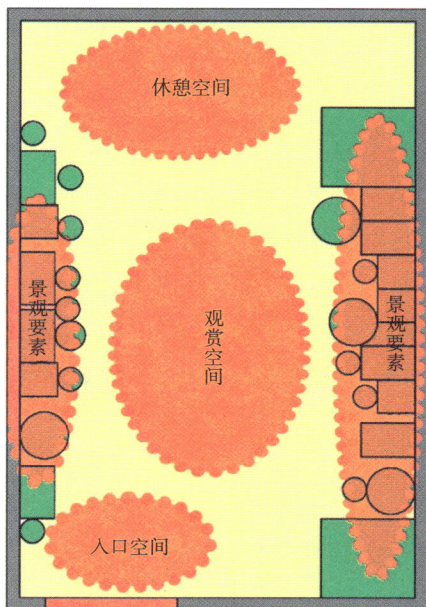

图 10-34 清新园艺庭院景观模式图

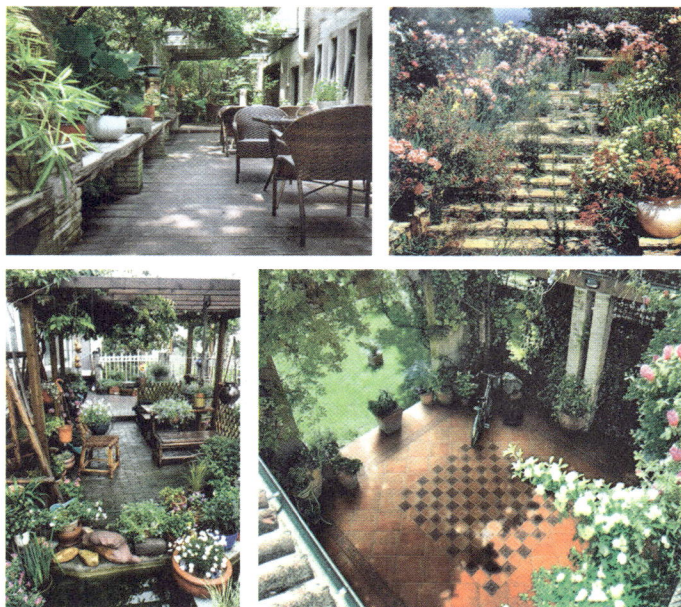

图 10-35 清新园艺庭院景观模式意向图

空间位于主体建筑南向的地块上，平面呈矩形，规模面积有限，不适于经营太多内容，故而多数村民趋向于在庭院中采用此类模式。

（三）特征解析

清新园艺风格的庭院景观营造手法比较简单，常用的方式是利用庭院的边角落空间进行绿化、盆栽，中部空间予以硬化，设置桌凳等休憩设施。清新园艺风格的庭院景观去除了部分造景要素，简化了庭院景观营造过程，便于居民日常管理和经营。由于庭院面积有限，对主体建筑和庭院围墙采用藤本攀缘类植物进行垂直绿化的方式在乡村中颇受欢迎，很大程度上改善了斑驳墙体的立面景观。

观赏价值高，开花结果的乡土植物是清新园艺庭院景观最主要的组成要素，为庭院环境奠定了温馨、亲切的基调。同时，庭院景观中还包括精致的器皿，温馨舒适的休憩设施，美观的围栏以及铺地（图10-35）。

四、农家乐体验庭院景观模式

（一）风格

从旅游观念来说，休闲旅游正逐渐发生转变，由

传统观光旅游的"来也匆匆、去也匆匆"的走马观花式转向休闲度假型，使得乡村旅游的内容更加丰富与多元化，乡土文化内涵深厚、具情感寄托和高附加价值。在这样的趋势下，乡村农家乐迅速发展，农家乐庭院景观亦得到发展以满足乡村旅游体验活动的需要。农家乐体验庭院景观模式指庭院景观营造结合乡村特色产业，在规模面积较大的庭院中种植经济果林，比如樱桃、枇杷、杨梅、葡萄等，或者在庭院池塘中放养鱼苗，种植荷花，池塘周边堆叠自然式生态驳岸，设置垂钓平台，为城市游人提供趣味采摘、休闲垂钓、农务劳动等乡村参与和体验活动的场地和环境，向游人讲述农家韵味，让游人体会美丽乡村的闲适生活。农家乐体验模式的庭院景观追求田园牧歌式的意境，庭院中连片种植的经济作物展现出只存在于乡村的田园风光（图10-36）。

（二）适用范围

农家乐体验庭院景观模式适用于距离城市不远，

图片来源：
图 10-33 http://www.laizhouba.net/forum.php?mod=viewthread&ordertype=1&page=1&tid=258626；
http://bbs.iqilu.com/thread-9126888-1-1.html；
http://www.qfeiche.com/；
http://qing.blog.sina.com.cn/2028815117/78ed430d320023w8.html
图 10-35 http://www.nipic.com/detail/huitu/20140909/115417747200.html；
http://blog.sina.com.cn/s/blog_63653edf0100got6.html；
http://www.bhgmag.com.cn/index.php?m=content&c=index&a=show&catid=47&id=5097&page=5；
http://www.nipic.com/show/1/49/5216486k7b81f5cb.html

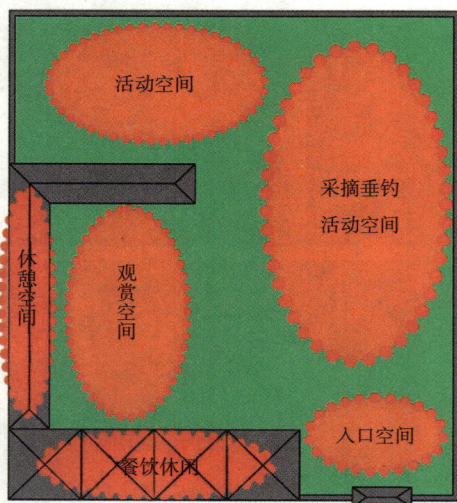

图 10-36　农家乐体验庭院景观模式图

拥有优质自然环境和景观基底的郊野乡村。由于毗邻城市，交通优势明显，乡村可以吸引周边城市人口观光旅游，发展乡村旅游经济。

（三）特征解析

美丽乡村宜充分挖掘其自身拥有的特色产业，比如经济果林、渔业养殖等，在农家乐庭院景观营造中运用乡村自身的优势产业资源，发展庭院经济，契合美丽乡村建设的"宜业""宜游"目标。

在农家乐庭院中大片种植樱桃、枇杷、杨梅、葡萄等可食用美味水果，等到丰收季节向城市游人开放，让游人自行入院采摘食用，体验农务劳动，接触自然。有水域的庭院可以开展垂钓等活动，丰富农家乐庭院的活动内容。农家乐体验庭院景观模式注重游人的参与性，目的是让城市游人体验乡村生产、生活方式。当然在庭院中必不可少地需要设置配套的餐饮、住宿、停车等基础设施以及亭、廊、花架、生态驳岸、亲水平台等景观休憩设施，满足游人多方面的需求（图 10-37）。

第四节　西湖区东江嘴村庭院景观营造案例分析

乡村庭院景观属于乡村景观在生活层面上的乡村聚落景观规划，与村民的居住环境密切相关。取用西湖区双浦镇东江嘴村作为案例，该案例是基于该村"风情小镇"建设规划，本章在介绍案例概况的基础上，着重阐述美丽乡村庭院景观的设计方法。

图 10-37　农家乐体验庭院景观模式意向图

图 10-38 民居建筑一现状

图 10-39 改造后效果

东江嘴村庭院经营应充分融入渔乡文化的景观语言,景观风格与乡村整体定位保持一致,营造出"渔乡风情小镇"的环境氛围。乡村庭院景观设计、整治,往往需要和民居建筑同步提升,真正改善村民的生活环境,创造和谐人居。

（一）乡村民居整治

东江嘴村的民居建筑改造是一项较为重要的环节。总体上,东江嘴村的现有民居建筑风格样式凌乱,缺乏统一规划整治,存在部分的违章建筑,也缺乏完善的维护管理。针对民居这一现状,应当拆除违章建筑,对乡村整体建筑风格形式予以引导。同时,注重乡村中历史悠久的文物、遗迹、旧居保护。

民居一:以淡色饰面装饰建筑外立面,间隔青灰色面砖,与灰色调门窗、护栏相协调,使建筑风格趋向于古朴古韵,同时又散发现代气息。增加庭院绿化,丰富庭院景观,与周围环境相协调,营造出整洁又轻松休闲的活泼氛围（图 10-38、图10-39）。

民居二:立足于民居建筑的外立面、阳台、窗户、门及宅旁绿地等方面,将原建筑改造成具有传统韵味的现代民居,整治后建筑表现为白墙灰瓦的风格,开放式庭院空间,丰富宅旁绿化,柔化建筑生硬线条（图10-40、图 10-41 ）。

民居三:建筑外立面加以适当的装饰,同样以白墙灰瓦的风格为主导,体现其古朴美观的渔乡风

图 10-40 民居建筑二现状

情。重点整治建筑周边的外环境,增加庭院绿化和垂直绿化,营造整洁舒适的人居环境（图 10-42、图10-43 ）。

（二）乡村庭院景观设计

乡村中两个自然村系现阶段统一规划建成,建筑风格趋于现代,功能健全,其庭院景观营造采用城市休闲营造模式,使建筑风格和庭院景观协调一致。

图片来源:
图 10-37 http://www.tcwy.gov.cn/lyjd/show.asp?id=22 ;
http://mmweb.tw/13105/album_2/4330/&on=0 ;
http://www.365960.com/article-282.html ;
http://synews.zjol.com.cn/synews/system/2011/04/08/013578999.shtml ;
http://www.lmuya.com/lmy-55-1.html ;
http://www.nipic.com/show/1/47/06acf0ad460ab7c8.html

图 10-41 改造后效果

图 10-42 民居建筑三现状

图 10-43 改造后效果

图 10-44 庭院一平面图

运用城市景观设计的手法，现代质感的工程材料，致力于创造舒适宜人的庭院环境，追求赏心悦目的观赏效果。东江嘴村沿江聚落拥有丰富的渔乡文化和悠久的历史，其庭院景观采用乡土观赏模式。设计中汲取乡土文化元素，在庭院中设有传统农（渔）具、水缸等小品，并以绿篱为围墙，增添农家氛围，设置木亭、户外餐饮桌凳等休憩设施，以满足居民日常生活要求。同时，注重经营庭院绿化，营造出郁郁葱葱的空间。对于爱好家庭园艺的村民，或限于庭院面积，采用清新园艺模式，利用陶罐、木箱种植观赏植物，经营盆景，营造清新整洁的庭院景观。庭院植物景观形成"季相鲜明、整体协调、一院一景"的特色景观。庭院绿化以桃花、杏、桂花、蜡梅及草本花卉等乡土植物为主，以营造"红杏枝头春意闹"、"绿树浓荫夏日长"、"霜叶红于二月花"、"暗数青梅立树荫"的四季景观（图 10-46 ~ 图 10-49）。

图 10-45　庭院一效果图

图 10-46　庭院二平面图

图 10-47 庭院二效果图

图 10-48 庭院三平面图

图 10-49　庭院三效果图

第十一章

美丽乡村专题研究与实践Ⅴ——产业型乡村绿道规划设计

第一节 产业型乡村绿道规划设计理论研究

本章以乡村绿道的基本理论为指导，以浙江省"美丽乡村"建设行动计划（2011~2015）为参考，总结了浙江省美丽乡村建设开展以来，取得的成效与现存的难点问题，并以乡村产业发展中的主要难点问题为切入点，研究了产业发展型乡村绿道的分类、构成要素、规划层次等内容，提出了产业发展型乡村绿道规划的技术路线，包括对研究区域的资料收集与调查，制定产业开发思路与目标定位，绿道选线规划，布局规划，绿廊系统规划，游径系统规划，标识系统规划，构建产品开发体系和市场开发战略等内容，并对产业发展型乡村绿道的规划方法进行了深入的研究，以期对浙江省美丽乡村建设规划提供更多的思路和发展方向。

一、产业发展型乡村绿道概述

（一）产业发展型乡村绿道的概念

产业发展型乡村绿道是在城乡之间沿山谷、道路、河流等带状自然地形分布，以发展乡村经济，构造农村产业链为目的，具有乡村特色的产业集群特征，并具有相关人才、科技、示范区等配备的产业体系，或是具有一定特色和主题性的乡村旅游服务性产业带。

（二）产业发展型乡村绿道的分类

产业发展型乡村绿道主要包括农林产业带和服务产业带两种类型。

1. 农林产业带

在城乡之间，沿山谷、道路、河流等带状自然地形分布，以发展乡村经济，构造农村产业链，具有乡村特色的产业集群特征，并具有相关人才、科技、示范区等配备的产业体系。

2. 服务产业带

依托乡村的休闲农业、观光农业等特色产业，对乡村的农家乐、林家乐、观光园等景区景点进行有效连接，形成具有一定特色和主题性的乡村旅游服务性产业带。

（三）产业发展型乡村绿道的功能

产业发展型乡村绿道往往兼有景观通道、生态廊道、景观形象、农林业发展等多种功能，为绿道沿线的服务业、旅游业等相关产业的发展提供支撑，并带来大量就业机会，为区域村落带来联动的经济效益。

1. 连通功能

产业发展型乡村绿道通过对沿线的村落、景点、农业园区、风景林带等有机的串联，体现"旅游通道"的功能，并发挥可达性便捷性好的优点，利于地方区域特色性的表达；产业发展型乡村绿道不仅使村域范围内原本孤立的生态岛重新组合形成有机的整体，还能形成一种游客"走进来"、产品"走出去"循环模式，促进城乡一体化建设。

2. 经济功能

通过产业发展型乡村绿道的建设，一方面对沿线传统的林业结构进行合理调整与引导，坚持生态公益性与经济致富性相结合，引导农民改变传统林业产业"种树砍树"的单一模式，形成生态公益林与经济致富林相结合的模式，从长远的角度出发，逐步提高林业经济效益；另一方面，通过对村域景观的整体改造与连通，并与城镇旅游规划相互衔接，促使乡村旅游的稳步开展，留住农民在本地创业就业，提高农民的经济收入。

3. 社会功能

产业发展型乡村绿道对"美丽乡村"建设具有积极的促进作用。产业发展型乡村绿道建设是以农民增收为核心，将农村发展置于生态宜居城市的大背景下，通过因地制宜的绿道建设，使农村基础设施明显改善，生态环境日趋优良，缩小城乡差距，促进政府和村民、城市和乡村的良性互动，形成全民参与、城乡共建，人人共享的良好氛围。

4. 生态功能

从景观生态学角度来看，产业发展型乡村绿道也同样具有生态保护功能。它能够给野生动植物提供栖息场所，并提供物种迁移的通道，阻隔不利因素的进入并吸收有利因素，通过把不同的孤立的生境斑块连接在一起而使其成为一个整体，提高生境的连接性，从而促进物种和能量的迁移和交换。

二、产业发展型乡村绿道与美丽乡村建设的契合性

美丽乡村建设规划开展以来，根据县市域总体规划、土地利用总体规划和生态功能区规划，综合考虑各地不同的资源禀赋、区位条件、人文积淀和经济社会发展水平，针对美丽乡村建设目标和建设难点，从"宜居、宜业、宜游"三方面着手，提出构建产业发展型乡村绿道的建设内涵，美丽乡村具体建设目标如下：

（1）宜居：生态环境良好，居民生活品质提高。一方面，乡村工业污染、农业水源污染以及农村垃圾、污水得到有效治理，村庄生态环境优化；另一方面，提高人口集中居住和农村土地集约利用水平，构建基础设施完善、村貌景观美化、村容秩序良好、社会安定和谐的美丽乡村。

（2）宜业：生态经济加快发展，产业结构升级。发展区域特色农业，打造精品产业，全面提升产业层次，切实抓好村域产业的培育和发展。循环经济、清洁生产、农村新型能源等技术模式广泛应用，低耗、低排放的乡村工业、生态农业和生态旅游业等生态产业快速发展。

（3）宜游：乡村景观优化，发展生态旅游。构建旅游设施配套完善，交通便捷安全，加快休闲观光农业发展，同时注重当地自然资源和文化资源的可持续发展，立足当地特色，发展乡村生态旅游。

（一）宜居方面

从宜居方面分析，产业型乡村绿道有助于提高城乡居民生活品质。

首先，乡村绿道连通了城乡之间原本破碎的绿地空间，为城乡居民提供了一种健康、便捷、生态的连通路径，能够有效地缓解城乡二元结构的矛盾，同时也进一步提升了沿线区域的乡村绿地景观，提高绿化用地空间利用效率，通过绿道来解决城镇密集地区的绿地普遍缺乏问题、城市热导效应，形成健康、休闲的区域绿道网，提高城市的宜居性；

其次，能够促进沿线村庄环境升级优化，整治提升农村的道路、路灯、改水改厕等基础设施和健身设施、公交线路等公共服务设施以及新房新村建设，提升农村人居环境品质。

（二）宜业方面

从宜业方面分析，产业型乡村绿道的构建有助于提升产业之间的关联性，加强乡村自然资源的合理开发和生态保护，科学把握农业与休闲观光业的结合点，扩大产业规模，提高产品知名度。

首先，通过产业型乡村绿道"引进来、走出去"模式的建立，实现乡村产业资源与周边市场的有效对接，以农业的产业化集聚发展为纽带，促进农业转型，提高农村劳动力就业率，增加农民收入，繁荣农村经济，形成产业之间的优势互补、资源共享、科技创新的循环经济体系，使农产品在经营管理、产供销、环境保护等方面融合成有机的绿色产业链；

其次，依托乡村的农林牧渔产业、农业经营项目、农耕文化及农事活动，发展农家乐型、农庄经济型、园区农业型、特色产业发展型、自然人文景观型等多种形态的休闲观光农业产业，推进乡村生产、生活、生态的有机融合，走出一条"以农为本、农中有旅、以旅促农"的致富路。

（三）宜游方面

从宜游方面分析，产业型乡村绿道有助于乡村旅游业的改造提升。

首先，产业型乡村绿道是以山林农田、平原水域的自然资源为生态基质，围绕着地区景观和物种多样性最为丰富的地带而建，在大大改善沿线城乡区域交通联系的同时，也为游客提供了回归自然、感受乡野的绿色通道。

其次，各条乡村绿道通过串联区域的风景名胜区、自然保护区、旅游度假区、郊野公园、农业产业园、农业生态园、古村落等分散的旅游资源进行连接整合，综合乡村地域特色、历史文化、风土人情，提升乡村建设的景观品味和对地方文化的保护，形成农业与旅游业联动发展的低碳旅游模式。

最后，产业型乡村绿道具有地方产业主题特色，

有助于提供不同等级和类别的旅游产品，吸引不同的旅游市场，避免美丽乡村建设中的同质化现象。

通过对浙江省"美丽乡村"建设现状的总结分析，从农村人居环境、农村空间布局、农村产业发展等几方面，分析了美丽乡村建设以来，浙江省取得的成效及在建设中出现的重点难点，并针对出现的产业培育效果不明显、产品品牌宣传力度较小、景观同质化现象普遍、环境整治范围不全面等难点问题，从美丽乡村建设要求"宜居、宜业、宜游"出发，阐述了产业发展型乡村绿道与美丽乡村建设的契合性，提出建设产业发展型乡村绿道的重要意义。

三、产业发展型乡村绿道规划研究内容与方法

（一）产业发展型乡村绿道规划类型

浙江省在"美丽乡村"建设推动下，实施"生态经济推进行动"。在"创业增收生活美"的要求下，积极推动农村产业发展，利用当地特色农业、林业等基础经济支柱进行产业化发展，推进产业集聚升级，发展新兴产业，促进农民创业就业。产业发展型乡村绿道主要包含农林产业带和服务产业带两种发展类型，根据"美丽乡村"建设要求，发展乡村集聚产业，要全方位多角度的建设各种类型的产业发展型乡村绿道，其中包括生产型乡村绿道、加工型乡村绿道、推广型乡村绿道和旅游型乡村绿道（图11-1）。

生产型乡村绿道是基于对当地特色资源保护，因地制宜的开发适合当地的产品生产链，促进产业集聚

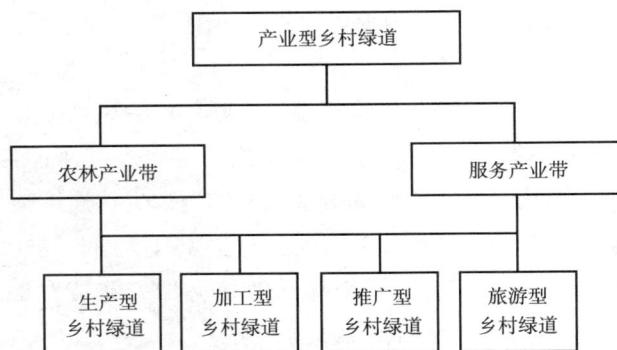

图11-1　产业发展型乡村绿道分类示意图

和产业基础设施的建设；加工型乡村绿道是在当地特色产品的基础上，通过招商引资，对产品进行加工与研发，提高产品的增值空间；推广型乡村绿道是通过建立信息网络，扩大产品的宣传力度，优化产品的销售环境，通过建立廊道形式的销售渠道，打造地域品牌效应；旅游型乡村绿道是依托当地特色农业资源优势，在原有旅游业的基础上，形成集休闲体验、观光游览、商品购物等于一体的旅游型绿道，同时与前三种绿道有机串联，调整农业结构，推动休闲农业发展。通过建立这四种类型的产业发展型乡村绿道，形成结构合理、集聚发展的产业网络，提升村镇的生态环境，从而实现优化的产业经济发展模式。

（二）产业发展型乡村绿道构成要素

通过分析产业发展型乡村绿道的功能分类，并依据乡村绿道基本理论，可以得出产业发展型乡村绿道建设要与发展乡村旅游休闲相结合，与优化乡村环境相结合，与农民致富相结合，主要从以下三方面考虑：

（1）要营造好道路沿线周边绿化空间，增设文化景观节点、健身休闲节点、服务系统等，建成城乡一体化的绿色之道，促进乡村旅游的开展。

（2）要在绿道沿线村落积极开展农业生态园，开展蔬菜水果采摘、农产品销售等"农家乐"项目，形成农民的创业增收之道。

（3）通过乡村绿道建设，带动农林产业的集聚发展，以循环经济理论为基础，大力发展生态经济，创造品牌优势，推动农村产业联动式发展。

因此，可以把产业发展型乡村绿道的构成要素分为绿色廊道、产业资源、游径系统和基础设施四部分。其中，绿色廊道是指对自然格局进行保护恢复，对农林产业进行改造升级，形成统一连续的基底背景，主要强调的是绿色产业带；产业资源是指以绿色廊道为轴线而发展的农林产业和旅游产业资源，强调生态经济发展模式；游径系统是指对绿色廊道、产业资源进行保护、管理、旅游开发等的重要交通路径，主要依附于田野水系、山体边缘、交通路线等地段；服务系统是指为完善绿道使用功能，在绿道沿线设置游览设施（包括管理设施和驿站设施）和标识设施等。这些构成要素之间既有相通部分，亦有迥异之处，共

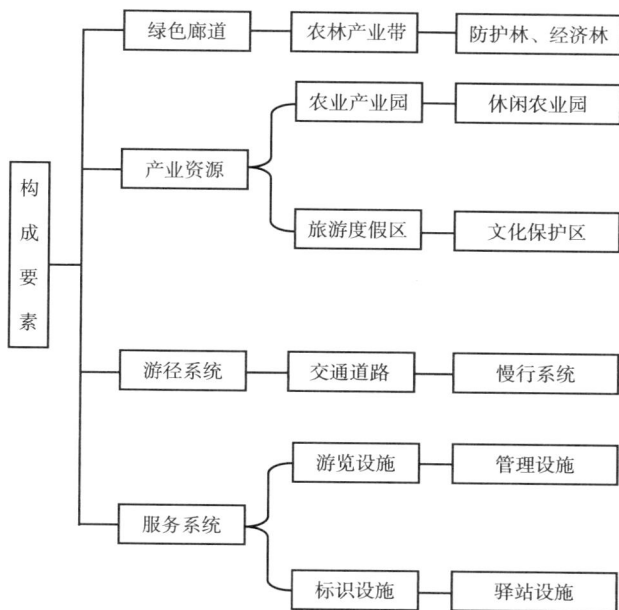

图11-2　产业发展型乡村绿道构成要素示意图

同组成产业型乡村绿道的构成要素（图11-2）。

"美丽乡村"建设中要求实施"生态经济推进行动"，按照"创业增收生活美"的要求，通过发展当地农林产业，推进产业集聚升级，集中研究高效生态农业、技术体系及推广应用技术等，带动乡村经济发展，促进农民创业就业，构建高效的农村生态产业体系。产业发展型乡村绿道的建设就是对当地产业构成要素的集成，完善乡村绿地系统，做好农业产业系统和旅游产业系统的有机结合。

（三）产业发展型乡村绿道规划层次

乡村绿道是一个多层次的网络系统，分别从区域、地方、场所这三个层次进行规划，产业发展型乡村绿道作为场所层次中的分支绿道，要与各个层次和类型的绿道相互衔接。

1. 与区域层次的衔接

区域层次的乡村绿道规划是从国土、省域范围出发，按照城乡生态保护与修复等要求，连接区域范围内的各类自然资源节点，包括森林公园、自然保护区等。产业发展型乡村绿道从绿道的经济效益出发，作为绿道网的一个分支连线，对区域范围内的乡村绿道进行有效连接。

2. 与地方层次的衔接

地方层次的乡村绿道规划是从地级市域、县域范围出发，按照城镇规划、生态保护、旅游发展等要求，针对区域辖区内的旅游景区、城镇、公园等节点进行连接，构建地方层次的绿道网。该层次绿道是区域绿道的下一级，产业发展型乡村绿道仍是作为绿道网的一个分支连线，对绿色产业带进行连通，发挥产业带的绿色经济效益。

3. 与场所层次的衔接

场所层次乡村绿道规划是从村镇与村镇之间的村域范围内，贯通场所层次与地方层次间的绿道连接，产业发展型乡村绿道作为场所层次中的一类分支，主要是通过对区域范围内的产业园、农业园、景区、换乘点、村落等节点规划连接，将绿道深化到可被感知的场所层次范围，促进乡村产业的集聚发展。

（四）产业发展型乡村绿道规划研究方法

1. 规划原则

（1）以农为本的原则

以农为本是奠定乡村产业可持续发展的根本需要。一方面，只有依托农业生产才能长久地保持具有乡村特色的产业经营，才能延长农业产业链，包括农林果业的生产加工销售和休闲农业项目的开发；另一方面，农民是新农村建设的主体力量，只有依靠农民才能确保乡村产业稳定、健康的发展，立足强农惠农的基本政策，强化农村产业发展。

（2）环境承载力原则

产业发展型乡村绿道建设，首先应以生态保护理念为基础，在农业生态系统高产、稳产和持续增产的前提下，处理协调好经济发展与资源环境之间的关系，充分考虑产业园的资源环境承载能力，进一步强化资源节约集约利用，有效治理环境污染，加快发展循环经济和低碳经济，努力实现经济社会的全面、协调和可持续发展。

（3）因地制宜原则

各个地区的气象气候、土壤地貌等自然条件不尽相同，在进行产业发展型乡村绿道建设时，要基于对整个区域概况各种因素综合把握的基础上提出，从实际情况出发，结合当地的地理区位、基础产业、自然资源、特色文化等进行产业定位与廊道规划，因地制宜地发展当地优势产业。

（4）景观连续性原则

依据景观规划设计相关理论，在产业发展型乡村绿道规划研究中，应充分考虑廊道景观的环境形象、生态绿化、大众行为心理等要素，并将景观元素贯穿于整个廊道的规划设计中，重视景观内部廊道的连通性和大众心理感知，通过建设道路、沟渠和斑块间的林带等线形景观，重构孤立斑块之间的连续性，促进物质、信息、能量的有效流动，形成连续性的农业景观。

2. 规划技术路线

产业发展型乡村绿道规划的核心内容是发展乡村农业产业和旅游产业，其规划流程可以归纳为资料收集调查、构建绿道资源评价体系、制定产业开发思路与目标定位、绿道选线与布局、绿道专项规划、构建产品开发体系、制定市场营销战略等内容（图11-3）。

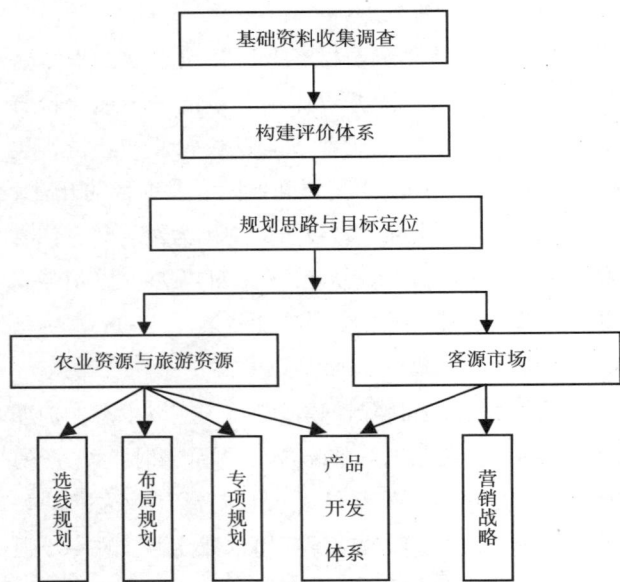

图11-3　产业发展型乡村绿道规划技术路线

四、产业发展型乡村绿道规划

（一）资料收集与调查

调研是乡村绿道规划的基础。要建设产业发展型乡村绿道，首先必须研究该地区的自然条件和区域环

境，判断是否具备建设产业发展型乡村绿道的基础条件。根据国内相关绿道建设经验，可以从以下五个方面对研究区域进行调研：①区位交通；②自然资源；③人文资源；④社会经济；⑤基础设施条件，同时结合实际项目情况再确定详细调查内容。

（二）构建产业发展型乡村绿道规划评价模式

构建产业发展型乡村绿道，科学分析评价是对资源保护和可持续性利用的前提，是乡村绿道科学规划建设的重要依据。根据浙江省美丽乡村建设发展的"四美"要求，构建产业型乡村绿道资源评价模式，依据产业集聚有关理论和原理，以规模因素、市场因素、科技因素、成长因素、环境因素、竞争因素、效率因素来衡量产业带的发展。其中，规模因素是指产业集群的规模大小；市场因素是指其产品的占有率及其发展前景；科技因素是指技术创新项目和情况，用研究产业创新发展所投入的科技人员或项目的数量来综合评价；成长因素反映产业带的发展变化趋势；投资因素是指对当地产业在人力、物力、信息、资金等方面的投入；效率因素是指投入与产出水平；环境因素是指农村自然资源环境质量及污染物排放控制情况的综合评价（图11-4）。

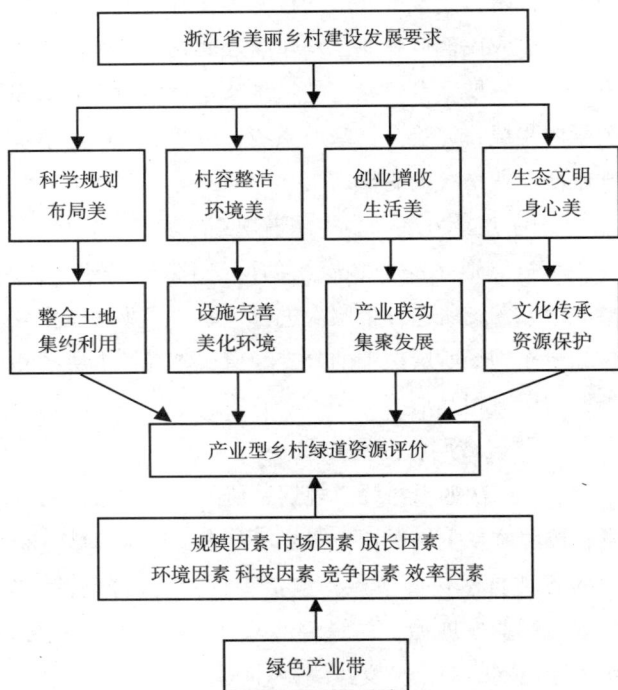

图11-4　浙江省产业型乡村绿道评价模式结构图

本研究中，采用层次分析法（AHP）确定有关指标的权重。层次分析法是一种整理和综合专家们经验判断的方法，也是将分散的咨询意见数量化与集中化的有效途径。假设评价目标 A，评价指标集 $F=\{f_1,\ f_2,\ \cdots,\ f_n\}$，构造判断矩阵 $P_{(A\text{-}F)}$ 为：

$$\begin{pmatrix} f_{11}, & f_{12}, & \cdots, & f_{1n} \\ f_{21}, & f_{22}, & \cdots, & f_{2n} \\ \cdot & \cdot & & \cdot \\ \cdot & \cdot & & \cdot \\ \cdot & \cdot & & \cdot \\ f_{n1}, & f_{n2}, & \cdots, & f_{nn} \end{pmatrix}$$

式中，f_{ij} 是表示因素 f_i 对 f_j 的相对重要数值 ($i=1$，2，$\cdots$，n；$j=1$，2，$\cdots$，n)，f_{ij} 的取值如表 11–1 所示。

A–F 判断矩阵及基数　　　　　表 11–1

f_{ij} 的取值	含义
1	f_i 对 f_j 同等重要
3	f_i 较 f_j 稍微重要
5	f_i 较 f_j 明显重要
7	f_i 较 f_j 强烈重要
2，4，6，8	分别介于 1~3、3~5、5~7 及 7~9 之间
9	f_i 较 f_j 极端重要
$f_{ji}=1/f_{ij}$	表示 j 比 i 不重要程度

依据上表从而构成专家评判矩阵，根据徐文辉教授构建的乡村绿道规划建设评价模式中得出的权重值（表 11-2），建立产业发展型乡村绿道评价标准。

产业发展型乡村绿道评价指标权重　　　　表 11-2

类型	指标	权重
产业型乡村绿道	规模因素	0.202
	市场因素	0.102
	科技因素	0.317
	投资因素	0.054
	成长因素	0.036
	环境因素	0.202
	效益因素	0.087

根据上表可以看出，在产业型乡村绿道评价因子中，科技因素占重要作用，其次是环境因素和规模因素、市场因素、效益因素、投资因素和成长因素。在具体使用过程中，评价因素可以通过规格化矩阵方式转换为相关分数的评价结果，建立评判标准（表 11-3）。

产业发展型乡村绿道规划建设评判标准　　表 11-3

综合评估值（%）	>90	80 ~ 90	80 ~ 70	70 ~ 60	<60
评判标准	优异	良好	一般	较差	很差

根据评判标准可以对产业发展型乡村绿道资源的规划进行有效评判，能够确定哪一项内容要重点规划和整治，明确规划中的问题和不足，从而更好地指导产业发展型乡村绿道规划建设。

（三）制定产业开发思路与目标定位

传统农村产业由于缺乏统一规划，出现规模小、布局散乱、技术水平低、商品率低等现状，但城乡统筹发展并没有从根本上解决三农问题。新农村产业发展规划中，把农村产业作为新农村发展的重要支撑力，协调产业发展的资源配置与空间布局，从产业发展的经济、社会和环境效益整体出发，最大限度地体现不同群体的利益，协调农民、农业企业家、乡镇企业家、工人的利益，因地制宜地发展乡村产业带，发展现代农业、生态农业、科技农业，转换农村经济发展方式，加快第一产业与第二、三产业的联动发展，构建高效的农村产业发展体系，初步建立现代农业、新型工业、现代服务业的协调发展，企业自主创新能力显著增强的产业集群，构建"宜居、宜业、宜游、宜文"的美丽乡村。

乡村产业带开发定位要紧紧围绕浙江省"美丽乡村"建设的大环境背景，依托当地农业产业基础和旅游资源特色，基于区域客源市场的预测分析，确定各产业在区域范围内所占据的地位、发挥的作用、承担的功能和对周边区域发展可能带来的机遇进行分析，确立产业发展定位并规划相应发展的方向和措施。

（四）选线规划

乡村绿道网选线规划建立在地方资源环境和产业基础条件下，以区域广阔的绿地开敞空间为基质背景，以适宜的线状廊道将各种绿地斑块串联并予以利用，发挥其生态价值、经济价值、社会价值的一种重要绿道网规划方法。

城镇建设分区与绿道网选线关系表　　　　表 11-4

建设分区	用地特点	用地类型	绿道网选线
禁建区	具有重要生态、景观保护价值，重要地下水敏感区、城市防灾区域等必须严格保护的绿地空间	包括基本农田保护区、城镇水源保护区、生态脆弱区、地质灾害易发区等	保证安全、不破坏的前提下，以原有自然路径为主要选线目标，适当地加以改造利用
限建区	指生态重点保护地区、根据生态、安全、资源环境等需要控制的地区	包括生态功能保护区、森林公园、自然保护区、历史文化遗产保护区等	以"保护为主，调整为辅"为原则，维持和保护区域现有景观格局的生态基底
适建区	指已经划定为城镇建设发展用地，但尚未建设的地区	包括城乡规划区、城乡接合部、农村居民点等	确定合理的开发模式与强度，构建与其他区域之间的生态廊道，连通核心生态资源，引导城乡空间开发建设
已建区	指已经建成利用的村镇区域	包括居住、街道、商业用地、农业产业区、旅游开发区等	以"结构调整、功能优化"为原则，尽可能恢复区域内各种自然资源的连接，提升生态环境和集约化发展水平

产业发展型乡村绿道作为一种高连接性的绿色网络空间格局，首先要注重与村镇发展空间形成良好的协调性，尤其是对于村域的未建区、限建区、建成区和新建区空间发展规划的互动与衔接，具体分析见表 11-4。

通过确定各个建设分区对绿道网选线的调控规划，下一步则要确定绿道网选线规划步骤，由于产业发展型乡村绿道网选线的构建要素与一般的乡村绿道构建要素组成存在很多相通之处，因此通过相关文献研究，其规划流程可以参考一般绿道网的选线规划流程（图 11-5）。

1. 构建分级评价指标，初步选线

本文的研究对象是场所层次中的产业发展型乡

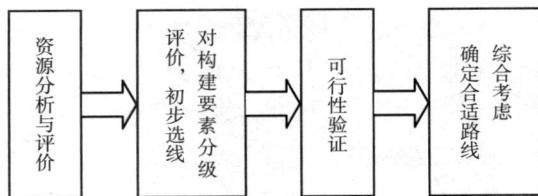

图11-5　绿道网选线规划流程图

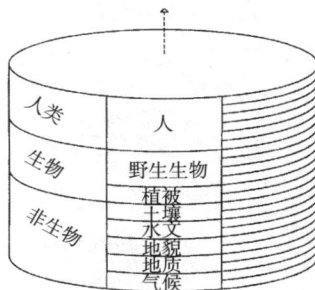

图11-6　千层饼模式分析法示意图

村绿道，其规划范围较小、影响因子较为简单，因此可以根据麦克哈格"千层饼"模式分析法（图 11-6），设计一种较为简单且可行性高的分类分层评价方法。

"千层饼"模式分析法是一种重要的规划研究方法，通过收集与开发项目有关的社会、自然、经济等资料，并将这些资料分类分层，然后叠加起来综合研究，从而选取价值最高的要素。

本研究通过对产业发展型乡村绿道资源构成要素进行分析并考虑资料获得的可能性，可以将选线要素分为点状要素和线状要素两大类。点状要素主要从资源现状的调查中进行定性分级评价（表 11-5），线状要素则可以借用景观生态学中的"景观阻力"概念来表示。景观阻力在景观生态学上是指对生态流速率的影响，景观对物种的运动，物质、能量的流动和干扰的扩散的阻力。在绿道网选线研究中，可以把景观阻力看作是绿道活动对不同构成元素的景观阻力的克服过程，阻力越大，则该活动越不适宜开展，适宜性也就越低；相反，阻力越小适宜性越高。在 GIS 中，可将这种阻力量化为一定的值，代表对一系列适宜或不适宜绿道活动的要素评价，判断其作为绿道要素的适宜程度（表 11-6）。

绿道点状要素分析评价 表 11-5

节点类型	资源等级			评价因子
	非常重要	重要	一般	
产业节点	特色农业产业示范区；重点工业示范区；基本农田保护区	农业产业示范区；重点培育工业区；一般农田地区	家庭产业；小作坊；家庭农田	市场、投资、产量、效益、科技、环境等因素
自然节点	国家级、省级自然保护区、森林公园、风景名胜区、旅游度假区；具有特别意义的景观节点	市、县级自然保护区、森林公园、旅游度假区；地级风景名胜区	当地一些较小的景区	生态保持状况、动植物种类的多样性、绿化覆盖率等
人文节点	国家、省级历史村镇、历史建（构）筑物	市级历史村镇、历史建（构）筑物	市级以下历史村镇、历史建（构）购物	历史文化遗存的数量、质量、影响力、面积等
公共空间	主干路交通换乘点；大型活动广场	次干路交通换乘点；中型活动广场	支路换乘点；小型绿地空间	服务半径、休闲设施配备水平等因素
居民点	中心村、示范村	特色村	普通村	综合村荣、村貌、基础设施配备、生活质量等因素

绿道线形要素阻力建议值（0~500） 表 11-6

类型	要素	阻力值	类型	要素	阻力值
开敞空间边缘	景区游径	10	交通线路	乡镇道路	200
	河流	20		县道	250
	海岸线	20		国、省道	500
	山体边缘线	20		废弃铁路	20
交通线路	山路	30	基底	区域绿地	150
	田间道路	50		建设用地	500
	村道	150			

由表 11-6 可以得出，对于具有一定生态意义的自然线形空间，如景区游径、山体边缘、河流等，其阻力值都较小，是绿道选线的最优选择对象；对于交通流量较小的非机动车道，如山路、田间道路、废弃铁路等，选线时也应适当优先考虑；对于交通流量较大的机动车道，如国省道、县道、乡镇道路等，在选线时可作为选择性依赖的次要考虑对象；对于基底，区域绿地的阻力值相对较小，可以作为绿道选线范围内的考虑对象，而建设用地由于建筑、人口密集，通行程度较低，不适宜作为选线范围。根据各个要素的阻力值，构建规划区域的阻力面，运用 GIS 中的"费用距离"公式分析，可以计算得出规划区内重要节点要素构成绿道的适宜性。

$$S=\min\Sigma_{j=n}^{i=m}(\,Dij \times Ri\,)$$

其中，S 表示 i 位置的绿道适宜性，值越小表明越适合绿道通行；Dij 表示区域中的 i 位置到 j 节点的距离，Ri 代表该位置对于绿道活动的阻力值。

综合以上两表，可以得出产业发展型乡村绿道的选线标准与选线范围。通过对点状资源要素的分析评价，以及线形要素对于绿道开展适宜性的分析，可以分层得出三种分类（产业、旅游、交通）的潜在绿道网络图，再将它们分层叠加，得出初步的绿道选线。

2. 可行性验证，确定最终选线

该步骤是对初步确定的绿道选线图进行可行性分析，一方面根据城乡空间规划理论、产业集聚理论、景观规划设计理论对其进行分析评价；另一方面，根据绿道的功能性原则，对选线进行生态性、连通性、可达性以及多功能性等方面的综合考量，在此基础上，对选线做出进一步的调整和规划。

最后，根据已确定绿道网的选线以及对现状资源的评价，再结合规划目标，获得产业发展型乡村绿道规划的最终选线范围。并在绿道网选线的基础上，根据村域的土地使用、自然资源、文化遗产、村民生产生活、城乡统筹发展等方面综合考虑，制定出绿道网的总体布局结构。

（五）布局规划

产业发展型乡村绿道本质上是一种线形或带状的廊道，其规划布局应该以对区域内的自然资源、产业资源、游憩资源以及历史文化资源等为基础，利用产业集聚的基本理论，并考虑居住、经济、社会、交通等多方面功能的结合，规划一个合理、连续、集聚的布局空间。可以参考绿道的六种布局方法（图11-7），根据选线规划，因地制宜地选取最适宜的布局形式。

（1）线形布局：是绿道布局中最为常见的一种类型，占地少，多数见于地势狭长平坦的地区，主要起到两点的连通作用。

（2）环形布局：是休闲游憩地区常用的一种布局形式，多数见于环湖、社区等地，提供区域的观光体验、休闲健身功能。

（3）多环式布局：由多个环形区围绕而成，常见于地势起伏变化较大的山地区域，能够提供多种选择路径，提供多种休闲体验方式。

（4）卫星式布局：由环形和线形布局共同组合而成，从中心地带向四周扩散，常见于中小型绿地空间，具有线形布局和环形布局的双重功能。

（5）车轮式布局：由一个环形布局中包含着多个线形布局的形式，从一个中央集合环向四周扩散，常见于较大区域的绿地空间，能为使用者提供不同线路的绿道模式。

（6）迷宫式布局：由多个环形和线形布局线路组成，线路较为复杂，产生多种类型的绿道交叉点，需要设置多种标识系统，常见于大面积的区域绿地，能够为使用者提供快速疏散的通道。

（六）专项规划

产业发展型乡村绿道的专项规划重点是从绿廊系统、游径系统及服务系统三方面规划，这三方面也是产业发展型乡村绿道区别于其他乡村绿道类型规划的主要部分。

1. 绿廊系统规划

产业发展型乡村绿道以重点发展乡村农林牧渔业和旅游产业，并以旅游业带动农业产业的转型提升，实现区域经济、社会、环境价值。绿廊系统是产业发展型乡村绿道中的重要构成元素，其一般表现为绿色产业带（图11-8、图11-9），对绿廊系统进行规划，主要是为了针对零散的、产能低的产业片区进行连接，形成产业集群，通过绿廊的连通性，建立企业间的生产、加工、销售的循环协作，并与当地的旅游业联动发展，形成绿色产业网络。产业发展型乡村绿道

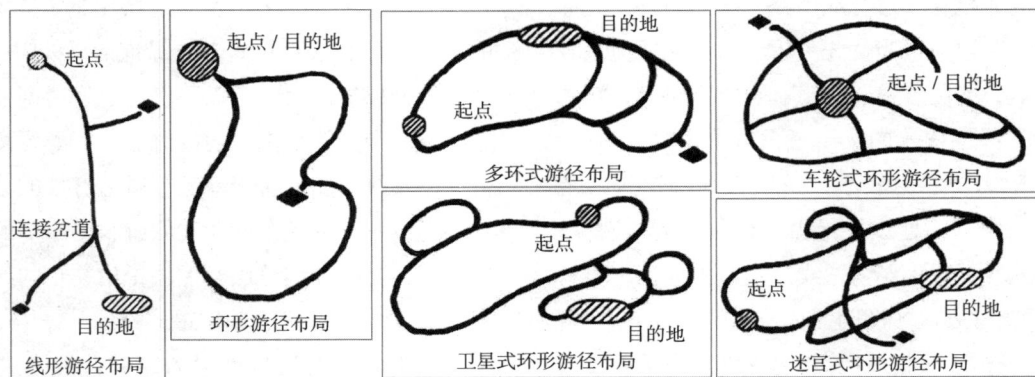

图11-7 绿道六种布局方法

图11-8 庆元县香菇产业带

图11-9 茶叶产业带

的绿廊系统规划，通过对产业内部进行连通外，更重要的是与具有生态旅游发展潜力片区的串联，形成第三产业与第一产业的联动发展。其中，旅游产业链的串联，不仅是对旅游景区的连通，更是通过生产旅游产品满足旅游者各种需求而形成的不同产业之间的动态链接，带动更多的经济价值，即建立在旅游产业内部分工和供需关系基础上的一种产业生态图谱。

通过绿廊系统规划，使原先分散的农田、农业园、产业片区等重新集聚，使原来单一的产业劳作慢慢转变为系统性、节约型的产业合作。通过产业带的连通作用，使知识、技术和信息能在产业间快速传播和应用，以主导产业为核心，充分发挥其关联效应，即企业、资金、人才、技术等经济要素逐渐由核心区向周边地区扩散，由此带动周围落后地区的经济发展（图11-10）。

2. 游径系统规划

（1）建设形式

游径的交通方式主要包括步行、自行车、轮椅、滑轮等，游径系统应该贯穿在整个绿道网络中，尽可能利用乡村现有道路，包括田园道、登山道、景区游步道、机耕道及其非机动车道等，同时保证不与机动车交通交叉冲突，而与现有交通入口衔接，其建设形式主要有步行游径、自行车游径和综合游径三类（图11-11~ 图11-13）。

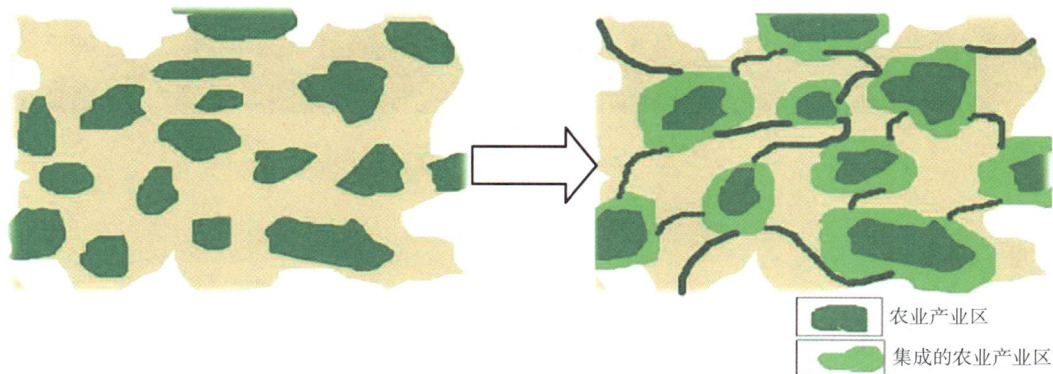

农业产业区
集成的农业产业区

图11-10 产业发展型乡村绿道集聚效应模式图

图片来源：
图11-8 http://www.nipic.com/show/1/47/36d014fba6e4b34d.html
图11-9 http://www.nipic.com/show/11723315.html

图11-11 步行游径

图11-12 自行车游径

图11-13 综合游径

（2）宽度

游径宽度根据各个地区、绿道类型、具体场地的基本情况都会有所不同，目前绿道网建设较为成熟的珠三角区域，已经制定了一系列的规划建设指引，其中绿道网中的游径系统宽度值设置要求见表11-7所列。产业发展型乡村绿道的游径系统宽度值可以此为参考，并根据项目实际情况再做取舍。

各类游径宽度设置要求参考　　　　　表 11-7

游径类型	游径宽度的参考值
步行游径	1.2 ~ 2.5m
自行车游径	1.5 ~ 3.5m
综合游径	2.0 ~ 6.0m

（3）铺装

游径系统须保持连贯性和通畅性。在路面铺装上亦同样要采取和谐统一的铺装材料，同时要根据绿道的功能类型及地理区位等方面综合选择，还要从材质、造价、特点、色彩等方面选择与周围环境特点相适应，并能表现出当地文化特征的铺装材料。产业发展型绿道的游径路面铺装，应尽可能采用具有乡土特色的软性铺装，适当辅以天然硬性铺装，具体内容见表 11-8 所列。

绿道常用铺装材料及其特点 表 11-8

铺装类型	材料	特点	适用地段
软性铺装	裸土	可塑性高，利于日后改造；美观性差、易受天气影响	常用于田间道路
	碎木纤维	表面柔软，方便行走，抗冻，易腐蚀	常用于步行道
	颗粒石	表面柔软，方便行走，表面易受侵蚀、冲刷	常用于步行道
	木料	铺面柔韧性好，给人感觉亲和性好，易受潮	常用于滨河、小径
硬性铺装	石材	表面坚硬，不易受潮和变形，耐久性和观赏性均较高	常用于步行道
	砖瓦	表面坚硬，抗冻、防腐能力较强，施工工艺较简单，用途较多	常用于步行道
	混凝土	表面坚硬，耐压、耐磨，养护简单，景观性差	常用于综合游径
	沥青	表面坚硬，适应性强，维护简单，易污染环境，用途广泛	常用于自行车游径

3. 服务系统规划

（1）游览设施系统规划

服务系统是指为完善绿道使用功能，在绿道沿线设置游览设施、标识设施等。乡村绿道的游览设施是直接为绿道使用者提供基本服务的设施，包括"行、游、食、住、购、娱、康"等旅游要素，产业型乡村绿道的服务设施作用主要体现在旅游产业发展及在农民生活品质提升中。游览设施的布局应采用相对集中与适当分散相结合的原则，方便游客和当地村民的使用，利于发挥设施效益。

1）管理设施系统规划。

管理设施应该采取相对集中与适当分散相结合的原则，结合主要发展节点，设置于绿道驿站中，合理配备管理人员，保证旅游质量、旅游安全、旅游统计、交通、保卫、卫生、环保等各项管理制度的完备和有效的实施。另外还设置游客中心、提供游客咨询、投诉、接待、银行、邮电等服务。

2）驿站设施系统规划。

驿站按照规模与功能分为三级。一级驿站主要设置在省、市级乡村产业发展型绿道上，它的服务内容主要包括自行车租借、饮料食品销售、紧急求助、科普教育等，有条件的还可以配套网络和充电设备等服务；二级驿站主要设置在乡镇级别的乡村发展型绿道上；三级驿站主要设置在沿线的村落级别的乡村发展型绿道上，二、三级驿站的服务内容应包括线路指引、应急医疗、报警求助等基本服务。

（2）标识设施系统规划

乡村绿道标识设施是贯穿绿道整个网络的重要构成要素，在绿道中发挥引导、服务、安全、教育等功能。各类标识应统一规格，简洁易懂，具有当地乡土景观特色，且应能明显区别于其他道路交通标识，具体分类有信息标识、导向标识、规章标识、警示标识、安全标识、文化标识等六类（表 11-9），并在绿道连线中选择合适的位置进行布局（图 11-14）。

绿道标识系统分类设置表 表 11-9

标识类型	用途	设置位置
信息标识	标明所在绿道中的具体位置，并提供绿道设施、项目、活动，以及到达那些设施线路描述等方面的全面信息	一般设置在入口、交叉口、停车场、公共集聚处
导向标识	标明线路游径方向信息	邻近的换乘点、入口、主要交叉口处
规章标识	向公众普及所设绿道的法律、法规及政府有关绿道项目的具体举措	一般设置在主要入口及公共集聚处
警示标识	标明可能存在的危险及其程度	设置在危险路段前 80~100m 处
安全标识	明确标注使用者所在位置，以便提供救援	一般设置间距不大于 800m
文化标识	体现绿道区域的农业产业特征、历史文化内涵和当地的民俗风情等	一般设置在主要节点处

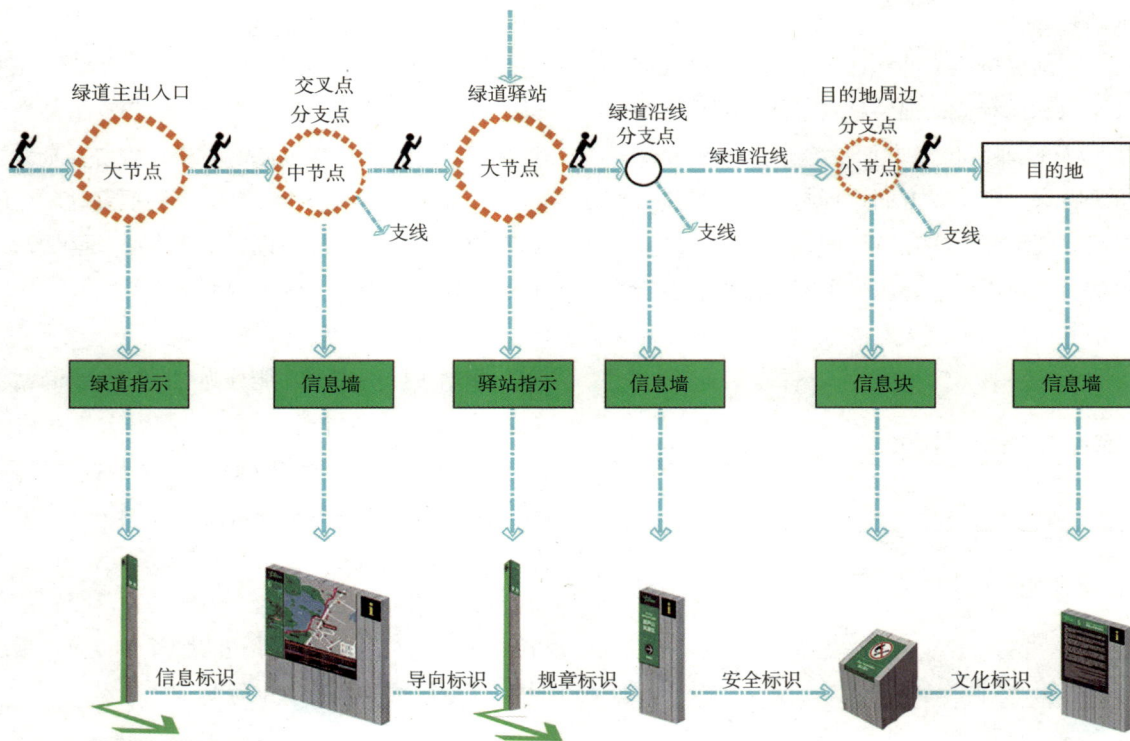

图11-14 绿道标识系统指引示意图

（七）构建产品开发体系

产品开发体系是在对产业规划定位和规划策略深度研究之后，针对该区域产业战略措施作出的对各种产品项目、产品流通、基础设施以及服务设施拼接起来，对外进行销售的实物和无形服务的组合，而项目是各种产品集成的综合体。

产业发展型乡村绿道规划的实施会给新农村产业规划带来更多的发展机会与内容，依据乡村绿道沿途区域的客源市场、产业基础、自然资源和旅游资源特色，构建乡村沿线产品开发体系，依托绿道资源集成功能，以农业生产、农业休闲、农业新技术、农产品流通、农村旅游及民俗文化体验为构建要素，确定产品类别、项目活动、服务人群和路线规划等，通过绿道的连通和集聚作用，提高沿线资源和设施的共享程度，构建一批不同类型、不同层次、不同特色的具有观光、休闲、体验、品尝、购物、度假、教育等多种功能于一体的特色乡村产业带。

（八）制定营销战略

产业型绿道本身即是一种以可持续发展为目的，运用循环经济相关理论，将社会经济与生态环境有机结合而进行的一项营销产品，规划阶段通过对研究区域开发程度、产品开发、技术研发、产品销售等生产经营活动进行调查，从而达到资源的循环利用并满足消费者对绿色产品的需求，实现企业、消费者和生态环境整体利益的统一，同时也为企业的可持续发展奠定基础。

农产品实现绿色营销，是实现可持续发展的生态农业的必然选择。开展绿色营销需要建立起企业、政府和消费者的共同约束和管理机制，三者缺一不可，保证各方利益都能够得到维护。乡村绿色产业带本身即是一种绿色营销，通过沿线的互动宣传、消费引导，以休闲农业产品为刺激点，制定绿色营销战略，扩大农产品的品牌效应和辐射范围，实现农村产业的联动发展。

第二节 浙江省安吉县产业发展型乡村绿道规划实践

安吉，2008年被确定为全国生态文明建设试点县，随之启动"中国美丽乡村"建设工程，2012年又获得"联合国人居奖"。从安吉建设模式中，可以看出其在推进绿色产业、生态文明方面做足了功夫，通过建立环境、产业和文明的相互支撑，带动第一、第二、第三产业整体联动发展，打造"村村优美、家家创业、处处和谐、人人幸福"的新农村样板。

安吉美丽乡村建设一直致力于生态优先战略，本章通过对安吉发展现状，对其地理区位、自然人文、经济社会等方面进行分析，从"美丽乡村"建设背景出发，提出安吉产业发展型乡村绿道规划构想。规划从选线、布局、产品开发、产品营销、专项规划和保障体制规划等六方面着手，通过把沿线的村落、景点、产业带、风景林带有机地串联起来，成为具有人文区域段、生态防护段、特色产业段等具有序列性的有机体，充分发挥竹产业、白茶产业、竹椅产业、民俗文化、竹乡文化和农耕文化等优势，并利于地方区域特色的表达及游憩资源的整合利用；发挥产业发展型乡村绿道可达性、经济性、生态性、连接性的优势。从而进一步说明在安吉构建产业发展型乡村绿道的重要战略意义，及其在区域范围内的辐射影响力和对乡村绿道在中国城乡建设中的重要助推力，共同构筑统一、和谐、生态、文明的美丽乡村。

一、研究区概况

（一）地理区位

安吉县地处浙江省西北部，位于长江三角洲经济圈，是杭州大都市经济圈重要的西北节点。县域东邻湖州市、德清县；南接余杭区、临安市；西与安徽宁国市、广德县交界；北连长兴县（图11-15）。全县交通以公路为主，境内有04、11、12、13四条省道及杭长高速。

安吉县境地貌主要呈现山地丘陵和平原水网的地理特征。其中山地多分布在东、西、南部，丘陵主要分布在中部河谷平原的四周；平原水网主要为西苕溪及其干流和支流冲击而成的连片河谷平原；地势总体呈现三面高、中间低的盆地地形（图11-16），自然条件比较优越，适宜于农业生产的综合发展。

（二）景观资源

1. 人文景观资源

安吉历史悠久，人文荟萃。经过历史的沉淀和社会经济的不断发展，深厚的历史文化融合当今的现代文化，使得安吉的文化内涵异常丰富。从安吉的文化现状考虑，可以归纳为以下十大文化体系：①以上马坎遗址为代表的历史文化；②以黄浦江源为代表的地

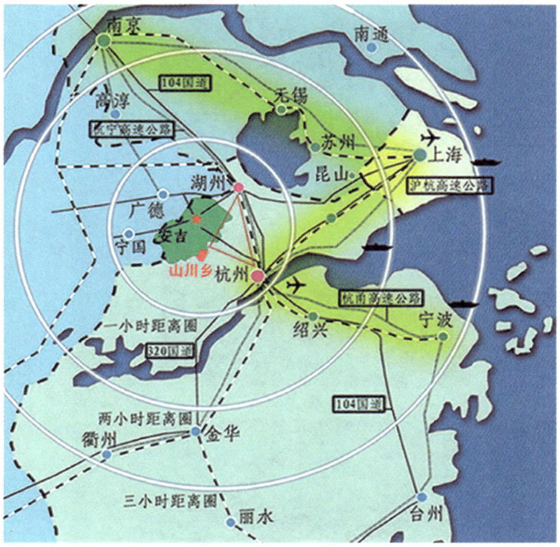

图11-15 安吉县区位图

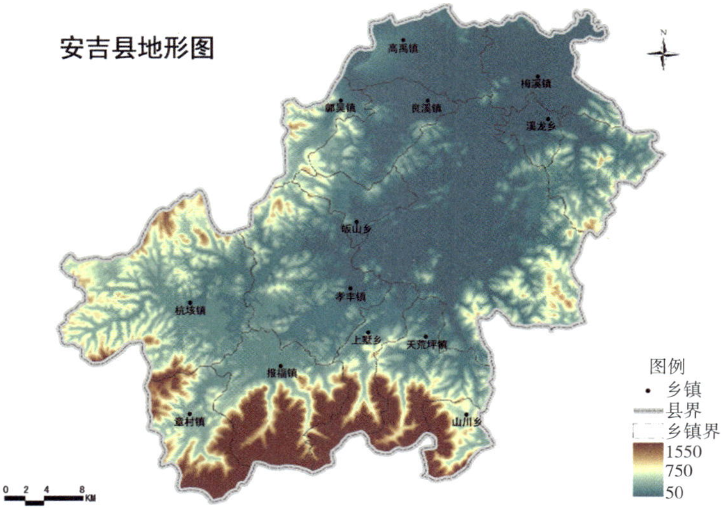

安吉县地形图

图11-16 安吉县地形图

域文化；③以独松关为代表的军事文化；④以竹子、白茶为代表的物产文化；⑤以孝丰为代表的传统文化；⑥以一代宗师吴昌硕为代表的名人文化；⑦以灵峰古寺为代表的宗教文化；⑧以畲族文化为代表的民族文化；⑨以天荒坪电站为代表的现代电站文化；⑩展示竹之文明史的全国唯一的中国竹子博物馆。这些文化相互交叉包容，通过各种文化产品、文化活动以及旅游、工农业生产而展现出来，构成丰富多彩的安吉人文景观资源。

2. 自然景观资源

安吉境内多山，森林旅游资源丰富，生态空间以森林、竹林、茶叶、山泉和分布在东、西和南部的水库与水源地等构成，全县森林覆盖率达到71%，拥有山林198万亩，其中竹林面积100万亩，是浙江省重要林区县，为全国著名的"中国竹乡"。安吉突出和强化竹之特色，境内有安吉竹乡国家森林公园、龙王山黄浦源景区、安吉竹子博览园、藏龙百瀑景区，千年古刹灵峰寺及灵峰山森林公园等景区（图11-17）。

（三）社会经济

安吉县下辖1个街道15个乡镇（开发区），187个行政村（社区），总面积1886km²，人口46万。2011年实现地区生产总值222.01亿元，其中，第一产业增加值23.71亿元，第二产业增加值109.69亿元，第三产业增加值88.61亿元。安吉两大支柱产业分别是椅业和竹业，新兴产业包括绿色食品、特色机电、健康医药和新型纺织业，2011年产业构成比例如图11-18所示。2011年全县农业生产总值35.42亿元，农民人均纯收入14152元，比浙江省平均水平高出8.3个百分点，是全国平均水平的2倍多，农业及其涉农产业对地区生产总值的贡献率达60%。安吉是全国

中国大竹海	竹博园	黄浦源景区
天下银坑	藏龙百瀑景区	灵峰寺
赋石水库	中南百草园	龙王山景区
天荒坪景区	中南百草园——阿瓦山寨	吴昌硕故居

图11-17 安吉景观资源

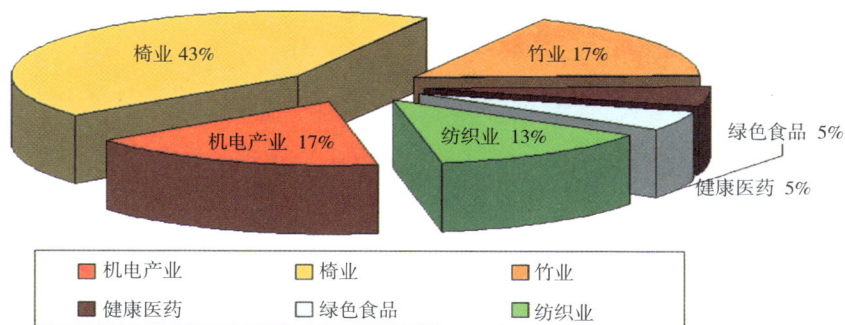

图11-18 安吉县产业构成比

首个休闲农业与乡村旅游示范县，建成了一大批全国知名景区。2011 年，接待游客 774 万人次，旅游总收入 51.3 亿元，占 GDP 的 23.1%，带动逾 5 万人从事休闲农业及相关服务业，促进了县域经济发展质量的大幅提升。

（四）安吉"美丽乡村"建设中存在的问题

安吉自 2008 年建设美丽乡村以来，取得了显著成效，全县创建覆盖面达到 89.8%，12 个乡镇实现全覆盖，已建成精品村 150 个，重点村 14 个，特色村 4 个，初步形成了"优雅竹城、风情小镇、美丽乡村"三个层次的美丽乡村格局。目前安吉正处于转型的新阶段，在坚持生态优先的发展道路上如何越走越宽，走出安吉特色，平衡经济发展与生态保护之间的矛盾，通过对安吉现场调研及文献查阅可以得出安吉在美丽乡村建设中主要存在以下几大问题：

1）随着乡村旅游如火如荼的发展，旅游人数的与日俱增，各地大中小企业投资进驻安吉，对土地、能源等自然资源的需求量也逐渐提升，交通问题、环境问题仍然是安吉可持续发展的重要抓手。

2）随着产业结构的调整，安吉县 2011 年第一、二、三产业结构比例为 10.7：49.4：39.9，第一产业占国民经济的比重逐年下降，第二产业比重趋于稳定，以生态旅游为特色的第三产业比重逐年上升，但三产总体水平仍较低，与安吉拥有丰富的旅游资源不相配套。

3）工业发展速度虽然较快，但是工业多以规模不大的加工工业为主，再加上引进科技人才有一定困难，高科技产业的发展动力不足。

2012 年，在《美丽乡村幸福安吉——安吉县推进美丽乡村建设的新实践、新形势、新对策》研究报告研讨会上，各专家领导就安吉美丽乡村建设的重难点问题作出了进一步指示与建议。首先，针对安吉产业结构不合理及生态经济的发展，提出要注重产业的基础性支撑，培育以市场为主体，构建标准化、技术化体系，提升技术与人才应用，提高生产经营水平，实现可持续发展；其次，提出要注重构建产业网络体系，针对美丽乡村建设中提出的"一村一品，一乡一业，一县一园"开发模式，在产品开发上，选择能够创新、扩充产业链的产品，实现绿色产业链的延长。要积极探索整村整镇整区统一品牌、统一标准、统一营销、统一服务模式；突出发挥园区主体作用、基地作用，以园区带公司、带市场、带中介、带农户，构建稳固的市场效益综合体。

本研究基于安吉美丽乡村建设的背景，根据安吉现状及产业发展趋势，提出构建产业发展型安吉乡村绿道的规划构想，以期通过乡村绿道的多功能建设及产业网络格局构建，能对安吉在美丽乡村建设的道路上提供一些建设性的创新思路，能对浙江省美丽乡村建设规划提供一定的借鉴意义。

二、安吉县产业发展型乡村绿道资源规划评价

产业发展型乡村绿道资源规划评价是安吉县产业型乡村绿道规划建设实践的基础和依据，也是检验安吉县乡村绿道规划建设成功与否的重要标准。根据产业型乡村绿道规划评价体系，选取安吉资源具有代

表性的评价因子，从科技因素、规模因素、环境因素、市场因素、效益因素、投资因素和成长因素7项评价指标对安吉绿色产业带作出具体评价。

（一）评价指标

1. 科技因素

安吉新农村建设以来，坚持生态经济发展，尤其是竹林产业带的发展，应用现代科技于传统技艺，在科技推动下，整合培育资源。2011年建成13个毛竹现代科技园区（如图11-19），重点实施"安吉县竹产业全面提升关键技术集成与推广工程"，通过科技项目实施，进一步提高竹林培育和竹加工产业科技水平，增强竹加工企业科技创新能力和竹农创业致富能力，林业科技为推进竹产业转型升级和美丽乡村建设注入了活力。

2. 规模因素

安吉在农业产业发展中，建立了白茶、蚕桑、休闲农业、毛竹等四个万亩农村园区（图11-20、图11-21），绿色有机农产品基地60个，其中以毛竹和白茶产业为主要经济支撑。安吉拥有林业用地207万亩，竹林面积108万亩，位于中国十大竹乡之首。2011年全县共有竹制品加工企业1800多家，产品已形成竹地板、竹工机械、竹工艺品、竹叶生物制品、竹炭等六大系列近700个品种，建成49个现代农业园区；安吉白茶通过科学技术培植、推广应用，目前已经拥有种植面积10万亩，年产量1000 t，形成了1个国家级标准化示范区，2个省级标准化示范区，成立了31家专业合作组织，初步实现白茶产业规模化发展。

图11-19 安吉竹产业科技园

图11-20 安吉白茶产业基地

图11-21 安吉竹林产业基地

道路环境整治

生活污水处理

垃圾回收处理

环境绿化美化

图11-22　安吉现状环境

3. 环境因素

安吉县自美丽乡村建设以来，通过开展村庄环境整治，促进村庄环境的布局优化、道路硬化、村庄绿化、路灯亮化、卫生洁化、河道净化等，村容村貌和生态环境得到全面改善。2011年，安吉县农村生活污水处理的行政村达152个，覆盖率达81.3%；全县实施垃圾收运一体化，处置无害化模式；在节能措施上，实施农村沼气系统建设及农房节能改造，推广农业生产节水节肥节能新技术等。通过一系列因地制宜的技术运用和不断创新，进一步改善了县域环境质量（图11-22）。

4. 市场因素

安吉是中国椅业之乡，全国首批生态文明建设试点县区，全国新农村与生态县互促共进示范区，国家可持续发展实验区和中国人居环境奖唯一获得县，这些荣誉是安吉美丽乡村建设中耀眼的名片。安吉工业发展速度较快，多以规模不大的加工工业为主，其中以椅业发展最快，全县现有椅业生产企业461家，

年产各种椅子3000万把以上，主导产品五轮椅市场销售量占全国同类产品的35%左右，拥有全国最大的转椅市场。这些名片效应给安吉发展产业发展型乡村绿道奠定了良好的客源基础，对拉动经济投资、开拓市场具有推动效应。

5. 效益因素

安吉凭借竹林、白茶两大生态产业，大力发展高效农业和旅游服务业。2010年，安吉作为全球唯一竹产业代表与国际竹藤组织合作参加上海世博会；全面启动白茶质量追溯体系建设，成为全国农业品牌建设典型，全年供沪杭农产品销售额突破15亿元。其中在2011年中国茶叶区域公用品牌价值评估课题组研究报告显示，"安吉白茶"品牌价值已高达20.67亿人民币。安吉凭借着108万亩竹林和10多万亩白茶，旅游收入节节攀升，2011年全年实现接待旅游人

图片来源：
图11-19　http://shanchuan.zj.com/show/id/96783/db/0 ；
http://bbs.gnhome.com/thread-217741-1-1.html
图11-20　http://www.lishui.gov.cn/qypd/cjyw/t20080307_364771.htm

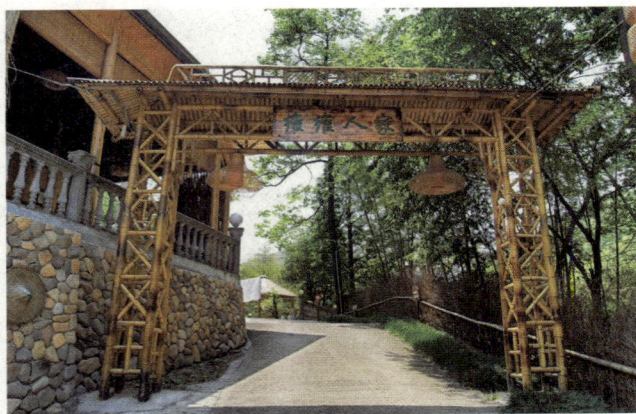

图11-23　安吉农家乐

次 773.8 万，旅游总收入 51.3 亿元，门票收入 1.4 亿元，分别同比增长 20.3%、45.7%、40%（表 11-10），且安吉农家乐发展如火如荼（图 11-23），共有挂牌农家乐 658 户。

安吉三年内旅游收入　　　表 11-10

时间	接待旅游人数（万）	农家乐接待人数（万）	农家乐总收入（亿元）	门票收入（亿元）	旅游总收入（亿元）
2009 年	544	146	1.67	0.85	22.05
2010 年	648	194.2	3.01	1	35.18
2011 年	770	261.2	4.35	1.4	51.3

6. 投资因素

安吉实施"精致农业"以来，吸引了大批工商企业前来投资。截至 2012 年，先后有 27 家国内外知名企业在安吉投资农业，涉及 17 个国家和地区，累计投入超过 120 亿元。其中英国路虎一口"吃"下了山川乡 2000 多亩毛竹林，正在建设一个新景区，日本客商投资 10 亿美元在安吉建设"开心乐园"，上海远洲集团投资 20 亿元在安吉建设长三角绿色农产品配送中心，正泰集团在安吉种菜卖菜，万向集团在安吉种竹卖竹，印度客商在安吉种茶卖茶，网易在安吉养猪卖猪。

7. 成长因素

安吉坚持一二三产业联动发展，不仅大大增加了农民的收入，也实现了农业与县域经济的协调发展。2011 年全县农业生产总值 35.42 亿元，农民人均纯收

入 14152 元，比浙江省平均水平高出 8.3 个百分点，是全国平均水平的 2 倍多，农业及其涉农产业对地区生产总值的贡献率达 60%。美丽乡村建设已使安吉的绿水青山转化成金山银山，全县财政收入从 2006 年的 8.76 亿元增加到 2012 年的 36.3 亿元，农民人均收入从 8900 元增加到 15780 元，目前全县已建成"美丽乡村" 177 个，覆盖率达 95%。

（二）评价分析

根据产业型乡村绿道建设评价标准，通过对具有代表性的资源评价因子在科技、规模、环境、市场、效益、投资和成长因素的分析及各个因素在评价中的权重值，可以得出安吉产业发展型乡村绿道资源的综合评估值处于良好水平。目前阶段，安吉应重点发展第三产业，通过产业联动发展，拓宽市场效益，延长特色产业链，加大品牌建设，重点从以下三方面对绿色产业带进行规划建设：

1. 乡村绿道选线布局规划

目前，安吉新农村建设已发展较为成熟，规划布局也已初见规模，乡村绿道的选线布局规划如何在现状规划的基础上契合调整，而不需要较高的投入，实现区域内农家乐、农业园、产业园、旅游区等要素的合理串联，尤其是乡村绿道的选线布局。

2. 产业规划与绿道规划的契合

安吉现有产业发展多是依托于县域得天独厚的生态资源，然而单一的产业发展使得产业链条相对较短，如何有效利用产业型乡村绿道延长产业链的突出功能，实现山区产业发展的突破，实现新兴产业与县

域基础产业的有机融合，进一步提升县域经济。

3. 实现村村优美目标

安吉美丽乡村建设给当地居民带来了翻天覆地
的变化，然而距离"村村优美、家家创业、人人幸福"
的建设目标还有一定的距离，构建产业发展型乡村
绿道，发挥绿道的线形引导作用，进一步凸显沿线村
落的关联性和系统性，将农村环境建设、产业规划、
文化培育等较好的融合，协调发展。

安吉具有发展战略性新兴产业的优厚基础，纵观
安吉美丽乡村建设进展，可以看出安吉正处于新一阶
段的转型时期，根据安吉美丽乡村建设要求及现阶段
发展重点与难点，构建产业发展型乡村绿道，发展绿
色循环经济，是安吉经济转型的重要突破口。

三、安吉产业发展型乡村绿道规划思路与目标

（一）规划思路

安吉在美丽乡村规划引导下,形成了"一体两翼、
二环四带"的空间布局结构（图11-24）。构建产业
型乡村绿道，应坚持人与自然和谐共生的价值取向和
生态导向，尊重安吉山地丘陵、平原水网的自然基底，
充分利用地形、植被、水系等自然资源，结合现状生
态隔离绿地、农田林网、丘陵水系等绿色斑块，使分
散的生态斑块得以有机连接，从而构建和维护完整、
安全的区域生态格局，并延伸产业型绿道的经济、生
态、社会效益，实现"村村联网"。

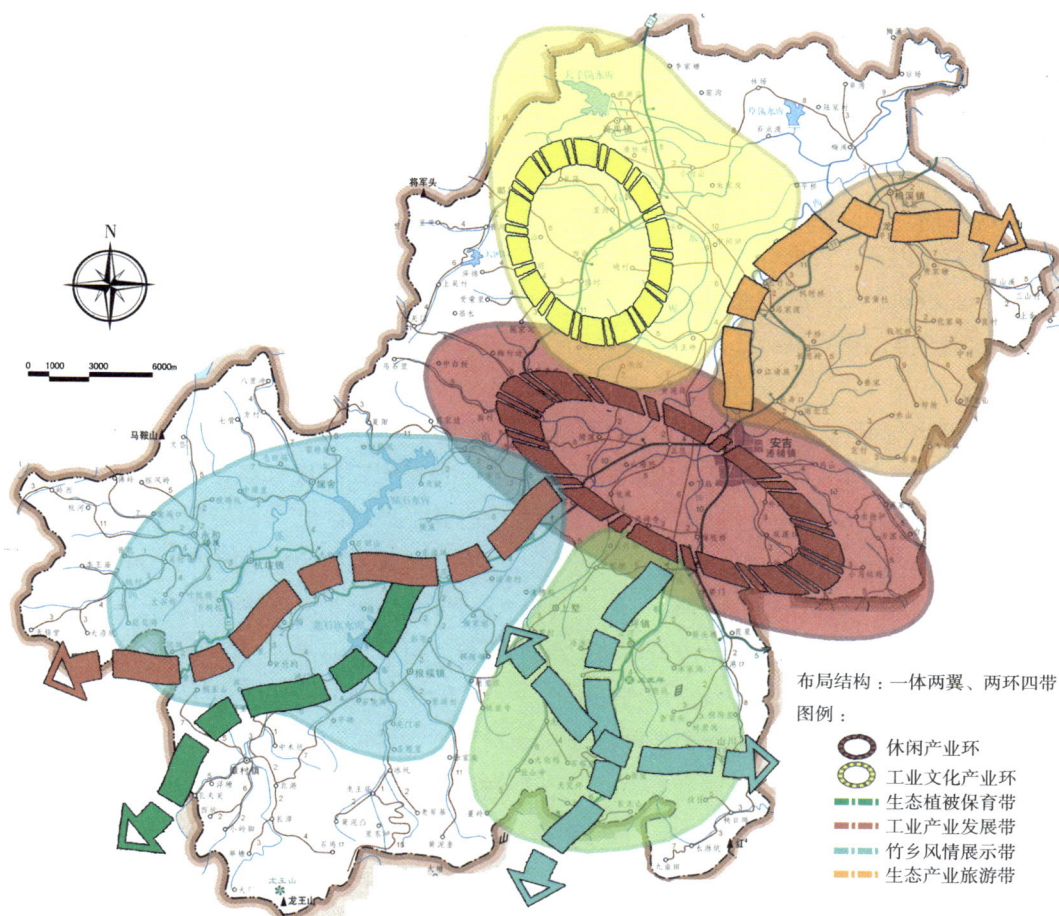

图 11-24　安吉县域空间结构布局

图片来源：
图 11-23　http://guidebook.youtx.com/Info/1377141；
http://news.sina.com.cn/z/2009mlxc/

253

1. 串联发展节点，形成产业集群

充分发挥乡村绿道对各类发展节点的组织串联作用，以农业产业园、旅游景区、自然保护区、森林公园、农家乐及产业文化、历史村落等节点为依托，尽可能多地发掘并展示本地具代表性的特色资源。一方面促使生产型、加工型、推广型和游憩型乡村绿道的形成，另一方面实现农林产业带与服务产业带的交互串联，互动发展。

2. 契合城乡布局，集约土地利用

一方面，乡村绿道应契合县域的空间结构与功能拓展方向，有效发挥绿道的生态隔离功能，引导城乡形成合理的空间发展形态；另一方面，乡村绿道布局要尽量避免开挖、拆迁、征地，应充分利用现有交通体系，充分利用村道、田间道路、景区游道等路径，在保障绿道使用者安全的前提下，集约利用土地，降低建设成本。

3. 推进产业转型升级，经济联动发展

按照一产"接二连三"、"跨二进三"的发展方针，大力推进产业转型升级，精心打造乡村休闲体验、农业休闲观光、特色文化创意、特色产品制作、特色乡村人居五大核心产业板块，实现旅游业与农业的联动发展，实现乡村休闲产业的重点突破。

（二）规划目标

构建产业发展型乡村绿道，发挥其生态、经济、民生等方面的效应，贯彻落实科学发展观，把乡村绿道建设成为生态文明和幸福安吉的标志性工程。

1. 生态目标：维护生态系统稳定，实现可持续发展

通过绿道连接破碎的绿地斑块，维护绿道周边河流、湿地、森林等生态系统的生态功能，为动植物栖息提供充足空间，维护经济建设与生态保护的可持续发展。

2. 经济目标：培育新的经济增长点，促进经济转型升级

以美丽乡村建设为载体，大力开发乡村绿道旅游这一新型旅游产品，促进绿道沿线服务业发展，培育新的经济增长点，满足人们日益增长的生态旅游需求，增加村民收入，促进经济转型升级。

3. 环境目标：实现村村优美，促进宜居城乡建设

构建连续的绿色基础设施网络，促进沿线环境的优化整治，实现县域村村优美的目标。通过乡村绿道的规划建设，集中展示宜居、宜业、宜游的乡村环境，进一步加强安吉美誉度和地方归属感，创建"且安且吉"的美丽乡村。

4. 民生目标：引领低碳生产、绿色生活方式，构建和美生活

通过产业集聚发展，构筑农林产业带和服务产业带网络体系，提倡低碳循环经济，构建集品牌打造、产品流通、科普健身、休闲游憩、农事体验等于一体的慢生活体验带，引领"低碳生产"、"绿色生活"的和美生活方式。

四、安吉县产业发展型乡村绿道规划

（一）选线规划

安吉新农村建设已发展较为成熟，规划布局也已初建规模，如何使乡村绿道的选线布局规划契合现状基础，使之不需要较高的投入，实现区域内农家乐、农业园、产业园、旅游区等要素串联，这需要对其构建要素进行分析。

1. 构建要素分析

（1）产业节点分析

根据安吉县现有农林产业节点、工业产业节点，综合其在地理区位、经济产量、产业投资、科技人才、生态环境等方面的影响因素，分析其作为农林产业带构成要素的重要性，并参考其在线状要素上的景观阻力值，对节点要素进行评价。

（2）景观节点分析

安吉自美丽乡村建设以来，旅游业发展迅速，旅游类型包括了生态休闲游、农事体验、竹乡风情游、民俗文化游等。形成南部以峰、岩、洞、潭、高山植物等为主体的竹乡山区自然风光旅游资源；北部以名人故居、古城镇、历史遗迹等为主体的人文景观旅游资源。另旅游资源类型分布聚集性好，精品资源相对集中，为绿道布局选线的集聚奠定了坚实基础。规划在现有旅游资源的基础上，根据产业型乡村绿道景观

节点要素的评价因子分析，对当地的自然景观节点和人文景观节点进行等级评价，并根据当地实际情况，确定选线构成要素。

（3）公共空间和居民点

这两类构成要素类型主要贯穿在新农村建设中的整治提升工程中，例如对村中游园、广场、交通换乘中心，对特色村、中心村、古村落等的整治、提升和维护，这些节点可以作为乡村绿道的衔接点，并不纳入产业发展型乡村绿道的主要构成要素中。因此在本文中主要针对产业节点和景观节点两大构成要素进行分析选线，对公共空间和居民点的选线不作深入研究，具体分析见表11-11。

点状要素等级评价表 表 11-11

构建要素	非常重要	等级评价重要	一般	评价
产业节点	竹林生产基地 白茶生产基地 竹木加工业 白茶加工业 转椅加工业	蚕桑产业 板栗产业 制扇业 花卉苗木产业 耐火材料加工业 磁性材料加工业 水产品养殖点 无公害稻米种植点	家庭手工业 小五金 纺织业 矿山企业	选取具有代表性的竹林、白茶、转椅三大特色产业点作为绿道主要构成要素，沿线贯穿重要等级的生产型节点和加工型节点，对于一般节点根据实际情况选择
景观节点	中南百草园 安吉竹乡国家森林公园 天荒坪电站	安吉竹博园 灵峰山森林公园 天下银坑景区 荷花山景区 芙蓉谷景区 九龙峡景区 藏龙百瀑景区 浙北大峡谷景区 深溪大石浪景区 姚家大院 吴昌硕故居	安吉景观资源丰富，旅游节点众多，在绿道选线规划中，根据选线布局和实际情况对沿途小景点加以选择和开发	选取国家AAAA级景区安吉百草园和竹博园，并选择极具代表性的中国大竹海景区和亚洲第一的天荒坪抽水蓄能电站作为非常重要节点；根据安吉旅游景区发展情况选择目前旅游发展潜力大和资源丰富的12处景点作为重要选取节点

2. 线状要素分析

根据安吉产业分布情况，选取具有示范意义的竹林、白茶、转椅产业区，构建农林产业带，对评价等级中非常重要和重要的节点进行串联。

（1）农林产业带

根据产业分布区域对杭垓、孝丰、皈山、良朋、高禹、郭吴、递铺、溪龙、梅溪、昆铜村镇进行串联（图11-25）。

1）以特色工业、特色文化为主旨的皈山—良朋—高禹—郭吴—工业、文化产业示范带：该产业带凸显本地工业、文化特色，进行产业提升的同时，集中展示安吉乡村工业和乡村文化和谐发展的示范带。良朋、高禹的工业产业和郭吴、皈山的文化产业为特色的产业示范环带。天子湖现代工业园是本产业示范环中的

工业示范典型，是安吉工业发展的金北翼，而郭吴、皈山的文化特色明显，昌硕文化、孝文化、农耕文化、各种民俗风情构成了极具特色的文化旅游带。

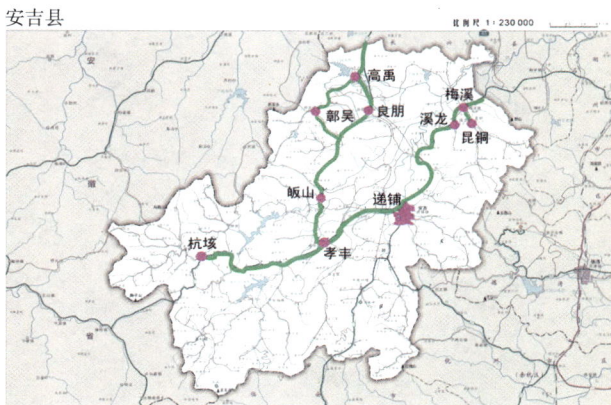

图11-25 安吉农林产业带分布图

2）以生态工业、物流产业为主旨的递铺—孝丰—杭垓工贸产业带：以安吉经济开发区南区块、孝丰工业区、报福工业区和杭垓的物流产业为主要特色的产业带。通过 11 省道将递铺、孝丰、报福和杭垓的工业区块紧密联结起来，通过差异化发展，优势互补、互相带动，促进本示范带的工贸产业提升。各个沿线村庄根据自身实际，依托工业优势，发展村级经济。

3）以生态农业、生态工业为主旨的递铺—溪龙—梅溪—昆铜生态工农业带：产业带以大力发展溪龙白茶产业和昆铜现代工业区，以 11 省道为轴线，以递铺和梅溪作为安吉县域重要的区域中心，起到综合集聚作用。

（2）服务产业带

根据安吉旅游产业分布情况，加大对服务业的开发力度，对选线评价等级为非常重要和重要的景点进行串联，景点区域主要是沿递铺—孝丰—报福—章村—天荒坪村镇分布（图11-26）。

1）以生态旅游、竹乡风情为主题的旅游产业示范带，沿线主要包括中南百草园、吴昌硕纪念馆、安吉竹博园、安吉竹乡国家森林公园、灵峰山森林公园、姚家大院、荷花山、天下银坑、中国大竹海、芙蓉谷、九龙峡、藏龙百瀑、天荒坪电站等景点。目前旅游产业发展已有相当的基础和知名度，主要以天荒坪景区为中心延伸旅游产业链，打造集竹海观光、休闲度假、文化娱乐于一体的竹海风情旅游区，通过"吃住行游娱购"旅游六要素的充实，区域基

础设施配套较好，村庄经营、农家乐发展已有一定基础，发展前景十分可观。

2）以度假养生、休闲观光为主题的旅游产业示范带，沿线主要以龙王山自然保护区和黄浦江源景区为主体，发展以科考、休闲、度假系列为主的观光休闲旅游。沿线景点包括黄浦江源第一漂、深溪大石浪、浙北大峡谷、龙王山自然保护区等特色旅游资源，接轨上海休闲度假基地，沿线带动农家乐的发展，提升村庄品质和农民收入。

（二）规划布局

安吉产业型乡村绿道网布局规划主要是依托当地丰富的资源、良好的生态环境和独特的区位优势，根据安吉现状发展程度，选取非常重要和重要等级的农林产业带和服务产业带构建要素，并对沿线区域具有发展潜力和特殊价值的一般要素加以串联，运用 AHP 层次分析法，综合各要素，并对绿道选线范围进行可行性验证，构建乡村绿道网的总体布局（图11-27）。

（三）专项规划

1. 游径系统规划

（1）游径地段规划

根据安吉产业发展型乡村绿道选线范围可以看出，绿道经过的地段可以分为滨水地段、山林地段和田野地段三种类型，因此，安吉县游径线路的规划设计参考《广东绿道规划设计引导（2011）》给出的参考标准，并根据县域特色和现场实际状况分别做出分段规划建议。

图11-26 安吉服务产业带分布图

图11-27 安吉产业发展型绿道网布局图

图11-28 滨水地段游径线路规划模式图

图11-29 滨水地段乡村绿道示意

图11-30 山林地段游径线路规划模式图

图11-31 山林地段乡村绿道示意图

1）滨水地段

安吉县滨水段乡村绿道主要是沿苕溪干流和直流的水系，规划设计在满足防洪要求和保证安全的前提下，通过保护、改造以及生态修复等手段构建连续的线形滨水生态廊道，促进滨水区环境改善与功能开发（图11-28、图11-29）。游径宽度应满足步行和自行车通行要求，对于景观效果较好的湿地景观，可以设置木栈道（桥）、亲水平台，营造田园乡村式的亲水空间。

2）山林地段

乡村绿道经过山林地段时，应合理利用山林生物资源条件、原生风貌及人文景观，创造户外运动、郊野游憩、自然教育的场所。游径线路设计应顺应地形、地貌，尽可能利用森林原有游步道、登山道、远足道等路径，且要着重考虑野生动物的生活习性及迁徙路线进行慢行道

规划设计；绿化景观应以乡土性植物为主，采用生态修复等技术手段，恢复具有地域特色的植物群落，并防止外来物种入侵（图11-30、图11-31）。

3）田野地段

产业型乡村绿道经过农田、桑基鱼塘等地区时，应结合农田林网、河渠道路，串联主要特色村落，维持和保护原有农业景观以及乡村田野肌理。通过乡村绿道的连通，促进生态农业的全面覆盖，推广生态种植及生态防治技术，并结合现有村庄设施，促进新农村生态环境与村镇农业经济的平衡发展。游径选线时，在经过苗木园、茶园、花卉种植基地等农业生产用地时，可在花、果园中绕行，体验郊野特色，但应避免破坏果树、庄稼等作物；经过观光农业区时，可考虑与采摘区、综合游乐区、旅游服务区等区域相连接，同时避免穿越农舍、饲养区、农垦区等农民生活与生产地区，

图11-32　田野地段游径线路规划模式图

图11-33　田野地段乡村绿道示意图

保障农业生产的安全性（图11-32、图11-33）。

（2）铺装

游径道路铺装宜在满足使用强度的基础上，采用环保生态的自然材料，乡村绿道游径系统主要包括自行车道、步行道、节点休闲区等，其铺装材料主要选择软性材料，具体参考见表11-12。

游径铺装材料参考	表 11-12
游径道路	铺装材料
自行车道	沥青、混凝土、裸土、水泥沙等多种形式
步行道	村镇区域：透水砖、混凝土、石粉、石块等材料
	郊野区域：颗粒石、裸土、砖、木料等软性铺装材料
绿道节点区	沥青、石块、透水砖、混凝土等材料铺装

2. 道路交通规划

安吉县道路系统规划在美丽乡村建设指引下，大体形成主干道"三纵二横九连"的公路网布局，而乡村绿道的道路选择一般不直接借道公路，应尽量避开并远离国道、省道、县道等快速交通道路。对于贯穿于山林田野区域的乡村绿道，可以借用村道、田间道路、登山道、景区游步道等作为依托，辅以绿道游径设计；对于贯穿城镇的乡村绿道，则可与市政道路的慢行系统相衔接，设置与机动交通的绿化隔离设施，并合理组织交叉口节点的衔接，实现乡村绿道与城市慢行系统之间的绿色衔接，完善乡村经济"走出去、

引进来"的开发模式（图11-34）。

3. 服务设施规划

服务设施主要是为绿道使用者提供野外游憩、科普教育、紧急求助等服务，包括游览设施和管理设施。

（1）选点

服务设施应设置在绿道节点和游径两侧，且应与乡村的公共活动中心、农家饭店、农家旅馆等相贯通且距离较近。综合考虑人流集散、环境承载、经济状况、节点位置、相邻服务点距离等，因地制宜选点，要充分利用现有的周边设施，尽量少新建。

（2）转乘设施

在乡村绿道入口处设置机动车停车场和自行车免费租赁点。根据出行入口和出行距离，结合绿道节点系统设置自行车停车场。绿道配置的机动车停车场和自行车停车场应尽量利用现有资源改造或建设，宜采用软性铺装，以实现完全绿化、生态化和透水化。

（3）照明设施

在乡村绿道游径及重要节点上，要设置固定照明设施以保障游客安全通行。照明设施应安全可靠、节省能源、维修方便。

（4）卫生环保设施

绿道应配备完善的环境卫生设施，包括固体废弃物收集、污水收集处理、公共厕所等各种设施。

（5）安全防火设施

绿道应设置相应的安全防火设施，且要与森林防火系统衔接，休闲驿站的生活用水、用电应与沿线的

村间小道

登山道

游步道

田间小道

图 11-34 安吉道路形态

图11-35 绿道标识LOGO意向图

村镇衔接。

（6）科普教育设施

绿道沿途结合科普教育设置说明标识牌，突出地方动植物、水资源等特色。

4. 标识设施规划

安吉产业型乡村绿道标识系统规划包括沿线的布局规划和标识形象设计，布局规划主要根据绿道网的选线布局和绿道游径规划在其中设置标识牌，在绿道中发挥引导、服务、安全、教育等功能；标识牌和

LOGO 的设计，首先在选材上要体现本土特色和乡土气息，融合本地特色产业标识，强化宣传效应，利用自然、历史、文化和民俗风情等内容，实现整体性和多样化的有机结合；其次要严格执行标志、规格、色彩、字体等方面的强制性要求。本文根据国内外绿道建设案例，对安吉产业发展型乡村绿道的标识图提

图11-36 绿道标志牌意向图

安吉县

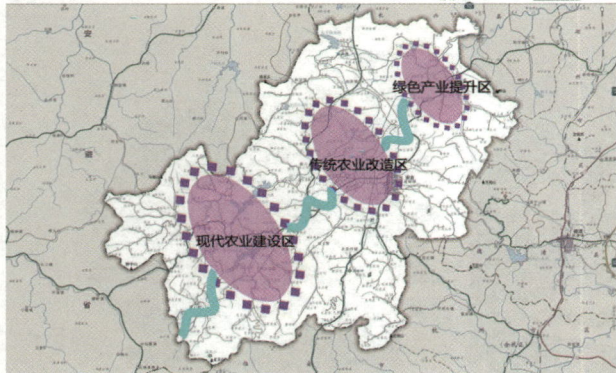

图11-37 绿道串联农业区布局模式图

供一些意向参考（图 11-35、图 11-36）。

（四）产品开发规划

1. 农业产品

安吉利用山区、丘陵众多，地处长三角腹地等优势，根据农业生产特征，沿西苕溪流域划分为三大农业生态功能区（图 11-37）。分别是西苕溪源头区，主要包括杭垓、报福、章村、天荒坪等乡镇，是农业生态环境保护和绿色产业提升区，以笋竹、花卉苗木和休闲观光农业为主；西苕溪中部丘陵区，主要包括孝丰、递铺、溪龙、鄣吴、良朋等地区，是传统农业改造区和农业生态环境保护利用区，畜禽适度养殖，带动粮、经、饲协调发展；西苕溪平原区，主要包括梅溪、高禹等地区，是现代农业建设区和生态环境改善区，以白茶、蔬菜、苗木和特种水产品为主。各个村应根据整个县域范围的总体定位和自身特点，因地制宜、与时俱进发展本村产业，带动农民致富。

构建产业发展型乡村绿道一方面通过产业集聚和龙头企业的带动作用，促进农业产业的规模化发展，强化品牌建设；另一方面，通过与周边城市上海、杭州、苏南地区企业的衔接，扩展休闲观光农业等高效生态农业的产业链，做大做强安吉农业品牌。

2. 工业产品

安吉一直坚持"生态立县、工业强县"的发展方针，以绿色农产品加工（以竹产业、白茶产业为主）和机械制造业为核心，构建生态产业体系。通过建基地、抓龙头、连农户、拓市场，把安吉的特色农业生产经营纳入产业化发展轨道，做大做强椅业、竹制品加工两大特色产业，培育发展健康医药、绿色食品、新型机电和纺织业四大新型产业，逐渐形成"一区两翼"的工业片区总体布局。一区，即安吉经济开发区，含城北、塘浦、阳光、康山、范潭等南区块和以天子湖现代工业园为主体的北区块；两翼，指东翼梅溪区块和西翼孝丰区块（图11-38）。

构建产业发展型乡村绿道能够推进"一区两翼"工业集聚区的建设，强化龙头企业的带动作用，既遵循循环经济理念，又能推动生态工业，高效利用资源。安吉产业要进一步深入国际市场，推进农村工业发展深加工，创造高附加值产品。如在竹制品的开发上，应重点发展竹地板、竹贴面板、高级竹制工艺品等具有较高附加值的产品。

3. 旅游产品

安吉旅游业充分利用生态与文化资源优势，形成了休闲度假、旅游观光和会展商务三大主题旅游产品。安吉旅游发展形成的是"一心三区"的布局结构，"三区"指天荒坪区、黄浦江源区和民俗风情区；"一心"指递铺旅游中心（图11-39）。其中三区具体是指：

（1）天荒坪区，包括递铺镇、天荒坪镇和山川乡所辖行政范围内的部分景区产品，包括天荒坪电站景区、藏龙百瀑景区、灵峰森林公园、天下银坑、芙蓉谷、姚家大院、九龙峡等景点。

（2）黄浦江源区，以龙王山省级自然保护区产品为主体，黄浦江源为旗帜和产品形象，包括章村镇、杭垓镇、报福镇区域。景区主要包括龙王山自然保护区、深溪景点、浙北大峡谷等。

（3）民俗风情区，包括安吉中部、北部地区的递铺、孝丰、高禹、良朋、鄣吴、晓墅、昆铜、溪龙等乡镇，以昌硕为核心的竹乡民俗风情旅游区，包括江南民间故宫、江南竹乡风情主题园、美德教育基地等。

构建产业发展型乡村绿道，促进安吉旅游产业产品的"抓大活小"，"抓大"是指对现有旅游产品，做大旅游品牌，提升安吉休闲旅游整体形象，进一步利用、挖掘安吉独特的旅游资源，促进安吉旅游产品的创新多样；"活小"即根据各村自身的自然资源及区位条件，鼓励农民及村集体围绕主要景区的建设，充分利用现有的资源创办农家乐及其他配套服务设施，在实现创收的同时，提高旅游产品的丰富度，提升景区生命力，促进村级产业发展的多样化，增强安吉旅游经济活力。

（五）营销策略规划

安吉的绿带产业经营模式可以当作一项绿色产

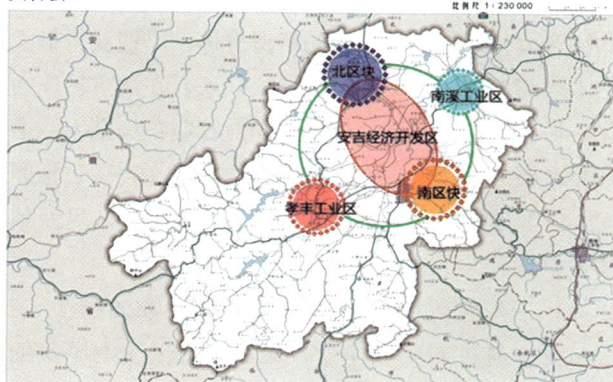

图11-38 绿道串联工业片区模式图

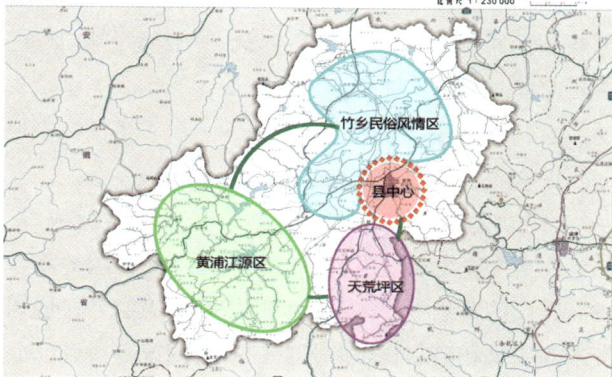

图11-39 绿道串联旅游片区模式图

品，而不仅仅是一个区域名称，其具有优厚的品牌优势，而如何有效利用安吉品牌推出安吉绿道这一产品，要在绿色营销策略上做文章。

1. 有形资源和无形资产：环境、文化资源的经营，优越的自然环境和深厚的文化底蕴，是安吉"中国美丽乡村"建设中一笔不可估价的有形资源与无形资产。对这两种资源不仅要保护好，更重要的是要在绿道网的多功能网络运作模式下形成可利用的产业，以求最大化的生产经济和社会效益，不断提高安吉软环境建设的水平。

2. 村庄形象和注意力经济：知名度、美誉度的经营注意力经济是指最大限度地吸引用户或消费者的注意力，通过培养潜在的消费群体，以期获得最大的未来商业利益的一种经济模式。安吉在注重村庄文化、村民素质等内在美建设的同时，应积极推出绿道产品形象的建设，多渠道、多层次包装、宣传、推介安吉产业发展型乡村绿道，提升安吉绿道知名度及整体竞争力。

3. 有形宣传和无形宣传：产品、形象的经营

安吉通过四年多建设，成功塑造了"中国美丽乡村"的形象，并获得"联合国人居奖"，这是中国1990年参评以来唯一获奖的县。安吉乡村绿道的宣传更是要在此基础上，打造专属安吉乡村绿道的绿色产品，通过大众传媒广泛宣传，塑造安吉新形象，将安吉推向全国，推向世界。

（六）保障体制规划

1. 行政组织保障

（1）加强领导与协调机制

安吉产业发展型乡村绿道建设是在"中国美丽乡村"建设的背景下开展的，要积极利用美丽乡村规划带来的成果和启示，做好各部门政府的统筹协调，成立"安吉乡村绿道"建设领导小组，下设办公室负责日常事务。县政府要进行合理的部署与安排，尤其是产业发展型乡村绿道与"美丽乡村"规划的相互衔接，做好协调指导工作。

（2）健全落实与管理机制

乡村绿道网规划是一项长期而艰巨的任务，各级政府应高度重视行动规划的实施，确保规划任务能够及时完整的得以落实，保证安吉绿道网的顺利实施。建立"三级负责、以村为主、人人参与"的管理机制，制定行之有效的检查监督制度与激励机制，在调动人员积极性的同时，做到责任到人，措施到位。

（3）创新评价与考核机制

乡村绿道在我国建设中还处于初级阶段，具有可参考和借鉴的案例并不多，且各个地区的资源条件、发展现状不同，在调查研究区域绿道建设的环境条件，进行横向比较的同时，要建立符合区域实际的考核制度和安吉绿道网评价标准，尤其是对项目施工过程中以及施工后可能的环境影响进行评估，要识别和分析拟建项目环境影响的因素，研究提出治理和保护环境的措施，比选和优化环境保护方案。

2. 政策法规保障

（1）合理制定相关政策

我国目前关于绿道网的实施建设标准还处于空白状态，只有广东、成都等绿道发展较为成熟的地方制定了关于本区域的绿道网建设指引，相关政策体系还处于探索阶段，安吉绿道网规划要借鉴国内外相关建设经验，在现有的规划指引文件的基础上，根据本地特色，成立专家规划小组，制定与安吉"中国美丽乡村"行动规划相适应的配套方案政策，确保安吉绿道网建设的顺利开展。

（2）加强宣传普及工作

开展安吉绿道网建设的宣传工作，以点及面，从乡镇到农村，逐步扩展，逐步提高群众的主人翁意识，增强其参与安吉乡村绿道网建设的主动性和积极性。

（3）资金投入保障

资金不足是制约新农村建设的主要因素，因此在美丽乡村建设背景下实施绿道网规划建设，首先要建立"政府主导、农民主体、社会参与"的投入机制，设立"产业发展型绿道"建设专项资金，并通过村级集体经济的壮大、农民收入的提升、美丽乡村品牌的影响力，提高农民参与的积极性和主动性，拓宽投融资渠道，确保满足安吉乡村绿道建设对资金的需求。

3. 技术人才保障

产业发展型乡村绿道建设是一项涉及多行业多部门的综合系统工程。一方面，政府应积极与国内高等院校和科研院所及其他有关部门建立合作关系，吸引高素质人才参与到安吉建设中，并邀请新农村建设、绿道建设等各行业专家作为顾问，参与安吉产业发展型乡村绿道相关规划和决策，指导行动规划的实施。另一方面，在产业型乡村绿道规划实践中，要逐步加大对各农业、工业和服务业的科技投入，使安吉绿道网规划建立在科学实践的基础上，顺利开展，并注重培养有文化、懂技术、会经营的新型农民，做到以农为本，用农民而服务于农民。

第十二章

美丽乡村"四宜"规划设计案例

第一节 杭州市西湖区东江嘴村"风情小镇"建设规划设计

一、项目概况

（一）规划背景

西湖区双铺镇东江嘴村是西湖区"三江两岸"生态景观保护与建设、美丽乡村建设的重要节点，以打造沿江渔乡风情村为目标，提出"风情小镇"规划是"美丽乡村"建设的深化与提升，以适应社会主义新农村发展的需要，提高村镇建设水平，增强城乡居民的生活品质为目的，从而实现"环境秀美、生活甜美、文化淳美、乡村和美"的建设目标。

（二）规划范围

规划范围是指东江嘴区域范围内钱塘江以南、富春江以北，村民居住的核心区块，总规划面积约 178.6hm²。

（三）区位分析

双浦镇，位于浙江省杭州市西湖区西南部，三面环江，东北与萧山隔江相望，南濒富春江，西与富阳市交界，北倚之江国家旅游度假区，距杭州市中心约 15km。

东江嘴村地理区位优势明显，地理环境独特，位于双浦镇最东面，西邻外张村，位于钱塘江、富春江、浦阳江三江交汇处，与萧山隔江相望，绕城公路穿越境内经袁浦大桥至萧山、金华等方向（图12-1）。

二、现状分析

（一）自然条件

1. 地形地貌

东江嘴村为冲积平原，地势低洼，三面环江，地形独特，整体上呈"月牙半岛型"。境内水陆纵横，交通发达，北临钱塘江，与杭州市区隔江相望；南倚富春江口，风景秀丽；东南面靠浦阳江口，通过钱江五桥与萧山相连；西北方向与外张村相连。其中，村内的沼泽湿地主要沿江分布，居民生活区呈片状分布于全村范围内，农田沿建筑周边分布。由于人类长期的生活和生产劳动，对地形产生了深刻的影响，如开凿鱼塘、挑土造地，全村形成地田、地、水三级立体分布的地貌状况。

2. 气候特征

东江嘴村属亚热带海洋性季风气候，全年平均气温 17.5℃，平均相对湿度 70.3% 左右，年降水量约为 1454mm，年日照数约 1765 小时。一年中，随着冬、夏季风逆向转换，会发生明显的季节性变化，形成春多雨、夏湿热、秋气爽、冬干冷的气候特征。因季风在进退时间上和持续强度上的不稳定性，常出现冷热干湿异常，导致春夏灾害性天气（洪涝、干旱、台风）较多。

3. 水资源

东江嘴村有着丰富的水资源，是钱塘江（闻堰至东海段）、富春江（富阳至闻堰段）以及浦阳江三江交汇处，水域面积占全村总面积的 7.2%，是附近区域的主要水源。村内的九号浦南起陈三房自然村，折向东北出北大塘入住钱塘江，穿村而过，全长 1200m，宽 10m，是全村排涝保田的主要浦道。村域内还有大量的水塘、鱼塘、水田，水质较好,资源丰富。

4. 土地资源

东江嘴村总土地面积 4443.48 亩（元宝沙土地 1765.71 亩），其中耕地 1440 亩，鱼塘 1378 亩，农庄

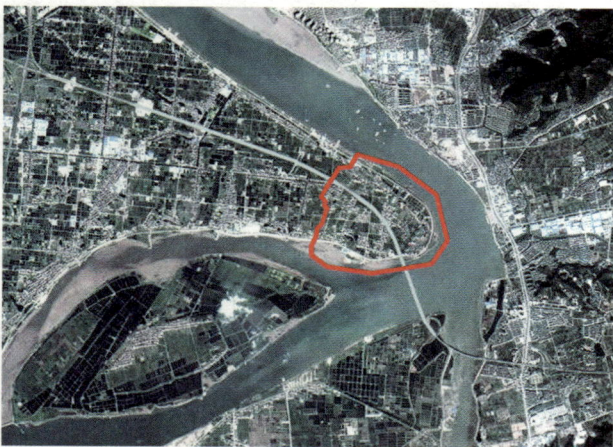

图12-1 东江嘴村位置

图12-2 一类建筑

图12-3 二类建筑

150 亩，绿化 372 亩。由于地处三江口，水流带有大量的泥沙，经过长期的生活生产劳动形成了冲积平原，土质大致分为潮土和洪积泥沙土，是西湖区面积最大的行政村。

（二）土地利用现状

东江嘴村总土地面积 296.3hm²（元宝沙土地 117.7hm²）。本次规划范围总计 178.6hm²。

现状规划范围内用地情况调查表　　表 12-1

编号	用地性质	用地名称	面积（hm²）	比例
村庄建设用地（E6）	E6-R	居住建筑用地	60.19	33.7%
	E6-C	公共建筑用地	2.32	1.3%
	E6-S	道路广场用地	15.21	8.5%
	E6-M	生产建筑用地	22.68	12.7%
	E6-U	市政公用设施用地	1.61	0.9%
非建设用地（E）	E	水域和其他用地		
	E1	水域	12.86	7.2%
	E2	耕地	47.76	26.7%
	E3	园地	1.25	0.7%
	E4	林地	3.93	2.2%
	E5	防护绿地	9.24	5.2%
		其他用地	1.55	0.9%
总计			178.6	100%

（三）建筑与环境景观现状

东江嘴村现状建筑新旧不一，有传统的院落建筑、现代建筑及一些临时搭建的棚舍。农居建筑基本沿着主干道建设，整体分布区域较集中，但设计凌乱，风格各异，各住宅占地面积大小不一，围墙形式多样，本次规划依据建筑结构、材料、外观等条件将建筑质量划分为以下三类：

（1）一类建筑：内外结构完好，建成时间较短，为 2 层以上建筑，无碍村庄公用设施等建设的建筑，建议简单整治（图 12-2）。

（2）二类建筑：结构完好或稍有损坏，多为 20 世纪 70 ~ 80 年代所建，无碍村庄近期发展的建筑，建议一般整治（图 12-3）。

（3）三类建筑：20 世纪 60 年代前后所建，结构损坏较严重，有碍村庄重要公共设施或基础设施建设的建筑及有严重消防隐患的建筑以及临时搭建的简易房、棚等，建议重点整治或者直接拆除（图 12-4）。

东江嘴村整体环境景观较为整洁，村庄现状小游

图片来源：
图 12-1 谷歌地图

图12-4 三类建筑

园 6 个，水域景观节点 3 个。小游园缺乏适当的维护，老化、破损现象严重，整体利用率较低，后期养护管理较差。现状水域景观效果较差，水质受到一定的污染，需要净化，植物种植凌乱，裸土现象较为普遍，部分驳岸种植蔬菜，未能发挥其本身的作用。

从整体上分析，东江嘴村在环境景观营造上，普遍缺少系统的公共绿化，景观营造投入较少且缺乏维护与管理，农民在房前屋后美化的积极性不高，庭院内常常是简单的硬化，田边、村边、水边、路边也缺少系统的绿化，一些主要道路甚至没有绿化，乡村缺少了特有的生态环境与田园风光。村庄中部分地段仍存在着"乱丢、乱堆、乱排、乱种"的情况，主要体现在生活垃圾、建筑垃圾没有集中处置，屋前院后瓜果蔬菜种植杂乱等方面。

三、规划总则

（一）规划指导思想

贯彻"十二五"精神，遵循西湖区全方位覆盖高标准推进城乡一体化融合发展的要求，以"风情小镇"建设为抓手，以西湖区"美丽乡村"中心村建设规划为主导，以保护村庄生态环境，深入挖掘地域文化，塑造村庄风貌特色，提升产业特色为前提，立足东江嘴村实际情况，通过产业提升、旅游拓展、文化挖掘、村庄整治、土地整理、生态保护等综合实施，打造生活舒适便捷，社会和谐稳定，景观优美宜人的"宜居"风情小镇；以休闲渔业为特色的"宜业"风情小镇；以沿江渔村风情休闲旅游为特色的"宜游"风情小镇以及凸显三江交汇区的三江文化特色、渔乡文化特色的"宜文"风情小镇。

（二）规划原则

（1）和谐发展原则：在保护东江嘴村既有的山水风貌和环境特色基础上，以提升当地生态环境质量和人居环境水平为首要原则，推进休闲渔业发展。依托当地得天独厚的自然条件和良好的水域生态环境，大力发展生态渔业，使渔业生产步入促进渔业增效，渔民增收，保持渔业可持续发展的良好局面。

（2）特色化原则：强调"一村一业、一村一品"的特色经济格局，深入挖掘东江嘴村特色资源和再造特色亮点，突出地域的渔业产业特色，打造具有渔乡风情的休闲旅游村，塑造具有独特吸引力的乡村风貌。

（3）地方化原则：在挖掘整理东江嘴村民间艺术、风俗等非物质文化及人文、自然景观等物质文化过程中，尽可能地保留地方性元素，做到"古风古韵"、"原汁原味"，在建筑、环境与景观建设上应突出体现沿江渔乡风情。

（4）人文化原则：注重挖掘东江嘴村历史遗迹、风土人情、风俗习惯、非物质文化遗产等人文元素，把风情和文化融入"山、水、村"中，体现村庄独特的人文魅力。

（5）科学化原则：强调科学规划、合理布局，规划一步到位，项目分期实施。坚持合理用地、节约用地、保护耕地，倡导科学化发展渔业养殖。

（6）经济化原则：要求在优化环境，提高居民生活水平的同时，做到经济合理，高效集约，避免不必要的浪费。

（三）规划定位

本次规划在三江两岸生态景观整治规划和"风情小镇"建设总体规划的指导下，依托"三江口"的独特区位和现有建设基础，通过渔乡文化挖掘，村容村

图12-5 渔业资源

图12-6 三江文化

图12-7 特色旅游

貌整治,生态环境改善,立足于渔村人居生活环境品质提高、渔村旅游休闲产业发展,打造景观形象特色鲜明、生活和谐、旅游休闲产业支撑力强的精品村,并努力使之成为"浙江一流风情小镇、三江两岸旅游西进第一村、杭州市沿江特色渔乡风情小镇"。

1. 产业定位——华东地区"休闲渔业"产业基地

利用东江嘴村特有的渔业资源、渔产品等,结合东江嘴村水域生态环境和文化环境规划相关产业,如渔业捕捞、餐饮、鱼市等。通过科学配置渔业资源,实现第一产业与第三产业、都市与渔村的对接,使渔业功能由生产向服务转化,提供给民众体验渔业活动并达到休闲、娱乐的功能,拓展渔业发展空间(图12-5)。

2. 文化定位——渔乡休闲文化

东江嘴村文化底蕴深厚、文化类型丰富,规划通过对东江嘴村传统文化的挖掘、保护和宣传,重点构建渔乡特色品牌,培育"三江文化"。壮大沼虾节、放生节、钱塘江观潮等传统文化活动,组织摇橹、掌

舵、织网、画渔乡等体验活动,让人们近距离感受渔乡文化的特色和乐趣(图12-6)。

3. 旅游定位——渔乡特色休闲游

充分挖掘东江嘴村特色渔业旅游资源,营造集渔乡风情、江畔驿站、临江品鱼、休闲度假、慢生活体验等于一体的沿江渔乡特色休闲旅游村(图12-7)。

4. 空间定位——村景一体化

立足东江嘴村土地利用现状,合理组织利用土地,应用"村庄改造控制型整理模式"对东江嘴村现有土地进行整理,引导规划用地向中心集聚,形成"公共服务区—环状绿带—居住区—耕地—产业带—

沿江慢生活体验带"的理想空间模式,打造"宜居、宜业、宜游、宜文"的风情小镇。

四、发展规划

(一)产业发展规划

1. 发展思路

以建设"风情小镇"规划编制为指导,以科学发展观为统领,依托东江嘴村"农作经济发达、渔业已成一定规模、休闲旅游兴旺"的产业现状,遵循"依托资源,突出特色,优化结构,重点突破"的思路,细化产业类别,实现"宜业"的发展目标。以大力发展休闲渔业为重点,促进渔业由单一生产型向多种经济形式的转变,积极营造"一产带动三产"的产业格局,充分利用东江嘴渔业资源、渔乡文化、田园风光、便捷交通及周边城市众多消费群体的优势,打造特色明显、布局合理、资源集约、关联配套、竞争力强的产业体系。

2. 发展目标

规划以现状农业资源为基础,以自然生态环境为依托,以乡村景观和文化为主体,突出乡村休闲度假、观光娱乐、文化体验等功能,通过产业结构调整和劳动力合理配置,巩固拓展现代农业,大力发展休闲旅游业,将东江嘴村建设成为功能健全、产业布局合理、特色鲜明的沿江渔乡"风情小镇"。

3. 产业发展重点

(1)第一产业:增加科技含量,发展优势农业

以现状优势农业(农作物、水产养殖)为基础,以科技、生态为指导,向产业化、规模化、集约化、高效化方向发展,提高村民经济收入。充分利用渔业水产养殖资源,逐步发展以果蔬种植、花卉苗木种植、农产品生产等为重点的循环、无公害农业;引进观赏鱼养殖,丰富养殖业结构,并建立对渔业养殖、鱼饲料种植等方面提供科技指导,兼有科技展示功能的渔乡风情博物馆,逐步建立起绿色、高效的产业发展新格局。

(2)第二产业:严格控制污染工业,适量增加深加工业

对于村庄周边环境和休闲旅游影响较大的工业、企业加以严格控制或进行科学引导,加快二产与一产、三产的联动发展,并结合休闲旅游的需求,增加鱼产品深加工业,使游人可游、可品、可带。

(3)第三产业:挖掘地域特色,大力发展休闲旅游

东江嘴乡村旅游业的发展在西湖区起步较早,具有一定的旅游吸引力。规划以渔业和农业经营活动为基础,利用东江嘴的自然环境、渔业、田园景观、农耕文化等资源,发展观光、采摘、渔业休闲、农事体验的旅游活动,设置"吃渔家饭、住渔家院、做渔家活、看三江景、享渔家乐"的旅游项目,塑立杭州市郊"休闲渔业、生态养生、田园观光"的旅游品牌。

(二)空间发展规划

空间是农村存在的基本形式,是农村社会经济活动的载体。东江嘴已经经历了低水平的均衡阶段,各生产要素向小城镇集聚的非均衡阶段,正处于村镇重组的非均衡阶段。其发展正从数量增加转变为规模的扩大和质量的提高,这个阶段经济快速发展,第三产业大量涌现,城乡互动加强,经济活动的频繁也加强了东江嘴与杭州市之间的联系,此时的东江嘴村域空间结构处于变化之中。此阶段的小城镇和村庄的经济发展水平都有了质的提高,而小城镇的数量由迅速增加到稳定,并向质量提高和规模扩大的方向发展,村庄数量则开始减少,村庄与小城镇的布局逐渐合理。东江嘴村也将遵循这一规律。

1. 人口规模预测

东江嘴村辖九个自然村,共3544人,933户,至2013年规划期末,9个自然村全部合并,依据东江嘴近几年自然增长率和双浦镇总体自然增长率及目前计划生育控制指标和未来东江嘴产业的发展趋势,确定东江嘴村人口自然增长率为5‰,机械增长数为 –5 人。

根据综合增长法,计算公式为:

$$Q_n = Q_o \times (1+K)^n + P$$

式中 Q_n——规划期末村庄总人口;

Q_o——村域现状总人口;

K——规划期内人口的自然增长率(%);

P——规划期内人口的机械增长数(人);

n——规划年限。

本规划确定东江嘴村规划期末总人口为 3556 人，总户数为 940 户。

2. 用地规模

现状村庄建设用地为 60.19hm²，人均 159.83m²，至 2013 年，经土地整理后村庄建设用地为 55.24hm²，人均 155.34m²。

3. 空间发展方向

（1）应用"村庄改造控制型整理模式"对东江嘴村现有土地进行整理。尤其是对于村庄内部基础设施和交通等条件一般，缺少村庄规划，闲置宅基地比较多而又不适合搬迁的村庄进行内部改造，改善布局，并控制其向外发展扩张的一种模式。经过调查研究，确定赵家、老盘头和老协丰东等 3 个自然村因位置以及与耕地的关系，围绕中心区块向东江嘴新村及赵家村逐渐聚集发展。

村村合建，逐渐合并，是指将一定范围内的布局分散且规模较小的自然村庄，限制区域内新房屋的建设，将整体或者部分逐渐搬迁到指定的集中点，并以此为中心重新建设新的居住区。旧宅基地由村委会重新规划，优先复垦。后江、桥头、郑家、华家、东江嘴等 5 个自然村将采取村村合建的模式向中心区聚集。

（2）新增建设用地尽可能避免占用耕地特别是基本农田。基本农田主要分布在村庄西面，以插花形式散点分布。

（3）现有渔业养殖区沿南北大塘向东南方向发展，老盘头、华家、赵家村等靠近南北大塘处原有少量鱼塘以及农家乐，与现有零星鱼塘连接成外围渔业风情产业带。

（4）沿九号浦发展九号浦风情街，改造现有建筑为临街商铺及设置移动摊位，满足商业的需求。

4. 核心发展区块

东江嘴村发展重点结合渔乡特色风情小镇建设，以及现状优势农业基础，大力发展休闲渔业，以休闲度假、临江品鱼、乡村旅游、慢生活体验等内容于一体的"沿江特色休闲体验"旅游业。生活区作为建设的基础，是此次风情小镇规划的核心发展区块。其将建设成公共服务设施齐全，田园风光优美，居住环境适宜的区块。

重点建设工程涉及四大内容：一是打造乡村绿地景观、田园景观和建筑景观，使"居者美其房"；二是加大文化和休闲空间建设，使"劳者享其闲"；三是建造村庄中心公园及生活服务配套设施建设，使"游者有其园"；四是加强步行系统建设，使"行者通其道"。

5. 空间发展引导

已建区分布散乱，将耕地切割零碎；各类建设用地不集中，公共建筑用地规模少；东江嘴村及东江嘴新村居住建筑布局整齐，建筑风格统一。后江、郑家等村与村中心距离较远，建筑多为老旧房屋，且布局凌乱，通过土地整理、流转，将建筑用地逐渐向中心区集中化。对村内建筑进行梳理，将破旧房屋、违章建筑拆除，留出空地变成绿地。

村庄空间发展引导管理根据不同情况将规划范围土地划分为禁建区、限建区和适建区三类区域。

（1）禁建区——必须严格保护的区域

规划面积为 71.21hm²，占村庄面积比例为 39.87%，主要是保护耕地，引导迁移村庄（包括后江村、郑家村、桥头村、老盘头村）、生态公园、林地、交通道路、电力高压线走廊等工程管线保护区域。原则上禁止再进行任何城镇开发建设行为。

（2）限建区——需要控制开发的区域

规划面积 42.15hm²，占村庄面积比例为 23.6%。其沿江风情景观区用地，包括渔乡风情美食区、江畔驿站度假区、临江特色体验区、中心区公共建筑用地。根据生态、安全、资源环境等控制需要，在不影响安全、不破坏功能及符合景观区风格的前提下，可以建设使用，还可申报建设用地的用途为农庄建设、度假区建设。

（3）适建区——需要规划引导和调控的区域

规划面积 65.24hm²，占村庄面积比例为 36.53%。中心区周围划定的可建设区域，建设需经过审批，通过宅基地置换、原有宅基地复耕等措施取得用地资格。

6. 空间发展和人口疏散的引导措施和奖励政策

（1）搞好村庄配套设施建设，使道路通畅，水电齐全，吸引农户集中建房。

（2）充分利用废地、空闲地建房，原则上先拆后建。可结合城镇化政策制定优惠的政策，如宅基地置换、人口转移政策，吸引富裕农民进城。

（3）沿江风情景观区内住房逐步迁移，改造成具有当地特色的建筑，逐步发展为休闲度假区。

（4）规定只允许在居民点建设区内增建农宅，鼓励农户利用村落中的旧宅基地、闲置宅基地，基本农田保护区内实行严厉的耕地用途管理制度。对实行原有宅基地复耕的村民给予一定的现金奖励及一定的用地指标。

（三）文化发展规划

1. 规划目标

东江嘴村的文化发展要注重传承自身特有的村落文化、民风习俗，保护现有的乡村文化、渔乡文化等文化资源，进一步挖掘和宣传传统文化，培育新文化，构建渔乡特色文化品牌，着力实现和保障农民的文化精神权益，让农民共享文化繁荣发展的成果，使东江嘴成为文化底蕴深厚、文化类型丰富的文化名村。同时依托丰富的文化资源，形成以渔乡民俗风情为支撑，以江畔观光为基础，以滨江度假为突破口，以慢生活体验为特色的旅游区，达到文化资源推动旅游产业的发展，取得显著的经济效益和社会效益目标。

2. 文化资源梳理

（1）传统上层文化

宗族文化（孔氏家族）：东江嘴村内居民60%为孔子（图12-8）后裔。作为孔子后裔集中的居住地东江嘴村倡导儒家文化，文风鼎盛。在宗族文化上通过修宗祠，续宗谱（《孔氏宗谱》），祭祖宗（春秋两祭）为载体的方式，充分保护和挖掘东江嘴的孔子后裔宗族文化资源，结合儒家文化的影响力，向外界展示整个宗族的凝聚力，淳朴村风和东江嘴的儒家文化印记。

宗教文化（西渡庵、群灵寺）：相传几百年前，有印度高僧远道而至东江嘴，他们见此地人杰地灵，风景秀丽，便在此修建了西渡庵，诚心礼佛（图12-9）。村内曾有群灵寺为宋时开山，规模较大，山门内供奉弥勒佛，背面供奉朱天菩萨，前大殿供奉

关公，为寺内一大特色。群灵寺和西渡庵在"文革"中被毁，现在的群灵寺和西渡庵已合二为一，对带动当地旅游人气也有较大的作用。东江嘴村另一大姓为赵氏，可在此遗址上修建财神庙，供奉文财神（赵公元帅）、武财神（关圣帝君）。

图12-8 孔子

图12-9 西渡庵

（2）民俗文化

婚丧礼俗、四时八节、祈年求雨、越剧表演、观潮等习俗（图12-10～图12-13），其中有一些已失去生存的价值，自然消亡了，如正月初六的祈年求雨；有的色彩大大淡化，如七月半之类；针对民俗文化消逝没落的情况，可对某些较有价值的民俗活动进行新的发展，开发为旅游活动，如"听戏怀古"等。

（3）农耕文化

传统耕作方式，传统农具，手工作坊等，如村中的传统农具、生活用具展示。

图12-10　古戏台

图12-11　钱塘江观潮

图12-12　放生节活动

图12-13　沼虾节活动

（4）渔乡文化

东江嘴渔民在江上世代从事渔业活动孕育了东江嘴村浓厚的渔乡文化。在旅游发展上可围绕"捕鱼、赏鱼、品鱼、戏鱼"的主题，开展渔祭祀、江上捕鱼、渔具制作、鱼艺表演、水族鱼观赏、临江品鱼等系列旅游活动，深入发掘渔乡文化，开发渔家服饰、渔家工艺、渔家器具等旅游纪念品，在渔乡风情博物馆中围绕渔业养殖、鱼饲料种植展示新科技的发展与应用。

3. 休闲文化培育规划—三江文化

（1）饮食文化

1）江河鱼鲜：东江嘴处于三江交汇处，海潮至此，咸水已被淡化，因而江中水产质量优于别处，尤其是野生鱼类多以藻类、水草为食，肉质丰腴。可利用江河鱼鲜丰盛，大力发展饮食文化，结合已有的鱼头宴、沼虾宴等特色农家土菜，丰富菜肴体系，走精品、名品菜肴路线，围绕江鲜资源推出"风情小镇十大名菜"系列（"甲鱼野鸭煲"、"步鱼春笋"、"银鱼莼羹"、"风味蟹"、"芙蓉沼虾"、"腌菜蒸江鳗"、"鱼跃双影"、"八宝鱼羹"、"锦绣钱江"、"农家三珍"）。

2）酒文化：利用村庄高粱酿造的特色烧酒，通

过与旅游开发相结合，展现烧酒的传统工艺和文化历史，开展"荻花酒会"等旅游活动（图12-14）。

（2）船文化

东江嘴拥有悠久的渔业捕捞历史，渔民以船为家，以渔为业，流传着众多的舟船故事，有着浓厚的船文化基础。可通过对船文化的梳理和深入挖掘，开展船舶入江体验、船舶文化展示活动。在船舶体验上开展"钱江渔事系列活动"，如驾船破浪体验活动；在文化展示上，可通过建立船文化博物馆向游客清晰地展示船舶的外形特征、结构特点、技术价值、美学价值、历史价值、民族特色、地域特征、人文内涵及其社会经济意义等（图12-15）。

（3）湿地文化

充分利用村庄内优良的自然生态环境，宽阔的水域面积，密布的河网水系，丰富的湿地资源，沼泽湿地沿江分布的现状，深入挖掘和培育湿地文化，开展湿地旅游活动，既提升了东江嘴的生态环境品质，

图12-14　饮食文化

图12-15　船文化

图12-16　湿地文化

也提升了旅游品质（图12-16）。

（4）诗词文化

钱塘江拥有丰富的自然人文景观，对人的感官产生多样刺激，激发人们的联想、诗人的灵感，通过多种文化载体呈现别样的感情。历史上描写钱塘江的诗词歌赋等艺术作品多如繁星，远及隋唐，近至当代，无数骚人墨客在钱江两岸缀满了写景寄情的珠玉篇章，清丽与壮美并存，刚柔并济，争奇斗艳。在文化展示上，通过运用诗景结合的方式设计若干观景节点，使游客在观赏钱塘江景的同时，也可领略到历代优秀的描写歌咏钱塘江两岸风光的诗词作品，达到诗景交融之境，让游客感受钱塘江浓厚的诗词文化。

（5）富春江"鱼拓"文化

东江嘴地处富春江下游与钱塘江上游交汇处，可以继承和发展富春江上游文化的优秀文化。产生于富春江畔特有的"富春江鱼拓艺术"文化创意产品"鱼拓"是今后东江嘴三江文化可重点继承培育的新文化。"鱼拓"就是将鲜鱼拓印在宣纸或布上的图形，

早期的"鱼拓"就是以墨汁作为颜料，在拓印技法上相对比较简单，作品缺乏层次感和明暗变化（图12-1）。随着社会的发展和科技的进步，特别是颜料的创新，彩色的鱼拓应运而生，结合东江嘴渔乡风情小镇众多渔乡、田园等元素进行再创作，使鱼拓艺术作品更加新颖、生动，更具艺术性。在旅游开发上，向游客展示"鱼拓"制作艺术，可将"鱼拓"开发成特色渔家工艺品。

（6）钱塘江潮文化

东江嘴人世代居住于钱塘江岸，在与潮涌、朝夕相处中，迎头而上，"弄潮、戏潮、抢潮头鱼"相沿成习。"竞奔不息，永立潮头"的精神构成了三江文化的精髓和灵魂。东江嘴村坐落于三江口，是较佳的观潮地点，可通过开展"观潮"系列活动，展现钱塘江的"潮"文化（图12-18）。

4. 文化发展途径

（1）乡村演艺竞赛活动与文化相结合

根据东江嘴乡村民风民俗，适当结合现代表演和

图12-17 "鱼拓"文化

图12-18 "潮"文化

图12-19 越剧表演

图12-20 摇橹

竞技规则，组织乡村歌舞曲艺、婚俗礼仪、体育游戏等表演和竞赛活动，如越剧表演、渔网编织、摇橹、掌舵、画渔乡、渔民服饰走秀、赛龙舟等，将乡村日常习俗和生产活动提升为演艺和竞赛活动，以丰富乡村民众文化娱乐生活，开发成周边城镇居民的观赏项目（图12-19、图12-20）。

（2）乡村旅游与文化相结合

改变乡村文化以自然形态存在的状况，有意识地去开发、转化、丰富乡村文化资源。在乡村旅游资源开发中，乡村文化无疑是最具吸引力的资源，它是乡村旅游的核心和灵魂。人们对乡村的感受，主要是从乡村历史、乡村文化、乡村日常生活和农耕活动中去获得的。乡村旅游的发展，可以在很大程度上让农民意识到乡村文化的价值，从而更好地去保护和传承乡村文化。

1）特色渔文化与旅游景点开发融为一体。

在旅游景点、设施、产品等方面注入丰富的文化

内涵，这样才能保持旅游景区旺盛的生命力。让游客了解文化、享受文化、消费文化、传播文化，才能达到极好的旅游综合效益。

2）特色渔文化与旅游文艺品牌融为一体。

以市场为导向，认真研究，精心策划，特别注重文艺表演等娱乐活动在旅游中的品牌效应，是旅游开发中的焦点所在，东江嘴村的特色渔文化，要在旅游开发的基础上，研究当地土生土长的渔家服饰、渔家工艺、渔家习俗、渔家器具等，让游客充分感受风情渔乡的独特魅力。

图片来源：
图12-14 http://bbs.365pixian.com/thread-51708-1-1.html;
http://www.0573ren.com/forum.php?do=tradeinfo&mod=viewthread&pid=10158903&tid=975896;
http://www.6665.com/forum.php?do=tradeinfo&mod=viewthread&pid=13112644&tid=3122096
图12-15 http://wlxt.whut.edu.cn/new/zgzcs/Content.asp?c=9
图12-16 http://www.gy233600.cn/forum/topic.asp?topicid=7194956&order=1&k=1&page=1
图12-17 http://bbs.zjfishing.net/thread-80911-1-1.html
图12-18 http://itbbs.pconline.com.cn/dc/13051062.html
图12-19 http://wo.poco.cn/64538678/post/id/6138196
图12-20 http://www.beijingsheying.net/thread-28033-1-1.html

3）特色渔文化与休闲产业融为一体。

东江嘴村位于三江交汇处，远山近水、烟波浩荡，通过延长产业链条，东江嘴村充分挖掘文化基因，将悠久独特的渔乡文化与蓬勃发展的休闲渔业结合起来，为"风情小镇"的建设赋予新的生机和活力。

（四）旅游发展规划

1. 目标定位

依据东江嘴总体布局和现状资源，开发观光旅游、休闲度假旅游、商务会议旅游三种旅游类型，其中又以休闲度假旅游为主要旅游项目，全力打造以"渔乡风情慢生活体验游"为主旨的渔乡风情旅游名镇。

2. 客源市场及服务人群定位

根据东江嘴区域位置和现状概况，及杭州市旅游规划，该村近期客源主要来自周边区域，如杭州市区、萧山区、富阳市等；随着东江嘴风情小镇的建设完善和知名度的提高，客源也将逐渐向外扩展（表12-2、表12-3、图12-21）。

图12-21 近期客源辐射范围分析

打造特色渔乡风情小镇，形成"两带、三区"。通过景观空间布局，营造出"三江嘴畔芦花飞，半岛烟雨鱼意浓"的东江嘴特色风情景观。

"两带"：沿江慢生活体验带（图12-22）、九号浦风情街。

"三区"：渔乡生活体验区、休闲渔业观光区、田园观光游赏区。

4. 旅游产品规划

在旅游市场竞争中，最终表现为旅游产品的竞争。在区域旅游发展规划中，旅游产品规划是核心内容。只有开发出特色鲜明，市场需求广阔，文化内涵丰富的旅游产品，才能吸引广大游客，并能满足不同年龄、不同层次旅客的需求。根据东江嘴资源分布状况及自然地理条件，结合当前旅游活动开展的特点与需要，根据"两带、三区"的旅游规划布局，规划内容详见表12-4。

（1）特色旅游产品规划

农情园：位于东江嘴村核心区块，生态公园南侧，现状以种植苗木为主，占地约7.7hm²。规划以"田园观光、生态体验"为主旨，通过现有自然资源的有效利用，景观上融入本土文化的一些元素，突

旅游类型估算表　　　表12-2

旅游类型	比例
观光旅游	30%
休闲度假旅游	60%
商务会议旅游	10%

旅游服务人群及比例估算表　　　表12-3

服务人群	比例
亲子游群体	30%
银发群体	20%
企业管理群体	15%
驴友群体	15%
白领群体	10%
政府机关人员	10%

3. 总体布局

根据东江嘴村建设风情小镇的主题定位，并考虑主要功能要求，旅游资源的分布特点，资源的组合状况，建设用地的合理安排，地域空间完整性程度等因素，并结合所开展旅游活动的特点与需要，本规划以

图12-22 "慢生活"体验带效果图

旅游产品体系规划表　　　　　　　　　　　　　　　　表 12-4

产品类别	产品内容	适合人群	规划思路
农家餐饮食品	九号浦风情街	青、中、老	充分利用渔村丰富的水产资源和乡村风情、现有的农庄，将农家餐饮实行品牌化、系统化开发，注重饮食文化挖掘。在不同时节，推出农江鲜鱼宴、家时令土菜等
	渔庄品鲜	青、中、老	
	农家品茗	少、青、中、老	
乡村观光产品	五谷园	少、青、中、老	依托渔乡民俗文化、自然村落、农田、河流、水塘、果林等资源，按照慢生活的体验理念，形成春意盎然、夏荷环碧、秋林果香、冬意梅情的乡村观光产品
	蔬菜园	少、青、中、老	
	水果园	少、青、中、老	
	花卉园	少、青、中、老	
	农耕文化体验	少、青、中、老	
	渔乡民俗文化观光	少、青、中、老	
休闲娱乐产品	休闲垂钓	青、中、老	以江畔体验为特色，通过水与陆的联合开发，以临江观光、度假和农事体验为主打产品，通过资源整合、景观营造、环境美化、项目打造，设计具有独特个性、较强参与性的休闲旅游产品
	钱江渔事	少、青、中	
	放生活动	少、青、中、老	
	亲子菜园	少、青、中、老	
	村港游憩	少、青、中、老	
	拓展训练	少、青、中	
	渔艺表演	少、青、中、老	
	渔事体验	少、青、中、老	
	临江观潮	少、青、中	
	踏车观光	少、青、中、老	

续表

产品类别	产品内容	适合人群	规划思路
节庆活动产品	沼虾节	少、青、中、老	结合现有的高粱烧酒和沼虾养殖产业资源，策划沼虾节、荻花酒会，增强游客参与性
	荻花酒会	青、中、老	
	开捕节	少、青、中、老	
教育科普产品	渔乡风情博物馆	少、青、中、老	结合渔村江河自然环境、水产养殖产业、农场、开发船文化展示、渔业科技展示、江河自然科普、农作物认知等乡村教育科普产品
	欢乐渔场	少、青、中、老	
旅游纪念产品	观赏鱼	少、青、中、老	深入挖掘渔乡文化，将其融合到旅游纪念品设计中去，开发渔家服饰、渔家工艺品、渔家器具等旅游纪念品
	渔家服饰	少、青、中、老	
	渔家工艺品	少、青、中、老	
	渔家器具	少、青、中、老	
人文历史纪念产品	始皇东渡	少、青、中、老	东江嘴拥有丰富的人文历史资源，如史载的始皇东渡历史事件、磐头治水等，可通过深入挖掘整理当地众多的历史人文资源，开展历史人文纪念旅游，使游客到东江嘴体验渔乡风情的同时，领略东江嘴的璀璨人文，凭吊怀古，追寻东江嘴历史长河中的一个个美丽浪花
	磐头治水	少、青、中、老	
	财神庙	青、中、老	
	孔庙	青、中、老	

出趣味、乡土、休闲的观光主题，形成集农事体验、果蔬采摘、休闲养生、田园观光于一体的"农情园"。

乐水园：通过改造中心路与南北大塘交汇处的7个水塘，提升景观环境。规划形成以"水为核心"的动感乐园，将田园风光、沙滩、阳光、栈道、花草点缀其间，分为儿童嬉水区、沙滩乐园区、观光泳池区、休憩区等区域，营造适合各种人群游玩，具有诗情画意、健康向上的休闲场所。

九号浦风情街：通过改造原东江嘴村九号浦的水系和两侧建筑，改造提升其景观环境，营造富有渔乡韵味，集美食品味、旅游观光、休闲购物、多功能于一体的渔乡风情街。

沼虾街：东江嘴村养殖沼虾已有17年的历史，目前以"罗氏沼虾"最为出名，依靠得天独厚的地理位置和水源优势，打造每年一度的沼虾节，在沼虾节期间，主要活动包括捕虾、钓虾、摸虾比赛以及沼虾烹饪大赛等，形成"游、乐、食、健"四大节日主题。

荻花酒会：利用现有的村内高粱酿酒习俗，大力发展酒文化，主要活动有观赏酿酒技艺、以酒会友、对酒吟诗等。

（2）旅游路线规划（图12-23）

渔乡慢生活体验游：入口特色景观1—综合服务中心—新农村参观—芦径飘絮—艺圃吟春—荷塘漫步—乐水园—磐头治水—钱江渔事—始皇东渡—南北大塘纪念碑—斜阳渔影—拓展训练—特色景观"锚"—荻舍涵秋—江畔露营—杭州之眼—渔隐园—渔乡风情博物馆—临江品鱼—入口1（交通方式：以电瓶车、自行车为主）。

田园风光游：入口特色景观2—鱼艺表演—抓虾捕蟹—庭院品茗—荷畔闲话—林间悦鸟—农情园—芦汀飘絮—沼虾美食—荻花酒会—栗古闻香—传统农居体验—入口2（交通方式：以电瓶车、自行车、步行为主）。

文化美食风情游：九号浦风情街—沼虾美食—荻花酒会—浦溆风荷—孔庙—西渡庵——财神庙—斜阳渔影（交通方式：以步行为主）。

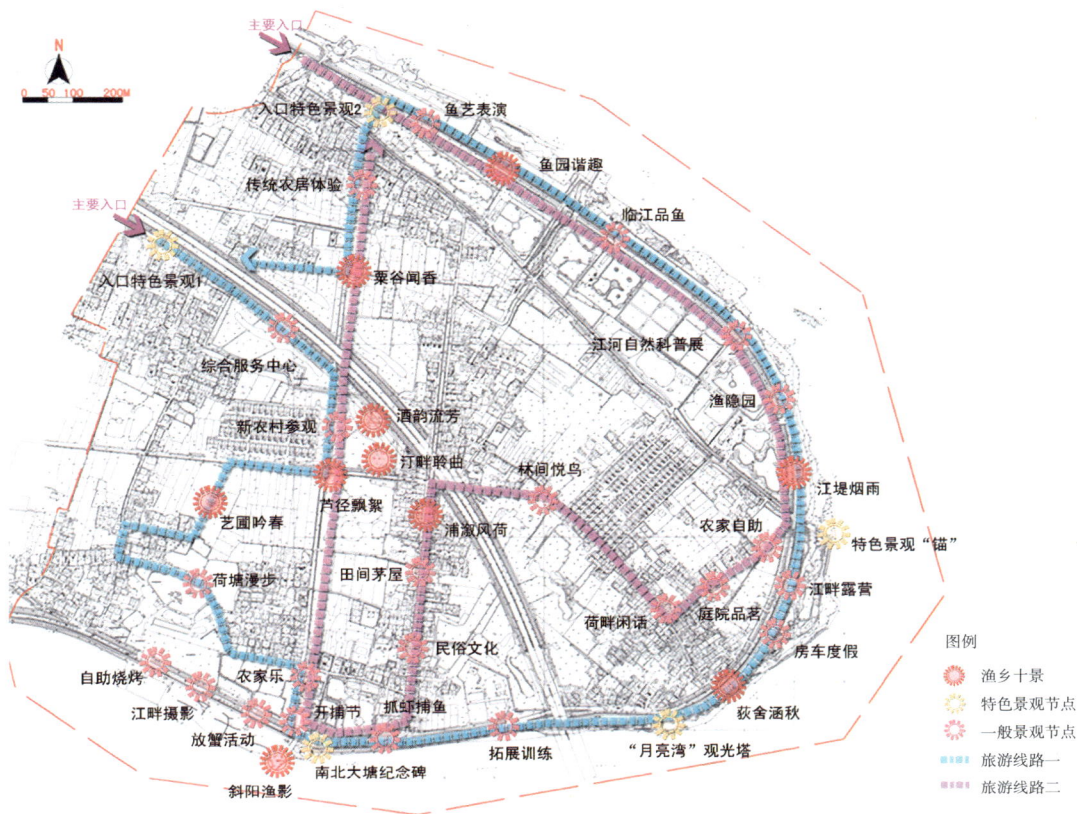

图12-23　游憩项目及游线规划图

五、空间布局规划

（一）总体思路

结合东江嘴的土地利用现状以及产业规划，采用"田园城市理论"以及"同心圆式土地利用模式"进行规划布局。体现"乡村——三江"区域整体布局模式，突出不同旅游接待功能，利用东江嘴村作为旅游服务基地、重要旅游资源，三江口渔业观光，慢生活体验等组合优势，达到功能上的联动，产品上的互补，形成完整的旅游产业链。

田园城市理论——在19世纪末英国社会活动家霍华德提出的关于城市规划的设想（图12-24），20世纪初以来对世界许多国家的城市规划有很大影响。田园城市是为健康、生活以及产业而设计的城市，实质上是城和乡的结合体。霍华德设想的田园城市包括城市和乡村两个部分。城市四周为农业用地所围绕；城市居民经常就近得到新鲜农产品的供应；农产品有

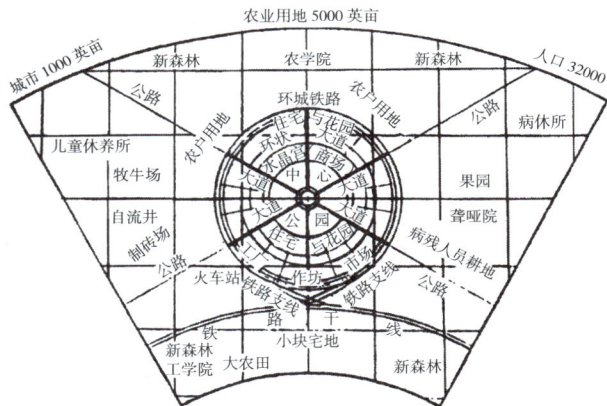

图12-24　霍华德"田园城市"模式简图

最近的市场，但市场不只限于当地。

结合村庄自然地貌及自然村空间分布形态，可以将空间结构进行如下模拟：即整个区域划分为"风情小镇生活区"，沿江风情景观区，南北大塘慢生活体

图片来源：
图12-24　埃比尼泽·霍华德《明日的田园城市》

277

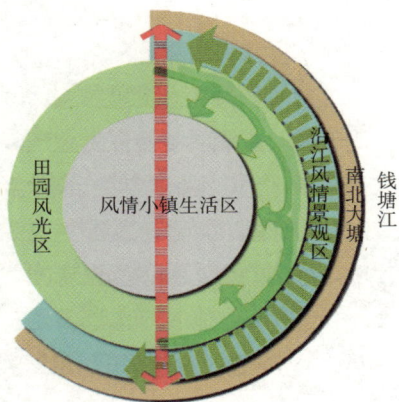

图12-25 空间结构模拟图

图12-26 总体布局规划图

图例
居住区
耕地
绿地
水域
中心区
度假区
九号浦风情街
道路用地
规划红线
临江特色体验区
渔乡风情美食区
江畔驿站度假区
生活区
南北大塘"慢生活"
体验带

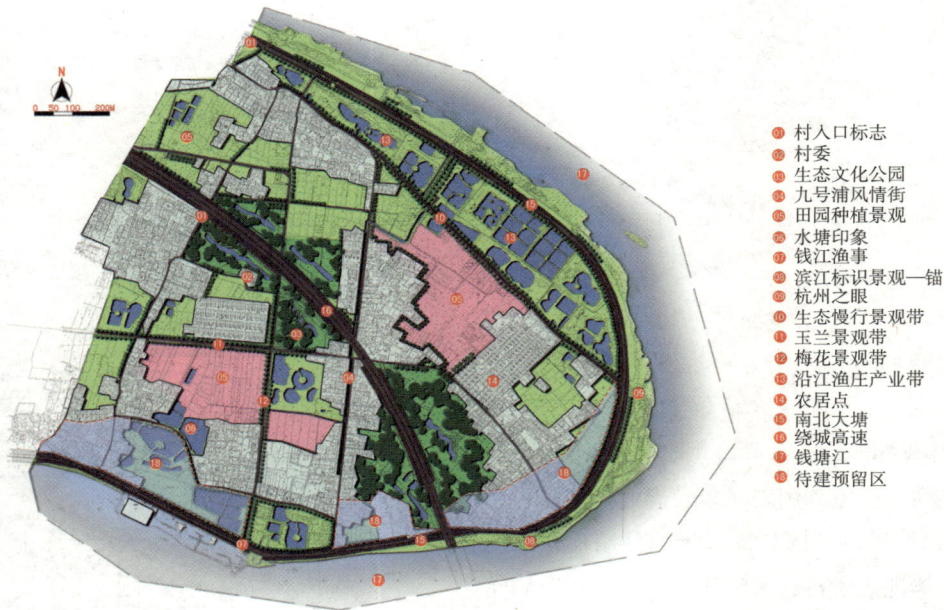

图12-27 规划总平面图

① 村入口标志
② 村委
③ 生态文化公园
④ 九号浦风情街
⑤ 田园种植景观
⑥ 水塘印象
⑦ 钱江渔事
⑧ 滨江标识景观—锚
⑨ 杭州之眼
⑩ 生态慢行景观带
⑪ 玉兰景观带
⑫ 梅花景观带
⑬ 沿江渔庄产业带
⑭ 农居点
⑮ 南北大塘
⑯ 绕城高速
⑰ 钱塘江
⑱ 待建预留区

验带三大自然生态环境特征区域（图12-25）。其中，"风情小镇"生活区以农林耕地构成生态空间基底；沿江风情景观区依托三江口特色资源，形成东江嘴第三产业发展带，产业逐渐辐射渗透到东江嘴村内；建设九号浦风情街，以此形成九号浦发展轴（连接南北大塘与村庄内部空间的纽带），构成梯度推移的整体空间发展格局。

（二）空间结构布局

规划布局采取组团式布局原则，农居生活区与休闲旅游区由农田景观区进行分隔，形成各个不同功能的区域，各区之间以村庄道路为联系纽带，形成既分离又互补的区域空间。结合沿江渔乡特色，将村庄总体空间布局规划为："一带、一街、四区"（图12-26、图12-27）。

"一带"：南北大塘"慢生活"休闲体验带，串联临江特色体验区等休闲区块的主要休闲节点。

"一街"：九号浦风情街。

"四区"：临江特色体验区——娱乐休闲、拓展体验；江畔驿站度假区 ——农庄度假、临江观光；渔乡风情美食区——临江品鱼、特色餐饮；"风情小镇"核心区——提高村民生活品质。

（三）土地利用规划（表12-5）

"现状—规划"用地对比分析表　　表12-5

用地名称		现状面积(hm²)	规划面积(hm²)	现状面积百分比（%）	规划面积百分比（%）	对比(hm²)
村庄建设用地	居民建筑用地	60.19	55.24	33.70	30.93	-4.95
	公共建筑用地	2.32	3.21	1.30	1.80	+0.89
	道路广场用地	15.21	15.53	8.52	8.70	+0.32
	生产建筑用地	22.68	19.28	12.70	10.80	-3.4
	公用工程设施用地	1.61	2.48	0.90	1.39	+0.87
非建设用地	水域	12.86	14.01	7.20	7.84	+1.15
	耕地	47.76	50.3	26.74	28.16	+2.54
	园地	1.25	3.08	0.70	1.72	+1.83
	林地	3.93	5.25	2.20	2.94	+1.32

续表

用地名称		现状面积(hm²)	规划面积(hm²)	现状面积百分比（%）	规划面积百分比（%）	对比(hm²)
非建设用地	防护	9.24	9.2	5.17	5.15	-0.04
	其他	1.55	1.02	0.57	0.57	-0.53
	小计	178.6	178.6	1	1	

注：+ 表示用地增加；- 表示用地减少

六、道路交通规划

动、静态交通分析如图12-28所示。

（一）动态交通

1. 主干路

为村庄对外交通和联系各组团的道路，规划拟对现状宽窄不一的路段加以拓宽，结合现状用地特征和发展预期，控制车行道宽度为7m，每隔500m增加会车道，同时修复破损路面，保证主干道的通行能力和舒适性。在主干道一侧设置1.2～1.5m宽的慢行步道，面层铺装材料宜就地取材。主干道两侧营造宽度不小于3m的绿化景观带。

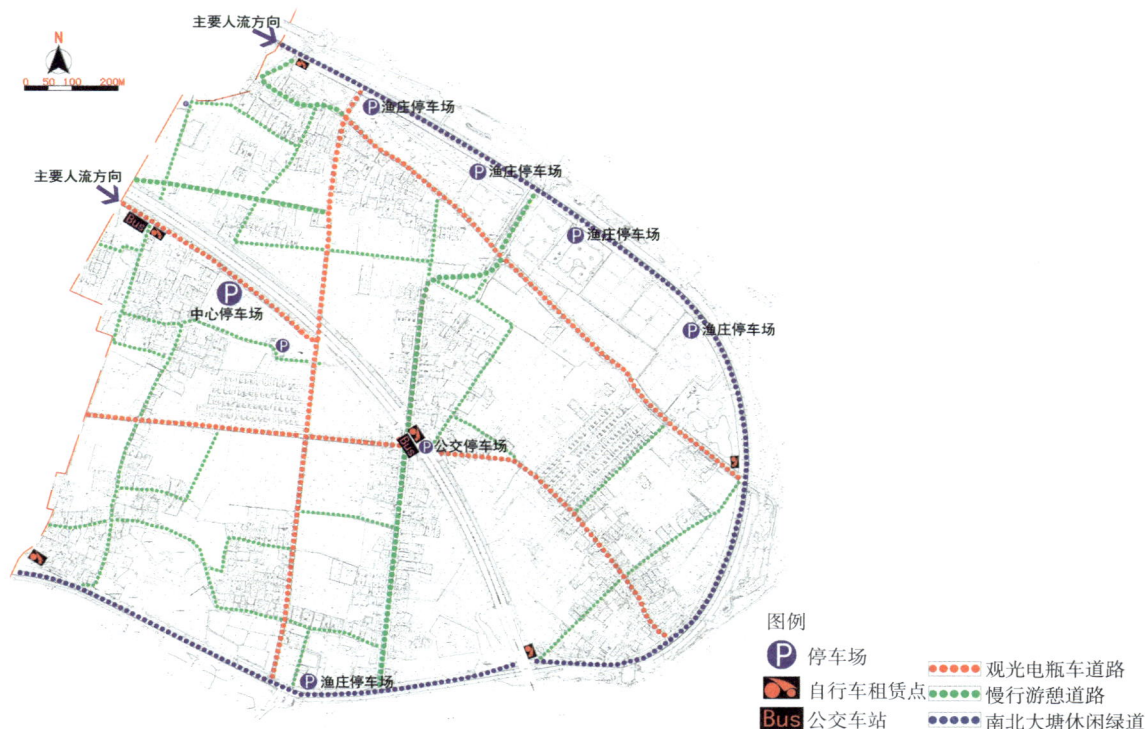

图12-28　动、静态交通分析图

改造前　　　　　　　　　　　　　　改造后

图12-29　道路绿化效果图

图12-30　步行铺装意向图

2. 次干路

为村庄各组团内主要交通道路，规划遵循因地制宜的原则，根据道路现状予以适当拓宽，控制次干路宽度为5m，以增强村庄内部联系。同时，道路两侧营造宽度不小于1.5m的道路绿化景观带（图12-29）。

3. 支路

为村庄组团内部联系村民生产、生活的村巷道路。规划拟采取硬化、修复、绿化等措施改善道路脏乱差的现状。控制支路宽度为2～3.5m，以步行为主，紧急时作为消防安全通道（图12-30）。

（二）静态交通

村庄现状静态交通只能基本满足村民的需求，对于建设风情小镇还有待提升。根据村庄旅游服务人群的类型、数量和出行方式等情况合理安排静态交通系统。在村庄入口、特色风情景观节点、公共服务中心等统筹设置集散广场、公交车站和碳汇停车场。低碳旅游作为当今新的旅游发展趋势，村庄内停车场地宜增加绿化植被覆盖，运用碳汇技术，建设碳汇停车站。

根据相关统计数据和游客流量估测分析，规划拟在保留村庄原有停车场的基础上分层级、分时期设置碳汇停车场，以满足不同对象人群对村庄静态交通的需求。近期客源主要来自杭州市区、萧山区、富阳市等周边地区。根据村庄游人容量计算，规划估测近期建设汽车停车位600个，公交巴士停车位30个，分不同等级统筹布置（图12-31）。其中中心之路场设有50个小车停车位和10个大车停车位；南北大塘主入口设40个小车停车位和10个大车停车位；生态文化公园设有10车停车位；村庄各主干道周边节点设有10个停车位；随着村庄建设的完善和知名度的提高，宜增加碳汇停车场的容量（图12-32）。

七、市政基础设施规划

（一）给水工程规划

村落现状给水工程完善，基本能满足居民、游客的使用需求，但缺乏系统的规划，局部区块布局欠合

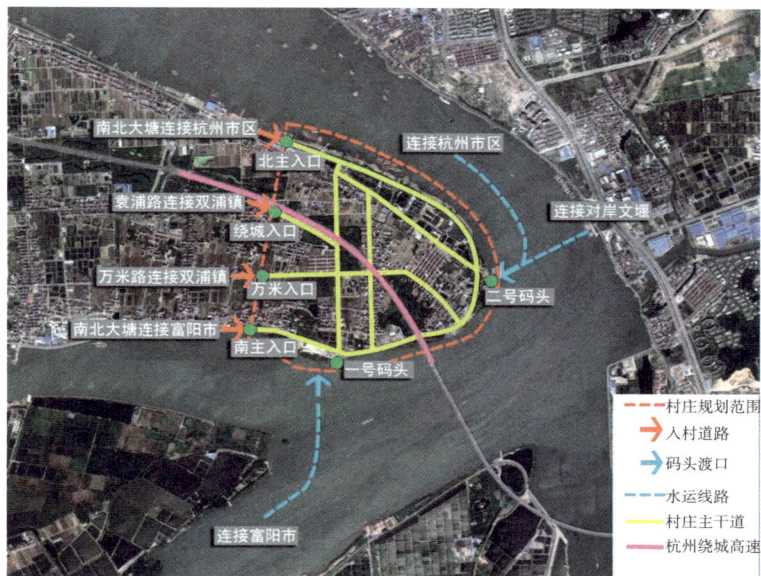

图12-31 内外交通连接分析图

图12-32 碳汇停车场意向图

理。遵循"安全、经济、适用"的原则，采用分区、分点就近选取水源，分散供水的办法。村庄人口按4000人计，平均日生活用水量标准按1.4m³/（人·d）计，游客平均流量按400人/d计，平均日生活用水量标准按0.03m³/（人·d）计，公建用水按村民生活用水量的10%计，未预见用水量按总用水量的10%计，则平均日用水量约为690m³。规划沿村庄道路一侧铺设DN50作为主给水管。同时结合村庄现状水域分布，合理设置消防蓄水池，蓄水量应符合规范要求。

（二）排水工程规划

排水主要有生活污水与雨水，宜实行雨污分流制。雨水排放主要顺地形直接排入水池鱼塘或渗入土壤。在建筑物的四周，游步道两侧排水不畅的地方修排水沟；在排水量较大，排水方向与道路垂直的地方可修通水涵洞。生活污水主要来自村民和游客日常起居生活。村庄现状污水处理方式主要是以独栋建筑为单位，排入化粪池。近期宜以自然村为单位，埋布污水管道，收集村庄生活污水，深化处理后排放，中远期可系统规划设置污水管网，接通双铺镇市政管网。按照平均日用水量的70%计算生活污水量，得平均日生活污水量为483m³。规划近期拟进行截污纳管整治的自然村有后江、桥头、郑家华家、老协丰东、东江嘴、赵家（图12-33）。

（三）环卫设施规划

环境卫生的优劣是衡量东江嘴村"风情小镇"管理水平的重要标志，也是国内外游客十分关注和反映强烈的问题（图12-34）。环境卫生的主要问题集中在公厕和固体废弃物两个方面。

（1）规划建议在游人步行游程半小时处以及主要景点、游憩点附近建立高规格的公厕，其标准是"三无"（无臭、无蝇、无蛆），并有冲刷和盥洗用水，公厕建筑造型景观化，使其与环境相融合。

（2）景区内的固体废弃物主要是果皮、纸屑、塑料、玻璃、易拉罐等，有效的控制措施主要包括减少废弃物发生量，对废弃物实行分类收集并集中处理。在各景观节点和集散场地设置与周围环境相协调、外形自然美观的垃圾箱。尽量避免使用不易分解的食品包装材料，代之以纸质包装或短期内即可分解的新型包装材料。对易拉罐、玻璃瓶等包装实行高额押金退罐还瓶制，游客使用后可在公园任何一个服务点退还包装，收回押金。成立环卫管理机构，专职管理垃圾和废弃物的收集和运输工作；强化管理职能，减少废弃物发生量。

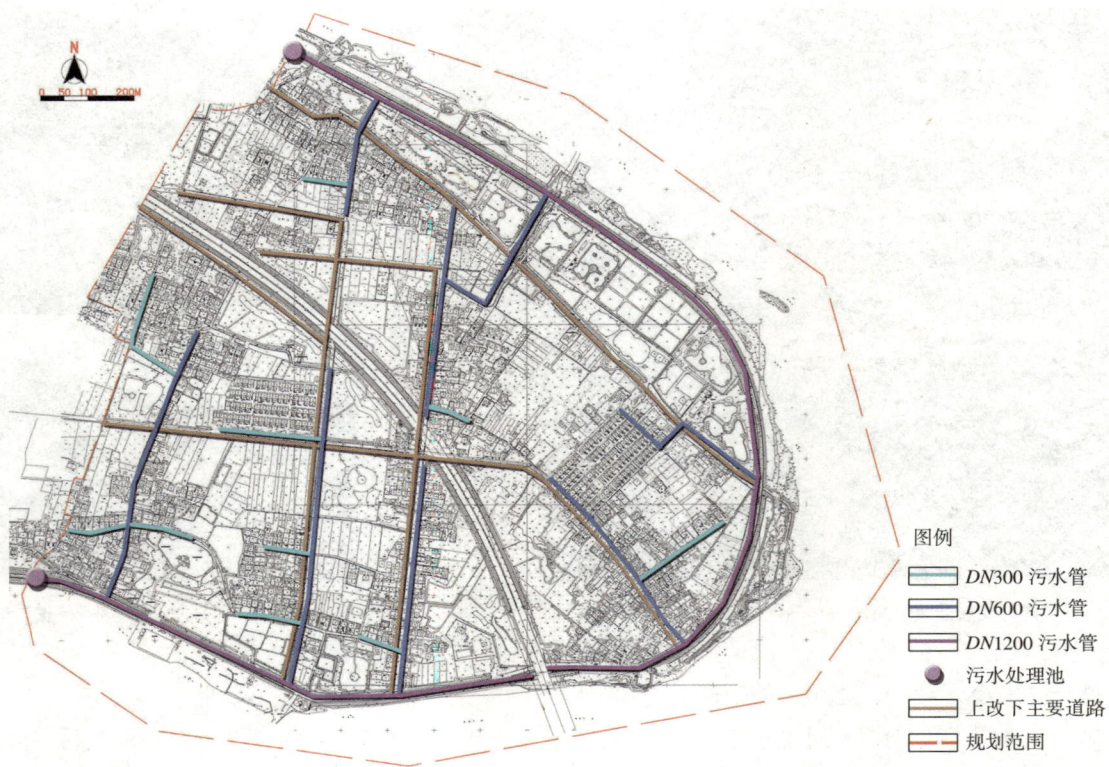

图例

▭	*DN*300 污水管
▭	*DN*600 污水管
▭	*DN*1200 污水管
●	污水处理池
▭	上改下主要道路
▭	规划范围

图12-33 管线综合规划图

禁止游泳
NO SWIMMING

禁止通行
NO THROUGHFARE

图12-34 环卫、标识基础设施意向图

图12-35 绿化景观规划图

图例
● ● ● 南北大塘生态景观环
▮▮▮ 玉兰景观带（万米路）
▮▮▮ 梅花景观带（中心路）
▮▮▮ 九号浦生态景观带
⊛ 景观节点

八、绿化景观系统规划

在乡村种植规划上，植物品种宜选用具有地方特色、多样性、经济性、易生长、抗病害、生态效应良好的品种，主要以乡土树种和抗性强的树种为宜，如槐树、琵琶、杨梅、构树、香泡、梨树、泡桐、臭椿、枫杨、石榴、柿树、青冈栎、苦槠、板栗、喜树、桃树、山茶、美人蕉、蜀葵、金银花、茑萝、蒲公英、藿香、艾草、一年蓬、鱼腥草、芦苇、白茅、蒲苇、芒草、紫茉莉、茭白、菖蒲、泽泻、鸢尾等。植物种植以乔木为绿化主体，花灌草科学搭配，增强绿地的景观效果，扩大绿化面积，增加绿地配置，完善绿地类型，形成"点、线、面"有机结合的乡村绿地系统（图12-35）。

（一）面

1. 田园景观

田园景观整体风貌对东江嘴村特色风情的形成起着举足轻重的作用。规划从村庄特色风情的角度出发，结合田园现状、生态农业和历史文化，统筹考虑村庄田园植被种植，在照顾村民利益和意愿的前提下，最大程度上优化、美化村庄整体田园景观，形成四季皆景，"景在田中，田在景中"，同时切实增加农民收入。在植物景观规划上通过现有植被资源的有效利用，形成以苗木、果树、蔬菜、花卉、农作物等几个不同类型的植物景观群落，从季相、色彩、层次、形态等方面展现植物之韵（表12-6）。

四季植物表　　　　　　　　　　表12-6

季节 类型	春	夏	秋	冬
苗木	紫叶李、白玉兰、紫玉兰、含笑	杜芙、南酸枣	楠木、桂花	红叶石楠、南大竹
果类	草莓、樱桃、柑橘	西瓜、桃树、葡萄、枇杷	枣、板栗、石榴、柿子	柑橘、无花果
蔬菜	油菜、白菜、香菜、菠菜、西葫芦	西红柿、菜地瓜、黄瓜、茄子	胡萝卜、黄豆	菠菜、大白菜、香菜、芹菜
花卉	桃花、樱花、油菜花、杜鹃等	荷花、睡莲、金鸡菊、萱草、八仙花	矮牵牛、月季、木芙蓉、木槿	蜡梅
农作物	水稻、油菜花	高粱、玉米	向日葵、水稻	冬小麦

283

2. 村庄背景林规划

以生态学和风水学理论为指导，保护村庄内林木资源和植被风貌，维护植物多样性，优化植物群落结构。对长势不良的林地，以抚育为主，根据立地条件分析，逐步恢复地带性和非地带性植被类型，同时加强地被植物绿化，可选用水杉、臭椿、枫杨、石榴、苦槠、板栗等乡土植物，改善部分区块裸土现象，以提高绿化覆盖率。

（二）线

1. 公路绿化规划

对乡村道路两侧原有的树木尽可能地保留，树下可适当种植选种一些低矮的小灌木和地被植物以丰富景观；对现状无乔木的路段种植行道树，但应适当错落、间断或成丛布置，并尽可能选择杨树、水杉、香樟等具有典型地带性的树种（图12-36）。主干道两侧宜营造宽度不小于3m的绿化景观带，次干道两侧绿化景观带不小于1.5m。

2. 游览步道绿化规划

游览步道的绿化应尽量保持野趣，可利用自然植被，稍加人工组织，增植观赏价值高的花灌木。在景观节点上，做透景、框景等艺术化植物配置，以达到"天然图画"的效果。结合游步道沿线节点，增植结香、桂花、美人蕉、紫藤、菖蒲、泽泻、鸢尾等各类美观、芳香花灌木，达到"步移景异"之效，同时增加了趣味性。

图12-36 道路景观整治图

3. 滨江水岸绿化规划

滨江水岸绿化主要对南北大塘沿线进行绿化景观提升，以"透美遮陋"为原则，分为三段不同的主题（"春风花雨"、"夏繁翠堤"、"秋满映江"），通过科学艺术的植物搭配，最终提高滨江绿化景观质量，增加沿江"慢生活"体验风情。树种的选择应结合植被的生态功能考虑。宜选用水杉、杨树、泡桐等抗风强，同时能体现渔乡风情的树种（图12-37）。

（三）点

1. 入口区绿化

入口区绿化以不影响景观视线为原则，在保留优化原有植被风貌的基础上，科学配置季相变化明显、色彩丰富的乡土树种，如泡桐、香泡等，与周边建筑相协调（图12-38）。路边下层空间增植四季桂、山茶花、美人蕉和杜鹃等以丰富中下层植被景观，为游客提供一个环境优雅、自然生态的风情小镇入口。

图12-37 沿江景观绿化整治图

入口区绿地率不低于 35%。

2. 景观节点绿化

景观节点绿化遵循因地制宜的原则，在现状植被的基础上优化植被群落和结构，增加各景观节点的绿化面积。增植色叶树种，凸显季相景观，并融入水乡文化，配置水杉、池杉、枫香、香泡、石榴、桃树等树种形成渔乡特色植物景观（图 12-39）。

九、建筑与环境景观设计

（一）农居建筑分类

根据东江嘴村农居建筑质量，分为保留建筑、整治建筑和拆除建筑。

1. 保留建筑

主要为年代较近、立面效果美观的建筑，规划以补充绿化为主（图 12-40）。对一些结构质量较好，

图12-38　入口景观绿化

图12-39　景观节点绿化

图12-40 保留建筑

布局较合理的保留建筑，要按规划要求对建筑庭院、围墙进行装修，统一形式，补充绿化。

2. 整治建筑

主要为现状立面较陈旧，结构质量较差的建筑（图12-41）。规划统一建筑风格，遵循经济、实用、美观、协调的原则，对建筑立面、屋顶、围墙、庭院等提出整治原则和整治措施。现状村庄中部分建筑立面、围墙及大门有破损现象，形式和风格与村庄环境不协调，围墙和大门材料单一，墙面粗糙，缺少图式。规划建筑立面采用粉墙黛瓦的建筑符号形式，体现建筑的风格；围墙、大门采用半透式和封闭式砖木结构的做法，保持围墙2.0~2.5m的高度。加以图案符号装饰，改善围墙及大门景观特质，围墙外侧种植绿藤，以实现公共绿化的共享。

图12-41 整治建筑

3. 拆除建筑

依据功能分区的要求，住宅用地整治要因地制宜，拆除危房、破房、简易房、以旧换新的旧房、简易厕所及一些影响村容村貌的农村附属用房，对布局不合理或影响景观及道路畅通的建筑也予以拆除（图12-42）。拆除后补种绿化以达到建筑美化的效果，或者作为消防通道。

图12-42 拆除建筑

（二）农居整治措施

在"风情小镇"建设规划的总体背景下，东江嘴村的农居建筑改造是一项较为重要的环节，为确保"风情小镇"建设的顺利推进，要及时根据村庄发展的布局来调整农居的整治规划和建设，促进村庄总体协调发展。总体上，东江嘴村的现有农居建筑缺乏统一的整治规划，存在部分的违章建筑，道路宽窄不一，配套设施布局尚有不合理，也缺乏完善的维护管理。面对这一情况，本规划立足当地现有的农居特色，提出以下三种农居整治模式：

1. 模式一（图12-43）

立足于农居建筑的外立面、阳台、窗户、门及院落空间等方面，以"水墨淡彩"为设计基础色调，将原建筑改造成具有传统风格的现代民居，结合传统与

改造前

改造后

图12-43 建筑整治方案一

现代式风格，窗户采用玻璃材质，边框采用花雕饰镂空装饰，半开放式庭院空间，扩大绿色植物种植范围，软化墙面，丰富庭院空间，传统雕花木门边框采用大理石材点缀。

2. 模式二（图12-44）

以暖色面砖饰面装饰建筑外立面，顶层饰以白色条砖，与灰色调门窗、护栏相协调，同时融合环境与建筑的整体感，使得整体建筑达到与周围环境相协调的色彩风格，给人一种整洁感的同时，又营造出轻松休闲的活泼氛围。

3. 模式三（图12-45）

依托村域内现有的现代建筑，以保护整治为主，建筑外立面加以适当的装饰，重点整治建筑周边的外环境，增加庭院绿化和垂直绿化，营造干净和谐的总体环境氛围。

改造前

改造后

图12-44 建筑整治方案二

改造前

改造后

图12-45 建筑整治方案三

十、实施措施与建议

（一）加强规划管理，协调村民利益

严格遵照本方案及相关规划实施，通过相关机构的监督，加大规划实施力度。整治过程中，协调好村民之间的利益补偿。

（二）加快整治时间，联合多部门共同完成

结合"风情小镇"建设总体规划，重点、优先处理沿街建筑立面以及滨水带景观。加强各部门之间的联系与协作，促进共同发展。

（三）加大宣传发动，营造良好舆论氛围

加强对规划的宣传，强化公众参与，通过召开各种座谈和村民代表会议，使村民了解西湖区"风情小镇"规划建设对于发展当地经济、改善生活环境、提高生活品质的作用和意义，并积极参与具体修建规划方案的选定。

（四）严格考核，加强督促检查

实行长效管理制度，将规划实施管理列入村委会工作政绩考核内容，定期考核，做到有管理目标、管理制度、管理队伍、管理经费、运作机制和监督措施。

（五）建立健全投融资机构

研究制定运用财政资金吸引各种资本投向整治工作的有关激励政策，充分调动社会各界参与的热情。大力组织和引导村内先富起来的群体支持参与整治工作。积极倡导自力更生、艰苦奋斗精神，鼓励和引导村民自主、自愿、投工、投劳、投资。金融机构要安排一定额度的专项信贷扶助资金，用于支持村庄建设规划及景观整治工作。

第二节 嘉兴市秀洲区新塍镇"美丽乡村"建设规划设计

一、新塍镇现状概述

（一）地理位置

新塍镇位于浙江省嘉兴市秀洲区的西部，是嘉兴城市西翼扩张、秀洲新区西北拓展的前沿阵地，区位优势明显、交通便捷，并与沪杭高速公路相连，10分钟可达嘉兴市区，1小时均可到达上海、杭州、苏州三大城市，离嘉兴港仅40km。北濒澜溪塘，隔河与江苏省相望，南临京杭大运河，与桐乡市接壤，南同洪合镇毗连，东北和王江泾镇相接，东南与高照街道接壤，是秀洲区西部一个水陆交通便捷、工商业繁荣的中心城镇（图12-46）。

（二）自然环境

1. 地形地貌

新塍镇属杭嘉湖平原水网地区，土地肥沃，农业资源和水产资源丰富，素有"鱼米之乡"之称，由于数千年来人类的垦殖开发，平原被纵横交错的塘浦河渠所分割，田、地、水交错分布，形成"六田一水三

图12-46 新塍镇的地理位置

分地"格局。旱地栽桑、水田种粮、湖荡养鱼的立体地形结构，人工地貌明显，水乡特色浓郁。

2. 气候条件

新塍镇地处北亚热带南缘，属东亚季风区，冬夏季风交替，四季分明，气温适中，雨水丰沛，日照充足，具有春湿、夏热、秋燥、冬冷的特点，因地处中纬度，夏令湿热多雨的天气比冬季干冷的天气短得多。年平均气温 15.9℃。极端最高气温 39.4℃，极端最低气温 –11.9℃；年平均降水量 1168.6mm，全年有 3~6 月和 8~9 月两个明显的雨期；相对湿度 81%；平均蒸发量 1313mm；年平均日照 2017.0 小时。

3. 水文条件

新塍镇具有典型的江南水乡特色，几条水系纵贯全境。区内河渠纵横、塘浦交错，河流总长 99.7km，河网水域总面积 3.1km²。主要水系为运河水系，境内流域面积 133.1km²，占全流域面积的 100%，其流量受降水控制十分明显，属雨源类河流。

（三）人文资源

新塍历史文化积淀深厚、旅游资源丰富（图 12-47），殿宇恢宏、气势雄浑的千年古刹能仁寺，始建于梁代天监二年（公元 503 年），是南朝四百八十寺之一。目前，按照古代庙宇建筑的风格，已恢复修建了大雄

图12-47 人文资源

图片来源：
图12-47 http://www.zcool.com.cn/work/ZNzI2NTg2NA==/3.html；
http://tour.zj.com/show/15037/1706

宝殿、三圣殿、玉佛殿、伽蓝殿和祖师殿。2006 年 6 月，被省政府授予"第三批省级历史文化名镇"称号，并先后获得"浙江省文明镇"、"教育强镇"、"卫生镇"、"历史文化名镇"、"生态镇"、"体育强镇"、"嘉兴市特色文化镇"、"首批民间艺术之乡"等称号。

二、规划总则

（一）规划范围

规划范围为新塍镇行政管辖范围，总用地面积 133.1km²，规划范围包括：虹桥、蓬莱、凤舞等 4 个社区；小金港、桃园、钱码头等 24 个村。

（二）规划期限

根据整体规划，分年实施，确保重点，有序推进的原则，结合新塍镇实际情况，规划期限分为近期和中远期，近期 2015 年之前，中远期 2015 年之后。

（三）指导思想

深入贯彻党的十七届六中全会和"十二五"精神，坚持以科学发展观为统领，以"生产发展、生活宽裕、乡风文明、村容整洁、管理民主"为方针，立足新塍镇实际情况，充分发挥地区优势，以建设田园古镇为目标，坚持以人为本、人与自然和谐共生的理念。全面实施"八八战略"和"创业富民、创新强省"总战略，认真贯彻落实省委十二届七次全会《关于推进生态文明建设的决定》精神，以提升农民生活品质为核心，围绕科学规划布局美、村容整洁环境美、创业增收生活美、乡风文明身心美的目标要求，以深化提升"千村示范、万村整治"工程建设为载体，着力推进新塍镇农村生态人居体系、农村生态环境体系、农村生态经济体系和农村生态文化体系建设，形成有利于农村生态环境保护和可持续发展的农村产业结构、农民

生产方式和农村消费模式，力将新塍镇建设成为全国一流的"宜居、宜业、宜游"美丽乡村。

（四）规划原则

1. 与上位规划对接原则

落实《中华人民共和国城乡规划法》等法律法规的各项要求，加强各部门之间的联系与协作，服从秀洲区土地利用总体规划，加强与国民经济和社会发展"十二五"规划纲要等的衔接。

2. 统筹规划、分步实施原则

新塍镇的规划立足于乡域总体规划和功能区局部规划。总体规划要突出重点，合理安排，整合资源。局部规划要因地制宜，彰显特色。为提高规划的科学性、实用性和可操作性，以分期、分批、分阶段实施，切实提高规划的实施能力，力求以最少的投入，最短的时间，取得最大的效益。

3. 以人为本的原则

规划要广泛征求社会各界意见，反映群众意愿，扩大公众参与性，充分发挥民主，坚持人性化的需要，优化城乡空间形态，营造适宜的人居环境。除此之外，还要加强基础设施与社会设施建设，推进城乡一体化进程，满足人们生活方式的多样性、多元化的需求。

4. 区域整体发展的原则

充分发挥镇域的区位交通优势，协调镇区规划与相邻区域发展的关系，以达到整体效益的最大化。从城乡协调发展的角度出发，加强村与村之间的联系；从考虑村民的生活行为规律和精神需求的角度出发，努力营造"宜居、宜业、宜游"的田园古镇。

5. 环境保护与资源利用的可持续性原则

加强生态环境保护，促进资源的合理配置和有效利用，保障土地的集约利用，协调环境、资源与规划建设的关系，在保护与开发相结合的理念下提高社会、经济、环境的综合效益，加快经济增长方式由粗放型向集约型转变，实现新塍镇可持续发展的战略目标。

6. 强化城镇特色，彰显文化品位

新塍镇是极具江南水乡特色的千年古镇，水道密布，风光秀美，人文历史遗存交相映衬，浓郁的水乡风情随处可见。这些既成为提升新塍镇环境景观、内涵品质的重要载体，也是营造特色城镇的重要依托。

城市的特色和文化品位则是城市具有持久生命力，在全球化浪潮中立于不败之地的重要保证。

（五）规划目标

按照浙江省全方位全覆盖高标准推进城乡一体化融合发展的要求，"以美观的建筑、现代化的基础设施、完善的公共服务来展现现代美丽乡村"，构建一批布局合理、环境优美、生活舒适、文明和谐的示范性城乡一体新社区，对一些历史文化底蕴深厚的传统村落进行保护和开发利用，重塑"小桥、流水、人家"的江南水乡特色韵味。努力建成生态型、社会型并重的田园古镇，促进农村产业结构的发展、完善。以创建"古韵水乡，生态新塍"为总体目标，以建设"田园古镇"为最终目标。

在最终目标的引导下，新塍镇"美丽乡村"建设分时序进行：

规划总体目标：农村生态经济加快发展，农村生态文化日益繁荣，农村生态环境不断改善的具有江南水乡特色的经济重镇、文化名镇、生态强镇。力求在"十二五"期间将新塍镇全面建设成为——生态田园之城、特色产业之城、旅游休闲之城、宜居和谐之城。

近期（2015年之前）：进一步加快农房搬迁集聚，培育建设新社区，提升全区村庄整治水平，扎实推进农房改造集聚、农业"两区"建设、村庄整治，打造美丽乡村精品线路，健全道路、村庄、河道保洁、绿化管护、垃圾收集处理、污水治理等工作制度，切实把公共卫生保洁好、园林绿化养护好、基础设施维护好，全力推进美丽乡村建设。

中远期（2015年之后）：整合田园水乡、休闲观光农业、农家乐、文化特色村（点）、旅游景点等，串珠成链、串点成线，形成"田园古镇"。

三、规划布局

（一）规划思路

基于"田园古镇"这一总体战略目标，针对各个村不同的产业、资源特色情况，在总体规划布局的基础上，分别从产业提升、文化培育、绿化景观、村庄整治引导和城乡统筹五个方面进行建设规划，同时针对村庄建设具体情况分别提出整治提升村、特色文化村、精品示范村和中心社区，培育特色田园风貌，创建"古韵水乡，生态新塍"。

（二）规划结构

根据新塍镇各个村资源、文化、产业等不同特色，从地域范围上，将新塍镇从北至南形成"一园一心两区两线"的布局结构（图12-48）：一园——秀洲万亩现代农业示范园，一心——中部镇区所在地，两区——北部以社区为主的"水韵新村"和南部以农业园区为主的"金色田园"，两线——依托新农村社区风貌，形成美丽乡村民俗精品线和依托田园风光，形成农业生态休闲精品线，根据各自的独特优势进行"美丽乡村"建设引导规划，具体分区如下：

1. 一园——秀洲万亩现代农业示范园

集特色苗木、高产桑园、绿色蔬菜、优质粮油等产业和生态餐饮休闲场所为一体，打造都市型休闲观光农业示范园。以秀洲万亩现代农业示范园建设为龙头，大力发展生态高效农业，形成粮油、蚕桑、畜禽、水产、苗木花卉、瓜果蔬菜等六大主导产业。

2. 一心——"古镇印象"

由能仁寺、小蓬莱、镇政府、商业服务机构构成的古镇文化旅游综合服务中心。规划强化保护水乡古镇特色文化，是市民休闲游憩场所，同时也是发展水乡古镇旅游的主要场所。该区依托深厚的古镇文化形成生态、观光、休闲、文化于一体的新市镇。

两区：以新乌线、镇区边界以及新塍公路所连接的东西连线为界，所分割而成的南北两大片区。

3. 北区——"水韵新村"

该区域位于东西分界线以北，西接桃源镇，北临盛泽镇，东面是王江泾镇。以市河为依托，主要包括已建成的洛东社区、思古桥社区和正在规划建设的沙家浜社区、新盛社区。依托该区优越的地理位置、优良的自然生态环境，结合村落建筑、水系分布、公共空间、交通干道等要素，通过新农村改造、新社区建设，使之成为生态环境优美、村容村貌整洁、产业特色鲜明、社区服务健全、乡土文化繁荣、农民生活幸福的现代新农村，突出展现新塍镇新农村的建设风貌。

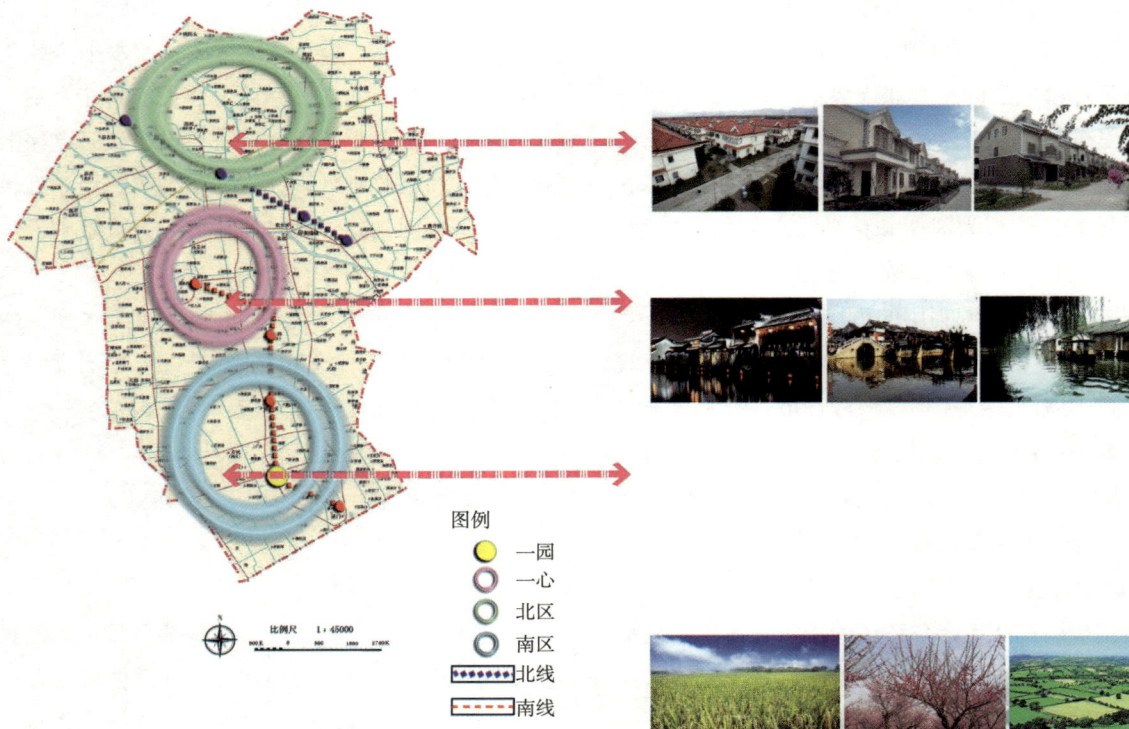

图12-48 规划结构图

4. 南区——"金色田园"

该区位于分界线以南,西面与乌镇、濮院镇相接,南临洪合镇,东接秀洲新区。该区域具有丰富的土地资源,集中了大量农业园,农业产业发展位居秀洲区前列,现已形成粮油、蚕桑、畜禽、水产、苗木花卉、瓜果蔬菜六大主导农业产业。在本次新塍镇"美丽乡村"规划建设中以名优水果、优质家禽、高产桑蚕等特色产业园区为依托,着力推进都市型休闲观光农业示范园建设,积极引导田园产业的发展。

两线:以南北两区独特资源为依托形成两条精品线路。

5. 北线——依托新农村社区风貌,形成美丽乡村民俗精品线

北线包括连接沙家浜社区、新盛社区、洛东社区、思古桥社区的道路沿线景观。利用农村特色地域文化风貌和具有本土特色的村庄、农田、建筑群,向游客充分展示农家风情和新农村建设的成果。将社区已建成的休闲绿地景观、文化广场串点成线。

6. 南线——依托田园风光,形成农业生态休闲精品线

南线包括由阿秀嫂农庄、蓬莱农庄、秀水万亩生态农业休闲园、秀洲万亩现代农业示范园、台湾农民创业园形成的一条休闲农庄精品线,展示种植业的栽培技术,开放果园、蔬菜园和花卉基地,供游人赏花观景、采摘瓜果蔬菜,自摘、自取、自食农产品,体验农家乐趣。

四、专项规划

(一)产业提升规划

1. 产业发展现状

(1)第一产业发展现状

农业设施完善,产业特色明显。在巩固稳定粮油、蚕桑、畜禽等传统主导产业的基础上,调整水产养殖结构,重点发展优质水果、无公害蔬菜、特色苗木等休闲观光农业,拓展农业经营空间,增加农民收入。该镇是十大新兴花卉乡镇。秀洲万亩现代农业示范园已初步形成产业格局,有特色苗木、高产桑园、绿色蔬菜、优质粮油等产业和生态餐饮休闲场所,成为都市型休闲观光农业示范园。以秀洲万亩现代农业示范园建设为龙头,大力发展生态高效农业,形成粮油、蚕桑、禽畜、水产、苗木花卉、瓜果蔬菜等六大主导产业。新塍镇现有西文桥苗木示范基地、庙云桥千亩苗木生产基地、洛西千亩苗木生产基地和潘家浜新品种苗木繁育基地等四大苗木基地,总面积达 3015 亩。秀洲区新塍现代农业综合区(暨台湾农民创业园)规划总面积 45200 亩,以发展精品水果、花卉苗木、蔬菜和休闲观光等现代都市农业为主线,为搭建浙台农业合作平台创造良好的条件(表 12-7)。

新塍镇农业综合区空间布局			表 12-7
片区	区域总面积(亩)	覆盖(村)	主要产业
精致农业区	10380	陡门村、大通村	水果、蔬菜、花卉苗木、烟叶
生态农业区	18350	大通村、运河农场、万民村	苗木、粮油、畜牧
特色农业区	16470	庙云桥村、潘家浜村	水果、苗木、休闲农业

(2)第二产业发展现状

工业经济发展迅速,传统工业和高新技术工业并行发展。全镇规模企业占全镇的工业企业三成多。主要产业有不锈钢金属制品、电子电器、机械制造、纺织针织、新能源等。根据新塍实际概况,秀洲工业园区新塍分区确立了"重点南拓、融入新区、集聚产业、联动发展"的思路,依托嘉铜公路与秀洲工业园区、秀洲新区连为一体,开发坚持统一规划、分步实施、滚动开发、循序渐进的原则,巩固提升丝织业、针织业、金属制品等特色产业制造基地。引进电子、机械制造等新型制造业。在产业定位上,以电子电器、金属制品、机械制造产业为主,力求打造成为长三角地区有一定规模的电子产业区,着力打造国际先进制造业产业集聚地。

传统产业与现代新型产业的并行发展,较好地体现了继承性与创新性;然而在工业发展中,注重经济效益多于其他方面,发展电子电器要特别注意生产对周围环境和从业人员身体健康的影响。

（3）第三产业发展现状

第三产业总体发展较快，但相对仍较薄弱。2008年新塍镇第三产业3.83亿元，增长13.4%。房地产业发展迅猛，对全镇三产的发展有较大的带动；集旅游、休闲为一体的农业观光休闲项目开发日渐成熟；公共文化设施完善，镇、村文化活动中心（室）实现全覆盖，城镇商业基础设施全面启动。

政策创新带动产业融合，促进了第三产业的创新和发展。新落成的台湾农民创业园对该镇的产业发展具有较好的示范作用，使得三个产业之间实现较好的联动。但是由于历史和现实因素，第三产业在全镇各地发展不平衡，特色型的服务产业规模有待扩大，服务质量有待提高。

2. 产业发展策略及引导规划

（1）优一产——大力发展现代生态农业，全力打造都市型现代农业

1）结合现状农业基础，以提高农业经济效益为目标，调整优化种养机构和品种品质结构，重点发展名优水果，瓜蔬，特种水产，花卉苗木及高效畜牧业，以特色优势农产品生产基础建设为主导，加快培育主导产业和拳头产品。努力形成区域布局合理、产业优势突出、市场前景广阔的特色生态农业新格局。

2）围绕都市农业，努力向生态、观光、休闲等高效农业拓展，使农业从主要为城市提供鲜活农产品和初级加工品向具有生产、观光、休闲乃至教育多项功能的现代农业转变。

3）进一步加快农业龙头企业、农民专业合作社扶持和秀洲万亩现代农业示范园建设的步伐，同时依靠各类龙头企业和组织的带动，将生产、加工、销售紧密结合起来，实行一体化经营，从而提升农产品市场竞争力和农业布局区域化，推进新塍生态农业提档升级。

4）加快农业对外开放，提高高新技术的引进和外资利用度，坚持"引进来"、"走出去"。在吸引资金的同时也要引进技术和品种，优化农业产品结构，并且鼓励创办规模化、高水平、高科技含量的农业项目，增加市场竞争力（表12-8）。

主导产业示范区规划表　　　　　表12-8

产业示范区	村域范围	规划面积	建设目标	建设内容
台湾精致农业示范区	陡门村	6600亩	推进农业发展，同时进一步带动观光旅游、城市开发和三产经济，将海峡两岸科技农业示范园建设成为生态、高效的都市型农业样板	重点建设农业高科技水平的精致水果、蔬菜、花卉、台湾种子种苗等产业
设施蔬菜示范区	大通村 陡门村	3800亩	专业从事大棚蔬菜生产，形成设施蔬菜连片集中的产业优势	栽培各类时鲜精品蔬菜，提高蔬菜产量
精品水果示范区	潘家浜村	3300亩	着力打造新塍镇的水果优势产业示范区	建设连片精品水果示范区，延伸果园生产功能，提升果园文化，并建立休闲观光园
绿化苗木示范区	万民村 大通村	5200亩	通过示范区建设，进一步调整优化树种结构，积极扩大彩叶树种和特色树种，加强市场营销，提高园区知名度	增加榉树、朴树等乡土树种，丰富色叶树种，加强园林地被植物的开发；培育调整品种结构和经营模式，增加苗木品种、减少苗木经营户和栽种面积，鼓励种植大户经营高档苗木

（2）强二产——大力发展高新技术产业，打响新塍品牌知名度

1）提升改造传统纺织业。通过引进项目促使产业转型升级，通过引进进口设备，带动产品的提档升级。做大做强特色产业、优势产业。不锈钢金属制品、机械制造、电子电器是新塍镇的特色产业和优势产业，鼓励企业自主创新，加强品牌建设，转变经营方式，同时树立行业标杆，加快推进产业集群化和优势企业组团化发展，大力培育竞争力规模龙头企业和科技型企业。积极培育新兴产业，在土地、财政、科技创新、政府服务等方面给予扶持和倾斜。

2）发展循环经济，推动生态工业，坚持可持续发展。在发展农村工业化的同时，应坚持发展循环经济，坚持可持续发展，切实做好农村生活生产污水、农村生活垃圾、建筑垃圾和工业垃圾的处理，为农村工业的发展创造一个绿色、清洁的环境，推动生态工

业的长足发展。

3）全力引导产业龙头和协作配套企业的集群发展，围绕行业龙头企业促进产业集群发展，构建产业集群化明显、自主创新能力强、上下游产业配套齐全的产业链。突出产业集群抱团，拓展国内、国际两个市场。通过加快技术引进、创新与改造，促进产业集群内部的专业化分工，实现产业集群的整合提升和机制创新。

4）加大工业经济投入，加大招商引资力度，大力发展高新技术产业。在当今"节能减排"的环境下，应积极发展"低碳"产业。对于高新技术产业，政府应给予积极的支持，在税收、土地等方面应给予政策扶持。并且想方设法引进大规模的上市企业，促进本地人力发展，推动本地经济发展水平。

（3）兴三产——大力发展现代服务业，全力打造宜居宜游福地

1）针对新塍镇的特色产业，规划建成农技服务中心，保证农业新技术的推广和为科技生态园及周边农民提供全方面和全天候的科技服务，更好地服务"三农"，促进生态园和周边农民的增产、增收。

2）在新市镇发展建设中，要积极发展社区服务业，促进社区服务业合理化、系统化和产业化。通过发展新型流通业态，提升传统商贸流通业、住宿餐饮业，为居民生活提供便利。房地产业以加强配套服务、美化环境为核心，全力打造"人居嘉兴首选地"品牌（图12-49）。

3. 分区规划与发展模式

（1）规划结构

根据新塍镇旅游资源特色和分布情况，采取不同的发展模式。规划新塍镇旅游发展布局为"两区一心"，"两区"是指南区和北区，北区主要以新社区旅游发展模式为主，突出展现新塍镇新农村的建设风光；南区主要以农业生态休闲游为主，利用田园景观、自然生态、民俗风情等资源，以"住农家屋，吃农家饭，干农家活，享农家乐"为主要特色，让游客体验农家生活。"一心"是指以镇中心为主的怀古文化游，以展现千年古镇的历史文化底蕴，满足特定人群的文化精神需要。

（2）发展模式（表12-9）

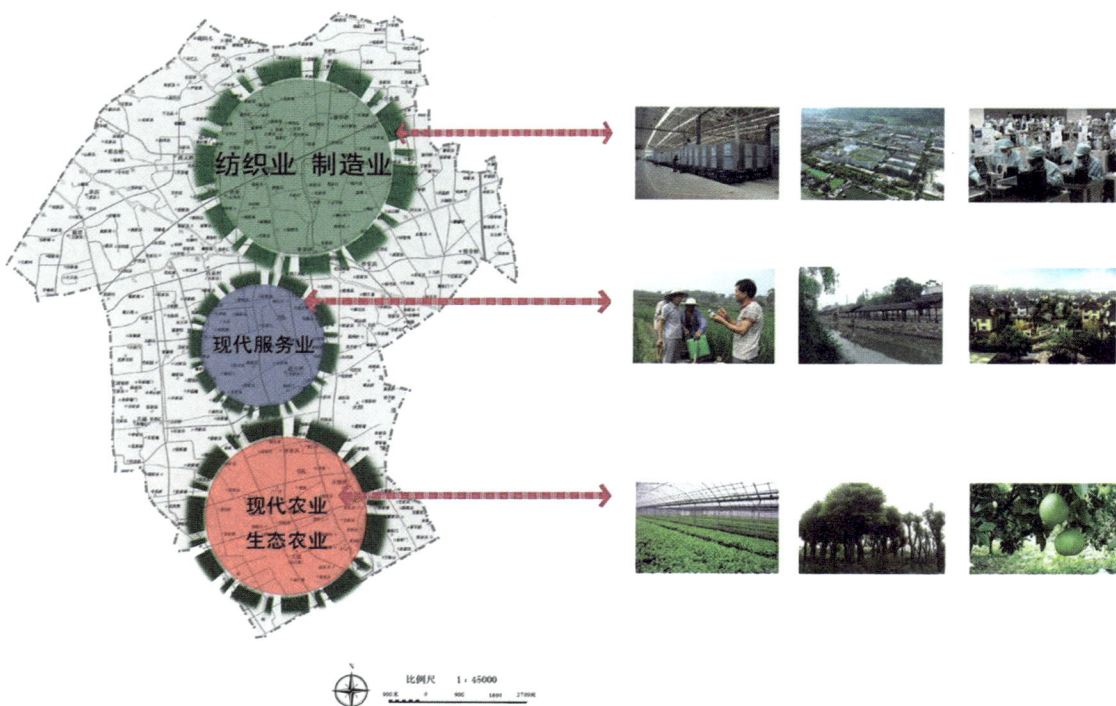

图12-49 产业引导规划图

新塍镇旅游规划发展模式表　　　　　　　　　　　　　　　　　　表 12-9

名称	规划范围	主题理念	发展定位
北区	主要以沙家浜社区、新盛社区、洛东社区和思古桥社区连线的村域范围	新房舍、新设施、新环境、新农民、新气象	通过新农村建设，使农村成为生态环境优美、村容村貌整洁、产业特色鲜明、社区服务健全、乡土文化繁荣、农民生活幸福的全国新农村建设样板
南区	主要以庙云桥村、潘家浜村、大通村、陡门村为主要连线的村域范围	都市农业、生态田园、乡村园林、农家体验	加快推进农业产业结构调整，大力发展休闲农业，突出产业特色。规划建成的农业园融特色农田、果园、菜园、花圃等为一体，让游客入内摘果、拔菜、赏花，享受田园乐趣，同时与农家乐有机结合起来；或是以成规模的现代农业园区为载体，把特色农产品生产销售、观光休闲、农事体验、科普教育等有机结合
中心片区	以富园村、来龙桥村形成的镇中村域范围	运河古乡、古街深巷、红色文化、怀古寻踪	加强文化景点的保护和开发，使城镇道路宽畅，设施完善；镇区规划有环境优美的小蓬莱公园、千年古刹能仁寺、爱国主义教育基地嘉兴地方党史陈列馆，颇具水乡风韵的蓬莱路仿古一条街，建成生态、观光、休闲、文化于一体的新市镇

（二）新塍镇新文化培育

1. 文化资源梳理

新塍镇是一个拥有 1600 多年的历史古镇，人文积淀深厚，是具有江南水乡特色的千年古镇、民间艺术之乡，是秀洲区古建筑保存较完好的一个镇，是嘉兴市本级唯一一个被命名为"浙江省历史文化名镇"的古镇，留存有一定的历史遗迹（表 12-10）。

文化资源现状表　　　　　　表 12-10

文化遗产	类型	具体内容
物质文化遗产	历史建筑	历史文化古街、能仁寺、嘉兴市地方党史陈列馆、屠家祠堂、郑氏老宅建筑群
	古典园林	小蓬莱公园
非物质文化遗产	名人文化	化学家郑兰华、画家沈本千、甲骨文金石文史学者严一萍、农民画作家陈卫东等
	名俗活动	元宵民俗文化节、鳌山灯会等
	传统手工艺	元宵花灯、龙凤花烛、纸凉伞、老竹器、打年糕、包汤圆、编草鞋、扎灯笼、剪纸、做糖糕等
	特色饮食文化	新塍小月饼、蟹叉三锟饨、洛东羊肉、糖糕、猪油菜饭等

（1）文化政策

2008 年，秀洲区政协二届二次会议上，新塍镇的政协委员联名提交了一份名为《保护与开发古镇历史文化的建议》的提案，提出当地居民对保护和开发新塍古文化的迫切愿望。研究表示当下保护和开发古镇新塍的规划目标为打造一个"生活着的原汁原味的水乡古镇"，需整体开发，逐步推进。

（2）文化设施与活动

1）文化设施：近年来，新塍镇党委、政府始终把文化建设作为一项重要工作来抓。把环境幽雅的小蓬莱公园作为镇文化活动中心，安排教育培训室、书画社活动室、乒乓球室、音乐舞蹈排练室、图书阅览室、中老年活动室等活动场所。同时对新塍电影院、蓬莱阁等文化设施进行维修，在问松亭绿化休闲广场增设一套健身鹅卵石小路，使文化中心真正成为老百姓享受精神文化生活的乐园。与此同时，还先后投资近 300 万元，使 71% 的行政村都建成了村文化活动中心和村文化活动室。

2）文化活动：新塍镇文化活动丰富多彩，成立有各种文艺队，如舞龙队、戏曲队、器乐队、腰鼓队、扇舞队、铜管乐队、秧歌舞队、合唱队等文艺演出队，镇上群众演员已达 500 余人；既参加当地举行的元宵民俗文化节、鳌山灯会，也代表镇参加市江南文化节、文艺行街表演等，如"水乡婚庆"彩船获得市南湖船文化节一等奖，舞蹈"闹灯"获得市元宵文艺晚会金奖。

2. 存在的不足

结合美丽乡村建设的要求，当前，在文化建设方面还存在一些不足之处，在新塍镇美丽乡村规划建设过程中，需要着力解决这些问题，发扬新塍文化，展现文化魅力。

（1）文化资源保护工作有待加强，文化遗产利用率低，旅游价值和文化生命力未得到充分体现，对于新塍镇的水乡古镇建设和宣传力度不够；

（2）文化设施分布不均，部分服务半径过大，对广大村民的服务不均匀，文化设施建设专项资金少，村庄自有资金不足，村民文体活动场所设施建设体系有待完善；

（3）文化活动参与人群不够广，主要为老年群体，文化活动类型多样性、现代性不足，主要以传统节庆活动为主，日常型文化活动较少；

（4）乡风文明建设缺少主体，乡土文化传承不足，缺少有效的传承人，腐朽落后的文化有所抬头，在一些村镇，小赌博成为部分人劳作之余的主要消遣。

3. 新文化培育引导规划

依托新塍镇千年水乡古镇和现代农业发展，以感受古镇风情、观赏自然田园、体验现代农业为发展方向，重点培育新塍镇的水乡古镇文化、农耕文化、生态文化。结合"陈卫东画室"，万亩苗木示范园，丝绸产业分层次发展培育画乡文化、森林文化、丝绸文化。

（1）核心文化培育

1）培育古镇水乡文化。

对分布在陆家桥以西的西北大街和西南大街以及嘉兴地方党史馆两侧的历史古建筑进行整治，清理水中垃圾，在河道两边适当种植水生植物，如千屈菜、再力花、香蒲等。重现昔日江南古镇风韵，为旅游业提供良好的文化基础和艺术氛围，结合能仁寺、小蓬莱公园、嘉兴地方党史馆等重要文化节点，形成古镇文化旅游路线。丰富水上活动类型，将原来船上篝火等水乡民俗活动与水上婚庆等现代水上活动相结合，大力推进古镇水乡的建设和旅游业的发展。

2）培育农耕文化。

引导新塍镇粮油、蚕桑、畜禽、水产、苗木花卉、瓜果蔬菜六大主导产业，以现代农业的高新技术发展农林业，结合"QQ农场"、"自助采摘"等农耕娱乐项目，满足城市游客体验农事活动，建造农业科技知识科普展览馆，展示创新农业技术和原始农耕文化。

3）培育生态文化。

全方位培育生态文化，加强生态意识宣传教育，在农村基层规范化建设一批阅报栏、宣传牌等宣传教育设施；引领实际行动，在每年的"世界环境日"、"地球一小时"等重要环保时节以村庄集体或单位集体或社区集体的形式开展生态行动大比拼，制定相应的奖惩措施，有序推进生态文化的建设和发展。

（2）多样性、多层次文化培育

1）培育饮食文化。

依托百年特色风味小吃，发展和传播新塍镇的特色饮食文化。包括拥有百年历史和独特的制作工艺的新塍小月饼，三辈工艺流传的蟹叉三馄饨，20世纪40年代就开始流传"七月半开羊刀，清明边割青草"的洛东羊肉以及糖糕、猪油菜饭等。在古街、古建筑的江南水乡建设片区加入新塍镇特色餐饮，形成游赏、娱乐、餐饮一条龙特色古街游，给游客留下深刻印象和无穷回味。

2）培育画乡文化。

充分利用位于新塍镇小蓬莱公园内的新塍镇农民画基地，定期进行创作交流，提高创作水平，大力发扬当地农民画优秀代表厉坚芳、陈卫东、蒋健等的作品。同时，为新塍镇农民画爱好者搭建良好的平台，为他们创造学习交流的机会。并进一步加强农民画人才基地建设，全面推进校园艺术教育特色化发展。

3）培育森林文化。

结合陡门省级现代农业综合园区万亩重点防护林示范区，大通村260余亩的信乐果业基地，1200亩防护林、大镇区、村庄绿化、农田林网、经济林建设等，运用生态林建设模式，形成林网密布、绿树成荫的美丽景象和森林体系。打响和传播"2009年嘉兴市首个省级森林城镇"这一荣誉。在今后的规划建设中，加强各绿地类型的建设力度，丰富和饱满森林体系，发扬森林文化。

4）培育丝绸文化。

以传承和弘扬博大精深的"蚕丝文化"为基点，结合兴镇路的锦帛尔公司，发展丝绸产业，打响旗下锦帛尔、诗蒂芬两大主力品牌，传承和倡导江南水乡、丝绸之府的文化积淀。

（三）"美丽乡村"绿化景观规划

为了指导新塍镇农村基层干部和广大农民群众更好地开展村庄和庭院绿化，增强村庄绿化意识和责任，提高绿化技术水平，改善农村生态环境和农民居住环境，推进新塍镇美丽乡村建设，实现"田园古镇"的创建目标，在结合秀洲区"十二五"平原绿化发展规划的基础上，依据"美丽乡村"建设要求进行绿化景观规划。

1. 村庄绿化现状概述

新塍镇共有 24 个行政村，村庄总面积 18513 亩。现有村庄绿化以公园绿地、房前屋后绿化和村庄周围种植桑、桃、梨等经济林、竹林和农田林带林网为主，全镇村庄绿化覆盖率已达 44.6%。特别是近年来，结合省委省政府提出的"千村示范、万村整治"工程和农村环境"五整治一提高"工程，以"绿化示范村"创建为抓手，进一步加大村庄绿化工作力度，有力促进农村绿化建设。目前，共创建"省级绿化示范村" 5 个，"市级绿化示范村" 3 个，2008 年被省林业厅命名为"整镇推进绿化示范镇"。同时，新塍镇努力挖掘现有文化，注重当地特色，建设了一批以枇杷、桂花、榉树、密梨等植物树种的特色林（图12-50）。

但也还存在一些问题，村庄普遍缺少系统的公共绿地，绿化投入低且缺乏维护与管理，农民在房前屋后绿化的积极性不高，家庭庭院内常常是简单的硬化，在田边、村边、水边、路边也缺少系统的绿化，一些主要道路许多地段缺少绿化，乡村缺少了特有的生态环境与田园风光。此外，绿化特色不是很明显，雷同现象比较多，树种多样性有待进一步提高，管护措施有待进一步加强。

2. 村庄绿化的内容

（1）公共空间绿化

村内公共空间绿化是指位于村庄中的中心场地、

现状道路绿化

现状农民公园绿化

现状乡村小道绿化

村庄外围绿化

图12-50　村庄绿化现状

交叉路口、公共建筑附近以及旧村拆迁改造和新村住宅楼建设中专门划分出来的小型绿地。经过规划设计、绿化美化，具有一定的设施和内容，以提供村民休息、娱乐、集会等各项活动的场所。村内公共空间绿地是村庄中重要的、利用率较高的公共场所，与广大村民接触最多，应以植物绿化为主，适当配备休息座椅、花坛、草坪、宣传栏、景观小品等园林要素。要见缝插绿，充分利用村庄中各种公共场所的零星空地开辟建设为公共绿地。植物景观规划结合本地地域特色，以丰富的园林植物种类，较高的园艺水平，充实的文化内容，适宜的服务设施，满足村民生活的需要。

（2）庭院绿化

庭院绿化主要是指在房前、屋后、宅旁的绿化景观营造。庭院绿化主要分为花卉型、林木型、果树型三种基本模式，在绿化过程中，可对上述基本模式进行组合，形成新的混合模式。此外，村民庭院绿化要将观赏、功能、经济三者有机结合起来，选择既好看又实用的树种栽植，取得良好效果；庭院里和房前屋后以布置少量高大阔叶乔木和花灌木为主，也可选择一些经济类干鲜果树栽植，达到绿化美化、遮阳降温、减少尘埃、吸收噪声、保护环境的功能；村民住宅前后如有可利用的零星边角空地，在经村委会同意的前提下，可以栽植干鲜果树、速生用材树等，以获得一定的经济收益，也可按照农民个人喜好，栽植各类观赏树木、花灌木等（图12-51）。

（3）工业生产绿化

工业生产绿化既要满足生态功能，又要注重景观效果，创造美丽的工作环境。同时又要针对企业的不同性质，对绿化提出不同的要求，配置不同的绿化树

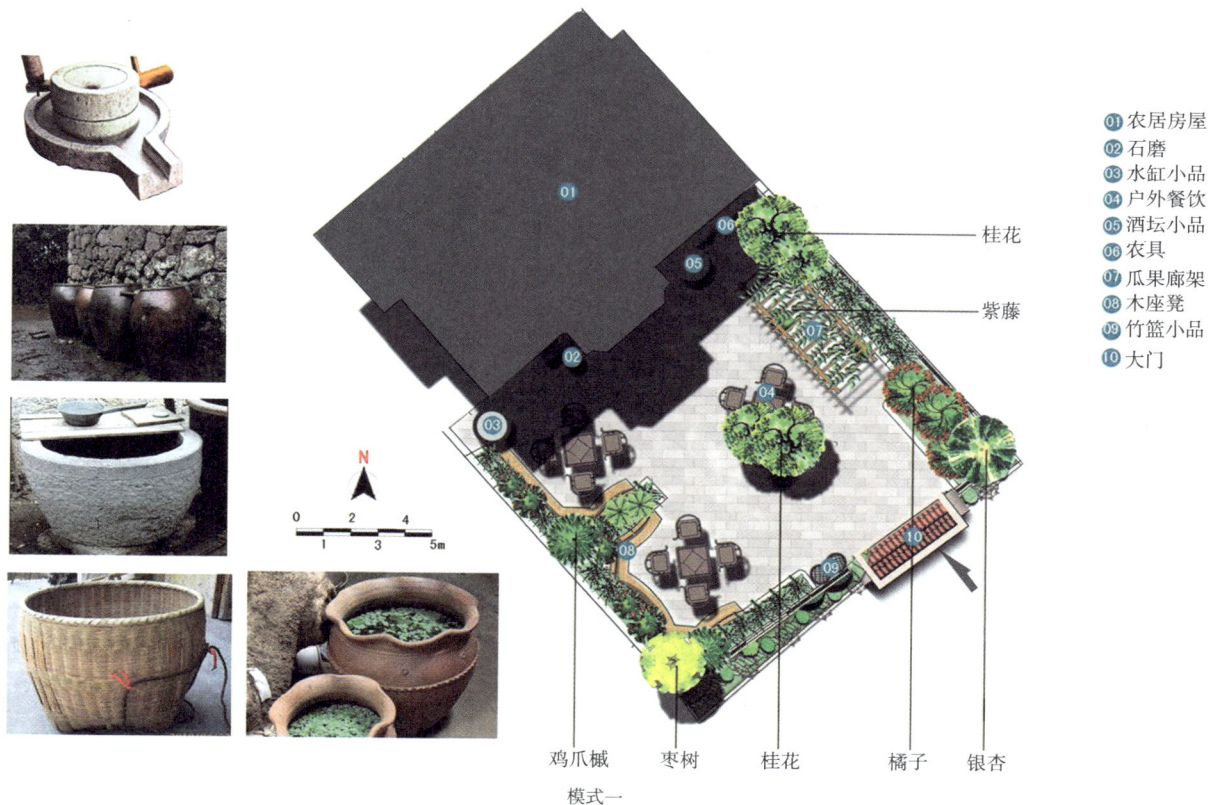

图12-51 庭院绿化模式（一）

① 农居房屋
② 石磨
③ 水缸小品
④ 户外餐饮
⑤ 酒坛小品
⑥ 农具
⑦ 瓜果廊架
⑧ 木座凳
⑨ 竹篮小品
⑩ 大门

桂花
紫藤

鸡爪槭　枣树　桂花　橘子　银杏

模式一

图片来源：

图12-50　http://www.xzxc.gov.cn/sqjs/sqjj/2012-04-25/61.html；http://bbs.cnjxol.com/thread-2595086-1-1.html；http://bbs.cnjxol.com/thread-2594432-1-1.html；http://bbs.cnjxol.com/thread-2636576-1-1.html

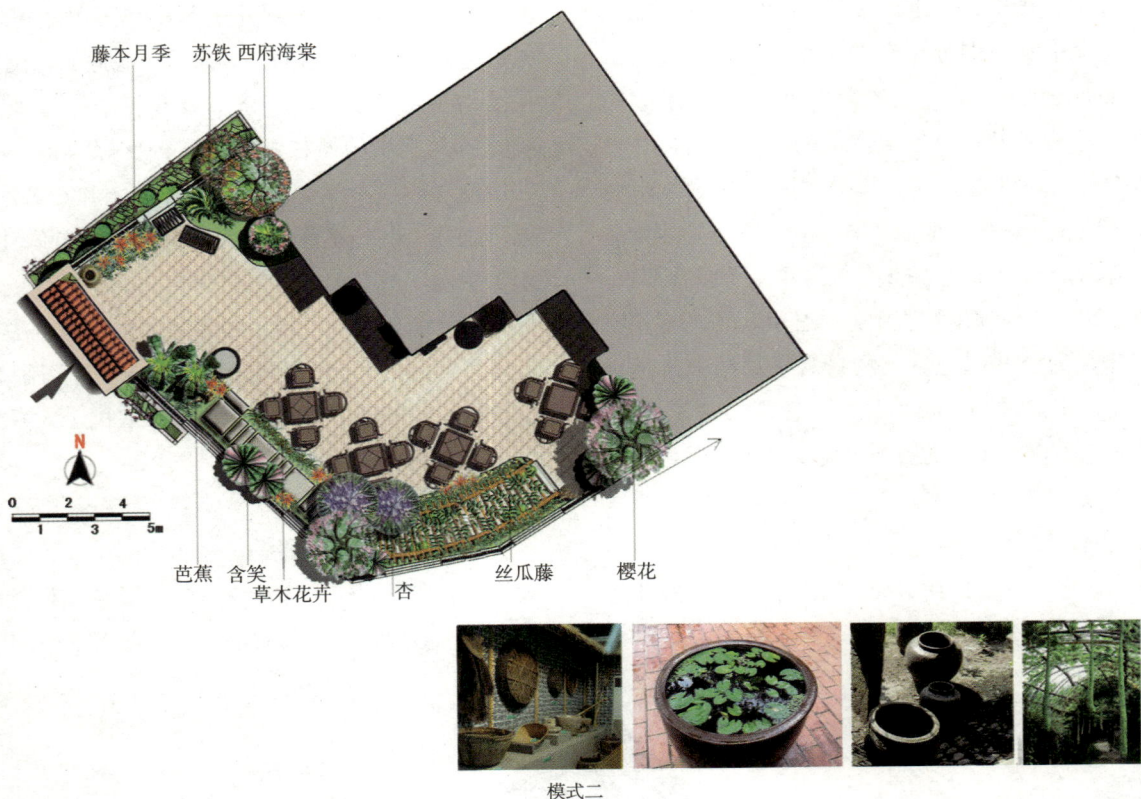

藤本月季　苏铁　西府海棠

芭蕉　含笑　　　杏　　　丝瓜藤　　樱花
　　草木花卉

模式二

图12-51　庭院绿化模式（二）

种。如在生产上会产生噪声的企业，在其周边需种植密林，以便很好的围合空间，到达尽量不打扰村民的效果；对于会产生一定污染的企业，可在其周边种植抗性较好的植物树种，如冬青、泡桐、杨树等；而各种苗圃地周边可根据圃地建设要求和苗木需求进行合理规划设计，保证整齐美观。

（4）道路绿化

道路主要包括村级公路、村庄街道、村内游步道等。道路绿化要根据道路的等级、性质、布局、周边环境条件、投资、施工养护水平等情况，设计出切实可行的绿化方案。道路目前主要设计布局有两种形式，即一条车道二条绿带式的村内主干道和村内游步道。其中，主干道的行道树选择，总的要求是选择树干挺拔、树形优美、冠大遮阳、枝叶茂密、耐尾气尘土、绿期长、适应性强、生长迅速的树种，而绿化带的绿篱、绿篱球可选择耐修剪、易造型的乔灌木，游步道两侧可种植趣味性较强的野花野草。总之，根据道路的宽度以及村庄的经济条件，选择不同配置模式进行绿化，树种配置应以乔灌为主，乔灌草结合，以求更完美的生态功能（图12-52）。

（5）河渠绿化

河渠绿化以保护河道生态环境、护堤护岸、保土固沙、净化水质、绿化美化河岸为主要目标。以河床为中心，在不影响行洪的情况下，两侧依次营造护滩林、护岸林。如有堤坝，要营造护堤林。河渠绿化树种都应以耐水湿的杨、柳类为主，以及垂柳、紫穗槐、枫杨等。在河渠绿化中，可结合绿化营造景点，满足农民群众亲水的需求。在河岸边种植花灌木，水边种香蒲、芦苇等水生植物以供观赏。岸边建设护栏、台阶、座椅、园林小品等，规划建成滨河小公园。

3. 村庄绿化的建设模式

根据村庄所在区位、经济条件、现有绿化基础和今后发展重点，规划村庄绿化以生态经济型、生态景观型和生态园林型三种类型作进一步改造提升。

（1）生态经济型

该类型村庄以注重发展桑园、苗圃和葡萄、水蜜

雪松　紫叶小檗　银杏　红瑞木　鸢尾　红叶石楠　白三叶

大花萱草　水杉　日本晚樱　金边黄杨　紫叶李　蜡梅　四季桂

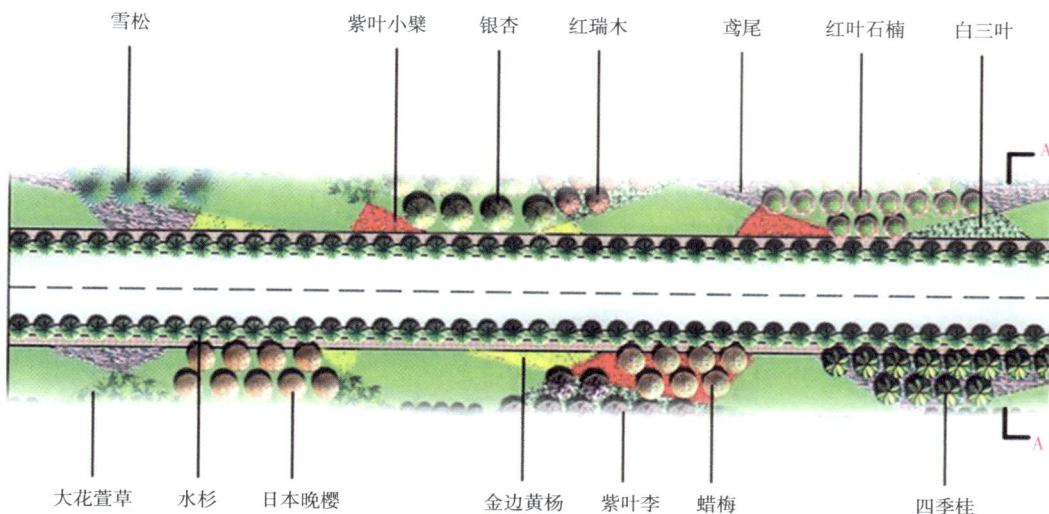

图12-52　道路绿化效果图

桃、翠冠梨等生态经济林为主。包括潘家浜村、万民村、大通村、陡门村、庙云桥村、富园村和火炬村等。规划在原有基础上，以陡门、潘家浜等绿化示范村为带动基础，进一步加强品种改良、新技术应用和市场化培育，通过加快高效生态特色林业基地建设，推动村庄绿化再上新台阶。

（2）生态景观型

该类型村庄自然景观较好，区位优势较明显，休闲观光潜力较大。包括桃园集镇、小金港村、南洋村、观音桥村、沙家浜村、来龙桥村、康和桥村和钱码头村等。规划以保护原有生态景观风貌，挖掘地方文化特色为重点，注重生态河道绿化、村庄片林改造建设，充分发挥澜溪塘、新塍塘北支和新农港等森林生态廊道建设的优势，积极开展生态休闲观光游等活动。

（3）生态园林型

该类型村庄民居建设布局较合理，外观整齐新潮，经济条件较好，包括洛兴村、西文桥村、洛东村、西吴村、新庄村、思古桥村、洛西村、旗星村和天福村等。规划在现有绿化基础上，充分运用生态园林理念，多功能合理安排，多树种灵活配置，绿化与造景相结合，营建以生态防护为主、景园小品各具特色的生态园林型新农村。

（四）新塍镇村庄整治引导规划

村庄整治是新塍镇"美丽乡村"建设的核心内容之一，是惠及农村千家万户的德政工程，是立足于现实条件缩小城乡差别、促进农村全面发展的必由之

图片来源：
图12-52　http://www.nipic.com/show/9988736.html

301

路。加强村庄整治工作,有利于提升农村人居环境和农村社会文明,有利于改善农村生产条件,提高广大农民生活质量,焕发农村社会活力,也有利于改变农村传统的农业生产生活方式。所以,本次美丽乡村规划要做好村庄整治工作,依据新塍镇农村现状,切实从村民的利益出发,特做以下村庄整治引导规划。

1. 道路水系整治规划

村落主要道路以通畅和亮化为原则,拆除有碍道路通畅的建筑物、构筑物,同时理顺村庄内部的次要道路和支路,适当考虑道路景观要求,支路和进户路采取放射状的布局形式,支路全部硬化。道路在满足现代交通需求的条件下,宜曲则曲、宜弯则弯,避免过度硬化,对于通往农户的小路尽量以本土石材铺设,部分乡间小路可以保留土路,塑造乡土气息。另外,居民点道路标高宜低于两侧建筑场地标高以利于排水。不同级别的路面宽度及铺装形式应满足不同功能要求,具体标准如下:居民点主要道路路面宽度不宜小于6m,路面铺装材料应因地制宜,宜采用水泥混凝土路面,道路两侧可采用鹅卵石美化道路;

居民点次要道路路面宽度不宜小于4m,路面宽度为单车道时,可根据实际情况设置错车道,路面铺装宜采用水泥混凝土路面;居民点支路和宅间道路路面宽度应为2.5~3.0m,路面铺装宜采用水泥混凝土路面及其他适合的地方材料(图12-53)。

水系规划中,包括整治河道湖荡、治理污染水质、疏通被填河道、开发废弃水域等,最终赋予河流水系以新的功能,可开辟水上运动等群众性健身娱乐项目,把水域作为公共空间组织到社区公共体系中。进行整体性的岸线整理,把驳岸设计、水体形态、水质净化、滨水绿地和建筑结合起来进行设计,创造整体而富有变化的水乡景观,水生植物的利用应秉承尽量保留原有植物的原则,合理增补植物,以期达到绿化、美化、香化环境,净化水质的目的,同时对引起水质污染、恶化的源头采取引导措施,予以遏制(图12-54)。

2. 建筑风貌及院落空间整治规划

基于"千年古镇"深厚的历史文化底蕴,新塍镇的总体建筑风格定位为传统的江南水乡建筑风格,充分挖掘并利用传统建筑的元素、符号,规划统一建筑

图12-53 道路整治效果图

图12-54 水系整治效果图

风格，遵循经济、实用、美观、协调的原则，对建筑立面、屋顶、围墙、庭院等提出整治原则和整治措施。现状村庄中建筑立面围墙及大门形式、风格与村庄环境不协调，围墙和大门材料单一，墙面粗糙，缺少图式。规划建筑立面主要采用白墙黑瓦的建筑符号形式，体现建筑的"徽派"风格；围墙、大门采用半透式和封闭式砖木结构的做法，保持围墙 2.0~2.5m 的高度。加以图案符号装饰，改善围墙及大门景观特质，围墙外侧种植绿藤，以实现公共绿化的共享。根据现有建筑的质量以及与周边环境的融合性，对其按照"保护、保持、整治、整修、改造"五种方式提出保护和更新。

（1）保护

对象：有历史文化意义的古建筑、古民居。

对策：以保护为主，适当的赋予其新的功能，对于已经毁坏的古建筑，坚持"修旧如旧"，避免拆除和根本性的改造。

（2）保持

对象：现代风格的建筑及保存较好的建筑，与传

统民居风貌不甚协调，但内外结构完好，外饰面较新且能体现现代农村特色的建筑。

对策：保持原貌并予以及时维修，适当汲取传统建筑元素和符号，对建筑立面进行整治，使其与周边建筑协调统一，与景观风貌相辅相成。

（3）整治

对象：农村闲置住宅、废弃住宅、私搭乱建住宅。

对策：部分闲置住宅，可以考虑通过改变功能继续为当地居民服务，增加传统地段的认知度，并赋予其新的活力；对低矮破烂的违章建筑、废弃住宅予以拆除。

（4）整修

对象：结构完好，质量较好，但外墙部分材料有损坏或脱落，外观较落伍的建筑。

对策：对外立面进行整修，重新刷新外墙，增加传统水乡建筑的元素与符号，重塑传统民居特色。

（5）改造

对象：质量较差，严重老化，外墙破旧，出现"赤

膊墙"等各类危旧房。

对策：一类是仅进行修缮，补建卫生间等，另一类包括房屋属危房无法修缮或因为修缮会产生不满足消防、日照间距的情况，则进行整体改造，重新翻建，或统一移至新社区。

新塍镇的院落空间营造应以内天井四合院等传统的庭院布局形式，色彩序列上着重应用黑、白、灰等较能体现古味古韵的色彩，与新塍镇徽派建筑的粉墙黛瓦交相辉映。整治规划中，对布局混乱，卫生条件差，缺乏庭院休闲空间、绿化空间的庭院，应就地取材，采用砖块铺地，建筑外围增加围墙丰富庭院的空间层次，形成交通、休憩、农作晒场、绿化协调的院落布局和景观效果。

3. 公共服务及环境卫生整治规划

新塍镇的公共空间主要表现为村民公园、宗教庙宇、公共服务中心、村落聚居空间、重点建筑等，它们是村落文化和村民生活的焦点和醒目标志，推动整个村落的生产、生活。公共空间是"美丽乡村"规划的重点内容，打造服务全村范围的公共场所，合理规划，营造舒适环境，提高公共空间有效利用率，在各个居住组团中心配置休闲绿地和活动健身场地，合理配置绿化空间等。从现场调研情况分析，从以下三个方面进行整治：

（1）废弃宅基地：对现状废弃的宅基地进行整理，对已经没有居住功能的建筑进行拆除，拆除后原则上作为村庄的开放绿地，以达到美化村庄的效果。对沿路两侧裸露在外的土地和空地进行绿化，同时围墙的外侧可增设低矮的灌木和乔木，起到丰富院落空间和美化环境的作用。

（2）增加公共服务设施：公厕、垃圾箱、标识牌、公交车站、电话亭等设施的特色设计，方便居民出行需求，烘托出新塍镇浓厚的文化底蕴、古韵古乡的氛围。

（3）建立环卫保洁制度：对居民的生活习惯进行引导和管理，实行定人、定时、定路段、定标准、定责任的保洁制度，保持道路、公共场所卫生整洁。各农户负责自家房前屋后的环境卫生保洁，并将垃圾收集后投放到指定垃圾池，做到住宅室内整洁、门前

场地平整、庭园绿化美化、家禽家畜圈养、化粪池无漫溢的效果。

4. 乡村风貌整治引导

村庄的风貌整治是创造宜居的乡村环境的重要途径，在改善居住环境的基础上还应当提高村庄整体的可辨识度和村庄风格的认同感。规划中应充分发挥农民和社会各方面在新农村建设中的积极性，引导广大农民群众，通过自己的辛勤劳动，改变村容村貌，改善生活生产条件。新塍镇作为历史古镇，在具体的风貌整治中，重点强化了风貌建设分级控制，景观改造师法自然等措施。

（1）分类整理，分级控制。规划整治借鉴历史街区风貌保护的做法，通过分类整理现状资料，把风貌改造范围划分成两个区域：重点风貌控制区和一般性风貌协调区。如仿古一条街、小蓬莱等区域作为重点风貌控制区应采用刚性控制的原则，风貌整治应具有浓厚的历史文化特色；东北部等近年来开发的区域作为一般性风貌协调区采用弹性控制的原则，应强调生态环境保护、卫生整治与管理，并具有现代都市风貌特色。

（2）错位整治，师法自然。与城市的景观设计思路不同，农村的环境整治应该与城市错位整治，寻求差异化的处理方式，追求乡野风貌、田园气息。风貌整治中应当师法自然，更多地从乡村自然环境中吸取营养，多采用自然元素。如以榉树、朴树等乡土树种作为行道树，增加当地特色苗木观赏示范区，展示乡村自然风貌、民俗风情及田园乐趣，全面提升村民人居环境质量。

5. 乡村文化塑造整治规划

村庄的文化塑造是提升村民素质，对外展示的重要窗口。现针对新塍镇的实际情况，总结其文化塑造从以下几个方面进行规划整治：

（1）对镇域范围内的古桥、古民居、古庙、古树立册保护。在其显著位置标识出名称、等级、公布单位、公布时间、保护范围等信息；现已不存在的遗址，凡是能够确定地点的也应在原址上立碑或嵌碑标识，今后如有新的考古发掘发现也应及时标识。

（2）结合旅游业，将文化遗产作为重要人文景观

资源加以保护和开发，重点保护和开发能仁寺、小蓬莱、古镇传统民居区等历史价值较高的单位。

（3）利用新塍的历史建筑和环境，建设由综合类博物馆和专门博物馆相结合的博物馆系统。特别要鼓励各村镇利用历史建筑创办小型的村史陈列馆（室），结合文物建筑的再利用，开辟各专门博物馆，分门类系统地展示新塍的历史文化资源。

（4）重视古地名和地形改造。本镇属于历史文化久远的地区，除已经发现的历史文化遗存外，很有可能尚有许多历史文化遗存未被发现。因此，在进行土地整理和土地开发建设时，对于一些以墩、坟命名的小地名应重视和保护。

（5）建立动态的文物古迹预警体系，加强文物保护和监督管理工作。

（五）整治规划模式及创建时序

本次新塍镇"美丽乡村"建设规划将村庄分为整治提升村、特色文化村、精品示范村、中心社区等四类，结合田园古镇特色村的创建要求加强考核。

1. 整治提升村

整治提升村是所有整治模式的基本要求，即整治效果要达到基础设施基本完善、村容村貌换新颜、公共服务设施基本配套的要求。具体要求如下：

（1）基础设施基本完善。村内道路硬化，河道、池塘驳岸清洁，桥梁荷载符合有关标准，安全性好。

（2）村容村貌换新颜。村主干道秩序良好，公共场地和庭前屋后无乱搭乱建、乱涂乱挂现象，村内各类线杆架设整齐；主干道路面整治畅通，两侧建筑进行立面修整和粉刷，农户住宅外墙美化，构筑物完好、整洁，无危房、破房、赤膊房；道路两边、住宅之间有绿化带，农户庭院绿化，村庄建成区绿化覆盖率达到30%以上；村内道路、公共场所及绿化带内清洁卫生；村内主干道和公共场所路灯安装率100%。

（3）公共服务设施基本配套。有一站式社区服务中心、卫生服务站、老年活动中心，有村民民主议事、教育培训、文化娱乐、健身休息的场所，以及必要的便民商业服务网点。

2. 特色文化村

选择一批文化积淀深厚、传统文化资源丰富、具有一定历史文化的村庄，充分利用现状资源优势，挖掘、整合、弘扬和发展村庄特色文化，推进农村精神文明建设，重点创建特色旅游村，竖立村庄文化品牌，具体标准如下：全村生态环境良好，绿化覆盖率达到50%以上，村庄亮化，卫生洁化，污水治理实行截污纳管、雨污分流，电力、通信、路灯、监控等架空线，有条件的均实行"上改下"。环卫设施和旅游公厕完备，增设和利用现有房屋建成旅游咨询服务、投诉受理和医疗救护服务点，以及适宜的购物中心。建筑立面整治风格符合村庄整体设计要求。

3. 精品示范村

选择一批产业基础较好、交通便利、特色鲜明、环境优美的村庄，着力发展具有"一村一品"特色的效益农业、特色农业，全面提高农业经济效益，促进示范村农村居民增收，具体标准如下：健全医疗卫生体系，完善文体设施配套建设，完善农村给排水、电力、电信、交通、邮政、广电等线路架设；生活污水、生活垃圾得到有效处理，村中环境绿化、净化、美化、亮化，村容整洁优美；人居危房改造率达到100%，建筑美化，实现绿化带和建筑物的和谐统一，着重抓好以蔬菜、花卉、水果等园艺设备和淡水养殖、农副产品加工为主的农业机械引进、示范和推广，提高示范村现代农业机械装备水平；规划理念先进，个性特色明显，做到示范村农村居民向居住小区集中，产业向园区集中，土地向规模经营集中。

4. 中心社区

在中心社区的创建过程中具体标准如下：社区绿地率达到35%以上，水、电、路等基础设施配套完备，道路全面硬化，完善农村电气化、信息化建设，完善文化活动设施、行政管理设施、医疗卫生设施、教育设施、体育设施以及其他公共服务设施，公共场所、道路、河道两侧、房前屋后常年清洁。建立完善、持续、卫生的给水排水系统，饮用水合格率达100%，生产生活污水达标排放；垃圾等废物集中收集和处理，保洁制度健全。加快卫生环保型厕所的普及，污水治理实行截污纳管、雨污分流，力争卫生环保型厕所的普及率达到100%。

现依据新塍镇各村庄的地理位置、自然资源、文化特色、经济状况等实际情况,针对创建的四类村庄,现作规划见表12-11。

新塍镇四类村庄规划表 表12-11

实施年份	整治提升村	特色文化村	精品示范村	中心社区
2012~2013年	火炬村,庙云桥村,洛西村,康和桥村,新庄村		洛东村,潘家浜(夏仁)	陡门社区,虹桥,蓬莱,观音桥
2013~2014年	思古桥村,西文桥村,富园村,来龙桥村,桃园村,小金港村,西吴村,天福村,旗星村	洛兴村	大通村	镇南,秀水,沙家浜,思古桥,新盛
2014~2015年		钱码头村	南洋村,万民村	镇东,凤舞

注:2012~2013年共创建整治提升村5个,特色文化村0个,精品示范村2个,中心社区4个;2013~2014年共创建整治提升村9个,特色文化村1个,精品示范村1个,中心社区5个;2014~2015年共创建整治提升村0个,特色文化村1个,精品示范村2个,中心社区2个。

第三节 嘉兴市秀洲区潘家浜"美丽乡村"精品村建设规划

一、项目区位分析

新塍紧连嘉兴市区,是嘉兴城市西翼扩张,秀洲新区西北拓展的前沿阵地,区位优势明显,交通十分便捷,嘉铜公路到乍嘉苏高速公路新塍出入口仅5分钟,并与沪杭高速公路相连,10分钟可达嘉兴市区,1小时均可到达上海、杭州、苏州三大城市,离嘉兴港仅40km,是秀洲区西部一个水陆交通便捷、工商业繁荣的中心城镇(图12-55)。

潘家浜村位于新塍镇的南部5km,有洪兴公路与之相连。全村总面积4.06km²,土地总面积4373亩,耕地总面积3657亩,有7个较大的居民集中住宅区。村主导产业主要由羊毛衫加工业、葡萄、翠冠梨等高效水果业、苗木、传统农业三部分组成,现有农家乐餐馆14家,经济林梨树1100亩,优质葡萄450亩。

二、现状分析

(一)资源分析

1. 道路

村内道路在前期新农村建设整治中已有一定的基础,基本满足村民日常交通需求,但村内道路等级不明显,路面材质较单一,道路绿化有待进一步提升。

2. 绿地

村内绿地形式主要有大片的田园、果林、菜地,两个农民公园以及部分庭院、道路、河道等绿化。村内绿地率虽然较高,但绿地质量与当前美丽乡村建设仍存在一定差距。宅前屋后绿化少,庭院绿化形式较单一,河岸绿化有余,但较为杂乱且彩化不足,需加以规划提升。

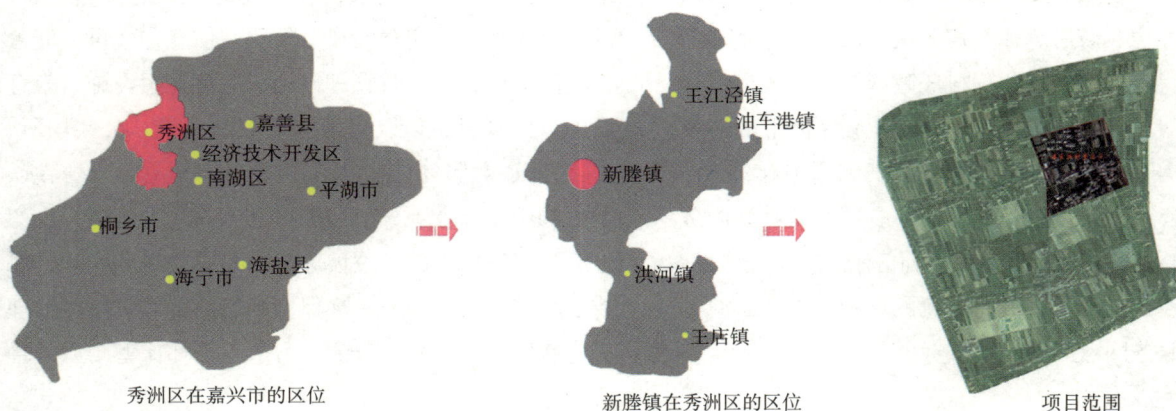

秀洲区在嘉兴市的区位　　　新塍镇在秀洲区的区位　　　项目范围

图12-55 项目区位图

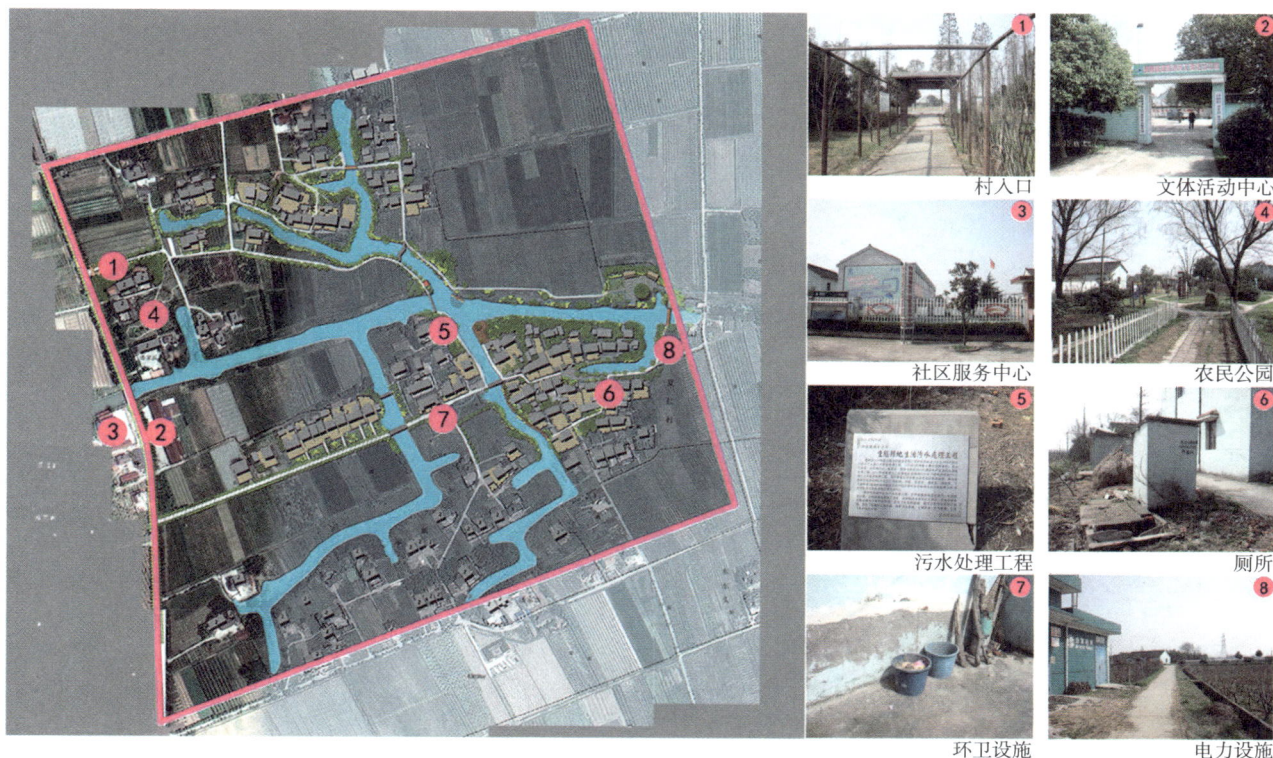

图12-56 现状基础设施分析图

3. 建筑

村内建筑大部分为现代建筑,风格形式较多样,已不是传统建筑风格。早期新农村建设时,建筑立面整治以蓝绿色为主,但经过多年使用,破损折旧现象较为严重,已经影响到村庄容貌,需要及时整治改善。也有部分建筑庭院整治较好,统一提升后可作为示范庭院。

4. 河道

村域内河道纵横交错,水资源丰富,但水质状况较差,部分驳岸硬化较严重,且有垃圾乱丢现象,影响河道景观;河道两侧绿化缺乏整体规划,稍显杂乱,需加以改造和提升。

(二)基础设施分析

村入口用一段廊架来作为入口标志,村内设有文化活动中心,其内部有篮球场、乒乓球室等活动场地,村入口附近和村内各有一个农民公园,其内部有一些健身设施和花架、凉亭等休憩设施。村内设有一些休闲座凳、卫生室和社区服务中心。村内基础设施难以满足要求,分布存在一定的问题,缺少规划。环卫设施较差,没有公共卫生间,垃圾堆放也存在一定的问题(图12-56)。

同时村内一些电力设施不足,设备较老化,照明设施过少,不能满足其需求,电线线路分布较乱,影响村内整体美观。

(三)产业分析

潘家浜村主导产业主要由羊毛衫加工业,蜜梨、桃、枇杷、葡萄等高效水果业,苗木和传统种桑养蚕业三部分组成。目前全村有水果种植地1500亩,其中翠冠梨1100亩,优质葡萄300亩,桃子50亩,枇杷50亩,苗乔木经济林1100多亩,苗木种植面积800多亩,形成以绿色农业产业促进农村经济发展,为创优美森林村庄铺好新的路径(图12-57)。

三、规划构思及原则

(一)景观元素解读

"元素"解读——分类解释四种景观元素形象——河网、农田、果林、古树。

图12-57　现状产业分析图

（1）溪流：水代表了生动、清澈、从容、大度，潘家浜村内河道纵横交错，大大小小如毛细血管网一样牵伴着人们生活，人们喜欢在水边漫步、观赏和嬉戏，去探寻它的美好，感受一份浪漫。

（2）农田：农田是村庄的基本特征，现在更是一种田园生活的美好畅想，一片青菜地，蝴蝶和蜻蜓，欢笑与甜美；春天的油菜花，夏天的薰衣草，秋天的稻花香，无不飘逸着春华秋实的诗句；漫步田间小路，尽览田园之美，城市里无数人们向往着这种村庄田园生活，寻回生活的真谛。

（3）果林：枝叶茂密的果林，首先能给人们带来酸甜可口的美食佳品，而当其花枝满头时，嫩红的桃花，雪白的梨花，娇艳的海棠花，无不呈现另一番美妙的景观，走进一片果林时，只会迎得花香醉人。

（4）古树：千年古梓，永生扎根，世代不弃，是一种生命的象征和奇迹；记载了世代潘家浜所在地的人文历史，缠满岁月的皱纹；将凝敛厚重、朴实无华和脚踏实地的风韵展现给世人，默默支撑起绿荫华盖，荫护村民和前行的旅人。

（二）人文元素解读

"元素"解读——分类解释四种人文元素形象——河埠头、船只、桑园、古桥。

（1）河埠头：江南水乡多河埠，河埠虽小，但人们的生活却离不开它。挑水、淘米、洗衣、运货，迎来送往；河埠头，不但是大人们劳作和休闲、家长里短交流感情的地方，也是小孩玩耍的场地。河埠头，是童年时候最热闹的地方，如今失去了往日的热闹和欢笑，但那一份河埠头的情绪与美好却留在了童年的回忆里。

（2）船只：船既是江南水乡的交通工具，更是水乡的人文风景。船是水乡的精灵，或行或泊，行则轻快，泊则娴雅；或独或群，独则独标高格，群则浩浩荡荡。中国船文化发祥地之一的嘉兴市，不仅有闻名中国的"红船"，还有种类繁多的筏子、独木舟、模板船以及木帆船。

（3）桑园：桑园，即种植桑树的园地，代表故乡、

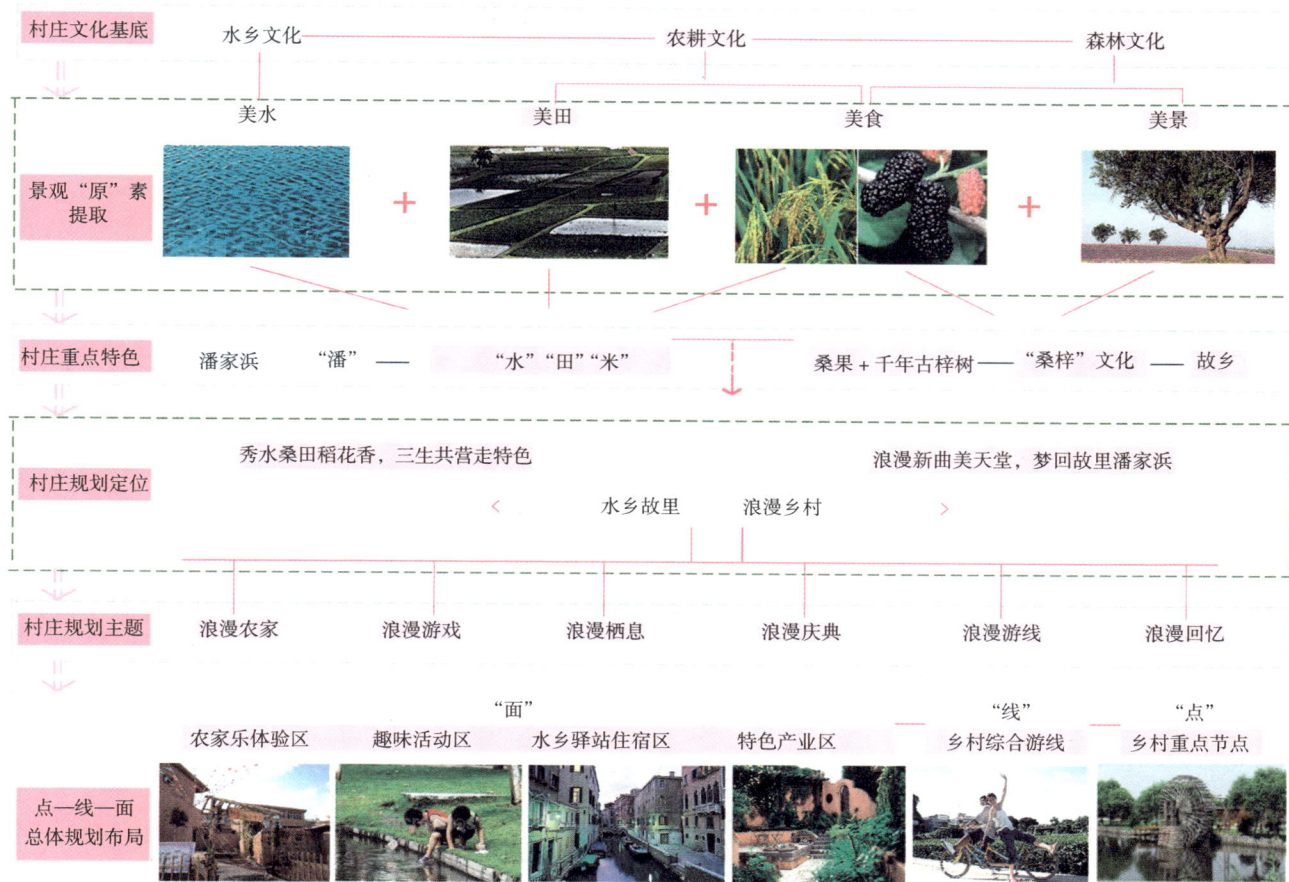

图12-58　规划理念演绎图

故里，蕴含着桑文化。桑葚成熟后水分充足，酸甜适口，是真正的天然绿色食品，且自古以来就作为水果和中药材被应用，享有"果皇"之称，可以补血滋阴，补肝益肾、调节睡眠等功效。开展"桑葚节"活动，在进行观光采摘的同时，接受蚕桑科普教育，重温丝绸发源地的千秋史话。

（4）古桥：古桥——重奏美丽乡村的音符；春天，桥下，"白毛浮绿水，红掌拨清波"；夏天，桥上，河风习习，午睡桥廊的村民打鼾声声；秋天，桥的背景，是金色丰收一片；冬天，桥的底色，与收获后的田野一样无垠。古桥给人以古朴、久远的感动，使尘世中的现代人体验到一种世外的悠闲和宁静。

（三）规划理念及其演绎

1. 规划理念

以现状水系、田园等自然资源为基底，依托现有传统果蔬稻田等传统农业，传承发扬潘家浜区域的水

乡文化、农耕文化、森林文化和桑梓文化，立足"生产、生活、生态"，三生共营，改善村民居住环境和质量，重点结合第三产业，打造"华东第一浪漫乡村"（图12-58）。

2. 规划定位

（1）特色定位：从绿色走向特色，营造集田园风情，水乡新韵，农家体验，乡村喜事等为一体的浪漫休闲乡村。

（2）景观定位：提升形成开阔、野趣、生态、浪漫、大气的乡村景观。

（四）规划原则

（1）生产、生态、生活相结合原则。

（2）遵循"保护第一，开发第二"的原则。

在保护自然资源、生态环境、文化习俗等前提下，协调生产、生活和生态三者关系，合理利用资源，开发建设村庄，确保农村经济、社会和环境的可持

续发展。

（3）因地制宜，务实求真，以人为本的原则。

充分结合村庄现状，尊重乡土文化，适地适树，合理营造景观活动空间，造福村民。

（4）以资源为基础，以市场为导向，创新发展的原则。

结合自然资源和民俗风情，深入挖掘当地文化内涵，冲破固定思维，力求创新。

（5）长远考虑，打造特色，拓展未来的原则。

以自然生态环境为依托，以乡村景观和文化为主体，注重整体，分期规划，突出乡村旅游特色。

四、总体规划

（一）规划结构布局

本次规划以江南水乡、浪漫家园为特色，将村庄总体功能布局划分为"一网"、"二园"、"四区"（图12-59）。

一网——"花溪泛舟"景观河网。

二园——农民公园。

四区——农家乐体验区、特色产业区、水乡驿站住宿区、趣味活动区。

（二）景观结构布局

结合潘家浜资源的特征，本规划形成"一轴，一带，三区，十景"的景观结构布局（图12-60）。

一轴：特色景观轴。

一带：花溪景观带。

三区：浪漫田园景观区、乡村果林景观区、新区村舍景观区。

十景：闲话桑麻、灵宿月夜、车水扬波、寻桑问梓、瓜果流廊、梨花飘香、清风绿荷、芦径飞絮、浪漫花田、五谷丰登。

（三）精品线路规划

根据潘家浜现状资源特点和总体规划布局设置美丽乡村精品线路，将农田、农事、农情、农居四者相互结合相互穿插，较全面地展示出村庄的整体风貌、农家风情、水乡风韵等多方面内容（图12-61）。

1. 总线路

入口特色景观—景观花田—美丽庭院—清风绿荷—农民公园—瓜果流廊—花溪品茗—寻桑问梓—

图12-59　规划结构布局图

农民公园

花溪泛舟景

图例
- 特色景观轴
- 花溪景观带
- 浪漫田园景观区
- 乡村果林景观区
- 新曲村景观区
- 新曲十景

图12-60 景观结构规划图

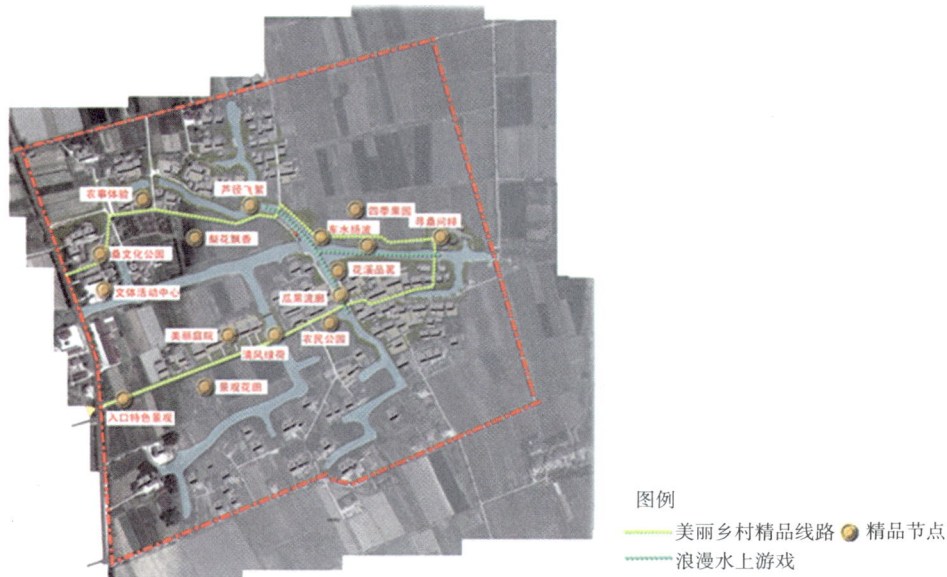

图例
- 美丽乡村精品线路 ● 精品节点
- 浪漫水上游戏

图12-61 精品线路规划图

四季果园—车水扬波—芦径飞絮—梨花飘香—农事体验—桑文化公园—文体活动中心。

2. 分线路

农田—花田果园观光：景观花田—四季果园—梨花飘香。

农事—游乐采摘体验：瓜果流廊—农事体验。

农情—乡村风情展示：花溪品茗—寻桑问梓—车水扬波—芦径飞絮—桑文化公园。

农居—田园生活体现：入口特色景观—美丽庭院—清风绿荷—农民公园—文体活动中心。

（四）河道景观规划

通过研究村庄水系肌理特点，结合其各自的现状条件，将贯穿村庄的水系划分为五段不同主题的"花溪"，将水乡的田园风光与四季之景融合其中（图12-62）。

1. 花海融喜、梦泽飞鹭

该段水系以突出春景为主，在水岸两侧分层种植多种花卉，结合村庄现有的大片梨树，营造出春日草长莺飞、梨雨芳菲、繁花盛开的景象，将盎然的春意融于花海之中。

2. 瓜果流香、绿荫水廊

该段水系以突出夏景为主，利用水系较狭窄的特点，在水系上方构架一条绿荫廊架，廊架上瓜果生长，夏季来临时浓荫遮蔽，瓜果飘香，游客泛舟于绿廊之中，既可感受采摘瓜果之趣，又能在炎夏里得清风致爽之乐。

3. 荻芦飞雪、凝露秋色

该段水系以突出秋景为主题，充分利用水系两侧原有的芦苇等植物，充分发挥乡村特有的粗犷野趣之美，使游客感受到"落霞与孤鹜齐飞，秋水共长天一色"的诗意。

4. 踏雪寻梅、梨香樱艳

该段水系以突出冬景为主，在水系两侧种植梅、樱等树种，在冬季时节万物寂寥之时，游人可踏雪寻梅，体味梅香傲放之芬芳。

5. 严肃绿垄、田园水车

将该段水系与村庄入口处景观相衔接，营造出水乡田园的景观基调，在水岸边布置富有乡土趣味的水车，利用旋转水车的动势衬托出田园水乡的恬静韵味。

（五）建筑模式规划

建筑整治以建筑立面色彩改造为主，结合功能区的分布，营造浪漫、甜蜜婚庆活动体验，宁静、安逸的住宿空间，欢乐、喜悦的农家乐氛围，简约和谐的生活气息、色彩与花溪相呼应，使整个村庄活泼起来（图12-63）。

（六）庭院模式规划

根据潘家浜现有的庭院结构，进行合理的规划设计，从而总结出三种主要整治模式，如图12-64所示

（七）道路景观规划

以方便村民为本，结合游线的布局，处理好水、

花海融喜、梦泽飞鹭段
瓜果流香、绿荫水廊段
荻芦飞雪、凝露秋色段
踏雪寻梅、梨香樱艳段
严肃绿垄、田园水车段

图12-62 河道景观规划图

（a）简约、和谐生活

（b）浪漫、婚庆体验

（c）宁静、安逸住宿

（d）欢乐、喜悦农家乐

图12-63 建筑立面色彩模式

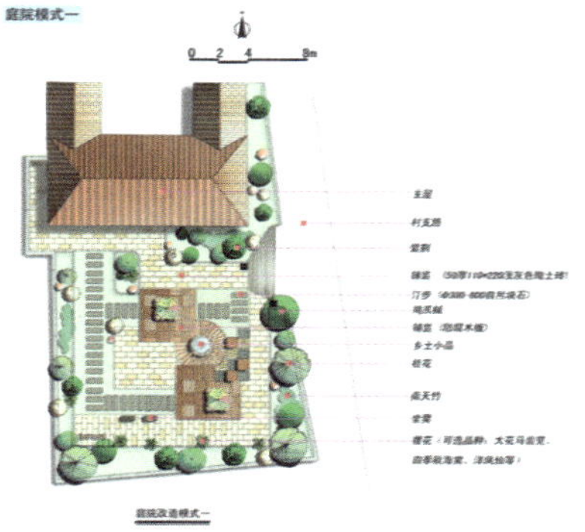

（a）模式一

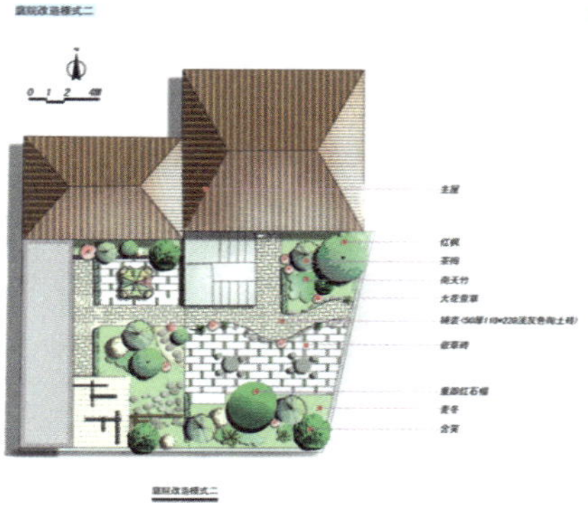

（b）模式二

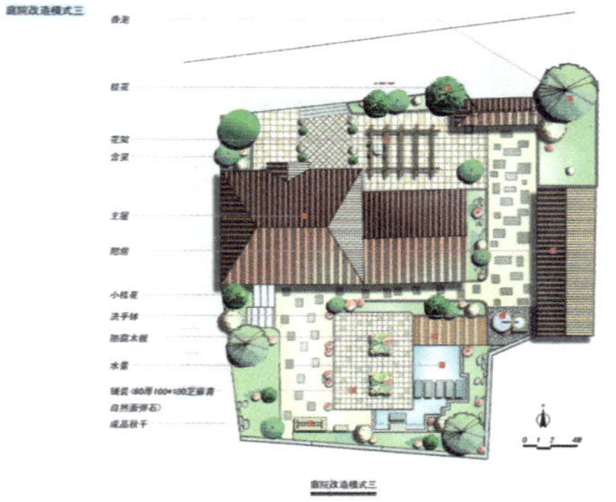

（c）模式三

图12-64 庭院模式规划图

路、桥的关系。拓宽入口道路至 5m，增加宽 3.5m 的村道，通过道路绿化、滨水绿化提升道路整体景观效果，增建一座景观桥连接村古梓重要节点，贯通村庄精品线路（图 12-65、图 12-66）。

（八）植物规划（图 12-67）

1. 庭院绿化

绿化设计将观赏、功能、经济三者有机结合，房前屋后适当栽植高大乔木香樟、黄山栾树等，庭院里以玉兰、桂花、鸡爪槭等亚乔木以及月季、茶花等灌木栽植为主，达到绿化美化、遮阳降温、减少尘埃、保护环境的效果。

2. 公园绿化

村内的两个农民公园是村民休息、娱乐、儿童游戏及村民开会等各项活动的主要场所。绿化设计主要

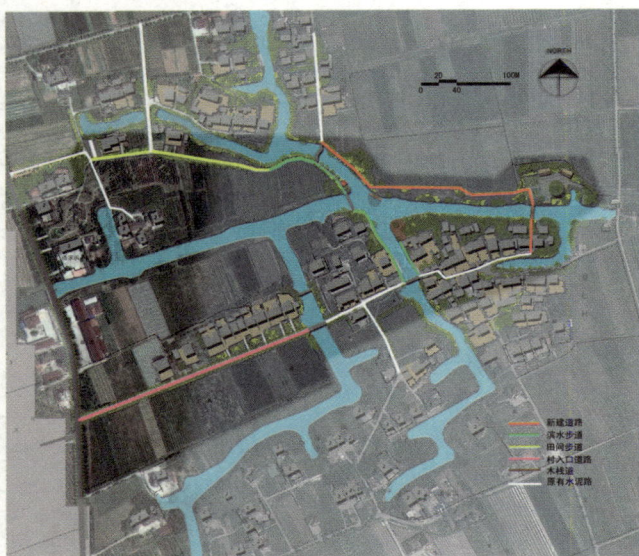

图12-65　道路景观规划图

图12-66　道路整治模式

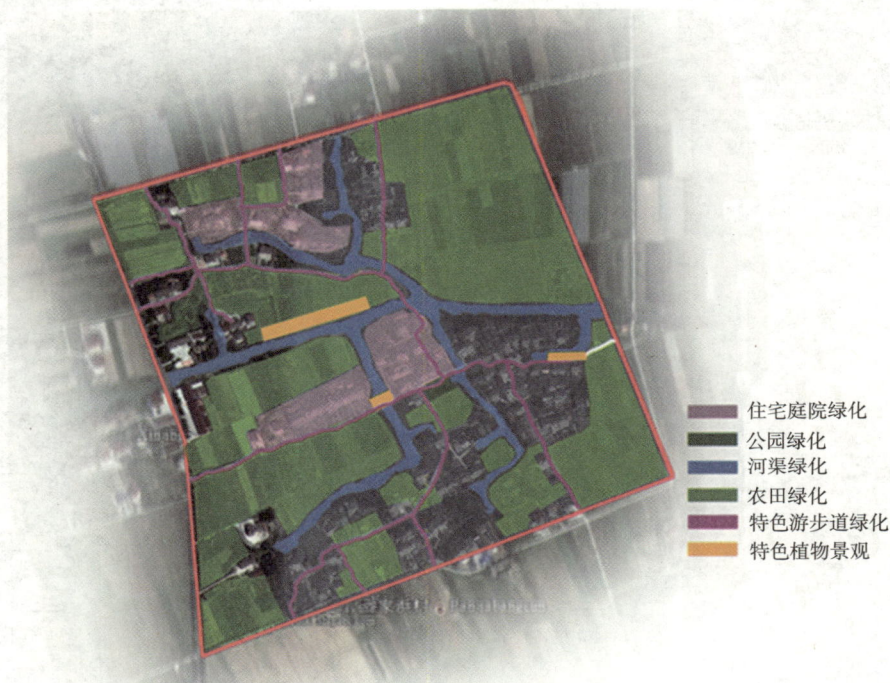

图12-67　植物规划图

住宅庭院绿化
公园绿化
河渠绿化
农田绿化
特色游步道绿化
特色植物景观

在原有绿化基础上增加一些色叶和开花植物，提升四季观赏景观。主要增加桂花、玉兰、红叶李、紫薇、樱花、蔷薇、茶梅等。

3. 河道绿化

河道绿化主要是指贯穿全村的溪流及其两侧的绿地绿化。绿化设计选用耐水湿植物及水生植物，通过植物配置达到软化硬质驳岸、净化污浊水体及美化河道环境的目的。树种主要有垂柳、枫杨、芦苇、菖蒲、水葱、鸢尾等。

4. 农田绿化

农田绿化主要是指特色农田景观的绿化设计。特色农田的植物选用具有观赏价值的农作物，如梨、桃、葡萄、向日葵、薰衣草、油菜花等。

5. 道路绿化

根据道路等级分别进行绿化。主路绿化选用香樟、悬铃木等高大挺拔、树形优美的乔木，与金叶女贞、紫叶小檗、侧柏等灌木结合。小路两侧可种植趣味性较强的野花野草，如紫茉莉、葱兰、蒲公英等。

6. 特色植物景观

分别以梨、荷花、芦苇为主的植物景观营造梨花飘香、清风绿荷、芦径飞絮等景观节点。

（九）产业规划

1. 第一产业：优化、整合、提升

（1）以现状产业资源为依托，围绕"故里新曲，浪漫水乡"的规划定位，大力发展绿色生态农业，包括绿色果树、有机蔬菜等栽培、种植，使其成为本村的支柱性基础产业。

（2）对现有农产品种植区进行梳理整合，尽量使同一农产品较集中分布，有利于栽培管理。

（3）引进先进栽培技术和人才，培养优质品种，提倡绿色无公害果蔬，同时重视科技和观念创新，适应市场，增加部分反季节种植，提高种植效率和经济效益。

（4）创建新塍潘家浜水果品牌，打造地域农产品特色，提高品牌影响力和村庄知名度。

2. 第二产业：严格控制，适量引导

（1）当下暂时保留现已有的纺织厂，并适量引导，减少其对环境的影响，并提高产品质量，有利于当地桑蚕产业的发展。

（2）严格控制其他工业，尤其是有污染工业的引进，切实保护村庄环境，有利于村民的健康生活和更长远地发展。

3. 第三产业：大力提倡，逐步发展

（1）加强村庄基础设施建设和环境整治力度，改善村容村貌，提高乡村文明，为乡村旅游产业发展奠定基础，并以浪漫乡村为主题，以村庄特色果蔬产业为基础，"跨二进三"，逐步向乡村旅游业转型，并"一三联动"，带动村庄发展。

（2）加强乡村旅游市场营销，创新市场营销观念，与现阶段的旅游市场需求相适应，协调旅游发展与生态环境保护；增加宣传促销渠道，如参与旅游促销会议，通过展览宣传促销；编印旅游手册、乡村旅游公园简介，导游图等刊物宣传；制作旅游纪念品，如风光明信片、T恤衫等；与各大旅行社及宾馆联营；制作旅游标示牌，门票宣传等。

（3）开发特色浓郁、高品位的乡村旅游产品，增加高档次的旅游项目。本村结合实际和长远规划，在近期村庄整治的基础下，逐步开发婚庆特色产业，以婚庆产业强有力的市场拉力为村庄引进潜在的市场机遇，吸引游客，促进村庄整体发展。

（4）加强乡村旅游管理，明确管理模式，组织人员进行专业培训，提高业务知识、服务意识和管理理念，协调各个环节之间的关系，充分发挥乡村旅游的价值，为乡村旅游的发展提供良好的外部环境并实现可持续发展。

五、近期整治设计

（一）整治布局

本次整治的主要范围为游线周边可视区域，涉及楼夏、夏仁、张家浜三个自然村，结合美丽乡村建设目标，对村内现有道路，建筑，水系以及游憩设施建设，解决乱堆乱放问题，引导村民和游客行为；打造村庄特色的景观节点，为村民提供休闲游憩交流场所，提升村民生活品质（图12-68）。

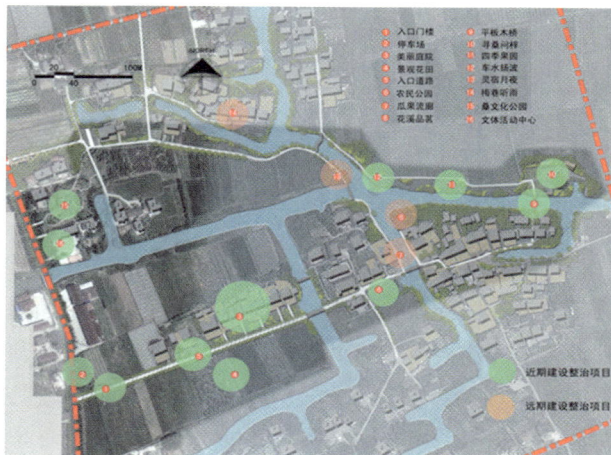

图12-68 总平面图

（二）入口景观设计

本入口方案以乡土竹木石材元素为主，设置村庄标志景观；拓宽入口道路至5m，在桑园地设置景观木栈道，增加桑园地的趣味活动性（图12-69、图12-70）。

（三）庭院整治设计

1. 庭院建筑整治方案一："果色果香"

庭院建筑立面采用"果色"进行改造，搭配简约的木质门窗和装饰；门前菜园周围设置栅栏，镶边种植吉祥草、美人蕉、

图12-69　入口景观平面图

图12-70　入口景观效果图

紫茉莉等草本，穿插种植玉兰、红枫等开花色叶树种，重点增加桃树、石榴、橘树等果树，营造"果色果香"的庭院氛围。

2. 庭院建筑整治方案二："古村风韵"

庭院建筑立面采用"白墙黑瓦"的江南水乡风格进行改造，搭配雕花的木质门窗和装饰；门前菜园周围设置木质栅栏，镶边种植吉祥草、美人蕉、紫茉莉等草本，穿插种植玉兰、红枫等开花色叶树种和桃树、石榴等果树，营造传统的庭院氛围（图12-71）。

（四）文体活动中心整治

文体活动中心建筑立面改造：文体活动中心采用江南水乡"粉墙黛瓦"的传统风格。墙面统一使用白色，配合木质门和木格窗使建筑古色古香。建筑柱子和二楼围栏用木材进行装饰，增加建筑整体的历史感。提升活动中心地面，适合增加植物软化活动中心空间（图12-72）。

（五）道路景观整治（图12-73）

1. 道路景观整治一

新建道路采用农村房屋拆迁留下来的碎瓦片铺

（a）整治前 　　　　　（b）整治方案一"果色果香" 　　　　　（c）整治方案二"古村风韵"

图12-71 庭院整治前后

图12-72 文体活动中心整治前后

（a）道路景观整治一 　　　　　（b）道路景观整治二

图12-73 道路景观整治

装，既节约成本又实用美观，具有农村乡土的味道，与农村整治风格一致。

2. 道路景观整治二

入口道路采用花境设计手法，上层增加樱花、玉兰等亚乔木，地被栽植二月兰、葱兰、美人蕉、吉祥草等，营造春天繁花似锦的植物景观。

（六）木栈道景观设计

三村交汇处设置一条木质栈道，方便村民的通行，营造一处建筑与水过度的空间，营造水乡临水而居的意境。同时配以花草点缀，提升河道两岸的精致度（图12-74）。

图12-74 木栈道效果图
（a）在村中区位；（b）木栈道平面图；（c）木栈道效果图；

图12-75 水车扬波效果图
（a）在村中区位；（b）现状照片；（c）效果图

（七）节点景观设计

1. 车水扬波

车水扬波节点位于水系交汇处，在此处增建一辆水车，再现乡村古景，使人们有回归故乡的感觉，蕴含出田园水乡的恬静韵味（图12-75）。

2. 梅巷听雨

小巷的村屋简单明快，将原有水泥路面改以青石板和卵石铺装，沿墙角设种植槽，细节中体现精致。

图12-76 梅巷听雨效果图
（a）在村中区位；（b）现状图；（c）梅巷听雨效果图

图12-77 灵宿月夜效果图
（a）在村中区位；（b）现状图；（c）灵宿月夜效果图

两边院落种植红梅，以沿阶草软化墙面，人在巷中走过，从容体会那份恬静和优雅（图12-76）。

3. 灵宿月夜

灵宿月夜节点位于灵宿庙遗址，增建一古亭，与远处古梓树相呼应，提供一个给村民在此赏水、纳凉、赏月的场所（图13-77）。

4. 花溪品茗

花溪品茗节点位于水系交汇处，拆除原有小瓦房改建为木质平台，设置木质座凳，来客可以凭栏看行船，近观车水扬波，就水乡韵味品茗江南茶（图12-78）。

5. 寻桑问梓

借助古梓树的氛围，利用古树农村印象中典型的

图12-78 花溪品茗效果图
（a）在村中区位；（b）现状图；（c）花溪品茗效果图

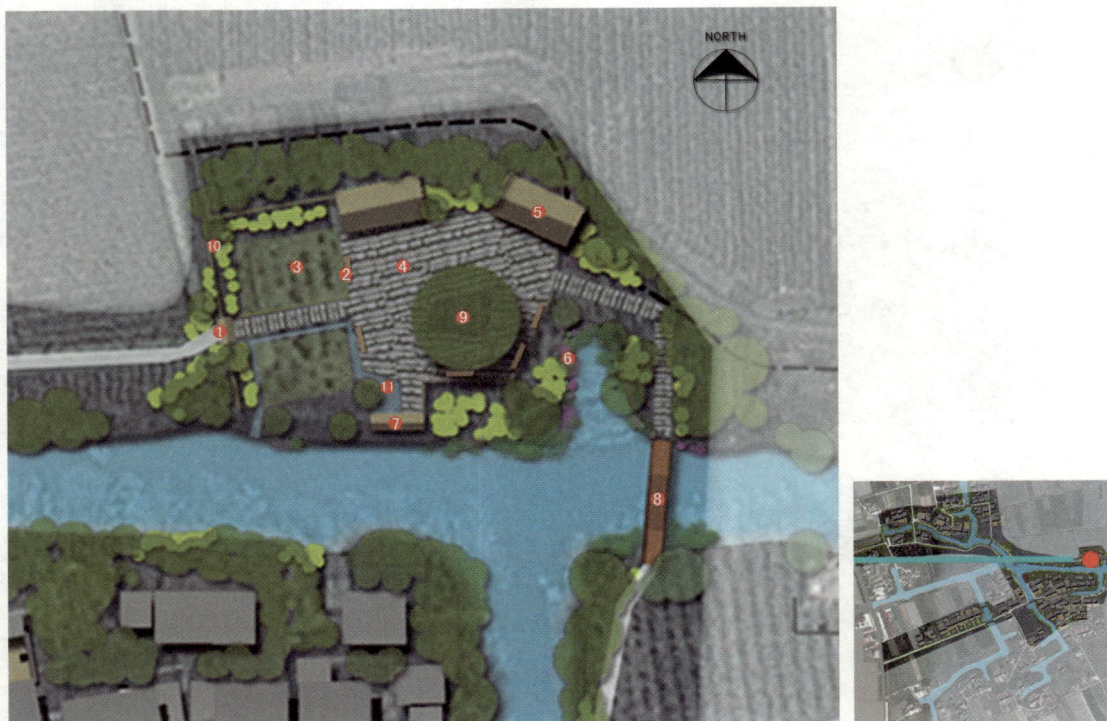

图12-79 寻桑问梓平面图
1- 茅草门；2- 坐凳；3- 灵宿庙遗址；4- 嵌草铺装；5- 茅草凉亭；6- 水生植物种植；
7- 水车；8- 曲桥；9- 梓树；10- 竹篱笆；11- 水渠

茅草屋以及最常见的物件，营造一种怀古的空间感觉，同时提供一个观赏千年古树的场地以及安静空间。古树周围以树皮为铺装，对其加以保护（图12-79、图 12-80）。

图12-80 寻桑问梓效果图

第四节 景宁县外舍管理区杨山村村庄建设规划

一、项目概况

（一）规划背景

景宁畲族自治县是全国唯一的畲族自治县，由于地域空间的限制，山重水阻，历来交通不便，景宁的社会经济也低于周边地区的发展水平。近年来，随着社会经济发展和人们生活节奏的加快，众多城市居民向往大自然真山真水，体会乡村宁静、悠闲，寻求返璞归真、回归自然的意愿已经非常突出。杨山村是一个历史悠久的古村，旅游价值极高，且作为"世外杨山"旅游景区的"核心人家"，"家"的形象极为重要，因此，村庄的建设规划成为首要任务，不仅为"世外杨山"旅游区提供良好的古村落环境，也是建设社会主义新农村的必然要求。

（二）村庄概述

1. 地理位置

景宁畲族自治县是华东地区唯一的少数民族自治县，又是全国唯一的畲族自治县，位于浙南与闽北山区的结合部。东临丽水市青田县、文成县，南衔泰顺县和福建省寿宁县，西接庆元县、龙泉市，北毗云和县，东北连丽水市莲都区。全县总面积1950km²，辖5镇16个乡1个管理区，人口17.5万，县政府驻鹤溪镇。

杨山村位于浙江省景宁县城东北20km，原属金钟乡，现属外舍管理区，地处岭根坑源头，小溪公路随坑而上（图12-81）。

2. 自然条件

（1）地形地貌

景宁地处洞宫山脉中段，两条基本平行的支脉，由县境西南向东北递倾，两壁迂回错折，山峦重叠，沟壑深邃。

杨山村区域内，峰峦如列，峡谷短浅，四面山岭

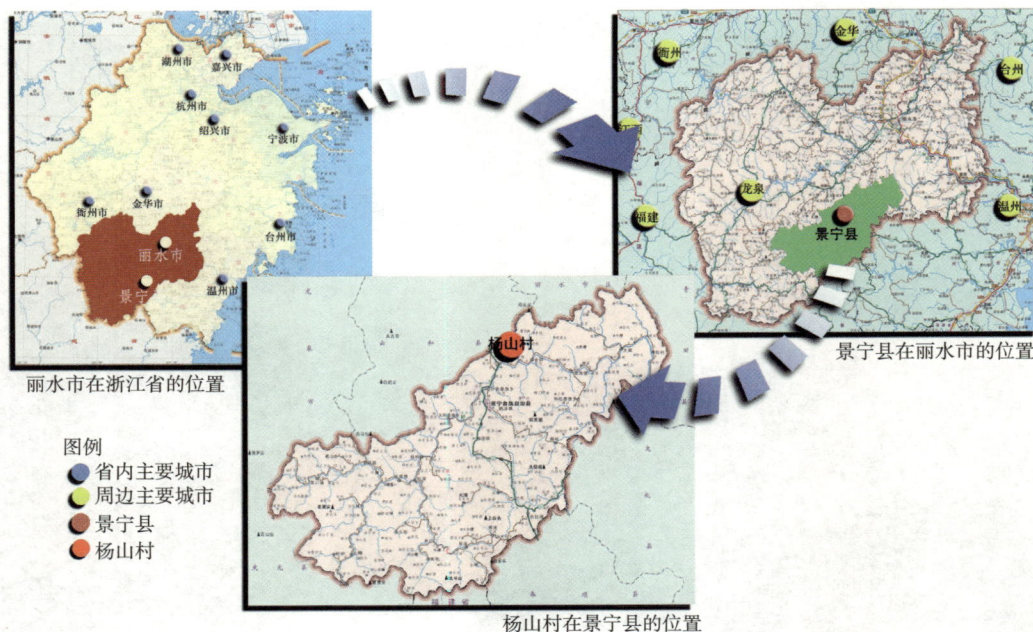

丽水市在浙江省的位置

景宁县在丽水市的位置

杨山村在景宁县的位置

图12-81　杨山村区位

锁扼,区域内闭合空间占多数。该地貌属浙南中山区,位于浙西南新构造运动上升区,以深切割山地为主,海拔一般在250～500m之间。主要有山地、谷地和台地三种类型。

（2）气候特征

境内属于亚热带季风气候,温暖湿润,雨量充沛,四季分明,冬夏长,春秋短,热量资源丰富。因周边地形复杂,海拔高度悬殊,气候垂直差异明显。海拔每升高100m,年平均气温约降低0.59℃。100m以下的河谷地区,年平均气温18℃左右;200～300m的丘陵地区,年平均气温17℃左右,400～600m的丘陵低山区年平均气温15～16℃左右。1月份为全年最冷月,月平均气温6.6℃,7月份为全年最热月,月平均气温为27.7℃。年平均降水量为1542.7mm,年日照时数1774.4h,年太阳辐射量102.2kcal/cm^2,年平均日照百分率仅为40%,为全省日照时数最少的县之一。

（3）水文

小溪是瓯江最大的支流,发源于庆元县浙闽边界的洞宫山,全长187km,流域面积3700km^2,年径流量达到39亿m^3,是本省水量最丰富的河流之一。小溪河流水文特性呈暴涨暴落,洪水期曾出现9490m^3/s

的最大流量（1960年6月10日）,枯水期也出现过仅有3.27m^3/s的极小流量（1967年11月1日）。

杨山村内的水系由小溪的支流构成,贯穿整个村庄及农田。村内小溪的支流宽窄不一,最宽处有5m左右,最窄处也有小于1m。规划区域内以山地为主,峰峦如列,峡谷短浅,四面山岭锁扼;宽阔的湖面水域,细长的峡谷支流,共同构成当地独特的地理条件,造就了清新的空气,宜人的气候,形成该地自然,美丽的山水风光。

（4）土壤

景宁土壤分4个土类,10个亚类,27个土属,52个土种。杨山村内的四个土类（红壤土类、黄壤土类、水稻土类、潮土类）都有分布,其中以黄壤土为主。母质以花岗岩等风化体的残、坡积物为主,有机质含量3%~5%。在一些高的夷平面上,坡度相对平缓的地方还分布有水稻土,这些地方位于构造断块上,边缘多明显构造断崖,走向平直。

（5）动、植物

杨山村内的植物较丰富,主要是以栎树类及松柏类植物为主,村内的后山上有一片古树林,随着村庄的建设而存在,具有较长的历史。但村内的植物绿化较杂乱,缺乏一定的景观性,动物资源也相对较匮乏。

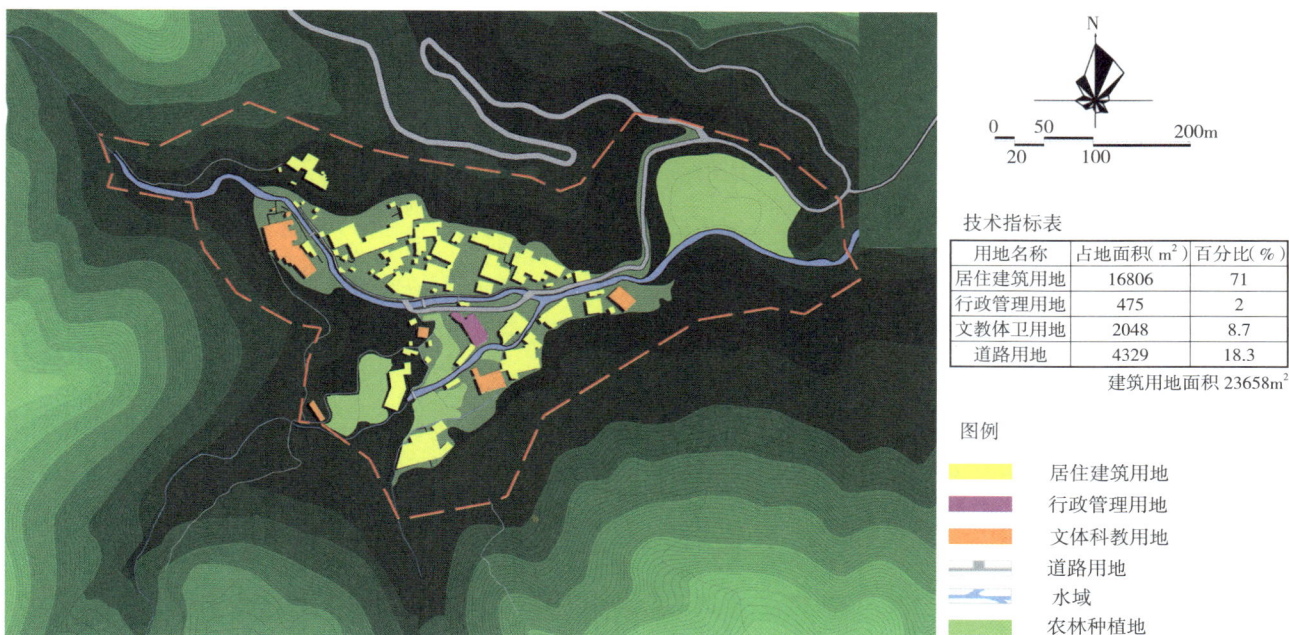

技术指标表

用地名称	占地面积(m²)	百分比(%)
居住建筑用地	16806	71
行政管理用地	475	2
文教体卫用地	2048	8.7
道路用地	4329	18.3

建筑用地面积 23658m²

图例

■ 居住建筑用地
■ 行政管理用地
■ 文体科教用地
─ 道路用地
≈ 水域
■ 农林种植地

图12-82 用地现状分析图

3. 历史沿革

追源溯史，周武王次子叔虞的后裔杨小五于南宋年间迁居杨山，成为杨山村杨氏一世，其儿子杨小十为杨山立基始迁祖。传至第十三世杨世锦，其他支族房族陆续迁出。据《杨氏宗谱》记载："自祖宗卜居斯土，苗裔繁衍，历经数百，从无异性杂处于此。即有一二他姓来此附居，然不一传湮灭也。"村中后代俱为杨世锦支族后裔，几乎是杨姓，杨山村名也由此而来。

清嘉庆陈之东曾写诗道："地缘杨氏号杨山，秀石为城境最闲。聚族同居尘不染，桃源胜迹寓其间。"诗里的杨山就是今位于景宁县东北部外设区块境内的杨山村。这里地貌奇特，风光旖旎，古民居保留完整，古文物原貌始存，人文景致并具。奇峰、奇石、古居、小桥、流水、人家，构成了一幅恬静自然的古村水墨画卷。

4. 社会经济概况

杨山村现有总人口约250人，耕地面积350亩，林业用地4100亩。经县人民政府批准为抗日战争时期革命老区村。这里保留有大量的古村落自然民居。2008年全村经济总收入148万元，其中农业产值97万元，工业产值6万元，服务业产值30万元，其他产值15万元，经济收入较去年有所增长。

二、村庄建设存在的主要问题

（一）村庄建设用地评价（图12-82）

居住用地：从整体面貌上看，建筑外形普遍较破旧，部分建筑质量较差；存在一定程度的安全隐患，村容村貌需要进行全面整治。建筑墙体多为夯土版筑而成，成为当地建筑一大特色。村内整体建筑风格较统一，但也有部分砖墙结构与整体不协调。现有村民住宅总建筑面积1.68万m²。

公共建筑：杨山村现有公共建筑包括村委会、杨氏宗祠、凤鸣朝阳、廊桥等。

（二）现状存在的主要问题

（1）未充分利用现有的自然资源和历史文化资源，村庄特色不明显，村庄形象尚未形成；

（2）缺乏村庄建设规划的指导。村庄内建筑布置杂乱，建筑密度大，街道狭窄，居住条件有待改善；

（3）村内缺乏公共空间，尚未建立有效的基础设施系统，导致现状村庄环境和景观相对较差；

（4）垃圾的处理没有形成一定的体系，垃圾堆放随意性较大，影响村庄环境及村民整体生活质量；

（5）保护意识亟待倡导。杨山村具有典型的古村落的特质，但长期以来村庄环境缺乏必要的控制措施和手段，对村庄建设控制不利，出现了大量的乱搭乱建的棚舍，新的破坏仍在发生，亟待严格控制。居民缺乏保护的意识，急需保护的专业指导和必要的政策宣传。

三、指导思想及原则

（一）指导思想

充分挖掘杨山村的特色资源，塑造杨山古村落的独特形象，发展古村旅游业及金钟雪梨农产业，为村民带来切实的经济效益，提高农村居民生活质量和农民素质。此外，村庄建设规划要认真贯彻落实科学发展观，符合党的十六届五中全会提出的"生产发展、生活宽裕、乡风文明、村容整洁、管理民主"的总的要求，创造文明、和谐、安全、舒适的农村环境。

（二）规划原则

坚持因地制宜，以人为本，特色鲜明，经济发展，保护环境的原则。

（1）村庄的建设规划要充分利用当地特色资源，打造村庄的形象名片，制定符合该村发展的规划方案，不能千篇一律。

（2）村庄布局应体现"保护、利用、改造、发展"的原则。对能反映地方文化特色的资源予以保护，符合村庄整体风格，质量较好的加以利用，影响整体景观效果的要拆除或加以改造，且用地布局要坚持节约原则。

（3）公共设施与基础设施的配套建设以及村庄布局要因地制宜，根据村庄人口及规模而定。

（4）坚持以人为本的原则，根据村庄自身特色，发展特色产业，增加村民收入，提高村民生活水平；改善村庄环境，提高村民生活质量。

（5）村庄建设规划应坚持远近结合，分期实施，突出重点的原则。

四、规划总则

（一）规划范围与期限

本村庄建设规划的范围为杨山村村域的全部范围，总面积为 43.36hm²。

本规划期限为 2009~2020 年，分为近期规划和远期规划，近期规划为 2009~2015 年，远期规划为 2016~2020 年。

（二）规划目标

1. 规划上位解读

杨山村的上位规划是《景宁畲族自治县县域总体规划（2007—2020）》以及《景宁县外舍管理区世外杨山旅游区总体规划》，《景宁畲族自治县县域总体规划（2007—2020）》系统的规划了近期景宁县的整体建设，给近期的新农村建设指明了方向。而《景宁县外舍管理区世外杨山旅游区总体规划》详细分析了杨山古村落的特点，挖掘出地方传统特色和资源优势，明确了杨山以古村落乡村旅游为主的发展方向。另外，又结合《景宁县外舍管理区世外杨山旅游区总体规划》中对杨山的发展定位以及《景宁县农家乐旅游发展规划》和"2009 保留村建设规划编制重点方向等情况表"等文件，进一步明确了古村的发展目标。

2009 保留村建设规划编制重点方向等情况表　表 12-12

乡镇名称	村庄名称	村类别	畲族村	特色村	村庄建设规划重点方向
外舍管理区	王金洋	中心村	畲族村		新建设为主
	岭北双坑口	中心村			新建设为主
	岗石	中心村	畲族村	乡村旅游	有机更新\保护整治\结合畲族古村落旅游
	杨山	基层村		乡村旅游	保护整治为主\结合杨山旅游区
	杨绿湖	中心村		乡村旅游	新建设为主\结合杨村旅游区
	潘坑	基层村		乡村旅游	有机更新\保护整治\结合杨山旅游区
	岭根源	中心村		乡村旅游	有机更新\保护整治\结合杨山旅游区

2. 规划目标

以"乡野古村"为总建设目标，加强古村特色的营造，改善村庄景观环境，因地制宜地推进基础设施改造，健全村级组织管理，把杨山村建设成为生态环境优美，居住环境良好，旅游特色明显的古村落。

图12-83　古村鸟瞰图

3. 规划理念

把握时代趋势，立足地域文化，凸显场所特征，形成自身特色。

（1）突出杨山村乡野古村的主题，结合"世外杨山"旅游区的创建，从而形成自身特色；

（2）以古村落特有的自然美、艺术美的原始气息作为村庄基调，创造清新宜人的生态休闲空间；

（3）强调杨山村独特的古文化历史，让人文气息充溢其中；

（4）强化杨山村的乡村风貌，恢复原生态的自然古村落风光。

五、村庄保护与整治规划

（一）保护与规划原则

根据不同的区域分别进行相应的保护与整治，使其既有古村落内涵，又符合社会主义新农村要求。保护对象主要为村域内的古祠堂、古宅、古树、古桥及传统街巷空间，其他区域以整治为主。

（1）保护内容分为村庄存在环境、历史载体、文化内涵三部分。保护对象主要为地域特征明显、能反映杨山历史发展的特色区域。规划中充分挖掘杨山历史文化内涵，形成高山文化的乡村格局，使其成为一处具有浓郁地方文化与优美景区相结合的历史文化古村。

（2）保护与整治的重点集中体现在建筑立面改造上，在恢复杨山自然古村落风光的同时，满足村民日常生活的需要（图12-83）。

（二）保护与整治框架

（1）节点：古村落文化游览节点、景观休憩节点、交通节点。

（2）区域：住宅群区域、农产业区域。

（3）修复：文保点及周边建筑。该范围内的修建活动须在有关部门和专业人士指导下进行，建设以维护、立面整治、修复及内部更新、环境改造、清理破坏风貌建筑为主要手段，周边建筑立面要与文保点建筑形成统一的建筑风格，如杨氏宗祠、凤鸣朝阳等（图12-84）。

（4）建筑材料及风格：采用地方材料，如石材、夯土、木材和灰瓦等，反对使用塑料、沥青、不锈钢、有色玻璃及其发光的材料；建筑风格仍沿袭当地原始风格，立面仍保持夯土版筑，色调为土黄色。

（5）主要街巷景观整治：清理景观视廊，拆除违章建筑，增加绿化面积，整治和恢复街巷石板路和卵

整治

保护修缮

新增建筑：汲取本土建筑元素和体量尺度，新增几处公共建筑，利于古村旅游业的发展。

图 12-84　建筑保护整治意向图

石灰砖铺路。

（三）建筑分类评价及整治措施

1. 建筑分类

根据规划区内建筑风貌特征的完整程度，结合历史文化价值和建筑特色分为三类，分别对应不同的整治措施。

一级建筑——内外结构完好，建成时间较短，无碍村庄公用设施等建设的建筑（图 12-85）。

二级建筑——结构完好或稍有损坏，但无碍村庄近期发展的建筑（图 12-86）。

三级建筑——修建年代久远，结构有损坏或损坏较严重，有碍村庄重要公共设施或基础设施建设的建筑，有严重消防隐患的建筑，以及临时搭建的简易房、棚舍等（图 12-87）。

图12-85　一级建筑

图12-86　二级建筑

图12-87 三级建筑

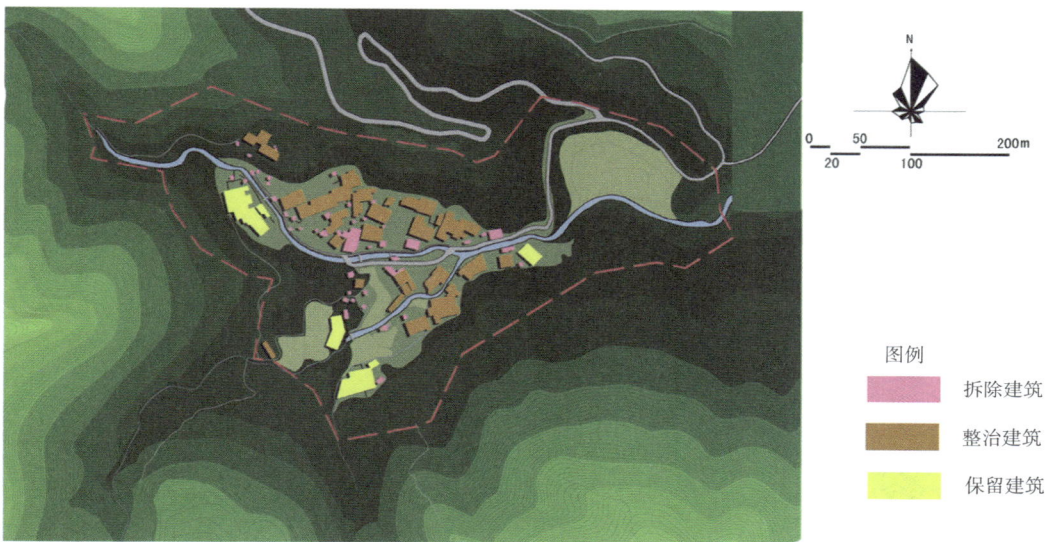

图12-88 建筑整治规划图

图例
拆除建筑
整治建筑
保留建筑

2. 建筑整治措施

一般情况下尽可能保留一级建筑，整治二级建筑，拆除三级建筑，其中有文化价值的老建筑，应整修、保留并加以保护（图12-88）。

（四）整治规划

1. 整治重点

按照区块分割，各负其责的整体构思，分别对村庄内道路沿线建筑及脏乱民居庭院、露天茅厕、附属建筑及农用生产杂房进行全面拆除、改造、改建。古民居、古建筑则加强保护为主，慎重改造，加强绿化。

2. 道路整治

杨山村内道路部分进行石板重新铺砌，并整修引水沟和路面美化。结合杨山村的整体风格，在保持原始古村落的前提下，对村内的部分村道进行新建或修复，对坑洼、脏乱的村内小道进行路面硬化（图12-

89、图12-90）。

3. 建筑整治

规划严格保护具有历史价值的古建筑，通过修缮加固和洁华；对与传统建筑风貌不协调的砖混结构建筑进行拆除（图12-91）。

建筑格局：建筑群体组合借鉴传统空间手法，保护传统空间关系和原始建筑构成肌理，与自然环境协调统一。

建筑形态：通过局部调整、外观整饬等方法使之与古村落风貌相协调，新建建筑应从传统民居形态中进行提炼和概括，借鉴传统民居的建筑符号。

建筑立面：风格体现浙南传统山地民居特色，追求古朴自然，采用石材、木材等进行改造；对有"赤膊墙"现象的，要统一进行粉刷，并与周围环境统一。

图12-89 杨山村道路现状

图12-90 道路整治意向图

整治前　　　　　　　　　　　　整治后

图12-91 建筑整治效果图

4. 环境整治

杨山村的环境整治包括两个方面，即绿化环境整治和卫生环境整治。

（1）绿化环境以美化环境，四季有花为目的，集合绿化营造更多的休憩空间，但必须体现以人为本和地方性的特点。绿化环境包括街道绿化、村民庭院绿化以及村庄内部的点状绿化整治。

道路绿化：现村内道路两侧基本无绿化，规划完善村内主路、次路两侧的绿化工作，恢复传统绿化形式和树种。对现有矮小灌木和杂乱小树予以清除，通

过拆旧添绿和新增绿地等手段，彻底改善村内绿地较少的局面。绿化设计手法以植物造景为主，乔灌草相结合，提高其绿化水平。绿化植物可采用桂花、香樟、槐树等。

水系沿岸绿化：现村庄内溪流受到生活垃圾等的污染，沿岸两侧绿化杂乱，基本无景观性。规划进行清除河道淤泥，清除水面垃圾，净化水体；清除淤塞，疏通河道，之后完善沿岸两侧绿化，多采用云南黄馨此类的藤蔓植物，营造古村落自然的河道风光。

庭院绿化：利用房前屋后"四旁"种花植树，应

香樟	银杏	杜英	枫香	黄山栾树	池杉	黑松	乐昌含笑

红枫	桂花	桃花	梅花	竹子

配植意向图

葱兰	茶梅	黄花菜	麦冬

配植意向图

水蜡烛	射干	黄花水龙	凤眼莲

图12-92 植物选择意向图

依据庭院的立地条件（土壤、光照、水分、通风等），因地制宜，适地适树，绿化植物可采用柿树、银杏等庭院植物。院落围墙最好改造为通透或半通透式，以利增加光照和通风（图12-92）。

（2）卫生环境整治。主要针对村内卫生环境进行整治，拆除村庄内现有的村民自建的露天厕所，增设公共厕所，设置垃圾箱和设置小型垃圾转运站。规划普及水冲式卫生厕所，设置生态厕所约3座。废物箱8个，垃圾做到日清日运，运送至垃圾中转站集中打包后再转运至垃圾填埋场处理。

5. 整治时序

整治规划分为二期：一期实施：建筑整治、道路整治；二期实施：村庄景观整治、环境整治。

6. 保护与整治措施

（1）统一思想，广泛宣传历史文化保护和建设社会主义新农村的重要性，在全社会逐步形成共识。

（2）历史文化保护属于政府职能范畴，应主要负责规划的实施工作，对于参与保护规划的资金运作和开发行为，政府应进行妥善的控制引导和监督。

（3）保护整治的同时着重改善居住生活设施，提

高村民生活质量。

（4）政府应利用好国家财政拨款、地方财政性拨款、集体单位、社会赞助、行政拨款和村民筹款等资金。

六、村庄建设发展规划

（一）总体发展战略

把保持古村风貌和维护生态环境作为基本原则，积极发展旅游业和特色农产业，为当地居民营造良好生活环境的同时，还为其带来切实的经济效益。整个村庄规划远期强调高起点，近期强调操作性。

（二）发展目标

1. 近期目标

紧紧围绕杨山村的资源特色和景宁旅游发展的战略布局，力争通过5年的努力，抓好村庄的整治工作，打造杨山古村落旅游品牌。近期主要解决交通问题，村庄建筑整治以及环境整治，形成古村特色明显，村容整洁的环境。

2. 远期目标

通过5年的努力，继续完善村庄公共基础设施和

旅游配套设施，建设少量符合古村风格的景观建筑，如：廊桥，茶馆，民俗表演场等，增加杨山古村的旅游资源；此外，加强村庄的环境绿化建设，将杨山村建设成为具有一定知名度的以乡野古村旅游为特色的环境优美的村落。

（三）人口规模规划

杨山村内现有人口约250人，且有较多外出打工，因此，根据现状人口发展的趋势以及符合其古村落的村庄定位，考虑环境的承载能力，规划后人口规模约控制在200人。

（四）规划布局

本次规划在景宁县县域总体规划和"世外杨山"旅游区创建总体规划的指导下，根据现状实际发展条件和需要，对原有规划进行了部分调整和深化，具体包括建筑建设规划和地块调整（图12-93~图12-95）。

1. 建筑建设规划

（1）对影响古村整体形象及视觉效果的临时搭建的简易房、棚舍、露天厕所等予以拆除。

（2）村庄内建筑整体风格较统一，但位于村口的红砖墙建筑影响整体风格，须予以拆除，改建为小型停车场，并配置公共厕所一座。

（3）村庄入口处结合杨氏宗祠及水龙风洞，建设一茶馆，并在水面架设一座具有当地特色的廊桥，通向该茶馆，供游人游览停憩之用。此外，设在入口处还有引人入胜的效果。

（4）村庄内位于商店旁的一建筑损坏较严重，存在安全隐患，予以拆除，改建为一幢半围合式的庭院，作为庭院经济的典型模式，仍作为村民居住之用。此外，充分利用拆除建筑留下的空地，为发展杨山特色古街的需要，建设一幢两层的临街商铺，一层作为商铺，二层为村民居住之用；在商铺西侧建设新村委办公楼，作为村政府行政办公之用，原村委改为幼儿园。

2. 地块调整

本规划依据《村镇规划标准》，村庄建设和山水古村落保护规划，对村庄用地重新做了合理的分布，从而满足村庄健康发展的需求。基本保留现有的居住用地，部分棚舍露天厕所等拆除留下的空地均调整为广场用地，原村委旁建设医疗卫生站作为医疗保健用地。为适应村庄的发展，将原村委西南侧1226m² 田地作为发展预留用地。

（五）村庄规划结构

杨山村总体布局规划为："一带、三区、三节点"

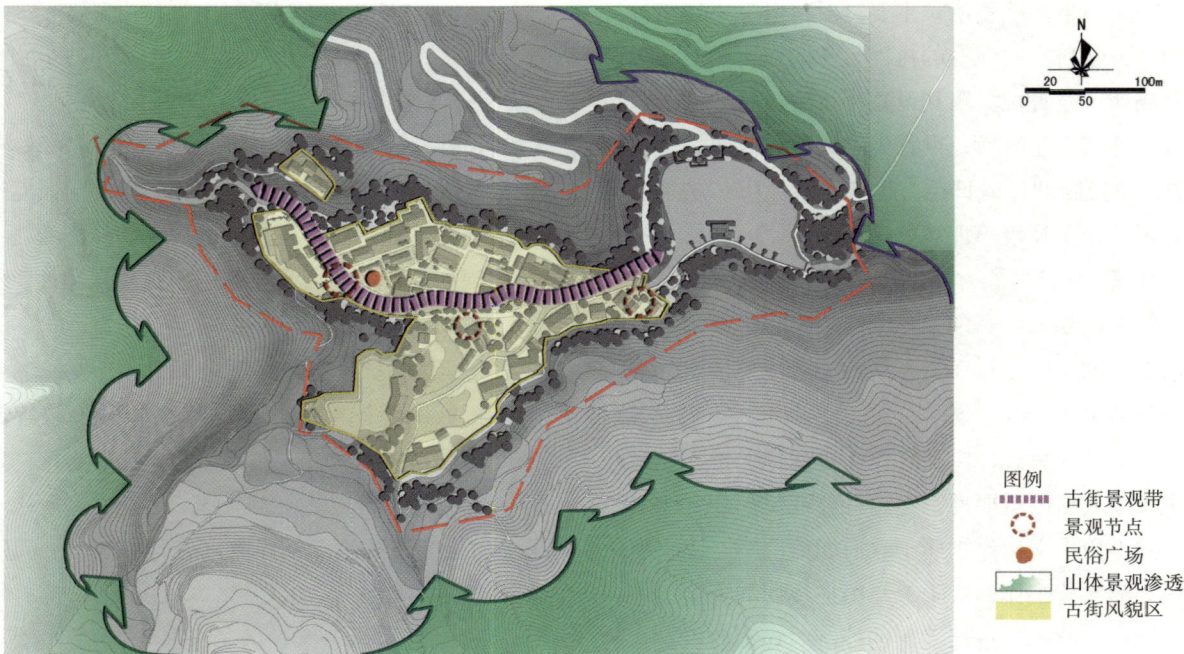

图12-93 景观整治规划图

图例
古街景观带
景观节点
民俗广场
山体景观渗透
古街风貌区

图12-94 规划总平面图

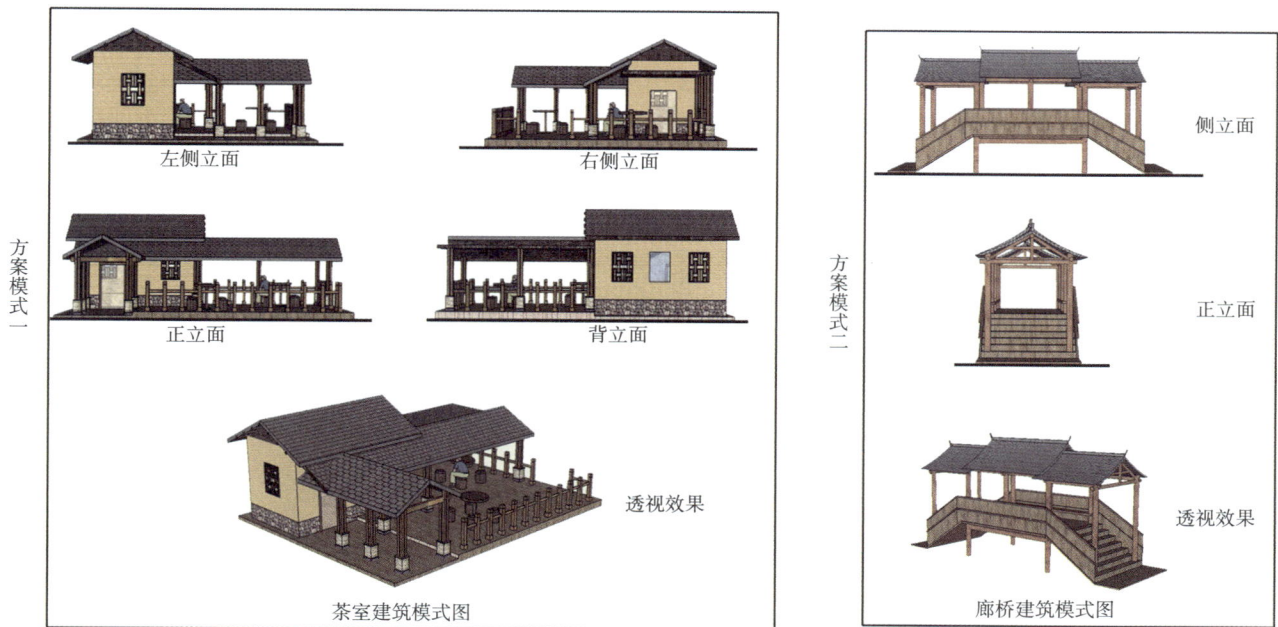

规划技术经济指标

规划户数：67户

规划人口：200人

村庄建设用地总面积：31816平方米

村庄建筑占地面积：14318平方米

村庄总建筑面积：19948平方米

① 苍穹古道
② 将军岩
③ 聚福泽
④ 观景平台
⑤ 廊桥虹影
⑥ 陋室铭香
⑦ 水龙风洞
⑧ 杨氏宗祠
⑨ 农家乐
⑩ 古街留韵
⑪ 民俗广场
⑫ 凤鸣朝阳
⑬ 杨公墓
⑭ 流金墓
⑮ 村委
⑯ 卫生室
⑰ 停车场
⑱ 幼儿园
⑲ 生态厕所

左侧立面　右侧立面

正立面　背立面

方案模式一

透视效果

茶室建筑模式图

侧立面

正立面

方案模式二

透视效果

廊桥建筑模式图

图12-95 新建筑规划图

（图12-96）。

一带——指自村庄入口处的水口开始，穿庄而过的主水系。水系两侧绿化形成带状景观带，同时，沿溪的商业古街也形成带状文化景观带。

三区——以主水系为分隔带，河道以北以村民住宅为主，形成一片古建筑群景观；河道以南以农产业为主，形成一片特色农产业田地景观；贯穿古村的水系汇入水口，形成以观光为主的休闲观光区。

三节点——入口集散（水口、停车场、廊桥、杨氏宗祠、茶室），服务与休闲（村委、农家乐、民俗表演广场），文化展览（凤鸣朝阳）。

（六）用地布局（表12-13）

1. 居住用地

规划严格控制新建住宅建筑风格、建筑高度和建筑体量与古村整体风貌相协调。

规划在保持现状格局的基础上，对质量较好的居住建筑采用内部结构修缮、外墙整修等形式进行保留改造；对居住用地内影响整体景观效果的棚舍和简易房予以拆除；对存在严重安全隐患的居住建筑予以拆除重建。新建建筑层数控制在1~2层，与整体建筑风格相统一。实现土地的节约、集约利用。

2. 公共建筑用地

根据杨山村的人口与规模及潜在游客量，合理配置杨山村的公共设施，在原有的行政管理用地、文体科技用地的基础上，增设了商业金融用地和医疗保健用地；将原有行政管理用地改为文教体卫用地，并将行政管理用地改迁至广场用地（新规划）一侧。

3. 公用工程设施用地

完善给排水、电力电信等市政设施配置，增设蓄水池、消防栓、公共厕所、垃圾箱、垃圾处理站等设施。

4. 道路广场用地

规划在现状的基础上对村庄的道路加以梳理改造，增设停车场地及民俗表演广场。

（七）公共设施规划

现状杨山村的社会服务设施较匮乏，只有村委及凤鸣朝阳、杨氏宗祠，且凤鸣朝阳和杨氏宗祠的公共服务功能未得到有效的发挥。规划将现有的村委改为幼儿园，新建村委行政办公楼改建至广场（新规划）一侧。结合原村委建立医疗卫生室及植保站，加强其周边环境的美化。增设村内公共广场用地，既可作为表演场地，向游人展示古村的民风民俗，又可满足村民日常集聚活动的需求，还可作为村民的晒谷场。对村内的3幢古宅及古祠堂进行保护性修缮，鼓励广大爱好者积极挽救和挖掘民间艺术，推进杨山古村落旅游业的发展（图12-97）。

（八）道路系统规划

规划在现状的基础上对村庄的道路加以梳理改造，解决道路狭窄，路面破损，无公共停车场等问题。

路网结构与总规衔接：规划路网由村镇道路（三级）、村内主路、山间小路组成。现村庄内村镇道路

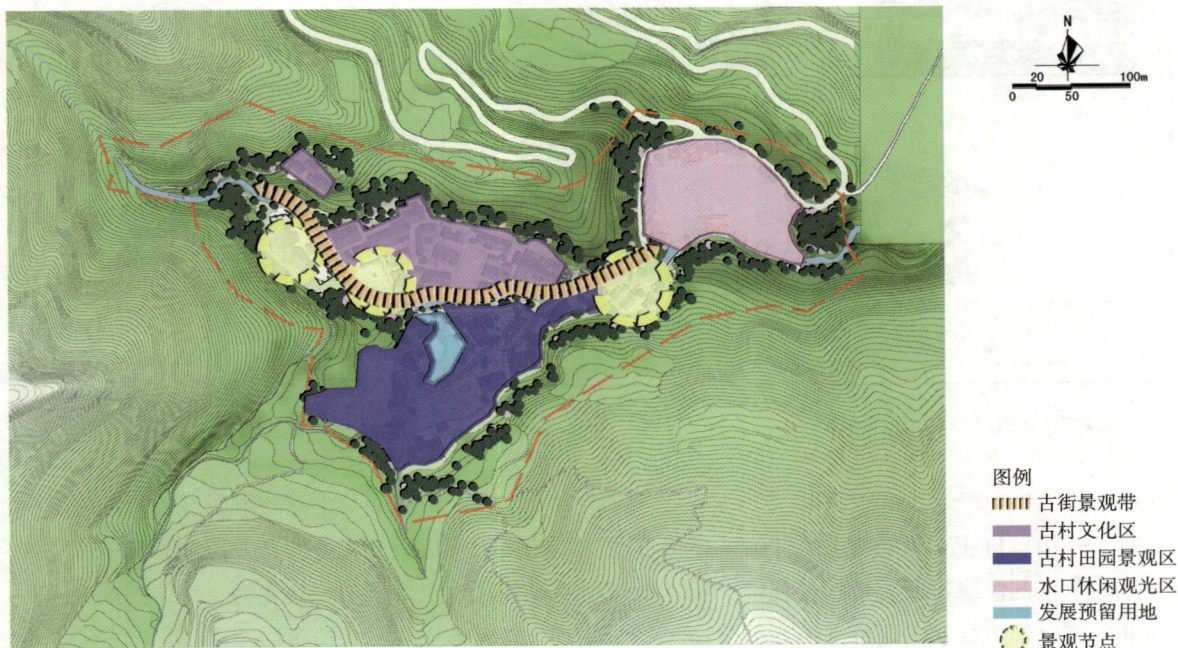

图12-96 规划布局结构图

图例
古街景观带
古村文化区
古村田园景观区
水口休闲观光区
发展预留用地
景观节点

用地规技术指标　　　　　　　　表 12-13

类别名称（大类）	类别名称（小类）	现状（m²）	规划人均（m²/人）	规划后（m²）	规划后人均（m²/人）
居住建筑用地	居民居住用地	16806	67.22	18750	93.75
公共建筑用地	文教体卫用地	2048	8.19	2669	13.3
	行政管理用地	475	1.9	156	0.8
	商业金融用地	0	0	465	2.31
公用工程设施用地	环卫设施用地	0	0	618	3.09
道路广场用地	道路用地	4329	17.32	5018	25.09
	广场用地	0	0	618	3.09
绿化用地	公共绿地	0	0	3760	18.8
水域和其他用地	水域	4582	18.33	12380	61.9
	农林种植地	52145	208.58	54256	271.28
村庄建设用地（m²）		23658		31816	
村庄预留用地（m²）		0		1226	
村庄规划范围用地（m²）		91914			

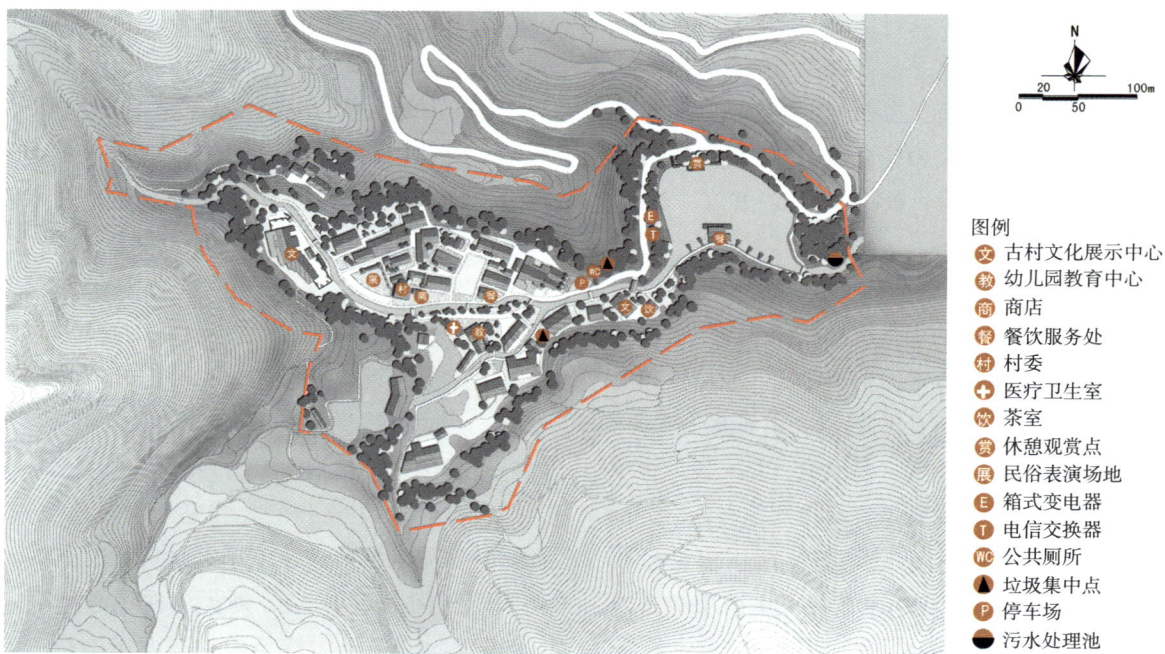

图12-97 公共服务设施规划图

图例
文 古村文化展示中心
教 幼儿园教育中心
商 商店
餐 餐饮服务处
村 村委
十 医疗卫生室
饮 茶室
赏 休憩观赏点
展 民俗表演场地
E 箱式变电器
T 电信交换器
WC 公共厕所
▲ 垃圾集中点
P 停车场
● 污水处理池

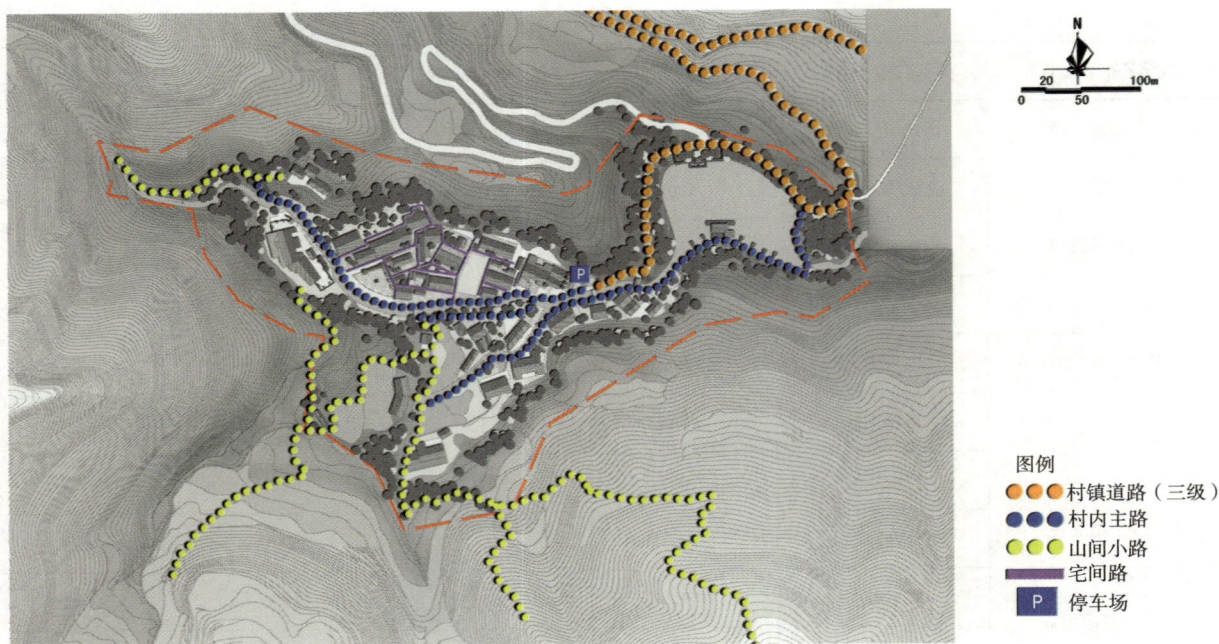

图12-98　道路系统规划图

（三级）和山间小路已基本完善，村镇道路（三级）为6m的公路与外界相连，可通汽车；通向山林及田埂的小路约1.5m，路面多为碎石或泥土。村庄内缺乏停车场地，在村庄入口处规划出290m²的小型停车场。因古村景点游览的需要，在村庄内的次水系的水边增设一条步行路，且在主水系上方增设两座石板桥，以增加水系两侧景点的联系，方便游客两边的穿插式游览，增加趣味性。此外，为符合整个古村的风格，将主路的水泥路面均改为青石板路（图12-98）。

（九）基础设施规划

1. 给水工程规划

杨山村现状无统一的供水设施，村庄内用水主要利用高山重力取水。充分考虑杨山村的区域位置和地形、地貌特点，确定村庄近期仍以高山泉水为水源。在距离村庄南侧高地处设置一蓄水池，并配备一些净水设施，通过沿道路铺设管道将水送到各家各户。

村庄人口按200人计，最高日生活用水量标准按100L /（人·d）计，公建用水按村民生活用水量的10%计，未预见用水量按总用水量的10%计，则杨山村的最高日用水量为24.2t。规划沿村庄道路一侧铺设DN100主给水管。沿给水管方向每隔120m设

消防栓，以保障村内消防安全（图12-99）。

2. 排水工程规划

杨山村现有部分雨、污合流管道，污水未经处理直接排入河道。规划逐步改造形成雨污分流排水体制（图12-100）。

（1）污水系统

在杨山村入口的南侧水系下游，新建一处污水处理站，运用生态化处理，保护自然生态环境。采用雨污分流排水体制，生活污水通过DN200污水管统一收集后，送至污水处理站处理后排入河道。

（2）雨水系统

充分利用地形，尽量重力自流，就近排入附近河道，沿主要路铺设DN300雨水管，出水口适当集中设置。

3. 电力工程规划

全村规划按67户计，住宅用电负荷按6kW/户计，其他用电负荷按住宅用电总负荷的10%计，考虑同时利用系数取0.7，则预测村域总用电负荷为309.5kW。10kV电力线从岭根村变电所接入，在村口设置箱式变压器，10kV采用架空敷设，220/380V电力线采用地埋铺设，以有利于村庄景观和人身安全

图12-99 给水规划图

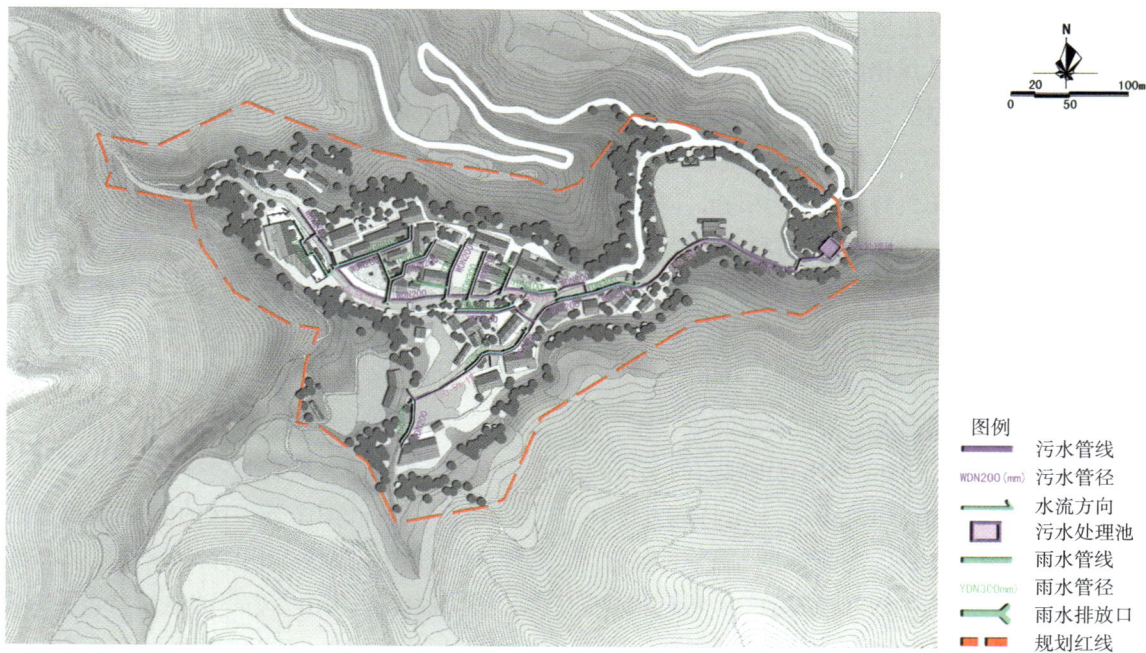

图12-100 排水规划图

（图 12-101）。

（十）绿地系统规划

充分利用杨山现有山、水等自然资源优势，形成"点、线、面"相结合的绿地系统。主要由公共绿地、

生产绿地和山体林地构成，形成"两带、多点、群山环抱"的空间格局。

两带：滨水绿带和道路绿带，结合临水商业古街进行布置。

图12-101　电力电信规划图

图例
■ 10kV 电力线路
■ 电信线路
■ 220/380V 地埋电力线路
■ 地埋电信线路
■ 箱式变压器
■ 电信转换器

多点：规划出村委及民俗广场两个绿化景观节点以及村庄内部的多个点状绿化。

（十一）产业发展战略

发挥杨山古村落的特色优势，以古村旅游服务业为龙头，以特色农业、花鱼禽种养业为依托，以农副产品和特色加工为延伸，实现富民强村和可持续发展。

1. 古村旅游服务业

以杨山村的古村落特质为依托，发展集"吃、住、娱、购、游"为一体的旅游服务业。根据村庄的规模，利用杨山村十九号的位置优势，发展一家"农家乐"，为游客提供吃、住服务。此外，利用杨山村内的水系，沿水系发展一条商业古街，主要售卖当地特色古玩、农副产品，满足游客娱、购、游的需要。重点要抓好特色文化休闲、农家生产生活互动展示二大特色旅游活动，其中"文化休闲"主要是古村文化的体验，形式包括村庄古建筑观光和特色文化体验（凤鸣朝阳、杨氏宗祠、民俗表演、篝火），"互动展示"潜力大、方式多，为农家乐主要活动形式。

2. 种养业

杨山村农民的主要收入来自于水稻、番薯、油菜和蔬菜种植等。在稳定粮食生产的同时，可积极发展高山蔬菜、池田鱼类、家禽及小型畜类养殖。此外，当地的金钟雪梨为全村特色经济作物，需引导发展做强。池田鱼类、家禽及小型畜类除直接经济收益外，重点要为农家乐旅游服务业提供餐饮原料。

3. 加工业及其他产业

加工业的重点是蔬菜（腌制）、干果和陶类工艺品加工，要努力从原料生产型向原料产前、产中、产后的关联产业延伸。结合产业需求，采取"送出去"和"拉回来"的双向策略，提高生产经营人员素质和结构合理性。

（十二）旅游发展规划

结合"世外杨山"旅游区的创建，发展杨山的"乡野古村"旅游。现状杨山的古村落特质未得到充分挖掘，规划中以"杨山六古"为旅游特色——古祠堂、古宅、古道、古树、石桥、古墓，增设了符合古村文化的景观节点，通过道路及石桥的连接，将杨山古村的整个景点连为一体，为游客营造步移景异的旅游环境（图12-102）。

游线组织：

主要旅游路线：苍穹古道—将军岩—聚福泽（观景平台）—廊桥虹影—杨氏宗祠—水龙风洞—陋室茗

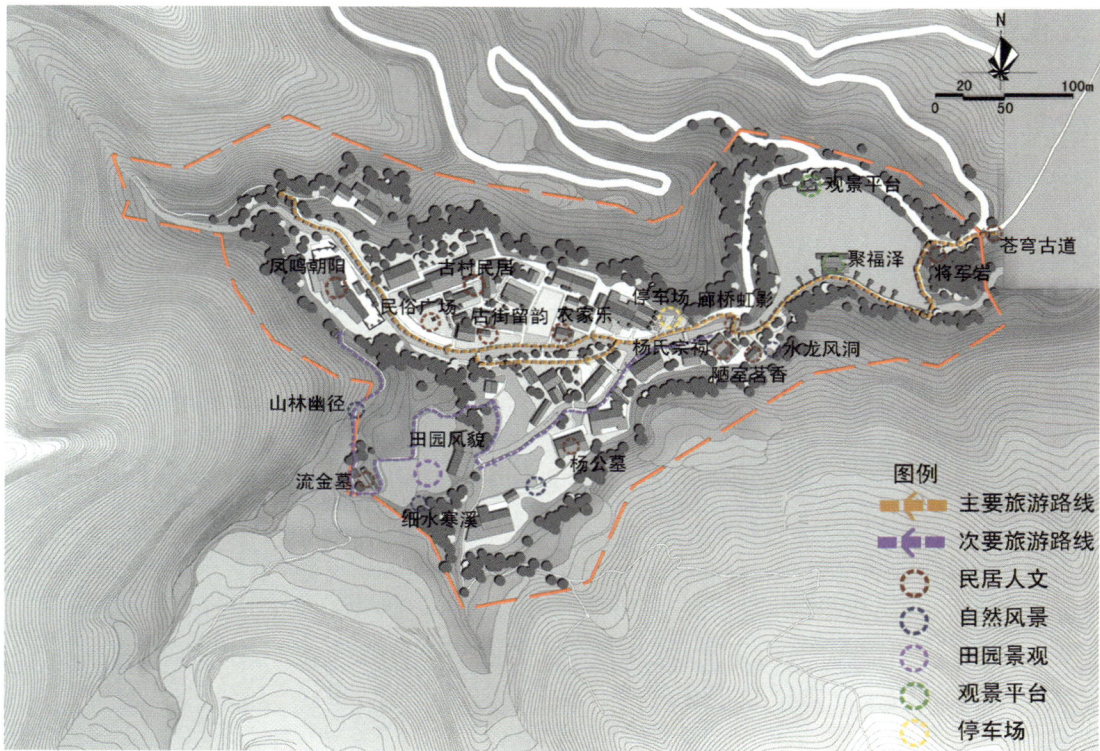

图12-102 旅游路线规划图

香—农家乐—古街留韵—古宅游览—民俗广场—凤鸣朝阳；

次要旅游路线：苍穹古道—将军岩—聚福泽—

廊桥虹影—杨氏宗祠—水龙风洞—陋室茗香—杨公墓—细水寒溪—田园风光—流金墓—山林幽径—凤鸣朝阳。

参考文献

[1] 刘克刚. 当代乡村特色要素构成研究 [D]. 昆明：昆明理工大学，2008.

[2] 刘黎明. 乡村景观规划 [M]. 北京：中国农业大学出版社，2003.

[3] 肖锋，欧宁. 中国乡村建设的最大难题：农二代三代回不去进不来 [J]. 新周刊，2012（24）.

[4] 闫艳平，吴斌，张宇清，冶民生. 乡村景观研究现状及发展趋势 [J]. 防护林科技，2008(05)：105-108.

[5] 王勇，俞孔坚，唐智刚，郑长生. 请留住田园风光 [J]. 中国供销商情（村干部），2007(01)：26-28.

[6] 熊培云. 一个村庄里的中国 [M]. 北京：新星出版社，2011.

[7] 张弢，苏婧. 保护·模仿·再生——新农村建设中保持乡土景观元素的探析 [J]. 风景园林，2008(22)：04.

[8] 田甜. 城市化产生的城乡景观生态问题 [J]. 安徽农业科学，2011,39(17):10604-10606.

[9] 俞孔坚，李迪华，韩西丽，栾博. 新农村建设规划与城市扩张的景观安全格局途径 [J]. 城市规划学刊,2006(5):38-45.

[10] 朱宇恒，吴锐. 和而不同：新农村风貌规划建设的方针和原则——以长兴县五个乡村更新实践为例 [J]. 城市问题，2010(09).

[11] 姜丽. 浅谈新农村形式下的乡村色彩规划 [J]. 魅力中国，2009（18）：54-56.

[12] 汪梅，王利炯. 乡村景观的二元性刍议 [J]. 安徽农业科学，2006，34（24）：6492-6495.

[13] 惠中. 人类与社会 [M]. 北京：高等教育出版社，2007：1.

[14] 刘滨谊，陈威. 关于中国目前乡村景观规划与建设的思考 [J]. 城镇风貌与建筑设计，2005(9)：45-47.

[15] 周心琴，陈丽，张小林. 近年我国乡村景观研究进展 [J]. 地理与地理信息科学，2005(3)：77-81.

[16] 王云才，刘滨谊. 论中国乡村景观及乡村景观规划 [J]. 中国园林，2003（1）：55-58.

[17] 方晓灵. 法国景观概况——景观概念及发展中的主要问题 [J]. 城市环境设计 2008 (2):12-14.

[18] 邹志平. 安吉中国美丽乡村研究模式 [D]. 上海：复旦大学，2012.

[19] 王云才. 现代乡村景观旅游规划设计 [M]. 山东：青岛出版社，2003.

[20] 邹德侬，刘丛红，赵建波. 中国地域性建筑的成就、局限和前瞻 [J]. 建筑学报. 2002(05).

[21] 王澍. 传统是人们理想中的过去 [J]. 生活，2008.

[22] 曾巧巧. 乡土景观营造初探 [D]. 昆明理工大学，2008.

[23] 卢云亭. 两类乡村旅游地的分类模式及发展趋势 [J]. 旅游学刊，2006（4）：6-8.

[24] 王继庆. 中国乡村旅游可持续发展研究 [M]. 哈尔滨：黑龙江人民出版社，2008.

[25] Michael Lancaster. Colorscape[M]. London：Academy Editions, 1996.

[26] 尹思瑾. 城市色彩景观规划设计 [M]. 东南大学出版社，2004：5.

[27] 刘英杰. 德国农业和农村发展政策特点及其启示 [J]. 世界农业,2004(02):36-38.

[28] 徐建春. 联邦德国乡村土地整理的特点及启示 [J]. 中国农村经济,2001(06)：75-80.

[29] 张晋石. 荷兰土地整理与乡村景观规划 [J]. 中国园林,2006(05):66-71.

[30] Wolfgang, Assfalg. The optimal use of agricultural landscape [J]. Applied Geography and Development, 1994, 41(2):132-140.

[31] Vos W H. Meekes trends in European cultural landscape development:perspectives for a sustainable

future[J]. landscape and urban planning, 1993,46:3-14.

[32] Forman R TT. Some general principals of landscape ecology [J]. Landscape Ecology,1996,10(03):133-142.

[33] 韩立民 . 韩国的 "新村运动" 及其启示 [J]. 中国农村观察 ,1996(04):62-63.

[34] 李乾文 . 日本的 "一村一品" 运动及其启示 [J]. 世界农业 ,2005(01) : 32-35.

[35] Masao Tsuji. Principal and Approach on Rural Planning, Rural Land Use in Asia and the Pacific [R]. Tokyo: APO, 1992:118-124.

[36] RUDA,G. Rural buildings and environment[J]. Landscape and Urban Planning, 1998, 41(2) : 93-97.

[37] TERKENL,S T. Towards a theory of the landscape the Agean landscape as a cultural image[J]. Landscape and Urban Planning, 2001, 57 : 197-208.

[38] 李振鹏 , 谢花林 , 刘黎明 . 乡村景观分类的方法探析——以北京海淀区白家疃村为例 [J]. 资源科学 ,2005,27(2):167-173.

[39] 余亚芳 . 生态博物馆理论在景观保护领域的应用研究——以西南传统乡土聚落为例 [D]. 东南大学 ,2006.

[40] 肖笃宁 , 钟林生 . 景观分类与评价的生态原则 [J]. 应用生态学报 , 1998,9(02):217-221.

[41] 陈莹 , 王旭东 , 王鹏飞 . 关于中国乡村景观研究现状的分析与思考 [J]. 中国农学通报 , 2011,27(10):297-300.

[42] 刘滨谊 , 王云才 . 论中国乡村景观评价的理论基础与指标体系 [J]. 中国园林 ,2002(05):76-79.

[43] 谢花林 , 刘黎明 , 赵英伟 . 乡村景观评价指标体系与评价方法研究 [J]. 农业现代化研究 ,2003,24(2):95-98.

[44] 陈波 , 包志毅 . 乡村景观规划中的环境管理评价 [J]. 地域研究与开发 ,2004 (01):93-95.

[45] 俞孔坚 . 自然风景景观评价方法 [J]. 中国园林 ,1986 (03):38-39.

[46] 俞孔坚 . 自然风景质量评价研究 [J]. 北京林业大学学报 ,1988(02):1-7.

[47] 宋凤 , 丁国勋 , 白红伟 . 风景资源评价初探 [J]. 山东林业科技 ,2009(02):141-144.

[48] 丁维 , 李正方 , 王长永 . 江苏省海门县农村生态环境评价方法 [J]. 农村生态环境 ,1994,10(02):38-40.

[49] 王云才 . 巩乃斯河流域游憩景观生态评价及持续利用 [J]. 地理学报 , 2005,(04):645-655.

[50] 张秋琴 , 周宝同等 . 区域土地可持续利用景观生态评价研究 [J]. 中国生态农业学报 ,2008,16(03):741-746.

[51] 彭一刚 . 传统村镇聚落景观分析 [M]. 北京 : 中国建筑工业出版社 ,1992.

[52] 范少言 , 陈宗兴 . 试论乡村聚落空间结构的研究内容 [J]. 经济地理 ,1995,15(02):44-47.

[53] 于淼 , 李建东 . 基于 RS 和 GIS 的桓仁县乡村聚落景观格局分析 [J]. 测绘与空间地理信息 .2005,28(05):50-54.

[54] 查志强 . 嵌入全球价值链的浙江产业集群升级研究 [D]. 华东师范大学 ,2008.

[55] 刘勇、刘东云景观规划方法（模型）的比较研究 [J]. 中国园林 , 2003(12):37.

[56] 吴剑平 , 闻雪浩 . 城市绿道的功能与布局方法 [c]. 转型与重构——2011 中国城市规划年会论文集 ,2011.

[57] [美] 洛林·LAB·施瓦茨编 .[美] 查尔斯·A·弗林克 , 罗伯特·M·西恩斯 . 绿道规划·设计·开发 [M]. 余青 , 柳晓霞 , 陈琳琳译 . 北京 : 中国建筑工业出版社 ,2009.

[58] 李万立 . 旅游产业链与中国旅游业竞争力 [J]. 经济师 ,2005(3):123-124.

[59] 凌茜 . 绿色营销——促进企业可持续发展的新战略 [J]. 营销策略 ,2012(7):18-19.

[60] 安吉政府工作报告 [R]. 2012.

[61] 村村优美 家家创业 处处和谐 人人幸福 [N]. 农民日报 ,2012-12-20.

[62] 陆文渊 , 钱文春 , 赖建红等 . 安吉白茶产业的现状及发展对策 [J]. 茶叶科学技术 , 2012(01):25-27.(01)

[63] "美丽" 成为安吉经济最大来源 [N]. 光明日报 ,2012-12-24.

[64] 李林峰 , 朱德举 , 刘黎明等 . 土地整理项目对乡村景观多样性的影响研究——以信丰县大塘埠镇土地整理项

目为例 [J]. 农业现代化研究 ,2006,27(03):234-237.

[65] 王仰麟 , 韩荡 . 农业景观的生态规划与设计 [J]. 应用生态学报 ,2000,11(02):265-269.

[66] 汤茂林 . 文化景观的内涵及其研究进展 [J]. 地理科学进展 , 2000(01):70-80.

[67] 刘之浩 , 金其铭 . 试论乡村文化景观的类型及其演化 [J]. 南京师大学报 ,1999(04):120-123.

[68] 欧阳勇锋 , 黄汉莉 . 试论乡村文化景观的意义及其分类、评价与保护设计 [J]. 中国园林 ,2012,(12):105-108.

[69] 刘红艳 . 关于乡村旅游内涵之思考 [J]. 西华师范大学学报 (哲学社会科学版),2005(2):15-18.

[70] 孙文昌 . 现代旅游开发学 [M]. 青岛 : 青岛出版社 ,2002.

[71] 邱云美 . 乡村生态旅游刍议 [J]. 安徽农业科学 ,2007(7):2067-2068,2116.

[72] 曹水群 . 乡村生态旅游概念辨析 [J]. 生产力研究 ,2009(17):25-27.

[73] 黄璜 . 浙江乡村旅游发展模式研究 [J]. 广州农业科学 ,2011(11):128-130.

[74] 刘沛林 , 董双双 . 中国古村落景观的空间意象研究 [J]. 地理研究 ,1998,17(1):31-38.

[75] 陈志华 . 北窗杂记 [M]. 郑州 : 河南科学技术出版社 ,1999 : 47-66.

[76] 王浩 , 孙新旺 , 李娴 . 乡土与园林——乡土景观元素在园林中的应用 [J]. 中国园林 ,2008(02):37-40.

[77] 王向荣 , 林箐 . 西方现代景观设计的理论与实践 [M]. 北京 : 中国建筑工业出版社 ,2002.

[78] 徐文辉 , 鲍沁星 . 新农村乡土景观的探索——重构安吉县山川乡山川村景观 [J]. 中国园林 ,2009(07):80-82.

[79] 陆瑛 , 段渊古 , 论 "形" 与 "色" 在景观设计中的应用 [J], 西北林学院学报 ,2007,22(4):192-195.

[80] 徐文辉 , 王琛颖 . 乡村色彩景观规划实践 [J]. 现代园林 ,2010(08):1-4.

[81] 吴肖淮 , 李重 . 旅游资源规划与开发 [M]. 北京 : 电子工业出版社 , 2009.

[82] 李秋月 . 黑龙江省乡村旅游资源开发对策研究 [D]. 哈尔滨 : 东北农业大学 , 2008.

[83] 韦杰 . 阳朔乡村旅游资源开发刍议 [J]. 绿色科技 , 2011(9) : 174-177.

[84] 谢晓岗 . 广西乡村旅游开发研究——以百色市为例 [D]. 南宁 : 广西大学 , 2008.

[85] 冯磊 . 沈阳市乡村旅游开发研究 [D]. 重庆 : 西南大学 , 2008.

[86] 李德明 , 程久苗 . 乡村旅游与农村经济互动持续发展模式与对策探析 [J]. 人文地理 , 2005(3) : 84-87.

[87] 邹统钎 . 基于生态链的休闲农业发展模式——北京蟹岛度假村的旅游循环 [J]. 经济研究 , 2005 (1) : 64-69.

[88] 张晶 , 刘舜青 . 贵州乡村旅游资源评价模型初探 [J]. 贵州社会科学 , 2007(9) : 124-127.

[89] 易金 . 乡村旅游资源评价与产品开发研究 [D]. 济南 : 山东大学 , 2007.

[90] 金艳春 . 乡村旅游资源定量评价体系研究 [D]. 沈阳 : 沈阳师范大学 , 2007.

[91] 杨雯 . 基于 GIS 的村镇民俗旅游资源评价 [D]. 北京 : 首都师范大学 , 2009.

[92] 王爱忠 , 娄兴彬 . 重庆乡村旅游资源类型特征及空间结构研究 [J]. 重庆文理学院学报 , 2010, 29(3) : 68-71.

[93] 范子文 . 观光、休闲农业的主要形式 [J]. 世界农业 , 1998 (1) : 50-51.

[94] 张文英 . 用可持续发展的观点看观光农业 [J]. 中国园林 , 1997, 13(2) : 47-50.

[95] 肖海林 . 休闲农业及其在我国的发展前景 [J]. 适用技术市场 , 1999 (8) : 4-6.

[96] 宋晓虹 . 生态旅游农业的发展及其创新意义 [J]. 贵州农业科学 , 2002, 30(1) : 59-61.

[97] 杨洪 . 湖南农业旅游开发初探 [J]. 农业现代化研究 , 2001, 22(2) : 174-176.

[98] 田喜洲 . 开发生态农业旅游的思考 [J]. 绿色经济 , 2002 (6) : 50-51.

[99] 范明月 . 大连市乡村旅游开发研究 [D]. 大连 : 辽宁师范大学 , 2005.

[100] 马勇 , 赵蕾 , 宋鸿 , 郭清霞 , 刘名俭 . 中国乡村旅游发展路径及模式——以成都乡村旅游发展模式为例 [J]. 经济地理 , 2007, 27 (2) : 336-339.

[101] 凯文·林奇.城市意象[M].北京：华夏出版社，2009.

[102] 苏颖.乡村旅游与传统文化重构——以日本乡村旅游为例[J].生态经济，2012（5）：154-157.

[103] 雷鸣，潘勇辉.日本乡村旅游的运行机制及其启示[J].农业经济问题，2008（12）：88-90.

[104] 冯凯.浅谈对法国乡村旅游文化的解析[J].东方企业文化，2012（8）：77-79.

[105] 范良文.乡村旅游合作促中法民间交流——访法国家庭旅馆联合会主席法赫雅斯[N/OL].中国旅游报，2012-03-23..http://www.ctnews.com.cn/zglyb/html/201203/23/content_46736.htm?div=-1.

[106] 周心琴.西方国家乡村景观研究进展[J].地域研究与开发，2007，26(3):85-90.

[107] 藤田武弘，杨丹妮.休闲农业发展之日本借鉴[J].农村工作通讯，2009(7)：16-17.

[108] 朱浩.乡村旅游业发展与新农村建设：日韩经验及启示[J].世界农业，2010(8)：13-15.

[109] 陈湘琴.日本城乡风貌形塑制度与景观计划实施之调查研究——以观光地区京都市为例[J].国立虎尾科技大学学报，1996，26（1）：81-96.

[110] Verena M. Schindler.欧洲建筑的色彩文化－浅析建筑色彩运用的不同方法[J].世界建筑，2003（9）：17-24.

[111] 李沁.浅论在旅游环境色彩设计中推广"色彩地理学"的意义[c]∥当代亚洲色彩应用——第四届亚洲色彩论坛文集，北京：中国纺织出版社，2007.

[112] 王东.关于城市色彩景观规划的探讨[J].交流平台，2006（11）：80-81.

[113] 熊云明，徐培.婺源乡村旅游资源禀赋及特征分析[J].安徽农业科学，2011，39(5)：3011-3012.

[114] 李树华.从乡村景观建设的城市化，走向城市景观建设的乡村化[J].现代园林,2007(12):1-3.

[115] 王永晶.浙江新农村乡土景观设计研究[D].杭州：浙江农林大学，2012.

[116] 刘波.乡土景观中的色彩元素控制[J].科协论坛,2010(1):116-117.

[117] 陈威.景观新农村：乡村景观规划理论与方法[M].北京：中国电力出版社，2007：9.

[118] 谢志晶，卞新民.基于AVC理论的乡村景观综合评价[J].江苏农业科学,2011,39(02)266-269.

[119] 宋建明.色彩设计在法国[M].上海：上海人民美术出版社，1999.

[120] 关于"色彩美学"的几点说明[EB/OL].2008-02-13. http://blog.sina.com.cn/s/blog_4a33effa010097uj.html.

[121] 德·阿尔伯斯.城市规划理论与实践概论[M].吴唯佳译.北京：科学出版社，2000.

[122] 陈宇.城市景观视觉评价[D].南京：东南大学出版社，2006：8.

[123] 日本建筑学会.设计师谈建筑色彩设计[M].张军伟，兰煜译.北京：电子工业出版社，2009：9.

[124] 黄晶.城市色彩的识别系统[D].武汉：华中科技大学，2004：5.

[125] 乔晓光.心灵的谱系——不同民族乡村生活中的色彩象征[J].美术观察，2006（2）:8-11.

[126] 刘燕华、李秀彬,脆弱生态环境与可持续发展[D],北京：商务印书馆，2001.

[127] 杨振之.论"原乡规划"及其乡村规划思想[J].城市发展研究，2011，18(10)：14-18.

[128] 进士五十八编.乡土景观设计手法——向乡村学习的城市环境营造[M].李树华等译.北京：中国林业出版社，2008.

[129] 俞孔坚.土地的设计——景观的科学与艺术[J].规划师,2004(2):13-16.

[130] 俞孔坚.生存的艺术[M].北京：中国建筑工业出版社,2006:10.

[131] 韩延明.地域景观与景观心理[J].山西建筑,2010,36(11):20-21.

[132] 梁本凡.新乡土精神与幸福家园[Z]新乡土运动论坛开幕,2005.

[133] 赵钢.地域文化回归与地域建筑特色再创造[J].华中建筑,2001(19):12-13.

[134]董万里.环境艺术的特征和设计原则[J].云南艺术学院学报,2003(03).

[135]张蓓.景观设计中具象要素的"形"与"意"[J].东南大学学报,2008(6):150-152.

[136]韩巍,刘焦.室外景观艺术设计[M].天津:天津人民美术出版社,2000.7-12.

[137]卜菁华,王玥.色彩观设计的目标与方法[J].华中建筑,2005,23(03):111-120.

[138]尹思谨.城市色彩景观的规划与设计[J].世界建筑,2003(9).

[139]曾巧巧.乡土景观营造要素研究初步[D].昆明:昆明理工大学,2008.

[140]崔炜,张万荣,李萌.山水田园诗意象对新农村景观建设的启示[J].中华建设科技,2011(2).

[141]裴欣.园林景观中的意义及其符号化的表达[D].北京:北京林业大学,2009.

[142]肖懋汴.长沙市城市建设问题中色彩问题的研究[D].长沙:湖南大学,2009.

[143]郭红雨,蔡云楠.色彩规划:景观规划设计的新视域[J].南京林业大学学报(人文社会科学版),2007,7(12):261-265.

[144]卓伟德,徐煜辉.浅谈城市色彩整合——基于整合原则的城市色彩规划方法[C]//提高全民科学素质、建设创新型国家——2006中国科协年会论文集(下册).2006:43-52.

[145]张岁丰,蒋涤非,刘庆.城市色彩景观规划设计初探——以株洲市城市色彩景观规划为例[J].中外建筑,2010(3):79-82.

[146]王浩.村落景观的特色与整合[M].北京:中国林业出版社,2008.

[147]萧加.中国乡土建筑[M].杭州:浙江人民美术出版社,2000.

[148]吉田慎吾.环境色彩设计技巧[C].当代亚洲色彩应用——第四届亚洲色彩论坛文集,北京:中国纺织出版社,2007.

[149]肖平西.建筑与色彩应用[J].重庆建筑大学学报,2005(02):19-20.

[150]宋建明,翟音,黄斌斌.浙江省城市色彩规划方法研究[J].新美术,2009(03).

[151]Winston Moore,Peter Whitehall.The Tourism Area Lifecycle And Regime Switching Models[J].Annals of Tourism Research,2005(32):112-126.

[152]潘顺安.中国乡村旅游驱动机制与开发模式研究[M].北京:经济科学出版社,2009.

[153]李钰杰.我国乡村旅游业发展研究[D].长沙:湖南农业大学,2011.

[154]任青丝.新疆兵团棉花产业集群发展研究[D].石河子:石河子大学,2008.

[155]宋玉兰,陈彤.农业产业集群的形成机制探析[J].新疆农业科学,2005(42):205-208.

[156]何东,邓玲.区域生态工业系统的理论架构及其实现路径[J].社会科学研究,2007(3):58-61.

[157]陈金泉,谢衍忆,蒋小刚.乡村公共空间的社会学意义及规划设计[J].江西理工大学学报,2007(02):74-77.

[158]章俊华,陆伟,雷芸译.道路景观设计[M].北京:中国建筑工业出版社,2003.

[159]朱火保,张俊杰,周祥.新农村建设中村庄道路系统规划的思考[J].规划师,2009(S1).

[160]过元炯.园林艺术[M].北京:中国农业出版社,1996.

[161]马天乐.溪流在园林中的景观应用[D].杭州:浙江农林大学,2012.

[162]王美青,徐萍等.新时期浙江省农业农村发展实践与探索[M].北京:中国农业出版社,2009.

[163]陈冬晶,张建华.农田肌理在农业休闲景观中的营造[J].上海商业,2010(09):57-59.

[164]杨帆,黄金玲,孙志立.景观序列的组织[J].中南林业调查规划,2000(04):3944.

[165]田华兴.我国畜牧业发展的战略[J].养殖技术顾问,2012(12):249.

[166]德清杨墩休闲农庄[EB/OL].http://travel.dahangzhou.com/zhejiang/1666/.

[167] 韩林 . 农家乐旅游村景观设计研究 [D]. 杭州 : 浙江农林大学 ,2012.

[168] 孙艺惠，陈田，王云才 . 传统乡村地域文化景观研究进展 [J]. 地理科学进展，2008 (06):90-96.

[169] 郭文萍 . 潍坊新农村乡村文化景观设计研究 [D]. 济南 : 山东轻工业学院，2011.

[170] 傅宏波 . 浙江探索新农村建设成功之路 [J]. 观察与思考，2006（07）.

[171] 杨红芳，张高源 . 村庄地域特色解析及保护规划 [J]. 城乡规划，2011(04): 24-26.

[172] 张光波，刘复国 . 增加农民收入的关键在于提高农民素质 [J]. 潍坊学院学报，2004(4-3).

[173] 东阳市花园村创建全国文明村镇概况 [EB/OL]. http://www.gardencn.com/hyc/hygk.html.

[174] 李英豪，郑宇军 . 基于综合发展规划理念的"美丽乡村"规划设计研究——以东阳市花园村为例 [J]. 规划师，2011 (05): 37-40.

[175] 李先军，张丽梅 . 对景观设计中"以人为本"的反思 [J]. 中国园林，2009(03).

[176] 王婷婷 . 城市边缘区乡村景观规划设计 [D]. 成都 : 成都理工大学，2007.

[177] 陈晶晶 . 河北省山区乡村景观规划研究 [D]. 保定 : 河北农业大学，2012.

[178] 莫计合，陈瑜，冯志滨 . 门·翼·桑田水乡—顺德市新城区主入口景观设计中标方案 [J]. 中国园林，2002(04): 47-48.

[179] 郝峻弘，白芳 . 现代农村环境色彩美学 [M]. 北京 : 中国社会出版社，2008.

[180] 郭泳言 . 城市色彩环境规划设计 [M]. 北京 : 中国建筑工业出版社，2007.

[181] 俞孔坚，李迪华 . 城市景观之路－与市长们交流 [M]. 北京 : 中国建筑工业出版社，2009.

[182] 张东雨，山雪野 . 建筑色彩构成与应用 [M]. 沈阳 : 辽宁美术出版社，2001.

[183] 阿兰·佩雷菲特 . 停滞的帝国——两个世界的撞击 [M]. 王国卿，毛凤支，谷炘，夏春丽，钮静籁，薛建成译 . 北京 : 生活 . 读书 . 新知三联书店，1995.

[184] Augustn Berque. 日本の·風景·西欧の景觀·－そして造景の·時代 [M]. 日本 : 講談社，1990.

[185] 张琦 . 论新农村建设中的色彩审美 [J]. 安徽农业科学，2009, 37(10): 4734-4735.

[186] 文剑刚 . 小城镇形象与环境艺术设计 [M]. 南京 : 东南大学出版社，2001.

[187] 崔唯 . 城市环境色彩规划与设计 [M]. 北京 : 中国建筑工业出版社，2006.

[188] 络伊丝·斯文诺芙 . 城市色彩——个国际化的视角 [M]. 屠苏南，黄勇忠译 . 北京 : 中国水利水电出版社，知识产权出版社，2007.

[189] 王其钧 . 中国传统建筑色彩 [M]. 北京 : 中国建筑工业出版社，2009 : 3.

[190] 廖宁 . 城市色彩景观规划研究——以成都市色彩景观规划为例 [D]. 四川 : 四川农业大学，2008.

[191] Mahnke Frank H. Color, Environment and Huma Response[M]. NewYork: Van Nostrand Reinhold, 1996.

[192] 张长江 . 城市环境色彩管理与规划设计 [M]. 北京 : 中国建筑工业出版社，2009.

[193] 一挥 . 色彩规划当城乡一体化 [N]. 春城晚报，2009-01-09.

[194] 陈从周 . 说园 [M]. 上海 : 同济大学出版社，2007 : 4.

[195] 中国美术学院色彩研究所 . 泉州城市色彩规划研究 [M]. 上海 : 同济大学出版社，2009.

[196] 叶建国 . 浙江省乡村旅游发展研究 [R].2006.

[197] 阮裕仁 . 浙江乡村旅游精品 100 村 [Z]. 浙江省旅游局，2008.

[198] 王少君，童亚兰 . 浙江省乡村旅游发展探析 [J]. 滨州职业学院学报，2009, 6(4): 69-74.

[199] 2011 年浙江乡村旅游收入逾 70 亿元 [R/OL]. 中国新闻网，2012-02-03.http://www.chinanews.com/cj/2012/02-03/3644308.shtml.

[200] 2012 年浙江统计年鉴 [M].北京：中国统计出版社，2012.

[201] 颜亚玉，董菁.地方性中心城市的乡村旅游开发策略 [J].改革与战略，2011，27(2)：114-116.

[202] 朱霞，谢小玲.新农村建设中的村庄肌理保护与更新研究 [J].华中建筑，2007，25(7)：142-144.

[203] 王昆欣，周国忠，郎富平.乡村旅游与社区可持续发展研究——以浙江省为例 [M].北京:清华大学出版社，2008.

[204] 南芳，尉洁婷.浙江省："非遗"旅游景区打造美丽乡村 [R/OL].钱江晚报，2012-11-30. http://tour.zj.com/zixun/detail/81247/311.

[205] 卢广辉.2011 年度浙江省人民生活等相关统计数据 [R/OL].浙江省统计局，2012-04-21.http://china.findlaw.cn/lawyers/article/d79372.html.

[206] 浙江省人民政府关于印发浙江省旅游业发展十二五规划的通知 [R/OL].浙江省人民政府，2011-07-13. http://www.zhejiang.gov.cn/

[207] 徐文雄.旅游发展与产业融合"四化"[J].旅游学刊，2011，26(4)：11-12.

[208] 安吉县情简介 [R/OL].安吉县人民政府官网，2013-03-04.http://www.anji.gov.cn/default.php?mod=article&do=detail&tid=23542

[209] 张锐.寒地新农村景观规划与设计 [D].哈尔滨：东北农业大学，2008.

[210] 胡立辉，李树华，刘剑，王之婧.乡土景观符号的提取与其在乡土景观营造中的应用 [J].北京园林，2009，24(1)：8-13.

[211] 中国建筑设计研究院，建筑历史研究所.浙江民居 [M].北京：中国建筑工业出版社，1984.

[212] 鲍沁星.等."土"与"新"交融的江南水乡农家乐庭院改造研究与实践 [J].浙江林学院学报,2009,26(2)：257-261.

[213] 李倩.河北省小城镇景观特色研究 [D].保定：河北农业大学，2009.

[214] 浙江省美丽乡村建设行动计划（2011—2015 年）[J].中国乡镇企业，2011（6）：63-66.